"十四五"职业教育国家规划教材

结构设计原理

Principle of Structural Design

（第6版）

孙元桃 ▲ 主　编

叶见曙 ▲ 主　审

人民交通出版社

北　京

内 容 提 要

本书为"十四五"职业教育国家规划教材,主要介绍了钢筋混凝土、预应力混凝土、圬工结构的设计原理,包括如何合理选择构件截面尺寸及配筋,力学计算图式的拟定,构件承载力、稳定性、刚度和裂缝计算等。

本书可作为高等职业院校道路与桥梁工程技术、道路养护与管理等专业教材,亦可供中等职业院校相关专业师生使用,同时可作为从事公路与桥梁工程设计、施工人员的参考用书。

本书有配套课件,教师可通过加入职教路桥教学研讨 2 群(QQ:927111427)获取。

图书在版编目(CIP)数据

结构设计原理 / 孙元桃主编. — 6 版. — 北京 :
人民交通出版社股份有限公司,2025. 6. — ISBN 978
-7-114-19820-5

Ⅰ. TU318

中国国家版本馆 CIP 数据核字第 20244NQ383 号

"十四五"职业教育国家规划教材
Jiegou Sheji Yuanli

书　　名:	**结构设计原理**(第 6 版)
著 作 者:	孙元桃
责任编辑:	刘　倩
责任校对:	赵媛媛
责任印制:	张　凯
出版发行:	人民交通出版社
地　　址:	(100011)北京市朝阳区安定门外外馆斜街 3 号
网　　址:	http://www.ccpcl.com.cn
销售电话:	(010)85285911
总 经 销:	人民交通出版社发行部
经　　销:	各地新华书店
印　　刷:	北京市密东印刷有限公司
开　　本:	787 × 1092　1/16
印　　张:	19.75
字　　数:	467 千
版　　次:	2002 年 8 月　第 1 版　2005 年 5 月　第 2 版
	2009 年 4 月　第 3 版　2018 年 8 月　第 4 版
	2020 年 12 月　第 5 版　2025 年 6 月　第 6 版
印　　次:	2025 年 6 月　第 6 版　第 1 次印刷　总第 54 次印刷
书　　号:	ISBN 978-7-114-19820-5
定　　价:	49.00 元

(有印刷、装订质量问题的图书,由本社负责调换)

第6版 前·言 Preface

　　"结构设计原理"是高等职业教育道路与桥梁工程技术专业及相关专业的专业基础课。学生在完成本课程学习后,将具有认知工程结构特性、理解工程结构设计原理、进行结构计算的知识和能力,为将来学习"桥梁工程""桥梁施工技术"等专业核心课打好基础。

　　本次修订以"十四五"职业教育国家规划教材《结构设计原理》(第5版)为基础,延续了第5版的编写框架,同时吸纳了读者对上一版的反馈建议,对教材中存在的错误和不足进行修订和完善,丰富了例题、习题,有机融入课程思政,形成了《结构设计原理》(第6版)。

　　第6版教材所做修改如下:

　　(1)为了便于学生进行随堂测试及课后知识巩固,第6版教材增加了课后思考题的题型,增加后的题型包括填空题、选择题、判断题、简答题和计算题。每个单元的简答题中,均设计了与知识点相关的开放性题目。这些题目在检验学生对知识、技能掌握情况的同时,也会激发学生的民族自豪感、主人翁意识和创新思维,达到润物无声的育人作用。

　　(2)根据读者的建议,部分单元增加了相应的例题。

　　(3)根据每个单元的具体内容,提炼整理出"素养点""知识点""技能点","素养点"有机融入专业精神、职业精神和工匠精神等思政元素,"知识点""技能点"则归纳了本单元要学习的知识和技能要求。

　　全书由宁夏交通职业技术学院孙元桃统稿并担任主编,参加第6版教材编写的人员和分工如下:单元一由江西交通职业技术学院陈晓明编写;单元二、单元十三由宁夏交通职业技术学院王项编写;

单元三由辽宁省交通高等专科学校朱芳芳编写;单元四由江西交通职业技术学院涂昀编写;单元五、单元六由孙元桃编写;单元七、单元八由广西交通职业技术学院肖绍碧编写;单元九由四川交通职业技术学院黄宁编写;单元十由中交基础设施养护集团宁夏工程有限公司林海成编写;单元十一、单元十二由安徽交通职业技术学院吴跃梓编写。

本教材特邀东南大学叶见曙教授担任主审。叶教授对本书进行了认真、细致的审核,并提出了许多宝贵的修改意见,在此向叶教授深表谢意。

限于编者水平,书中难免存在不当乃至错误之处,诚挚希望广大读者批评指正,以便进一步修订及完善。

编　者

2025 年 5 月

目·录
Contents

PANDECT

总论

一、本课程的任务及与其他课程的关系

"结构设计原理"主要是研究钢筋混凝土、预应力混凝土、石材及混凝土(通称圬工)结构构件的设计原理。其主要内容包括如何合理选择构件截面尺寸及其联结方式,并根据承受作用的情况验算构件的承载力、稳定性、刚度和裂缝等问题,为今后学习桥梁工程和其他道路人工构造物的设计计算奠定理论基础。

"结构设计原理"是一门重要的技术基础课。它是在学习"材料力学""道路建筑材料"等先修课程的基础上,结合桥梁工程中实际构件的工作特点来研究结构构件设计的一门课程。

各种桥梁结构都是由桥面板、横梁、主梁、桥墩(台)、拱、索等基本构件组成。桥梁或道路人工构造物都要受到各种外力,如车辆荷载、人群荷载、风荷载以及桥跨结构各部分自重力等的作用。建筑物中承受作用和传递作用的各个部件的总和统称为结构,结构是由若干基本构件,如上所述板、梁、拱等组成。由这些基本构件可以组合成各种各样的桥梁及道路人工构造物。"结构设计原理"课程就是以这些基本构件为主要研究对象的一门课程。

根据构件受力特点,可将基本构件分为受拉构件、受压构件、受弯构件和受扭构件等。在工程实际中,有些构件的受力和变形比较简单,而有些构件的受力和变形则比较复杂,常有可能是几种受力状态的组合。

在外荷载作用下,构件有可能由于承载力不足而破坏或变形过大而不能正常使用。因而,在设计基本构件时,要求构件本身必须具有一定的抵抗破坏和变形等的能力,即"承载能力"。构件承载能力的大小与构件的材料性质、几何形状、截面尺寸、受力特点、工作条件、构造特点以及施工质量等因素有关。在其他条件已经确定的条件下,如果构件的尺寸过小,则结构将有可能因产生过大的变形而不能正常使用,或因材料强度不足而导致结构的破坏。为此,如何正确地处理好作用与承载能力之间的关系,即本课程所讨论的主要内容。

本教材的主要内容取材于《公路桥涵设计通用规范》(JTG D60—2015)[文中简称《桥规》]、《公路圬工桥涵设计规范》(JTG D61—2005)[文中简称《工桥规》]、《公路钢筋混凝土及预应力混凝土桥涵设计规范》(JTG 3362—2018)[文中简称《公桥规》],这些规范是我国公路桥涵结构设计的主要依据。在学习过程中,学生应熟悉上述规范。只有对上述规范条文的概念、实质有了正确的理解,才能确切地应用规范的公式和条文,以充分发挥设计者的主动性和

创造性。

在学习本课程时,应着重了解构件的受力特点和变形特点,以及在此基础上建立起来的符合实际受力情况的力学计算图式。由于本课程与实际建筑材料的特性有着紧密的关系,而各种建筑材料(钢、木、混凝土、石材等)的材料特性是各不相同的,故本课程往往要依赖于科学实验的结果。在进行理论推导时,经常需要在计算公式中引入一些半理论半经验的修正系数。此外,本课程的另一特点是设计的多方案性。在满足结构设计要求的前提下,答案常常不是唯一的,而且,设计计算工作也不是一次就可以获得成功的。以上这些特点,都是同学们在已学课程中所未曾遇到过的问题,因此必须很好地认识它,并通过不断实践才能较好地掌握本课程的内容。

根据所选用材料的不同,结构可分为钢筋混凝土结构、预应力混凝土结构、石材及混凝土结构(圬工结构)、钢结构和木结构等。当然,也可以是采用多种材料所组成的组合结构。本书主要介绍钢筋混凝土、预应力混凝土、石材及混凝土结构的材料特点及基本构件受力性能、设计计算方法和构造等。

二、各种材料结构的特点及使用范围

目前国内外桥梁的发展趋势是预制装配化、施工机械化和构件标准化,因而,基本构件的设计也应符合上述要求。

(一)各种材料结构的特点

1. 结构质量

为了达到增大结构跨径的目的,应力求将构件做得壁薄、质量轻和强度高。钢材的单位体积重量(重度)虽大,但其强度却很高;木材的强度虽很低,但其重度却很小。如果以材料重度 γ 与容许应力$[\sigma]$之比作为比较标准,且设钢结构质量为 1.0,则其他结构的相对质量 $\gamma/[\sigma]$ 大致如下:受压构件中,木材为 1.5~2.4,钢筋混凝土为 3.8~11,砖石为 9.2~28;受弯构件中,木材为 1.5~2.4,钢筋混凝土为 3~10,预应力混凝土为 2~3。从以上比较可以看出,在跨径较大的永久性桥梁结构中,采用预应力混凝土结构是较为合理和经济的。

2. 使用性能

从结构抗变形能力(即刚度)、延性、耐久性和耐火性等方面来说,钢筋混凝土结构和圬工结构较好;钢结构和木结构都需采取适当的防护措施并定期进行保养维修;预应力混凝土结构的耐久性比钢筋混凝土结构更好,但其延性则不如钢筋混凝土结构好。

3. 建筑速度

石材及混凝土结构和钢筋混凝土结构较易就地取材;钢、木结构则易于快速施工。由于混凝土工程需要有一段时间的结硬过程,因而施工工期一般较长。尽管装配式钢筋混凝土结构可以在预制工厂进行工业化成批生产,但建筑工期要比钢、木结构稍长。

(二)各种结构的适用范围

1. 钢筋混凝土结构——配置受力普通钢筋的混凝土结构

钢筋混凝土是由钢筋和混凝土两种材料组成的,具有易于就地取材、耐久性好、刚度大、可模性(即可以根据工程需要浇筑成各种几何形状)好等优点。钢筋混凝土结构的应用范围非常广泛,如各种桥梁、涵洞、挡土墙、路面、水工结构和房屋建筑等。采用标准化、装配化的预制构件,更能保证工程质量和加快施工进度。相对于预应力混凝土结构,钢筋混凝土结构具有较好的延性,对抗震结构更为有利。但是,钢筋混凝土结构也有自重较大、抗裂性能差、修补困难等缺点。

2. 预应力混凝土结构——配置预应力钢筋并通过张拉或其他方法施加预加应力的混凝土结构

构件在承受作用之前预先对混凝土受拉区施以适当压应力的结构称为"预应力混凝土结构",因而在正常使用条件下,可以人为控制使截面上只出现很小的拉应力或不出现拉应力,从而延缓了裂缝的发生和发展,且可使高强度钢材和高等级混凝土的"高强"在结构中得到充分利用,降低了结构的自重,增大了跨越能力。目前,预应力混凝土结构在国内外得到了迅速发展,是现今桥梁工程中应用较广泛的一种结构。近年来,部分预应力混凝土结构也正在快速发展。它是介于普通钢筋混凝土结构与全预应力混凝土结构之间的一种中间状态的混凝土结构。该结构可根据结构的使用要求,人为控制混凝土裂缝的开裂程度和拉应力大小。

3. 石材及混凝土结构(圬工结构)

用胶结材料将天然石料、混凝土预制块等块材按一定规则砌筑而成的整体结构即为圬工结构。石材及混凝土结构在我国使用甚广,常用于拱圈、墩台、基础和挡土墙等结构中。

因本书主要讲述的是钢筋混凝土结构、预应力混凝土结构、石材及混凝土结构,故对钢结构、木结构的使用特性不做介绍。

三、工程结构设计的基本要求

公路桥梁应根据所在公路的使用任务、性质和将来的发展需要,按照安全、耐久、适用、环保、经济和美观的原则进行设计,也需要根据因地制宜、就地取材、便于施工和养护的原则,合理地选用适当结构形式;同时,应尽可能地节省木材、钢材和水泥的用量,其中尤应注意贯彻节省木材的精神。

在进行结构设计时,应进行全面综合考虑,严格遵照有关标准和规范(包括标准和规范的附录条文)进行设计。但对于一些特殊结构或创新结构,则可参照国家批准的专门规范或有关的先进技术资料进行设计,同时,还应进行必要的科学试验。

桥涵结构在设计使用年限内应有一定的可靠性,这就要求桥涵结构的整体及其各个组成部分的构件在使用荷载作用下具有足够的承载力、稳定性、刚度和耐久性。承载力要求是指桥涵结构物在设计使用年限内,它的各个部件及其联结的各个细部都符合规定的要求或具有足够的安全储备。稳定性要求是指整个结构物及其各个部件在计算荷载作用下都处于稳定的平衡状态。刚度要求是指在计算荷载作用下,桥涵结构物的变形必须控制在容许范围以内。耐久性要求是指桥涵结构物在设计使用年限内不得过早地发生破坏而影响正常使用。值得注意的是,不可片面地强调结构的经济指标而降低对结构物耐久性的要求,从而影响桥涵结构物的使用寿命,或过多地增加桥涵及道路人工构造物的维修、养护、加固的费用。

因此,对桥涵结构物的所有构件和联结细部都必须进行设计和验算。同时,每个工程技术人员都必须清楚地懂得,正确地处理好结构构造问题是十分重要的,这与处理好计算问题同等重要。因而,在进行结构设计时,首先应根据材料的性质、受力特点、使用条件和施工要求等情况,慎重地进行综合分析,然后采取合理的构造措施,确定构件的几何形状和各部尺寸,并进行验算和修正。

另外,每个结构构件除应满足使用期间的承载力、刚度和稳定性要求外,还应满足制造、运输和安装过程中的承载力、刚度和稳定性要求。桥涵结构物的结构形式必须受力明确、构造简单、施工方便和易于养护等,设计时必须充分考虑当时当地的施工条件和施工可能性。设计时,应充分考虑我国的国情,应尽可能地采用适合当时当地情况的新材料、新工艺和新技术。

单元一
UNIT ONE

钢筋混凝土结构的基本概念及材料的物理力学性能

§1-1　钢筋混凝土结构的基本概念

素养点：

①取长补短、团结协作，更好地发挥整体效能；

②试从绿色环保角度，谈一谈钢筋混凝土的发展趋势。

知识点：

①钢筋混凝土结构的定义；

②钢筋与混凝土共同工作的机理。

技能点：

①能简述钢筋混凝土结构的特点；

②能描述钢筋与混凝土共同工作的原因。

　　钢筋混凝土是由受力普通钢筋和混凝土这两种力学性能不同的材料结合成整体，共同承受作用的一种建筑材料。

　　混凝土是一种人造石料，其抗压强度很高，而抗拉强度很低（为抗压强度的 1/18 ~ 1/8）。采用素混凝土做成的构件，例如素混凝土梁，当它承受竖向作用时，在梁的垂直截面（正截面）上将产生弯矩，中性轴以上受压，以下受拉。当作用达到某一数值 P 时，梁的受拉区边缘混凝土的拉应变达到极限拉应变，即出现竖向弯曲裂缝，这时，裂缝截面处的受拉区混凝土退出工作,该截面处的受压区高度减小,即使作用不增加,竖向弯曲裂缝也会急速向上发展,导致梁骤然断裂。这种破坏是很突然的,也就是说,当作用达到 P 的瞬间,梁立即发生破坏。作用 P 为素混凝土梁受拉区出现裂缝时的作用（荷载）,一般称为素混凝土梁的抗裂荷载,也是素混凝土梁的破坏荷载。由此可见,素混凝土梁的承载能力是由混凝土的抗拉强度控制的,而受压区混凝土的抗压强度远未被充分利用。在制造混凝土梁时,倘若在梁的受拉区配置适量的抗拉强度高的纵向受拉钢筋,就构成钢筋混凝土梁。试验表明,和素混凝土梁有相同截面尺寸的钢筋混凝土梁承受略大于 P 的竖向作用时,梁的受拉区仍会出现裂缝。在出现裂缝的截面处,受拉区混凝土虽然退出工作,但配置在受拉区的钢筋几乎承担了全部的拉力。这时,钢筋混凝土梁不会像素混凝土梁那样立即断裂,仍能继续工作,直至受拉钢筋的应力达到屈服强度,继而受压区的混凝土也被压碎,梁才被破坏。因此,钢筋混凝土梁中混凝土的抗压强度和钢筋的抗拉强度都能得到充分的利用,承载能力较素混凝土梁可提高很多。

混凝土的抗压强度高,常用于受压构件。试验表明,在构件中配置钢筋来构成钢筋混凝土受压构件,和截面尺寸及长细比相同的素混凝土受压构件相比,钢筋混凝土受压构件不仅承载能力大幅提高,而且受力性能得到改善。在这种情况下,钢筋主要是协助混凝土来共同承受压力。

综上所述,根据构件受力状况配置钢筋构成钢筋混凝土构件后,可以充分发挥钢筋和混凝土各自的材料力学特性,把它们有机地结合在一起共同工作,提高了构件的承载能力,改善了构件的受力性能。钢筋用来代替混凝土受拉（受拉区混凝土出现裂缝后）或协助混凝土受压。

钢筋和混凝土这两种力学性能不同的材料之所以能有效地结合在一起共同工作,主要机理是:

(1)混凝土和钢筋之间有良好的黏结力,使两者能可靠地结合成一个整体,在荷载作用下能够很好地共同变形,完成其结构功能。

(2)钢筋和混凝土的温度线膨胀系数较为接近（钢筋为 $1.2 \times 10^{-5}/℃$,混凝土为 $1.0 \times 10^{-5} \sim 1.5 \times 10^{-5}/℃$）,因此,当温度变化时,不致产生较大的温度应力而破坏两者之间的黏结。

(3)混凝土包裹在钢筋的外围,可以防止钢筋的锈蚀,保证了钢筋与混凝土的共同工作。

钢筋混凝土结构除了能合理地利用钢筋和混凝土两种材料的特性外,还有下述一些优点:

(1)在钢筋混凝土结构中,混凝土的强度是随时间而不断增长的,同时,钢筋被混凝土所包裹而不致锈蚀,所以,钢筋混凝土结构的耐久性较好。钢筋混凝土结构的刚度较大,在使用荷载作用下的变形较小,故可有效地用于对变形要求较严格的建筑物中。

(2)钢筋混凝土结构既可以整体现浇,可以预制装配,可以根据需要浇制成各种形状和截面尺寸的构件。

(3)钢筋混凝土结构所用的原材料中,砂、石所占的比重较大,而砂、石易于就地取材,可以降低工程造价。

当然,钢筋混凝土结构也存在一些缺点,如钢筋混凝土结构的截面尺寸一般较相应的钢结构大,因而自重较大,这对于大跨度结构是不利的;其抗裂性能较差,在正常使用时往往是带裂缝工作的;施工受气候条件影响较大,并且施工中需耗用较多木材;修补或拆除较困难等。随着钢筋混凝土结构的不断发展,上述缺点已经或正在逐步得到改善。

钢筋混凝土结构虽有缺点,但因其独特的优点,所以广泛应用于桥梁工程、隧道工程、房屋建筑、铁路工程以及水工结构工程、海洋结构工程等。

§1-2 钢筋混凝土的组成材料

课题一 混 凝 土

素养点：
①细致严谨的试验态度、精益求精的工匠精神；
②信息化检索能力。

知识点：
①混凝土的立方体强度和轴心抗压（拉）强度；
②混凝土变形类型及特点；
③混凝土徐变的概念及规律；
④混凝土的收缩特性。

技能点：
①会制作混凝土试件；
②能进行混凝土立方体强度和轴心抗压强度的试验。

钢筋混凝土是由钢筋和混凝土这两种力学性能不同的材料所组成。为了正确合理地进行钢筋混凝土结构的设计，必须深入了解钢筋混凝土结构及其构件的受力性能和特点，而对于混凝土和钢筋材料的物理力学性能（强度和变形的变化规律）的了解，则是掌握钢筋混凝土结构的构件性能、分析和设计的基础。

一、混凝土的强度

1.混凝土的立方体强度

混凝土的立方体抗压强度是一种在规定的统一试验方法下衡量混凝土强度的基本指标。我国标准试件取用边长相等的混凝土立方体。这种试件的制作和试验均比较简便，而且离散性较小。

我国《公桥规》规定，以每边边长为 150mm 的立方体试件，在标准条件下养护至 28d（由于粉煤灰等矿物掺合料在水泥及混凝土中大量应用，可根据具体情况适当延长试验龄期），以标准试验方法测得的具有 95% 保证率的抗压强度值（以 MPa 计）作为混凝土的立方体抗压强度标准值（$f_{cu,k}$），同时用此值来表示混凝土的强度等级，并冠以"C"，如 C30，表示 30 级混凝土，"30"表示该级混凝土立方体抗压强度的标准值为 30MPa。

混凝土立方体抗压强度与试验方法有密切关系。通常情况下，试验机承压板与试件之间将产生阻止试件向外自由变形的摩阻力，阻滞了裂缝的发展，从而提高了试块的抗压强度。如果在承压板与试件之间涂油脂润滑剂,则试验加压时摩阻力将大幅度减小。规范上规定采用不加润滑剂的试验方法。

混凝土立方体抗压强度还与试件尺寸有关。试验表明,立方体试件尺寸愈小,摩阻力的影响愈大,测得的强度也愈高。在实际工程中也有采用边长为200mm或100mm的混凝土立方体试件,则所测得的立方体抗压强度应分别乘以换算系数1.05和0.95来折算成边长为150mm的混凝土立方体抗压强度。

混凝土的立方体抗压强度标准值又称为混凝土的强度等级。用于公路桥梁承重部分的混凝土强度等级有 C25、C30、C35、C40、C45、C50、C55、C60、C65、C70、C75 和 C80。钢筋混凝土构件的混凝土强度等级不应低于 C25;预应力混凝土构件不应低于 C40。

2. 混凝土轴心抗压强度(棱柱体抗压强度)

通常,钢筋混凝土构件的长度比它的截面边长要大得多,**因此棱柱体试件(高度大于截面边长的试件)的受力状态更接近于实际构件中混凝土的受力情况**。工程中通常用高宽比(h/b)为 2~4 的棱柱体,按照与立方体试件相同条件下制作和试验方法测得的具有 95% 保证率的棱柱体试件的极限抗压强度值,作为混凝土轴心抗压强度标准值,用 f_{ck} 表示。

试验表明,棱柱体试件的抗压强度较立方体试块的抗压强度低。**混凝土的轴心抗压强度试验以 150mm×150mm×300mm 的试件为标准试件**。通过大量棱柱体抗压试验结果发现,混凝土轴心抗压强度标准值与边长 150mm 立方体试件抗压强度 $f_{cu,k}$ 之间的关系为 $f_{ck}=0.88\alpha_{c1}\alpha_{c2}f_{cu,k}$,式中,$\alpha_{c1}$ 按以往试验资料和《高强混凝土结构设计与施工指南》建议取值,C50 及以下混凝土 $\alpha_{c1}=0.76$;C55~C80 混凝土,$\alpha_{c1}=0.78~0.82$。α_{c2} 为混凝土折减系数,C40 及以下混凝土的 $\alpha_{c2}=1$,C80 混凝土的折减系数 $\alpha_{c2}=0.87$,其间采用直线内插法确定。由此可见,C40 及以下混凝土的 f_{ck} 与 $f_{cu,k}$ 的关系大致呈一直线,如图 1-1 所示。

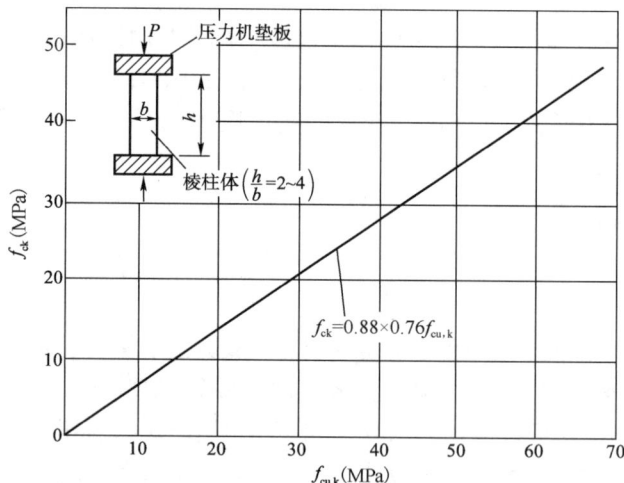

图 1-1　C40 及以下混凝土棱柱体抗压强度 f_{ck} 与立方体抗压强度 $f_{cu,k}$ 的关系

3. 混凝土的轴心抗拉强度

混凝土的抗拉强度和抗压强度一样,都是混凝土的基本强度指标。但是混凝土的轴心抗拉强度很低,一般为立方体抗压强度的 1/18~1/8,用 f_{tk} 表示。为此,在进行钢筋混凝土结构强度计算时,通常按受拉区混凝土开裂后退出工作,拉应力全部由钢筋来承受考虑,这时,混凝

土的抗拉强度没有实际意义。但是,对于不容许出现裂缝的结构,则应考虑混凝土的抗拉能力,并以混凝土的轴心抗拉极限强度作为混凝土抗裂强度的重要指标。

测定混凝土轴心抗拉强度的方法有两种:一种是直接测试方法(图 1-2),对两端预埋钢筋的长方体试件(钢筋位于试件轴线上)施加拉力,试件破坏时的平均拉应力,即为混凝土的轴心抗拉强度。这种测试对试件尺寸及钢筋位置要求较严。

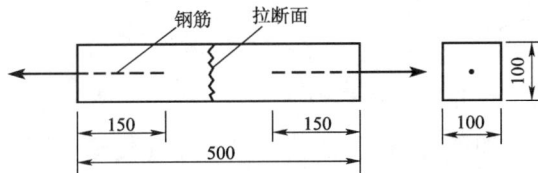

图 1-2 混凝土轴心抗拉强度直接测试试件(尺寸单位:mm)

另一种为间接测试方法,如劈裂试验(图 1-3),试件采用立方体或圆柱体。将试件平放在压力机上,通过垫条施加线集中力 P,试件破坏时,在破裂面上产生与该面垂直且均匀分布的拉应力,当拉应力达到混凝土的抗拉强度时,试件即被劈裂成两半。

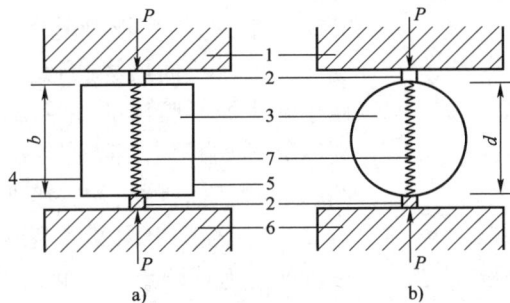

图 1-3 用劈裂试验测试混凝土轴心抗拉强度示意图

a)用立方体进行劈裂试验;b)用圆柱体进行劈裂试验

1-压力机上压板;2-垫条;3-试件;4-浇模顶面;5-浇模底面;6-压力机下压板;7-试件破裂线

4. 混凝土轴心抗压(拉)强度标准值与设计值

混凝土强度标准值是考虑同一批材料实际强度存在时大时小的离散性,为了统一材料质量要求而规定的材料极限强度值。在分析大量试验结果的基础上,通过数理统计,根据结构的安全性和经济条件,选取某一个具有 95% 保证率的强度值,作为混凝土强度的标准值。

混凝土强度设计值主要用于承载能力极限状态设计的计算。强度设计值由标准值除以材料分项系数而得。混凝土的材料分项系数 $\gamma_{f_c} = 1.45$。

不同强度等级混凝土强度设计值与强度标准值见表 1-1。

混凝土强度设计值和标准值(MPa)　　　　　　　　　　表 1-1

强度种类		符号	混凝土强度等级											
			C25	C30	C35	C40	C45	C50	C55	C60	C65	C70	C75	C80
强度设计值	轴心抗压	f_{cd}	11.5	13.8	16.1	18.4	20.5	22.4	24.4	26.5	28.5	30.5	32.4	34.6
	轴心抗拉	f_{td}	1.23	1.39	1.52	1.65	1.74	1.83	1.89	1.98	2.02	2.07	2.10	2.14
强度标准值	轴心抗压	f_{ck}	16.7	20.1	23.4	26.8	29.6	32.4	35.5	38.5	41.5	44.5	47.4	50.2
	轴心抗拉	f_{tk}	1.78	2.01	2.20	2.40	2.51	2.65	2.74	2.85	2.93	3.00	3.05	3.10

二、混凝土的变形

钢筋混凝土结构的计算理论与混凝土的变形性能相关,所以研究混凝土的变形,对于掌握钢筋混凝土结构设计计算方法是很重要的。

混凝土的变形可分为混凝土的受力变形与混凝土的体积变形。

(一)混凝土的受力变形

1.混凝土在一次短期荷载作用下的变形

研究混凝土在一次短期加荷时的变形性能,即研究混凝土受压时的应力-应变曲线形状、曲线中的最大应力值及其对应的应变值和破坏时的极限应变值。

据试验资料可得图 1-4 所示的混凝土棱柱体一次短期加荷轴心受压的应力-应变曲线。

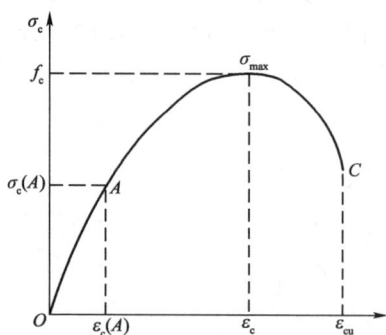

图 1-4　混凝土一次短期加荷(压)时的
应力-应变曲线

在曲线开始部分,即 $\sigma_c \leqslant 0.2\sigma_{max}$ 时,应力与应变曲线近似呈线性关系,此时混凝土的变形主要取决于集料和水泥在受压后的弹性变形。当应力超过 $0.2\sigma_{max}$ 后,塑性变形渐趋明显,应力-应变曲线的曲率随应力的增长而增大,且应变的增长较应力快。这是由于除水泥凝胶体的黏性流动外,混凝土中已产生微裂缝并开始扩展所致。当 $\sigma_c \geqslant 0.75\sigma_{max}$ 时,微裂缝继续扩展并互相贯通,塑性变形急剧增长,最后在 σ_c 接近 σ_{max} 时,混凝土内部微裂缝转变为明显的纵向裂缝,试件的抗力开始减小。此时混凝土试件所承受的最大应力 σ_{max} 即为棱柱体抗压强度 f_c,其相应的应变值 $\varepsilon_c =$ 0.0008 ~ 0.003(计算时取 $\varepsilon_c = 0.002$)。曲线 $O \sim \sigma_{max}$ 段称为此应力-应变曲线的"上升段"。

由于加荷,试验机本身变形而积存了弹性应变能。早期的试验机刚度较小,其所积存的弹性应变能则较大,当试件加荷到 σ_{max} 后,试验机因混凝土抗力减小,而一下子把能量释放出来,对试件施加了附加应变,使试件发生急速崩坏,所测得的应力-应变曲线只有上升段。现在的试验机采用了先进技术,其刚度大,所积存的弹性应变能较小,当试件加荷到 σ_{max} 时,试件不会立即破坏。如果试验机不再加荷而是缓慢地卸荷,试件应力逐渐减小,但是试验机还在释放能量,致使试件仍在持续地变形,使应力-应变曲线形成"下降段",直至下降段末端 C,试件才完全破坏。C 点对应的应变即为混凝土受压极限应变 ε_{cu}。一般情况下,$\varepsilon_{cu} = 0.002 \sim 0.006$,有时甚至可达 0.008。对高强度(如 C50 和 C60)混凝土,由于其脆性性质,没有这种下降段或下降段很不明显。

试验证明,混凝土塑性变形的大小与加荷速度及荷载持续时间有密切关系。在瞬时荷载作用下,比如,当每级荷载持续时间少于 0.001s 时,所记录的变形完全为弹性变形,应力-应变呈直线关系。这时荷载持续时间愈长,试件变形愈大,应力-应变曲线的曲率也就愈大。

混凝土的一次短期加荷轴心受拉应力-应变曲线与轴心受压类似,但比受压应力-应变曲线的曲率变化小,受拉极限应变 $\varepsilon_{tu} = 0.0001 \sim 0.00015$,仅为受压极限应变的 1/20 ~ 1/15,这也是混凝土受拉时容易开裂的原因。

2.混凝土在多次重复荷载作用下的变形

图1-5a)表示混凝土棱柱体在一次加载卸载时的应力-应变曲线,加载曲线 OA 凹向 ε 轴,而卸载曲线 AB 凸向 ε 轴,当荷载全部卸完的一瞬间,卸载曲线 AB 的末端为 B 点,如果停留一段时间再量测试件应变,则发现还有很小的变形可以恢复,即由 B 点到 B' 点,则 BB' 的恢复应变称为混凝土的弹性后效,$B'O$ 称为试件残余应变。图1-5b)表示混凝土棱柱体在多次重复荷载作用下的应力-应变曲线,当受压重复荷载引起的最大应力[图1-5b)]中的 σ_1 或 σ_2 不超过 $0.5f_{cd}$ 时,随着重复加、卸载次数的增加,加载曲线的曲率亦逐渐减小。经 $4 \sim 10$ 次循环后,塑性变形基本完成,而只有弹性变形,混凝土的应力-应变曲线逐渐接近于直线,并大致平行于一次加载曲线通过原点的切线。当应力如图1-5b)中的 σ_3 超过 $0.5f_{cd}$ 时,开始也是经若干次循环后,应力-应变关系变成直线,但若继续循环下去,将重复出现塑性变形,且应力-应变曲线向相反方向弯曲,直至循环到一定次数,由于塑性变形的不断扩展,导致构件破坏。这种情况称为疲劳破坏。试验证明,重复荷载引起的应力愈大,试验达到疲劳所需的循环次数则愈少。

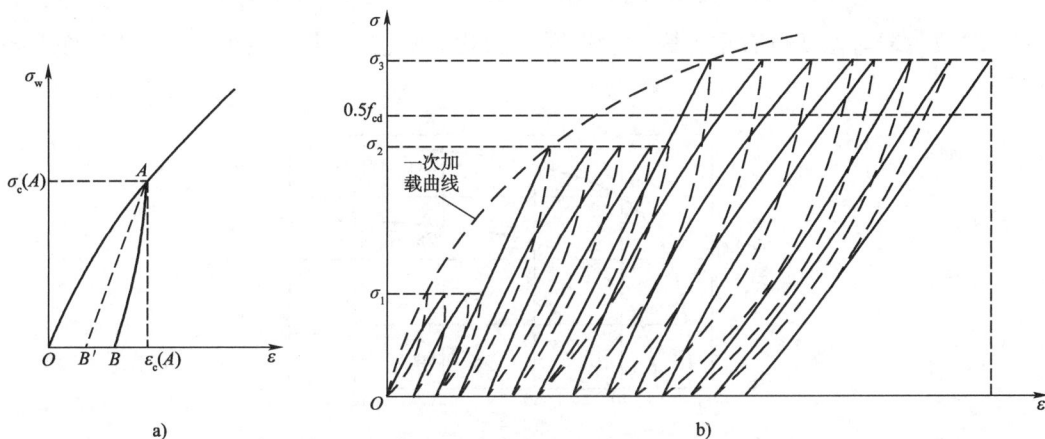

图1-5 混凝土在重复荷载作用下的应力-应变曲线
a)一次加载卸载;b)多次加载卸载

对于由混凝土组成的桥涵结构,通常要求能承受200万次的反复荷载作用。经受200万次反复变形而破坏的应力即称为混凝土的疲劳强度 f_p。混凝土的疲劳强度约为其棱柱体抗压强度的 50%,即 $f_p \approx 0.5f_{cd}$。

3.混凝土在长期荷载作用下的变形

在混凝土棱柱体试件上加荷,试件产生压应变,如果维持荷载不变,一段时间后,混凝土的应变还在继续增加。**混凝土在荷载长期作用下(即压力不变的情况下),应变随时间继续增长的现象称为混凝土的徐变。**

混凝土的徐变具有如下规律:

(1)混凝土的徐变与混凝土的应力大小有着密切的关系,应力愈大,徐变也愈大。当应力较小($\sigma_c \leq 0.5f_{cd}$)时,徐变与应力成正比,这种情况称为线性徐变。

(2)混凝土的徐变与时间有关。图1-6为混凝土试件的应变-时间关系曲线,图中纵标 A 为加荷过程中完成的变形,称为瞬变;纵标 B 为荷载不变情况下产生的徐变,纵标 C 为试件产生的总变形。试件在受荷后的前 $3 \sim 4$ 个月,徐变发展最快,可达徐变总值的 $45\% \sim 50\%$。当长期荷载引起的应力 $\sigma_c < (0.5 \sim 0.55)f_{cd}$ 时,徐变的发展符合渐近线规律。徐变全部完成则需 4 ~ 5 年。当长期荷载卸去后,变形一部分恢复,如图 1-6 中的 D,另一部分如图 1-6 中的 E,则在相当长的时间内逐渐恢复,这又称弹性后效。图 1-6 中的 F 为最后的残余变形。

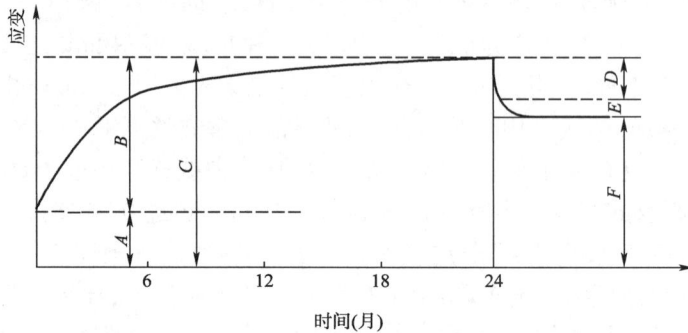

图 1-6 混凝土在长期不变荷载作用下应力-应变关系图

（3）加载龄期对徐变也有重要影响。混凝土加载龄期愈短,即混凝土愈"年轻",徐变愈大（图 1-7）。

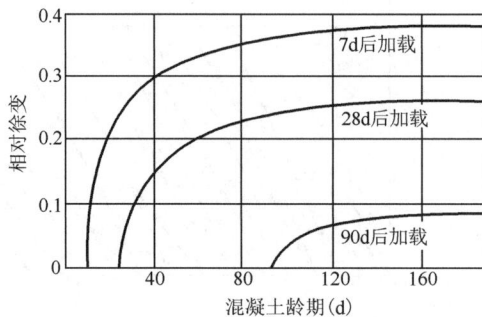

图 1-7 加载时混凝土龄期与相对徐变的关系

（4）水泥用量愈多,水灰比愈大,则徐变愈大。

（5）混凝土集料愈坚硬、养护时相对湿度愈高,则徐变愈小。

混凝土的徐变对混凝土和钢筋混凝土结构有很大的影响。在某些情况下,徐变有利于防止结构物的裂缝形成,同时还有利于结构或构件的内力重分布。但在预应力混凝土结构中,徐变则会引起预应力损失。徐变变形还可能超过弹性变形,甚至达到弹性变形的 2 ~ 4 倍,改变超静定结构的应力状态。所以,混凝土的徐变已被大家所重视。

4. 混凝土的弹性模量 E_c

在计算超静定结构的内力、钢筋混凝土结构的变形和预应力混凝土构件截面的预压应力时,都要用到混凝土的弹性模量。

作为弹塑性材料的混凝土,其应力与应变的关系可用一条曲线表示,其应力增量与应变增量的比值,即为混凝土的变形模量。它不是常数,随混凝土的应力变化而变化。显然,混凝土的变形模量在使用上很不方便。为了在工程上较实用,人们近似地取用应力-应变曲线在原点 O 的切线斜率作为混凝土的弹性模量,并用 E_c 表示。而混凝土应力-应变曲线原点 O 的切线斜率的准确值不易从一次加荷的应力-应变曲线上求得,我国工程上所取用的混凝土受压弹性模量 E_c 数值是在重复加荷的应力-应变曲线上求得的。试验采用棱柱体试件,加荷产生的最大压应力选取 $\sigma_c = (0.4 \sim 0.5)f_{cd}$,反复加荷卸荷 $5 \sim 10$ 次后,混凝土受压应力-应变关系曲线基本上接近直线,并大致平行于相应的原点切线,则取该直线的斜率作为混凝土受压弹性模量 E_c 的数值。

根据试验资料,混凝土受压弹性模量的经验公式为:

$$E_c = \frac{10^5}{2.2 + \dfrac{34.74}{f_{cu,k}}} \tag{1-1}$$

式中:$f_{cu,k}$——混凝土立方体抗压强度标准值(MPa)。

试验结果表明,混凝土的受拉弹性模量与受压弹性模量十分相近,其比值平均为 0.995。实际应用时,可取受拉弹性模量等于受压弹性模量。混凝土弹性模量 E_c 按表 1-2 取用。

混凝土的弹性模量 E_c(MPa) 表 1-2

强度等级	C25	C30	C35	C40	C45	C50	C55	C60	C65	C70	C75	C80
E_c($\times 10^4$ MPa)	2.80	3.00	3.15	3.25	3.35	3.45	3.55	3.60	3.65	3.70	3.75	3.80

注:当采用引气剂及较高砂率的泵送混凝土,且无实测数据时,表中 C50 ~ C80 的 E_c 值应乘以折减系数 0.95。

5. 混凝土的剪变模量 G_c

$$G_c = \frac{E_c}{2(1 + \nu_c)} \tag{1-2}$$

式中:ν_c——混凝土的横向变形系数(即泊松比),《公桥规》规定取 $\nu_c = 0.2$,则 $G_c = 0.4E_c$。

(二)混凝土的体积变形

混凝土的收缩与膨胀属于混凝土的体积变形。

混凝土在空气中结硬时体积减小的现象称为混凝土的收缩。产生收缩的原因主要是混凝土在凝结硬化过程中的化学反应产生的"凝缩"和混凝土自由水分的蒸发产生的"干缩"两部分所引起的混凝土体积变化。

混凝土的收缩与许多因素有关。混凝土中的水泥用量愈多、水泥强度等级愈高、水灰比愈大,则混凝土的收缩就愈大;混凝土中的集料质量愈好、浇捣混凝土愈密实、在养护硬结过程中环境湿度愈高,则混凝土收缩就愈小。

实践证明,混凝土从开始凝结起就会产生收缩,有时它可延续一二十年,一般在最初半年内收缩量最大,可完成全部收缩量的 $80\% \sim 90\%$。

混凝土的收缩对钢筋混凝土结构会产生有害影响,常造成收缩裂缝。特别是对于一些长度大但截面尺寸小的构件或薄壁结构,如果在制作和养护时不采取预防措施,严重的会在交付使用前就因收缩裂缝而破坏。为此,在施工时应控制混凝土材料的水灰比和水泥用量等各项指标并加强养护。必要时应设置变形缝和防收缩钢筋,以防止和限制因混凝土收缩而引起的裂缝开展。

混凝土在水中结硬时,其体积会膨胀。膨胀值一般比收缩值小得多,且常起有利作用,因此在计算中不予考虑。

知识链接

混凝土是土木工程中最常用且消耗量巨大的建筑材料,传统混凝土的制备需使用水泥,而水泥生产过程中会排放大量的CO_2与其他大气污染物。我国水泥产量占全球55%,每生产1t水泥,碳排放约0.81t(工艺改进后)。随着科技进步,将实现部分或完全替代混凝土中的水泥,并采用工业化的建造工艺,减少土木工程行业的碳排放,降低对环境、健康与可持续发展的负面影响,为国家绿色低碳发展做出贡献。

课题二 钢 筋

素养点:
①遵守行业规范,养成认真负责、精益求精的工作态度;
②以"百炼成钢"般的坚韧意志,克服困难,迎接挑战。

知识点:
①热轧带肋(光圆)钢筋、冷轧带肋钢筋、余热处理钢筋和钢丝的表示方法;
②钢筋的应力-应变曲线;
③钢筋强度标准值和设计值。

技能点:
①能准确说出不同牌号所表示的钢筋种类;
②能进行钢筋抗拉强度的试验;
③会查阅相关规范、标准。

一、钢筋的种类

工程中所用钢筋按其外形可分为光圆钢筋[图1-8a)]、带肋钢筋(定义见后文)[图1-8b)]、钢丝及钢绞线。

钢筋按其所用钢材品种不同可分为普通碳素钢、普通低合金钢。

(1)普通碳素钢

此种钢为铁碳合金,以铁为基体。在一定程度上,钢筋强度随碳含量的增加而提高。当碳含量提高后,则钢筋的可焊性下降,脆性也会增加。根据碳含量的多少,碳素钢可分为低碳钢(碳含量<0.25%)、中碳钢(碳含量为0.25%~0.60%)、高碳钢(碳含量>0.60%)。低碳钢俗称软钢,中碳钢、高碳钢俗称硬钢。

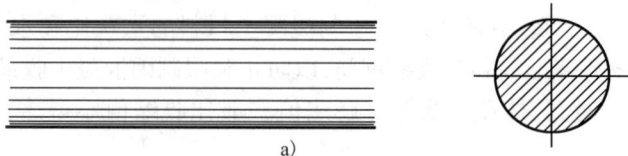

a)

图 1-8

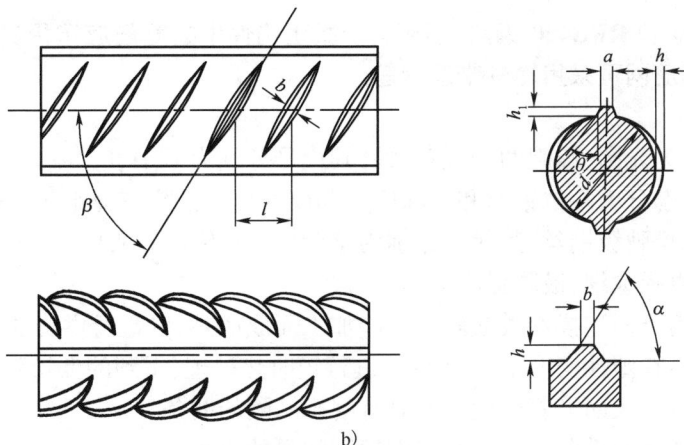

图 1-8　钢筋的形状

a)光圆钢筋;b)月牙肋钢筋

d-钢筋内径;α-横肋斜角;h-横肋高度;β-横肋与轴线夹角;h_1-纵肋高度;θ-纵肋斜角;a-纵肋顶宽;l-横肋间距;b-横肋顶宽

（2）普通低合金钢

此种钢是在普通碳素钢中加入少量的合金元素如 Si（硅）、Mn（锰）、V（钒）、Ti（钛）、B（硼）等。由于加入了合金元素,普通低合金钢虽含碳量高,强度高,但是其拉伸应力-应变曲线仍具有明显的流幅。

钢筋按加工的方法可分为以下几类。

（1）热轧带肋钢筋

该钢筋横截面通常为圆形,且表面通常带有两条纵肋和沿长度方向均匀分布的横肋。

工程中常用的热轧带肋钢筋按牌号分为 HRB400、HRB500、HRBF400 三种。热轧带肋钢筋的牌号由 HRB 和钢筋的屈服点最小值构成,H、R、B 分别为热轧（Hot rolled）、带肋（Ribbed）、钢筋（Bars）三个词的英文首位字母。

（2）热轧光圆钢筋

热轧光圆钢筋是指横截面通常为圆形且表面光滑的钢筋。

工程中常用的热轧光圆钢筋的牌号为 HPB300。

（3）冷轧带肋钢筋

冷轧带肋钢筋是指热轧圆盘条经冷轧后,在其表面带有沿长度方向均匀分布的三面或两面横肋的钢筋。

冷轧带肋钢筋按牌号分为 CRB550、CRB650、CRB800、CRB600H、CRB680H、CRB800H 六种。其中,CRB550、CRB600H 为普通钢筋混凝土用钢筋,CRB650、CRB800、CRB800H 为预应力混凝土用钢筋;CRB680H 既可作为普通钢筋混凝土用钢筋,也可作为预应力混凝土用钢筋。

（4）余热处理钢筋

热轧后立即浸水,进行表面控制冷却,然后利用芯部余热自身完成回火处理所得的成品钢筋为余热处理钢筋。

余热处理钢筋（带肋）的牌号为 RRB400。

注:《公桥规》规定,公路桥梁钢筋混凝土结构中的普通钢筋宜选用 HPB300、HRB400、

HRB500、HRBF400 和 RRB400 钢筋，预应力混凝土构件中的箍筋应选用其中的带肋钢筋；按构造要求配置的钢筋网可采用冷轧带肋钢筋。

（5）钢丝

钢丝按外形分为光圆、螺旋肋、刻痕三种，其代号分别为 P、H、I。

钢丝按加工状态分为冷拉钢丝和消除应力钢丝两类。消除应力钢丝按松弛性能又分为低松弛级钢丝和普通松弛级钢丝，其代号分别为 WCD（冷拉钢丝）、WLR（低松弛钢丝）。它们属于硬钢类，钢丝的直径愈细，极限强度愈高。

冷拉钢丝：用盘条通过拔丝模或轧辊经冷加工而成产品，以盘卷供货的钢丝。

消除应力钢丝：在塑性变形下（轴应变）进行短时热处理，得到的低松弛钢丝。

螺旋肋钢丝：钢丝表面沿着长度方向具有规则间隔的肋条。

刻痕钢丝：钢丝表面沿着长度方向具有规则间隔的压痕。

公路桥梁中的预应力钢丝应采用消除应力的光面和螺旋肋钢丝。

另外，《公桥规》还规定，预应力混凝土构件中的预应力钢筋应选用钢绞线、钢丝；中、小型构件或竖、横向用预应力钢筋，可选用预应力螺纹钢筋。

预应力螺纹钢筋是按国家标准《预应力混凝土用螺纹钢筋》（GB/T 20065—2016）生产的高强度钢筋，直径规格有 $d = 15mm$、$18mm$、$25mm$、$32mm$、$36mm$、$40mm$ 等。该标准推荐的钢筋直径为 $25mm$ 和 $32mm$。

二、钢筋的主要力学性能

（一）钢筋的应力-应变曲线

软钢（低碳钢）与硬钢（中、高碳钢）的力学性能是大不相同的，可从其拉伸应力-应变曲线的分析得知。

软钢的应力-应变曲线如图 1-9 所示。加荷开始，曲线在 A 点以前，应力与应变按比例增加，彼此呈线性关系。A 点对应的应力，称为比例极限。曲线上从 O 至 A 点这一阶段称为钢筋的弹性阶段，应力与应变的比值为常数，即钢筋的弹性模量 E_s；曲线通过 A 点以后，由曲线形状的变化可见，应变较应力增长快，至 B 点应力不再增加而应变继续增加，钢筋产生了塑性变形。图中 BB' 段，称为流幅或屈服台阶，B 点对应的应力（σ_b），称为钢筋的屈服强度。曲线上从 A 点至 B 点，这一阶段称为钢筋的屈服阶段。曲线通过 B' 点后，应力与应变值又开始上升，钢筋开始强化，至曲线最高点 C，C 点对应的应力（σ_c）称为钢筋的抗拉极限强度。曲线上从 B' 点至 C 点这一阶段称为钢筋的强化阶段。曲线通过 C 点后，钢筋应变急剧增加，产生颈缩现象，至 D 点钢筋断裂，拉伸试验至此结束。曲线上从 C 点至 D 点这一阶段称为破坏阶段。

考虑钢筋达到屈服强度后，钢筋变形渐增，引起构件变形过大，以致不能使用，所以在实际应用过程中取用软钢的屈服强度作为软钢钢筋设计强度的依据。

硬钢的应力-应变曲线如图 1-10 所示。因曲线本身无明显的屈服台阶，所以硬钢没有明确的屈服极限。在实际应用过程中取残余应变为 0.2% 时的应力作为假定的屈服点，用 $\sigma_{0.2}$ 表示。$\sigma_{0.2}$ 相当于它的极限强度的 $0.7 \sim 0.85$ 倍，多称为条件屈服点，又称协定流限。

钢筋的屈服台阶大小，随钢筋的品种而异。钢筋的屈服极限低，则其屈服台阶大；屈服极限高,则其屈服台阶小。屈服台阶大的钢筋延伸率大,塑性好,配有这种钢筋的钢筋混凝土构件,破坏前有明显预兆;无屈服点的钢筋或屈服台阶小的钢筋,延伸率小,塑性差,配有这种钢筋的构件,破坏前无明显预兆,破坏突然,属于脆性破坏。

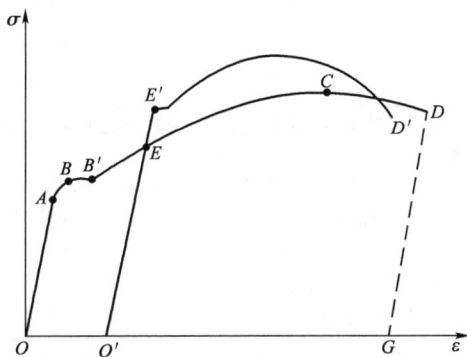

图 1-9　软钢拉伸应力-应变图

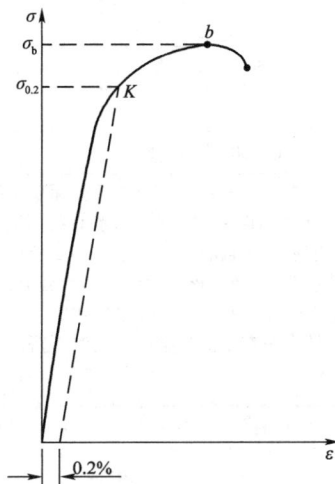

图 1-10　硬钢拉伸应力-应变图

(二)钢筋的弹性模量

钢筋的弹性模量是一项很稳定的材料常数。即使强度级别相差很大的钢筋,弹性模量却很接近,而且强度高的钢筋,弹性模量反而偏低。各种类型钢筋的弹性模量见表 1-3。

钢筋的弹性模量　　　　　　　　　　　　　　　　　　　　　表 1-3

钢筋种类	弹性模量 E_s($\times 10^5$ MPa)	钢筋种类	弹性模量 E_p($\times 10^5$ MPa)
HPB300	2.10	钢绞线	1.95
HRB400、HRB500 HRBF400、RRB400	2.00	消除应力钢丝	2.05
		预应力螺纹钢筋	2.00

注:E_s 为普通钢筋的弹性模量;E_p 为预应力钢筋的弹性模量。

(三)钢筋的强度标准值和设计值

为了保证钢材的质量,根据可靠度要求,《公桥规》规定,普通钢筋抗拉强度标准值,取用现行国家标准的钢筋屈服点,具有不小于 95% 保证率的抗拉强度。普通钢筋的强度标准值 f_{sk} 见表 1-4。

按承载能力极限状态计算时,采用钢筋的强度设计值。强度设计值为钢筋强度标准值 f_{sk} 除以材料强度分项系数后的值。普通钢筋的强度分项系数 $\gamma_s = 1.2$。普通钢筋强度设计值见表 1-4。

钢丝、钢绞线强度标准值与设计值,按《公桥规》规定,取值见表 1-5a)和表 1-5b)。

普通钢筋强度标准值和设计值　　　　　　　　　　表 1-4

钢筋种类	公称直径 d(mm)	符号	钢筋抗拉强度标准值 f_{sk}(MPa)	钢筋抗拉强度设计值 f_{sd}(MPa)	钢筋抗压强度设计值 f'_{sd}(MPa)
HPB300	$d=6\sim22$	Φ	300	250	250
HRB400		Φ			
HRBF400	$6\sim50$	$Φ^F$	400	330	330
RRB400		$Φ^R$			
HRB500	$d=6\sim50$	Φ	500	415	400

注:1. 公称直径是与钢筋的公称截面面积相等的圆的直径,即以公称直径所得的圆面积就是钢筋的截面面积。在本书中,凡未加特别说明的"钢筋直径"均指钢筋公称直径。

2. 钢筋混凝土轴心受拉和小偏心受拉构件的钢筋抗拉强度设计值大于330MPa时,应按330MPa取用;在斜截面抗剪承载力、受扭承载力和冲切承载力计算中垂直于纵向受力钢筋的箍筋或间接钢筋等横向钢筋的抗拉强度设计值大于330MPa时,应取330MPa。

3. 构件中配有不同种类的钢筋时,每种钢筋应采用各自的强度设计值。

预应力钢筋抗拉强度标准值　　　　　　　　　表 1-5a)

钢筋种类		符号	公称直径 d(mm)	抗拉强度标准值 f_{pk}(MPa)
钢绞线	1×7	$Φ^S$	9.5、12.7、15.2、17.8	1720、1860、1960
			21.6	1860
消除应力钢丝	光面 螺旋肋	$Φ^P$ $Φ^H$	5	1570、1770、1860
			7	1570
			9	1470、1570
预应力螺纹钢筋		$Φ^T$	18、25、32、40、50	785、930、1080

注:抗拉强度标准值为1960MPa的钢绞线作为预应力钢筋作用时,应有可靠的工程经验或充分的试验验证。

预应力钢筋抗拉、抗压强度设计值　　　　　　　表 1-5b)

钢筋种类	抗拉强度标准值 f_{pk}(MPa)	抗拉强度设计值 f_{pd}(MPa)	抗压强度设计值 f'_{pd}(MPa)
钢绞线 1×7(七股)	1720	1170	390
	1860	1260	
	1960	1330	
消除应力钢丝	1470	1000	410
	1570	1070	
	1770	1200	
	1860	1260	
预应力螺纹钢筋	785	650	400
	930	770	
	1080	900	

知识链接

一、弯　　钩

为了防止承受拉力的主钢筋在混凝土内滑动,需把钢筋两端做成弯钩。

HPB300 钢筋的弯钩半圆内径不宜过小,一般不得小于 2.5d[图 1-11a)];HRB400、HRB500、HRBF400、RRB400 钢筋的直弯钩,其直径不得小于 5d,在弯钩的端部应留一直线段,其长度不得小于 10d[图 1-11b)],对于 135°末端弯钩,其直径不小于 5d,在弯钩的端部直线段长度不得小于 5d[图 1-11d)]。

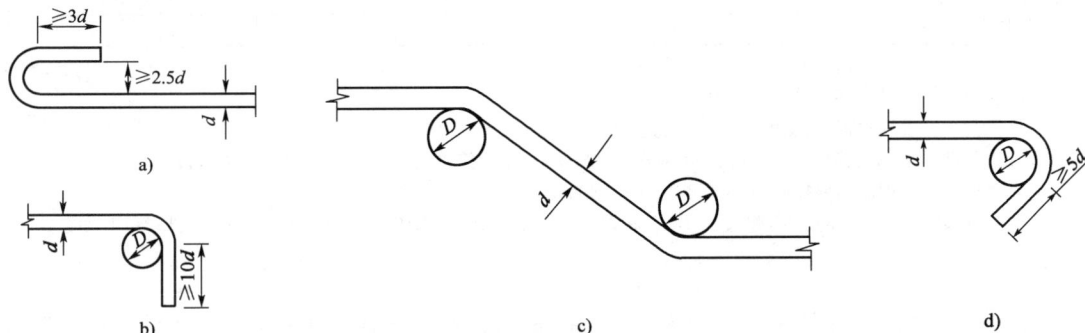

图 1-11 钢筋的弯钩与弯折

a)半圆弯钩;b)直弯钩;c)钢筋弯折示意;d)135°末端弯钩

箍筋的末端应做成弯钩,弯曲角度可取 135°。弯钩的弯曲直径应大于被箍的受力主钢筋的直径,且 HPB300 钢筋不应小于箍筋直径的 2.5 倍,HRB400 钢筋不应小于箍筋直径的 5 倍。弯钩平直段长度,一般结构不应小于箍筋直径的 5 倍,抗震结构不应小于箍筋直径的 10 倍。

二、弯 折

钢筋在弯折处应做成圆弧段,圆弧的曲率直径应不小于 20d[图 1-11c)]。

三、接 头

出厂的钢筋,为了便于运输,除小直径的盘钢外,每条长度多为 10~12m。在实际工程中,往往会遇到钢筋长度不足的情况,这时就需要把钢筋接长到设计长度。钢筋连接宜设在受力较小区段,并宜错开布置。接头宜采用焊接接头和机械连接接头(套筒挤压接头、镦粗直螺纹接头);当施工或构造条件有困难时,除轴心受拉和小偏心受拉构件纵向受力钢筋外,可采用绑扎接头。下面简单介绍下绑扎接头与焊接接头。

1. 绑扎接头

绑扎接头是在钢筋搭接处用铁丝绑扎而成(图 1-12)。绑扎接头的钢筋直径不宜大于 28mm,对轴心受压和偏心受压构件中的受压钢筋,直径可不大于 32mm。

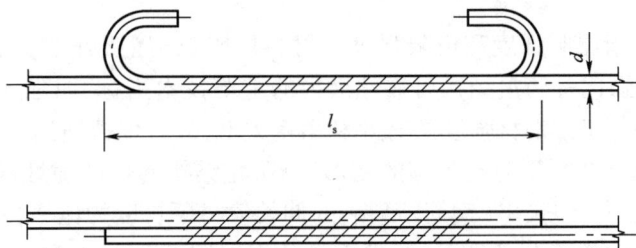

图 1-12 绑扎接头

受拉钢筋绑扎接头的搭接长度应不小于表 1-6 的规定;受压钢筋绑扎接头的搭接长度应不小于表 1-6 规定的受拉钢筋绑扎接头搭接长度的 0.7 倍。

受拉钢筋绑扎接头的搭接长度 l_s 表 1-6

钢筋种类	HPB300		HRB400,HRBF400,RRB400	HRB500
混凝土强度等级	C25	≥C30	≥C30	≥C30
搭接长度(mm)	40d	35d	45d	50d

注:1. 当带肋钢筋公称直径 d 大于 25mm 时,其受拉钢筋的搭接长度应按表值增加 5d 采用;当带肋钢筋 d 小于 25mm 时,搭接长度可按表值减少 5d 采用。

2. 当混凝土在凝固过程中,受力钢筋易受扰动时,其搭接长度应增加 5d。

3. 在任何情况下,受拉钢筋的搭接长度不应小于 300mm;受压钢筋的搭接长度不应小于 200mm。

4. 环氧树脂涂层钢筋的绑扎接头搭接长度,受拉钢筋按表值的 1.5 倍采用。

5. 受拉区段内,HPB300 钢筋绑扎接头的末端应做成弯钩,HRB400、HRB500、HRBF400 和 RRB400 钢筋的末端可不做成弯钩。

2. 焊接接头

(1)钢筋焊接接头宜采用闪光接触对焊;当不具备闪光接触对焊条件时,也可采用电弧焊(帮条焊或搭接焊)、电渣压力焊和气压焊,并满足下列要求:

①电弧焊应采用双面焊缝,不得已时方可采用单面焊缝。电弧焊接接头的焊缝长度,双面焊缝不应小于钢筋直径的 5 倍,单面焊缝不应小于钢筋直径的 10 倍。

②帮条焊接的帮条应采用与被焊接钢筋同强度等级的钢筋,其总截面面积不应小于被焊接钢筋的截面面积。

③采用搭接焊时,两钢筋端部应预先折向一侧,两钢筋轴线应保持一致。

(2)在任一焊接接头中心至 35 倍钢筋直径且不小于 500mm 的长度区段内,同一根钢筋不得有两个接头;在该区段内有接头的受力钢筋截面面积占受力钢筋总截面面积的百分数,普通钢筋在受拉区不宜超过 50%,在受压区和装配式构件间的连接钢筋不受限制。

(3)帮条焊或搭接焊接头部分钢筋的横向净距不应小于钢筋直径,且不应小于 25mm,同时非焊接部分钢筋净距应符合以下规定:

①当钢筋为三层及以下时,各主钢筋间横向净距和层与层之间的竖向净距不应小于 30mm,并不小于钢筋直径。

②当钢筋为三层以上时,竖向净距不应小于 40mm,并不小于钢筋直径的 1.25 倍。对于束筋,此处直径采用等代直径(束筋成束后的等代直径为 $d_e = \sqrt{n}\,d$,其中 n 为组成束筋的钢筋根数;d 为单根钢筋直径)。

三、钢筋混凝土结构对钢筋性能的要求

(1)强度:主要是指屈服强度和极限强度。材料屈服点(屈服强度)与抗拉强度的比值称为屈强比。钢筋的屈强比是衡量结构可靠性潜力的重要技术指标,屈强比小标志着结构的可靠性高,但当屈强比过小时,钢材强度的有效利用率太低,故宜保持适当的屈强比。

(2)塑性:要求钢材在断裂时有足够的变形,以防止结构构件的脆性破坏。其主要衡量指标是屈服强度、极限强度、伸长率(钢筋断裂后的伸长值与原长度的比率)和冷弯性能等。

(3)可焊性:在一定的工艺条件下,要求钢筋的焊口附近不产生裂纹和过大的变形,且具有良好的机械性能。钢筋的可焊性与其含碳量及合金元素的含量有关,如碳、锰含量增加,则

可焊性降低;如含有适量的钛,则可改善焊接性能。

(4)钢筋与混凝土的握裹力:为了保证钢筋与混凝土的共同变形和共同工作,钢筋的表面形状对于钢筋与混凝土的握裹力有着重要影响。

在寒冷地区,对钢筋的冷脆性能也应有一定的要求。

§1-3 钢筋与混凝土之间的黏结

素养点:

①遵守国家法律法规及行业规范、标准等,强化廉洁自律、职业道德;

②从结构的整体性和钢筋混凝土的结合机理等方面,体会"和谐统一的整体观"。

知识点:

①钢筋与混凝土的黏结力;

②确保黏结强度的措施。

技能点:

能简述钢筋与混凝土之间黏结力的三个组成。

一、钢筋与混凝土的黏结力

在钢筋混凝土结构中,钢筋与混凝土之间之所以能共同工作的最主要条件,就是钢筋与混凝土的黏结作用。两者之间的黏结力由下列三部分组成:

(1)水泥浆凝结与钢筋表面的化学胶结力;

(2)混凝土收缩将钢筋裹紧而产生的摩阻力;

(3)钢筋表面凹凸不平与混凝土之间产生的机械咬合力。

钢筋与混凝土之间黏结力的测定,通常采用钢筋拔出的试验方法,即将钢筋的一端埋入混凝土内,在另一端施力将钢筋拔出(图1-13)。钢筋表面单位面积上的黏结力称为黏结强度。试验表明,黏结应力沿钢筋埋入长度呈曲线分布,最大黏结应力在离端头一定距离处,且随拔出力的大小而变化(图1-13)。黏结强度取其平均值,用符号 τ_n(MPa)表示。

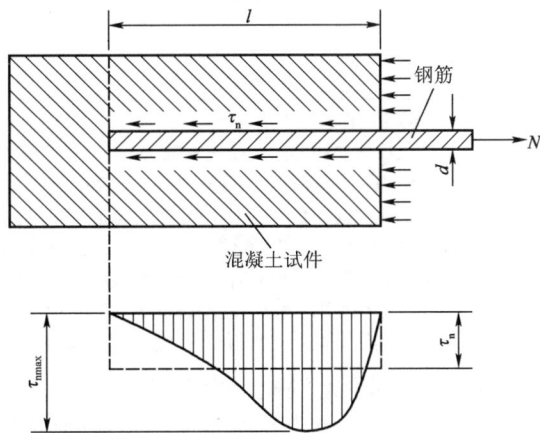

图1-13 钢筋拔出试验中黏结应力分布图

$$\tau_{n} = \frac{N}{Sl} \qquad (1-3)$$

式中:N——拔出力(N);

　　　S——钢筋截面的周长(mm);

　　　l——钢筋的埋入长度(mm)。

据国外有关资料介绍,对于受拉的带肋钢筋,其黏结强度为 2.5~6.0MPa,光圆钢筋的黏结强度为 1.5~3.5MPa。

二、确保黏结强度的措施

为了保证钢筋与混凝土之间具有足够的黏结力,在选用材料和钢筋混凝土构造方面可采取如下措施:

(1)选用适宜的混凝土强度等级。试验表明,黏结强度的大小与混凝土强度密切相关,混凝土强度等级越低,则钢筋与混凝土间的黏结力也越低。

(2)采用带肋钢筋。由于带肋钢筋的表面凹凸不平,钢筋与混凝土的机械咬合作用较大,黏结力大幅增加,抗滑动性能更好,即使钢筋端部不做弯钩,也能保证钢筋在混凝土内的锚固作用。

(3)受拉钢筋的端部应做成弯钩。

(4)绑扎钢筋的接头必须有足够的搭接长度。

(5)保证受力钢筋具有足够的锚固长度。为避免钢筋在混凝土中滑移,埋入混凝土内的受力钢筋必须具有足够的锚固长度,使钢筋牢固地锚固在混凝土中。

■➡ 知识链接

钢筋的最小锚固长度见表 1-7。

钢筋最小锚固长度　　　　　　　　　　　　表 1-7

钢筋种类		HPB300				HRB400、HRBF400、RRB400			HRB500		
混凝土强度等级		C25	C30	C35	≥C40	C30	C35	≥C40	C30	C35	≥C40
受压钢筋(直端)		$45d$	$40d$	$38d$	$35d$	$30d$	$28d$	$25d$	$35d$	$33d$	$30d$
受拉钢筋	直端	—	—	—	—	$35d$	$33d$	$30d$	$45d$	$43d$	$40d$
	弯钩端	$40d$	$35d$	$33d$	$30d$	$30d$	$28d$	$25d$	$35d$	$33d$	$30d$

注:1. d 为钢筋公称直径。

　　2. 对于受压束筋和等代直径 $d_e \leqslant 28mm$ 的受拉束筋的锚固长度,应以等代直径按表值确定,束筋的各单根钢筋可在同一锚固终点截断;对于等代直径 $d_e > 28mm$ 的受拉束筋,束筋内各单根钢筋,应自锚固起点开始,以表内规定的单根钢筋的锚固长度的 1.3 倍,呈阶梯形逐根延伸后截断,即自锚固起点开始,第一根延伸 1.3 倍单根钢筋的锚固长度,第二根延伸 2.6 倍单根钢筋的锚固长度,第三根延伸 3.9 倍单根钢筋的锚固长度。

　　3. 采用环氧树脂涂层钢筋时,受拉钢筋最小锚固长度应增加 25%。

　　4. 当混凝土在凝固过程中易受扰动时,锚固长度应增加 25%。

　　5. 当受拉钢筋末端采用弯钩时,锚固长度为包括弯钩在内的投影长度。

(6)钢筋周围的混凝土应有足够的厚度。

(7)设置一定数量的横向钢筋。横向钢筋(如梁中的箍筋)可以延缓混凝土沿受力钢筋纵向劈裂裂缝的发展和限制劈裂裂缝的宽度,从而可以提高黏结应力。因此,在较大直径钢筋的锚固或搭接长度范围内,以及当一排并列的受力钢筋根数较多时,均应设置一定数量的附加箍筋,以防止混凝土保护层的劈裂崩落。

当钢筋的锚固区作用有侧向压应力时,黏结强度将会提高。

☞ **知识链接**

由工程设计、施工中少配、漏配受力钢筋导致的工程事故案例

2009 年,中国湖南株洲市红旗路高架桥坍塌,经过分析,其中一个重要原因就是部分桥墩钢筋配置不足,且施工中存在钢筋绑扎不牢固的情况。作为土木工程从业人员,应严格遵守行业规范、标准等,强化廉洁自律和职业道德修养,树立正确的价值观和职业观。

【课后练习】

一、填空题

1. 结构设计的原则是安全、_____、_____、环保、经济和美观。

2. 我国《公桥规》规定,混凝土立方体抗压强度标准值是以每边边长为_____mm 的立方体标准试件,在标准条件下养护_____d,用标准的试验方法测得的具有 95% 保证率的抗压强度值。

3. 在实际工程中如采用边长为 200mm 的混凝土立方体试件所测得的立方体强度应乘以_____的换算系数。

4. 混凝土在重复荷载作用下的破坏称疲劳破坏,疲劳抗压强度一般比轴心抗压强度要_____。

5. 混凝土压应力越大,则徐变_____。

6. 混凝土在空气中结硬时,其体积会_____。

7. 我国钢材按化学成分可分为普通碳素钢和_____。

8. 有明显屈服点钢筋,设计强度取值依据为钢筋的_____强度。

9. 目前,工程中常用的热轧光圆钢筋牌号为_____。

10. 钢筋和混凝土共同工作的基础是两者具有可靠的_____和相近的线性系数。

二、选择题

1. 我国以(　　)作为混凝土强度的基本指标。

    A. 圆柱体抗压强度   B. 轴心抗压强度

    C. 棱柱体强度   D. 立方体抗压强度

2. 下列说法正确的是(　　)。

    A. 加载速度越快,测得的混凝土立方体抗压强度越低

    B. 棱柱体试件的高宽比越大,测得的抗压强度越高

    C. 混凝土立方体试件比棱柱体试件能更好地反映混凝土的实际受压情况

    D. 混凝土试件与压力机垫板间的摩擦力使得混凝土的抗压强度提高

3. 同一强度等级的混凝土,各种强度之间的关系是(　　)。

    A. $f_{ck} > f_{cu,k} > f_{tk}$ B. $f_{cu,k} > f_{ck} > f_{tk}$ C. $f_{cu,k} > f_{tk} > f_{ck}$ D. $f_{tk} > f_{cu,k} > f_{ck}$

4. 混凝土强度等级 C30 表示(　　)。

A. 混凝土的立方体抗压强度≥30MPa

B. 混凝土的棱柱体抗压强度设计值≥30MPa

C. 混凝土的轴心抗压强度标准值≥30MPa

D. 混凝土的立方体抗压强度达到30MPa的概率不小于95%

5. 在下列关于混凝土徐变的概念中，正确的是(　　　)。

A. 周围环境越潮湿，混凝土徐变越大

B. 水泥用量越多，混凝土徐变越小

C. 水灰比越大，混凝土徐变越大

D. 初始压应力越大，混凝土徐变越小

6. (　　　)是低碳钢、普通低合金钢在高温状态下轧制而成，包括光圆钢筋和带肋钢筋。牌号有 HPB300、HRB400、HRB500、HRBF400。

A. 热轧钢筋　　　　　　　　　　　B. 热处理钢筋

C. 余热处理钢筋　　　　　　　　　D. 冷轧带肋钢筋

7. 钢筋混凝土中常用的 HRB400 钢筋代号中数字 400 表示(　　　)。

A. 钢筋强度的标准值　　　　　　　B. 钢筋强度的设计值

C. 钢筋的弹性模量　　　　　　　　D. 钢筋的极限应变

8. 混凝土结构设计中钢筋强度按下列(　　　)项取值。

A. 比例极限　　　　　　　　　　　B. 强度极限

C. 弹性极限　　　　　　　　　　　D. 屈服强度或条件屈服强度

9. 预应力钢筋强度有一定要求，不能作为预应力筋的是(　　　)。

A. 高强度钢丝　　　　　　　　　　B. 钢绞线

C. 精轧螺纹钢筋　　　　　　　　　D. HRB400 钢筋

10. 钢筋和混凝土之间的黏结强度(　　　)。

A. 当外部荷载大时，其黏结强度大

B. 当钢筋埋入混凝土中的长度长时，其黏结强度大

C. 混凝土强度等级高时，其黏结强度大

D. 钢筋级别低时，其黏结强度大

三、判断题

1. 在跨径较大桥梁结构中，采用钢筋混凝土结构较为合理。　　　　　　　　　　(　　　)

2. 混凝土标准抗压强度规定采用的方法是不加油脂润滑剂的试验方法。　　　　(　　　)

3. 混凝土立方体试块尺寸越小，测得的立方体抗压强度越低。　　　　　　　　(　　　)

4. 混凝土强度等级越高其延性越好。　　　　　　　　　　　　　　　　　　　(　　　)

5. 材料的强度设计值大于材料的强度标准值。　　　　　　　　　　　　　　　(　　　)

6. 混凝土在长期荷载作用下产生的应力越大，混凝土的徐变越小。　　　　　　(　　　)

7. 水泥用量越多，混凝土收缩越小。　　　　　　　　　　　　　　　　　　　(　　　)

8. 硬钢没有明显的屈服点。　　　　　　　　　　　　　　　　　　　　　　　(　　　)

9. ϕ16 表示直径 16mm 的热轧光圆钢筋。　　　　　　　　　　　　　　　　　(　　　)

10. 混凝土与带肋钢筋间的黏结力比光圆钢筋更高。　　　　　　　　　　　　　(　　　)

四、简答题

1. 什么是素混凝土结构?

2. 什么是钢筋混凝土结构?

3. 在素混凝土结构中配置一定形式和数量的钢材以后,结构的性能将发生怎样的变化?

4. 钢筋与混凝土为什么能共同工作?

5. 如何获得混凝土的立方体抗压强度?

6. 混凝土的立方体抗压强度标准值和混凝土的强度等级有何关系?

7. 混凝土的立方体抗压强度和轴心抗压强度有何区别?

8. 钢材的应力-应变关系曲线特征是什么?

9. 钢筋和混凝土之间的黏结力是怎样产生的?

五、拓展思考题

你知道我们的祖先用哪些材料造桥?

单元二
UNIT TWO

结构按极限状态法设计的原则

　　钢筋混凝土结构构件的"设计"是指在预定的作用及材料性能条件下,按功能要求确定构件所需要的截面尺寸、配筋和构造。它包括规划布置与设计计算。

　　最早的钢筋混凝土结构设计理论,采用以弹性理论为基础的容许应力计算法。这种方法要求在规定的标准荷载作用下,按弹性理论计算得到的构件截面任一点的应力应不大于规定的容许应力,而容许应力是由材料强度除以安全系数求得的,安全系数则依据工程经验和主观判断来确定。

　　然而,由于钢筋混凝土并不是一种弹性匀质材料,而是表现出明显的塑性性能,因此,这种以弹性理论为基础的计算方法是不可能如实地反映构件截面的应力状态和正确地计算出结构构件的承载能力。

　　20世纪30年代,苏联学者提出了考虑钢筋混凝土塑性性能的破坏阶段计算方法。该方法以充分考虑材料塑性性能的结构构件承载能力为基础,要求按材料标准极限强度计算的承载能力必须大于计算的最大荷载产生的内力。

　　计算的最大荷载由规定的标准荷载乘以单一的安全系数而得出。安全系数仍依据工程经验和主观判断来确定。

　　随着对荷载和材料强度变异性的进一步研究,苏联在20世纪50年代又提出了极限状态计算法。极限状态计算法是破坏阶段计算法的发展,它规定了结构的极限状态,并把单一安全系数改为三个分项系数,即荷载系数、材料系数和工作条件系数,从而把不同的外荷载、不同的材料以及不同构件的受力性质等都用不同的安全系数区别开来,使不同的构件具有比较一致的安全度。

　　部分荷载系数和材料系数基本上是根据统计资料用概率方法确定的,这是设计方法上的很大进步。我国《公路砖石及混凝土桥涵设计规范》(JTJ 022—85)和《公路钢筋混凝土及预应力混凝土桥涵设计规范》(JTJ 023—85)中所采用的计算方法即是这种半经验、半概率的"三系数"极限状态设计法。《公路钢筋混凝土及预应力混凝土桥涵设计规范》(JTG 3362—2018)则采用以概率理论为基础、按分项系数表达的极限状态设计方法。

　　它引入了结构可靠性理论,把影响结构可靠性的各种因素均视为随机变量,以大量的实测资料和试验数据为基础,运用统计学方法,寻求各随机变量的统计规律,确定结构的失效概率

(或可靠指标)来度量结构的可靠性。

这样,在度量结构可靠性上由经验方法转变为运用统计学方法,使结构设计更符合客观实际情况。

§2-1 作用(荷载)与作用(荷载)组合

素养点:
科学探索精神、岗位责任意识、安全意识、严谨认真的工作态度。
知识点:
①作用的概念及分类;
②作用代表值与作用效应;
③作用组合。
技能点:
能根据结构物的特性和不同设计状况,按照《桥规》选择相应的作用组合。

一、作用及作用分类

作用,一般指施加在结构上的集中力或分布力(直接作用,也称为荷载)和引起结构外加变形或约束变形的原因(间接作用)。

1. 永久作用

永久作用是指在设计基准期内始终存在且其量值变化与平均值相比可忽略不计的作用,或其变化是单调的并趋于某个限值的作用,例如结构构件重力等。

2. 可变作用

可变作用是指在结构基准期内,其量值随时间而变化,且其变化值与平均值比较不可忽略的作用,例如汽车荷载、人群荷载等。

3. 偶然作用

偶然作用是指在结构基准期内,不一定出现,而一旦出现,其量值很大且持续时间很短的作用,例如船舶对桥的撞击等。

4. 地震作用

地震作用是指地运动引起的结构动态作用。

各类作用列于表2-1中。

作用(荷载)分类表　　　　　　　　　　　　　　表2-1

序号	分类	名称
1	永久作用	结构重力(包括结构附加重力)
2		预加力
3		土的重力
4		土侧压力
5		混凝土收缩、徐变作用
6		水浮力
7		基础变位作用
8	可变作用	汽车荷载
9		汽车冲击力
10		汽车离心力
11		汽车引起的土侧压力
12		汽车制动力
13		人群荷载
14		疲劳荷载
15		风荷载
16		流水压力
17		冰压力
18		波浪力
19		温度(均匀温度和梯度温度)作用
20		支座摩阻力
21	偶然作用	船舶的撞击作用
22		漂流物的撞击作用
23		汽车撞击作用
24	地震作用	地震作用

二、作用代表值、作用效应及作用组合

（一）作用的代表值

作用的代表值是指极限状态设计所采用的作用值,可以是永久作用的标准值,可变作用的标准值、频遇值、组合值和准永久值。

1. 作用的标准值

作用的标准值是结构设计的主要参数,关系到结构的安全问题,是作用的基本代表值。作

用的标准值反映了作用在设计基准期内随时间的变异,其量值应取结构设计规定期限内可能出现的最不利值,一般按作用在设计基准期内最大值概率分布的某一分位值确定。

2. 可变作用的频遇值

可变作用的频遇值是指结构上较频繁出现的且量值较大的作用值,但它比可变作用的标准值小,实际上其可由标准值乘以小于 1 的频遇值系数 ψ_f 得到。

3. 可变作用的组合值

可变作用的组合值是指在主导可变作用(汽车荷载)出现时段内其他可变作用的最大量值,但它比可变作用的标准值小,实际上可由标准值乘以小于 1 的组合值系数 ψ_c 得到。

4. 可变作用的准永久值

可变作用的准永久值是指在结构上经常出现的作用取值,但它比可变作用的频遇值更小一些,实际上可是由标准值乘以小于 1 的准永久值系数 ψ_q 得到。

(二)作用效应

作用效应是指由作用引起的结构或结构构件的反应。

(三)作用组合(荷载组合)

在不同作用的同时影响下,为验证某一极限状态的结构可靠度而采用的一组作用设计值。

在进行结构计算时,应根据结构物的特性,考虑作用同时出现的可能性,按照《桥规》的规定,选择下列相应的作用组合:

1. 基本组合

基本组合是指永久作用设计值与可变作用设计值的组合。持久设计状况和短暂设计状况(概念见 § 2-2)均应采用此类组合。

2. 偶然组合

偶然组合是指承载能力极限状态设计时,永久作用标准值与可变作用某种代表值、一种偶然作用设计值的组合。

3. 作用地震组合

该组合效应设计值应按《公路工程抗震规范》(JTG B02—2013)的有关规定计算,此类组合适用于地震设计状况。

4. 频遇组合

频遇组合是指正常使用极限状态设计时,永久作用标准值与主导可变作用频遇值、伴随可变作用准永久值的组合。

5. 准永久组合

准永久组合是指正常使用极限状态设计时,永久作用标准值与可变作用准永久值的组合。

§2-2　极限状态法设计的基本概念

> **素养点：**
> 科学探索精神、岗位责任意识、安全意识、严谨认真的工作态度。
> **知识点：**
> ①结构的功能、可靠性和可靠度；
> ②极限状态的基本概念。
> **技能点：**
> 能判断结构在什么情况下达到承载能力极限状态和正常使用极限状态。

一、结构的可靠性概念

（一）结构的功能、可靠性、可靠度

1. 结构的功能

结构设计的目的就是要使所设计的结构,在规定的时间内能符合安全可靠、经济合理、适用耐久的要求。

（1）安全性

结构的安全性是指在规定的期限内,在正常施工和正常使用情况下,结构能承受可能出现的各种作用;在偶然事件（地震、撞击等）发生时及发生后,结构发生局部损坏,但不致出现整体破坏和连续倒塌,仍能保持必需的整体稳定性。

（2）适用性

结构的适用性是指在正常使用情况下,结构具有良好的工作性能,不发生过大的变形或震动。

（3）耐久性

结构的耐久性是指结构在正常维护情况下,材料性能虽然随时间变化,但结构仍能满足设计的预定功能要求。结构具有足够的耐久性,构件不出现过大的裂缝;在不利环境因素作用下,不会导致结构可靠度降低,甚至失效。

2. 结构的可靠性和可靠度

结构的可靠性是结构安全性、适用性和耐久性的统称。其定义是:在规定的时间内和在规定的条件下,结构完成预定功能的能力。

结构的可靠度是度量结构可靠性的数量指标。其定义是:在规定的时间内和规定的条件下,结构完成预定功能的概率。

（二）设计基准期

为确定可变作用等的取值而选用的时间参数。

（三）设计使用年限

在正常设计、施工、正常使用和正常养护条件下,桥涵结构或结构构件不需进行大修或更换,即可按其预定目的使用的年限。

设计基准期和设计使用年限都是时间参数,没有必然联系。

二、极限状态的基本概念

（一）极限状态的定义和分类

结构工作状态是处于可靠还是失效的标志用"极限状态"来衡量。

当整个结构或结构的一部分超过某一特定状态而不能满足设计规定的某一功能要求时,此特定状态称为该功能的极限状态。对于结构的各种极限状态,均应规定明确的标志和限值。

国际标准化组织(ISO)和我国标准将极限状态分为承载能力极限状态和正常使用极限状态两类。这两类极限状态作为设计的要求,应视结构所处状况灵活地对待。

《桥规》规定,公路桥涵应根据不同种类的作用及其对桥涵的影响、桥涵所处的环境条件,考虑以下四种设计状况及其相应的极限状态设计。

(1)持久状况:是指结构的使用阶段,这个阶段的时间很长,一般取与设计基准期相同的时间。对该状况桥涵应进行承载能力极限状态和正常使用极限状态设计。

(2)短暂状况:桥涵施工过程中承受临时性作用(或荷载)的状况。对该状况桥涵仅做承载能力极限状态设计,必要时才做正常使用极限状态设计。

(3)偶然状况:桥涵使用过程中偶然出现的如船舶的撞击状况。对该状况桥涵仅做承载能力极限状态设计。

(4)地震状况:对该状况桥涵仅做承载能力极限状态设计。

（二）承载能力极限状态

承载能力极限状态对应于结构或结构构件达到最大承载能力或出现不适于继续承载的变形或变位。当结构或结构构件出现下列状态之一时,即认为超过了承载能力极限状态:

(1)结构或结构的一部分作为刚体失去平衡(如倾覆、滑移等);

(2)结构构件或其连接,因超过材料强度而破坏(包括疲劳破坏),或因过度的塑性变形而不能继续承载;

(3)结构转变为机动体系;

(4)结构或结构构件丧失稳定(如压屈等)。

承载能力极限状态涉及结构的安全问题,可能导致人员伤亡和大量财产损失,所以必须具有较高的可靠度(安全度)或较低的失效概率。

《桥规》规定:承载能力极限状态,应根据桥涵破坏可能产生后果的严重程度,划分为以下三个安全等级进行设计:

（1）一级：破坏后果很严重。适用于：各等级公路上的特大桥、大桥、中桥；高速公路、一级公路、二级公路、国防公路及城市附近交通繁忙公路上的小桥。

（2）二级：破坏后果严重。适用于：三、四级公路上的小桥；高速公路、一级公路、二级公路、国防公路及城市附近交通繁忙公路上的涵洞。

（3）三级：破坏后果不严重。适用于三、四级公路上的涵洞。

（三）正常使用极限状态

正常使用极限状态对应于结构或结构构件达到正常使用或耐久性能的某项规定的限值。当结构或结构构件出现下列状态之一时，即认为超过了正常使用极限状态：

（1）影响正常使用或外观的变形；

（2）影响正常使用或耐久性能的局部损坏（如出现过大的裂缝）；

（3）影响正常使用的振动；

（4）影响正常使用的其他特定状态。

正常使用极限状态涉及结构适用性和耐久性问题，可以理解为对结构使用功能的损害，导致结构质量的恶化，但对人身和生命的危害较小，与承载能力极限状态比较，其可靠度可适当降低。尽管如此，设计时仍需引起足够重视。例如，如果桥梁的主梁竖向挠度过大，将会造成桥面不平整，引起行车时很大的冲击和震动；如果出现过大的裂缝，不但会引起人们心理上的不安全感，而且会导致钢筋锈蚀，有可能带来重大工程事故。

§2-3 我国公路桥涵设计规范规定的结构设计计算方法

素养点：
①分析、研究、解决问题的能力；
②提升民族自豪感，培养主人翁精神。

知识点：
①承载能力极限状态计算原则、公式含义；
②正常使用极限状态计算原则、公式含义；
③混凝土结构的耐久性设计。

技能点：
能正确选择计算公式，准确选择各分项系数值和混凝土保护层厚度。

中华人民共和国成立七十多年来，特别是进入新时代以来，中国桥梁建设取得了举世瞩目的辉煌成就,已成为全球桥梁技术的引领者。在超大跨度桥梁、恶劣环境下的建桥技术、智能建造、材料与结构等方面均领先世界。世界十大桥梁中,中国占 6 席。

一、持久状况承载能力极限状态计算原则

《公桥规》规定:公路桥涵的持久状况设计应按承载能力极限状态的要求,对构件进行承载力及稳定性计算。必要时尚应进行结构的倾覆和滑移的验算。设计的原则是作用组合的效应设计值必须小于或等于结构承载力设计值。

1. 作用组合的效应设计值

施加于结构上的几种作用标准值的组合引起的效应设计值,称为作用组合的效应设计值。

2. 承载力设计值

用材料强度设计值计算的结构或构件极限承载能力称为承载力设计值。

3. 承载能力极限状态设计表达式

$$\gamma_0 S \leq R \tag{2-1}$$
$$R = R(f_\mathrm{d}, a_\mathrm{d}) \tag{2-2}$$

式中:γ_0——桥涵结构重要性系数,按公路桥涵的设计安全等级选用,一级、二级、三级分别取
1.1、1.0、0.9;

S——作用组合的效应设计值(其中汽车荷载应计入冲击作用),按《桥规》(JTG D60—2015)的规定,对持久状况应按作用基本组合计算;

R——结构或构件承载力设计值;

$R(\cdot)$——结构或构件承载力函数;

f_d——材料强度设计值;

a_d——几何参数设计值,$a_\mathrm{d} = a_\mathrm{k} + \Delta a$,其中 a_k 为结构或构件几何参数标准值,即设计文件规定值;Δa 为结构或构件的几何参数附加值,即指实际结构或构件的几何参数与标准值之间存在偏差而采用的调整值。

4. 作用的分项系数

式(2-1)中的 S 可用式(2-3)表示:

$$S = S\left(\sum_{i=1}^{m} \gamma_{Gi} G_{ik}, \gamma_{L1} \gamma_{Q1} Q_{1k}, \psi_\mathrm{c} \sum_{j=2}^{n} \gamma_{Lj} \gamma_{Qj} Q_{jk}\right) \tag{2-3}$$

式中:γ_{Gi}——第 i 个永久作用的分项系数,应按表 2-2 的规定采用;

G_{ik}——第 i 个永久作用的标准值;

γ_{Q1}——汽车荷载(含汽车冲击力、离心力)的分项系数,采用车道荷载计算时取 $\gamma_{Q1} = 1.4$,采用车辆荷载计算时,取 $\gamma_{Q1} = 1.8$;当某个可变作用在组合中的效应值超过汽车荷载效应时,则该作用取代汽车荷载,其分项系数取 $\gamma_{Q1} = 1.4$;对专为承受某作用而设置的结构或装置,设计时该作用的分项系数取 $\gamma_{Q1} = 1.4$;计算人行道板和人行道栏杆的局部荷载,其分项系数也取 $\gamma_{Q1} = 1.4$;

Q_{1k}——汽车荷载(含汽车冲击力、离心力)的标准值;

γ_{Qj}——在作用组合中除汽车荷载(含汽车冲击力、离心力)、风荷载外的其他第 j 个可变作用的分项系数,取 $\gamma_{Qj} = 1.4$,但风荷载的分项系数取 $\gamma_{Qj} = 1.1$;

Q_{jk}——在作用组合中除汽车荷载(含汽车冲击力、离心力)外的其他第 j 个可变作用的标准值;

ψ_c——在作用组合中除汽车荷载(含汽车冲击力、离心力)外的其他可变作用的组合值系数,取 $\psi_c = 0.75$;

$\psi_c Q_{jk}$——在作用组合中除汽车荷载(含汽车冲击力、离心力)外的第 j 个可变作用的组合值;

γ_{Lj}——第 j 个可变作用的结构设计使用年限荷载调整系数,公路桥涵结构的设计使用年限按《公路工程技术标准》(JTG B01—2014)取值时,可变作用的设计使用年限荷载调整系数取 $\gamma_{Lj} = 1.0$;否则,取值应按专题研究确定。

永久作用的分项系数　　　　　　　　　　表 2-2

序号	作用类别		永久作用分项系数	
			对结构的承载能力不利时	对结构的承载能力有利时
1	混凝土和圬工结构重力(包括结构附加重力)		1.2	1.0
	钢结构重力(包括结构附加重力)		1.1 或 1.2	
2	预加力		1.2	1.0
3	土的重力		1.2	1.0
4	混凝土的收缩及徐变作用		1.0	10
5	土侧压力		1.4	1.0
6	水的浮力		1.0	1.0
7	基础变位作用	混凝土和圬工结构	0.5	0.5
		钢结构	1.0	1.0

二、正常使用极限状态计算原则

正常使用极限状态的计算,采用作用(或荷载)的频遇组合、准永久组合或频遇组合并考虑准永久组合的影响,对构件的抗裂、裂缝宽度和挠度进行验算,并使各项计算值不超过各相应的规定限值。即有:

抗裂验算

$$\sigma \leqslant \sigma_L \tag{2-4}$$

裂缝宽度验算

$$W_{tk} \leqslant W_L \tag{2-5}$$

挠度验算

$$f_d \leqslant f_L \tag{2-6}$$

以上 σ_L、W_L、f_L 分别为应力、裂缝宽度、挠度的限值。下面对这三个方面作简单说明。

1. 抗裂验算

对预应力混凝土受弯构件应按规定进行正截面和斜截面的抗裂验算。具体计算及规定见后面的章节。钢筋混凝土构件可不进行这项验算。

2. 裂缝宽度验算

对于钢筋混凝土构件及容许出现裂缝的 B 类预应力混凝土构件,均应进行裂缝宽度验算。关于钢筋混凝土受弯构件的裂缝宽度计算方法及规定详见单元六。

3. 挠度验算

在设计钢筋混凝土和预应力混凝土构件时,必须保证其具有足够的刚度,避免因产生过大的变形(挠度)而影响使用,因此对结构的变形应有所限制。计算方法及规定详见单元六和单元十一。

三、混凝土结构的耐久性设计

(一)混凝土结构的耐久性

混凝土结构的耐久性是指结构对气候变化、化学侵蚀、物理作用或任何其他破坏过程的抵抗能力。

由于混凝土的缺陷(如裂隙、孔道、气泡、孔穴等),环境中的水及侵蚀性介质就可能渗入混凝土内部,产生碳化、冻融、锈蚀作用而影响结构的受力性能,并且结构在使用年限内还会受到各种机械物理损伤(磨损、撞击等)及冲刷、溶蚀、生物侵蚀的作用。混凝土结构的耐久性问题表现为混凝土损伤(裂缝、破碎、酥裂、磨损、溶蚀等),钢筋的锈蚀、脆化、疲劳、应力腐蚀,以及钢筋与混凝土之间黏结锚固作用的削弱三个方面。从短期效果而言,这些问题会影响结构的外观和使用功能;从长远看,则会降低结构安全度,成为发生事故的隐患,影响结构的使用寿命。

(二)影响混凝土结构耐久性的因素

1.影响混凝土耐久性的因素

(1)混凝土的碳化

混凝土中因水泥石含有氢氧化钙[$Ca(OH)_2$]而呈碱性,在钢筋表面形成碱性薄膜而保护钢筋免遭酸性介质的侵蚀,起到了"钝化"保护作用。但大气中存在的酸性介质及水通过各种孔道、裂隙而渗入混凝土可以中和这种碱性,从而形成混凝土的"碳化"。

混凝土碳化的速度十分缓慢,并且与混凝土强度等级、水灰比、施工质量、结构所处环境、表面状态、气候环境等因素有关。

(2)化学侵蚀

水可以渗入混凝土内部,当其中溶入有害化学物质时,即对混凝土的耐久性造成影响。酸性物质对水泥水化物的侵蚀作用最大,酸性侵蚀的混凝土呈黄色,水泥剥落,集料外露。工业污染、酸雨、酸性土壤及地下水均可能构成对混凝土的酸性腐蚀。

此外,浓碱溶液渗入后结晶使混凝土胀裂和剥落;硫酸盐溶液渗入后与水泥发生化学反应,体积膨胀也会造成混凝土破坏。

(3)碱集料反应

碱集料反应是指混凝土中的水泥在水化过程中释放出的碱金属,与含碱性集料中的碱活性成分发生化学反应,生成碱活性物质。这种物质吸水后产生体积膨胀,造成混凝土开裂。碱集料反应引起的混凝土开裂一般在混凝土表面形成网状裂缝,并在裂缝处渗出白色凝胶物质。

碱集料反应一旦发生,很难加以控制,一般不到两年就会使结构出现明显开裂,所以有时也称碱集料反应是混凝土结构的"癌症"。

(4)冻融破坏

渗入混凝土中的水在低温下结冰膨胀,从内部破坏混凝土的微观结构。经多次冻融循环后,损伤积累将使混凝土剥落酥裂,强度降低。

（5）钢筋的腐蚀及其对结构耐久性的影响

钢筋腐蚀是影响钢筋混凝土结构耐久性和使用寿命的重要因素。混凝土中钢筋腐蚀的首要条件是混凝土的碳化和脱钝,只有将覆盖钢筋表面的碱性钝化膜破坏,加之有水分和氧的侵入,才有可能引起钢筋的腐蚀。钢筋腐蚀伴有体积膨胀,使混凝土出现沿钢筋的纵向裂缝,造成钢筋与混凝土之间的黏结力破坏,钢筋混凝土截面面积减小,使结构构件的承载力降低,造成结构变形和裂缝增大等一系列不良后果,且随着时间的推移,腐蚀会逐渐恶化,最终可能导致结构的完全破坏。

钢筋腐蚀一般可分为电化学腐蚀、化学腐蚀和应力腐蚀三种形式。

从上面分析的影响混凝土耐久性的因素可以看出,几乎所有侵蚀混凝土和钢筋的作用都需要有水作介质。另一方面,几乎所有的侵蚀作用对钢筋混凝土结构的破坏,都与侵蚀作用引起钢筋膨胀,并最终导致混凝土结构开裂有关。而且当混凝土结构开裂后,侵蚀速度将大大加快,混凝土结构的耐久性将进一步恶化。

2. 几点说明

预应力钢筋存在应力腐蚀、氢脆等不利于耐久性的弱点,且直径一般较细,对腐蚀比较敏感,破坏后果严重。因此,对预应力钢筋、连接器、锚夹具、锚头等容易遭受腐蚀的部分应采取有效的保护措施,提高混凝土的抗渗、抗冻性能有利于提升混凝土结构在恶劣环境下的耐久性。

（三）混凝土结构耐久性设计原则

（1）混凝土桥梁结构的耐久性取决于混凝土材料的自身特性和结构的使用环境、使用年限,与结构设计、施工及养护管理密切相关。综合国内外研究成果和工程经验,公路桥涵混凝土结构及构件应采取下列耐久性技术措施:

①钢筋的混凝土保护层厚度应满足表2-3的要求。

②对于预应力混凝土结构中的预应力体系,根据具体情况应采用相应的多重防护措施。

③有抗渗要求的混凝土结构,混凝土的抗渗等级符合有关标准的要求。

④在严寒和寒冷地区的潮湿环境中,混凝土应满足抗冻要求,混凝土抗冻等级符合有关标准的要求。

⑤桥涵结构形式、结构构造有利于排水、通风,避免水汽凝聚和有害物质积聚。

混凝土保护层最小厚度 c_{min}（mm）   表2-3

构件类别	梁、板、塔、拱圈、涵洞上部		墩台身、涵洞下部		承台、基础	
设计使用年限	100年	50年、30年	100年	50年、30年	100年	50年、30年
Ⅰ类-一般环境	20	20	25	20	40	40
Ⅱ类-冻融环境	30	25	35	30	45	40
Ⅲ类-近海或海洋氯化物环境	35	30	45	40	65	60
Ⅳ类-除冰盐等其他氯化物环境	30	25	35	30	45	40
Ⅴ类-盐结晶环境	30	25	40	35	45	40

续上表

构件类别	梁、板、塔、拱圈、涵洞上部		墩台身、涵洞下部		承台、基础	
Ⅵ类-化学腐蚀环境	35	30	40	35	60	55
Ⅶ类-磨蚀环境	35	30	45	40	65	60

注：1. 表中数值是针对各环境类别的最低作用等级、按表2-4要求的最低混凝土强度等级以及钢筋和混凝土无特殊防腐措施规定的。

2. 对工厂预制的混凝土构件，其保护层最小厚度可将表中相应数值减小5mm，但不得小于20mm。

3. 表中承台和基础的保护层最小厚度，是针对基坑底无垫层或侧面无模板的情况规定的；对于有垫层或有模板的情况，保护层最小厚度可将表中相应数值减小20mm，但不得小于30mm。

（2）《公桥规》提出了结构按实际使用年限和环境进行耐久性设计的一般概念，明确规定了不同使用环境下混凝土强度等级的最低要求，见表2-4。

混凝土强度等级最低要求　　　　　　　　　表2-4

构件类别	梁、板、塔、拱圈、涵洞上部		墩台身、涵洞下部		承台、基础	
设计使用年限	100 年	50 年、30 年	100 年	50 年、30 年	100 年	50 年、30 年
Ⅰ类-一般环境	C35	C30	C30	C25	C25	C25
Ⅱ类-冻融环境	C40	C35	C35	C30	C30	C25
Ⅲ类-近海或海洋氯化物环境	C40	C35	C35	C30	C30	C25
Ⅳ类-除冰盐等其他氯化物环境	C40	C35	C35	C30	C30	C25
Ⅴ类-盐结晶环境	C40	C35	C35	C30	C30	C25
Ⅵ类-化学腐蚀环境	C40	C35	C35	C30	C30	C25
Ⅶ类-磨蚀环境	C40	C35	C35	C30	C30	C25

（3）公路桥涵混凝土结构及构件所处环境类别划分见表2-5。

公路桥涵混凝土结构及构件所处环境类别划分　　　　　　　表2-5

环境类别	条件
Ⅰ类-一般环境	仅受混凝土碳化影响的环境
Ⅱ类-冻融环境	受反复冻融影响的环境
Ⅲ类-近海或海洋氯化物环境	受海洋环境下氯盐影响的环境
Ⅳ类-除冰盐等其他氯化物环境	受除冰盐等氯盐影响的环境
Ⅴ类-盐结晶环境	受混凝土孔隙中硫酸盐结晶膨胀影响的环境
Ⅵ类-化学腐蚀环境	受酸碱性较强的化学物质侵蚀的环境
Ⅶ类-磨蚀环境	受风、水流或水中夹杂物的摩擦、切削、冲击等作用的环境

【课后练习】

一、填空题

1. 作用分为_____、_____、_____、_____。

2. 极限状态设计所采用的作用值，可以是_____或_____。

3.在进行结构计算时,可选择的作用组合为_____、_____、_____、

_____、_____。

4.《公桥规》规定:公路桥涵结构的设计基准期为_____年。

5.极限状态分为_____和_____两类。

6.各等级公路上的特大桥、大桥、中桥结构安全等级为_____。

7.设计的原则是作用组合效应的设计值必须_____结构承载力设计值。

8.正常使用极限状态计算包括:_____、_____、_____。

9.混凝土结构的耐久性是指结构对_____、_____或任何其他破坏过程的

抵抗能力。

10.影响混凝土结构耐久性的因素包括:_____、_____、_____和钢筋

的腐蚀及其对结构耐久性的影响。

二、选择题

1.下面结构上的作用,哪个是永久作用?(　　　)

　　A.汽车荷载　　　　　B.温度作用　　　　　C.预加力　　　　　D.漂流物的撞击作用

2.下面结构上的作用,哪个是可变作用?(　　　)

　　A.汽车荷载　　　　　B.水浮力　　　　　C.预加力　　　　　D.漂流物的撞击作用

3.下列情况中,(　　　)会被认为超过了承载能力极限状态。

　　A.结构平衡　　　　　　　　　　B.影响正常使用或外观的变形

　　C.影响正常使用的振动　　　　　D.结构转变为机动体系

4.下列情况中,(　　　)会被认为超过了正常使用极限状态。

　　A.结构不平衡　　　　　　　　　B.影响正常使用或外观的变形

　　C.结构构件丧失稳定　　　　　　D.结构转变为机动体系

5.三、四级公路上的小桥结构安全等级为(　　　)。

　　A.一级　　　　　　　B.二级　　　　　　　C.三级　　　　　　　D.无法判定

6.按公路桥涵的设计安全等级,一级结构应选用的桥梁结构重要性系数为(　　　)。

　　A.0.9　　　　　　　B.1.0　　　　　　　C.1.1　　　　　　　D.1.2

7.对于土的重力,当对结构的承载能力不利时,分项系数取(　　　)。

　　A.1.1　　　　　　　B.1.2　　　　　　　C.1.3　　　　　　　D.1.0

8.在正常使用情况下,结构具有良好的工作性能,不发生过大的变形或振动指的是结构的

(　　　)。

　　A.安全性　　　　　　B.适用性　　　　　　C.耐久性　　　　　　D.可靠度

9.下列不是影响混凝土耐久性的因素的是(　　　)。

　　A.混凝土的碳化　　　B.化学侵蚀　　　　　C.碱集料反应　　　　D.地震作用

10.一般环境下,设计年限为100年的桥梁基础的混凝土保护层厚度不应小于(　　　)。

　　A.20　　　　　　　　B.30　　　　　　　　C.40　　　　　　　　D.45

三、判断题

1.现行的《公桥规》是以概率理论为基础的极限状态设计方法。　　　　　　　　(　　　)

2.结构设计的目的就是要使所设计的结构,在规定的时间内能符合安全可靠、经济合理、

适用耐久的要求。 （　　）

3. 结构工作状态是处于可靠还是失效的标志用极限状态来衡量。 （　　）

4. C45 及以上混凝土为高强度混凝土。 （　　）

5. 预应力混凝土构件的混凝土强度等级不应低于 C40。 （　　）

6. 混凝土收缩、徐变作用属于可变作用。 （　　）

7. 作用的标准值反映了作用在设计基准期内随时间的变异,其量值应取结构设计规定期限内可能出现的最有利值。 （　　）

8. 一般环境下,设计年限为 100 年的桥梁梁板的混凝土保护层厚度不应小于 30mm。 （　　）

9. 一般环境下,设计年限为 100 年的桥梁梁板的混凝土强度等级最低要求是 C35。 （　　）

10. 公路桥涵的持久状况设计应按正常使用极限状态的要求,对构件进行承载力及稳定计算。 （　　）

四、简答题

1. 什么是作用、直接作用、间接作用?

2. 作用可分为哪三大类?

3. 作用的代表值有哪些? 如何确定?

4. 作用组合有哪些类型?

5. 什么是结构的可靠性? 结构的可靠度是指什么?

6. 设计基准期的含义是什么?

7. 什么是极限状态? 它可分为哪两类?

8. 承载能力极限状态设计的原则是什么?

9. 正常使用极限状态计算原则是什么?

10. 何谓结构的耐久性? 影响结构耐久性的因素有哪些?

11. 我国现存很多古桥已有上百年的历史,你认为这些桥梁能如此耐久的原因是什么?

单元三
UNIT THREE

受弯构件正截面承载力计算

钢筋混凝土受弯构件是组成桥涵结构的基本构件,在桥梁工程中应用极为广泛。板、梁为典型的受弯构件。

板和梁的区别主要在于截面高宽比(h/b)的不同,其受力情况基本相同,即在外力作用下,板、梁均将承受弯矩(M)和剪力(V)的作用,因而,截面计算方法也基本相同。

本单元主要讨论梁和板的正截面承载力计算问题。

§3-1　钢筋混凝土受弯构件的构造要求

素养点:
遵守行业规范、标准,培养廉洁自律、安全意识和"一丝不苟、精益求精"的职业精神。

知识点:
①钢筋混凝土板的构造要求;
②钢筋混凝土梁的构造要求。

技能点:
能根据桥梁的结构形式,准确选择受力构件截面尺寸和钢筋种类、直径,合理布置各类钢筋等。

一、一般规定

1.混凝土保护层厚度

《公桥规》规定,普通钢筋和预应力钢筋的混凝土保护层厚度应满足:

(1)**普通钢筋保护层厚度(取钢筋外缘至混凝土表面的距离)**,不应小于钢筋公称直径;当钢筋为束筋时,保护层厚度不应小于束筋的等代直径。

（2）最外侧钢筋的混凝土保护层厚度不应小于表2-3的规定值。

2. 其他说明

板的截面形式，常见的有实心矩形和空心矩形，如图3-1a）所示；梁的截面形式，常见的有矩形、T形、工字形、箱形等，如图3-1b）～e）所示。

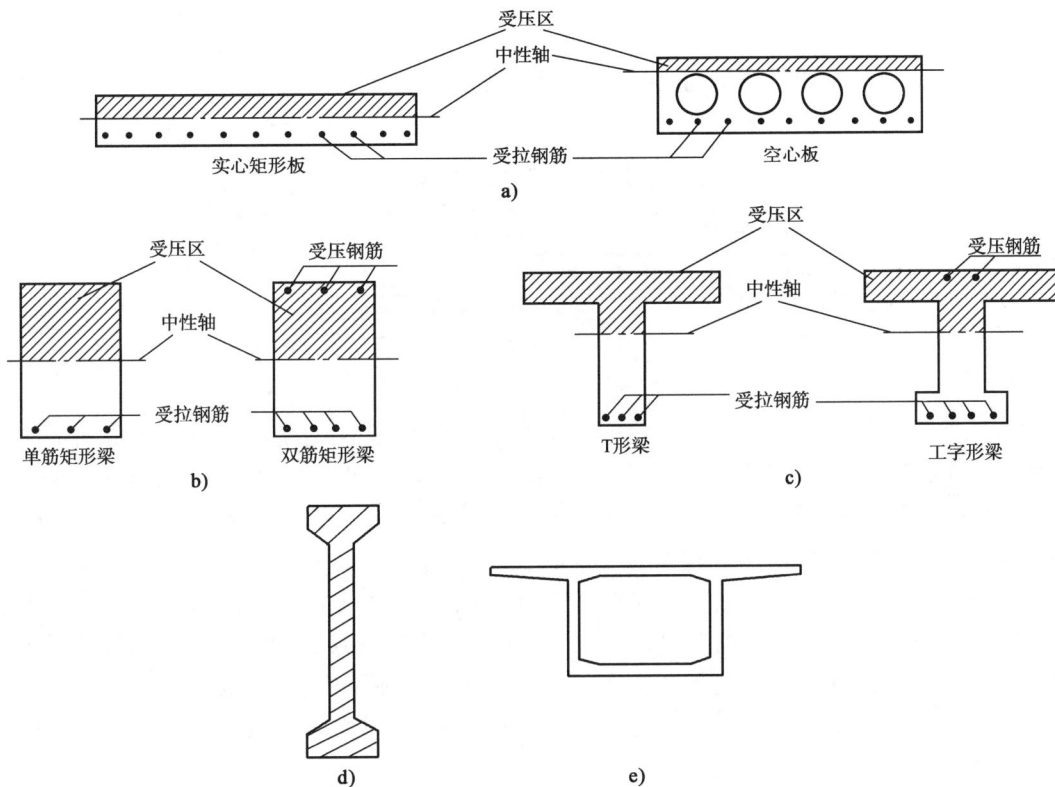

图3-1　梁、板的常用截面形式

a）矩形板截面；b）矩形梁截面；c）T形梁截面；d）工字形截面；e）箱形截面

板和梁按照它们的支承条件又可分为简支的、悬臂的和连续的几种类型，其受力简图、构造是不相同的。

对于钢筋混凝土受弯构件的设计，承载力计算与构造措施都很重要。工程实践证明，只有在精确计算的前提下，采取合理的构造措施，才能使设计出的结构安全适用和经济合理。现将钢筋混凝土板、梁正截面的有关构造分述如下。

二、钢筋混凝土板的构造

钢筋混凝土板在桥涵工程中的应用很广，经常遇到的有板桥的承重板、梁桥的行车道板、人行道板等。工程中实心矩形板多适用于小跨径桥梁；当桥梁跨径较大时，为减轻自重和减小混凝土体积，常做成空心矩形板。

（一）板厚

板的厚度主要是由其控制截面上的最大弯矩和构造要求决定的。为了保证施工质量，

《公桥规》规定了各种板的最小厚度：

就地浇筑的人行道板	80mm
预制的混凝土板	60mm
空心板的底板和顶板	80mm

（二）钢筋

板的钢筋由主钢筋和分布钢筋所组成，如图 3-2 所示。

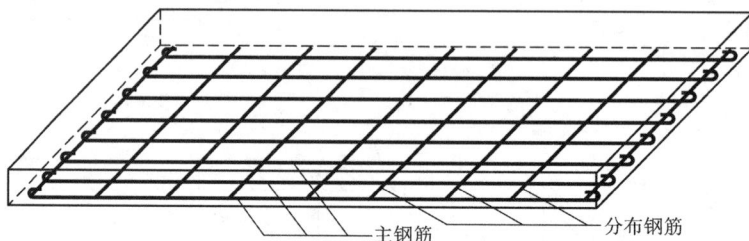

图 3-2　钢筋混凝土板内钢筋构造图

主钢筋布置在板的受拉区。为了使板的受力尽可能均匀，主钢筋常采用小直径、小间距的布置方式（即多根密排）。但直径过小会增加施工的工作量，也影响混凝土的浇筑质量。因此，综合考虑上述因素，行车道板内的主钢筋直径不应小于 10mm，人行道板内的主钢筋直径不应小于 8mm。在简支板跨中和连续板支点处，板内主钢筋间距不应大于 200mm。

分布钢筋一般垂直于主钢筋方向布置，并设置在主钢筋的内侧，在交叉处用铁丝绑扎或点焊，以固定主钢筋和分布钢筋的相互位置。分布钢筋的数量按其面积不宜小于板截面面积的0.1%确定，也可以根据具体情况和经验确定。但钢筋的直径不应小于 8mm，其间距不应大于200mm。在所有主钢筋的弯折处均应设置分布钢筋。人行道板分布钢筋直径不应小于 6mm，其间距不应大于 200mm。

分布钢筋的作用在于：能很好地将集中荷载分布到板的主钢筋上；抵抗因收缩及温度变化在垂直于板跨方向上所产生的应力；浇筑混凝土时能保持主钢筋的规定间距。

三、钢筋混凝土梁的构造

（一）截面形式及尺寸

梁的截面常采用矩形、T 形、工字形和箱形等形式，如图 3-1 所示。一般在中、小跨径时常采用矩形及 T 形截面，大跨径时可采用工字形或箱形截面。

（1）梁的尺寸应满足下列要求：

①预制 T 形截面梁或箱形截面梁翼缘悬臂端的厚度不应小于 100mm；当预制 T 形截面梁之间采用横向整体现浇连接时或箱形截面梁设有桥面横向预应力钢筋时，其悬臂端厚度不应小于 140mm。T 形和工字形截面梁，在与腹板相连处的翼缘厚度不应小于梁高的1/10，当该处设有承托时，翼缘厚度可计入承托加厚部分厚度；当承托底坡的 $\tan\alpha > 1/3$ 时，取 1/3。

②箱形截面梁顶板与腹板相连处应设置承托；底板与腹板相连处应设倒角，必要时也可设置承托。箱形截面梁顶、底板的中部厚度不应小于板净跨径的 1/30，且不应小于 200mm。

③T形、工字形截面梁或箱形截面梁的腹板宽度不应小于 160mm；当腹板内设有竖向预应力钢筋时，其上下承托之间的腹板高度不应大于腹板宽度的 20 倍；当腹板内不设竖向预应力钢筋时，不应大于腹板宽度的 15 倍。当腹板宽度有变化时，其过渡段长度不宜小于 12 倍腹板宽度差。

④在纵桥向设有承托的连续梁，其承托竖向与纵向之比不宜大于 1/6。

（2）混凝土上部结构横隔梁（板）的设置应满足下列要求：

①在装配式 T 形梁桥中，应设置跨端和跨间横隔梁。当梁间横向采用刚性连接时，横隔梁间距不应大于 10m。

②在装配式组合箱梁中，应设置跨端横隔梁，跨间横隔梁宜根据结构的具体情况设置。

③在箱形截面梁桥中，应设置箱内端横隔板。内半径小于 240m 的弯箱梁应设跨间横隔板，对于钢筋混凝土箱形截面梁，其间距不应大于 10m，对于预应力箱形截面梁，则需经结构分析确定。悬臂跨径 50m 及以上的箱形截面悬臂梁桥，在悬臂中部尚应设跨间横隔板。当条件许可时，箱形截面梁桥的横隔板应设检查用人孔。

（二）钢筋构造

一般结构中，钢筋混凝土梁的钢筋构造如图 3-3 所示。梁内钢筋骨架多由主钢筋、弯起钢筋（斜筋）、箍筋、架立钢筋和水平纵向钢筋等组成。

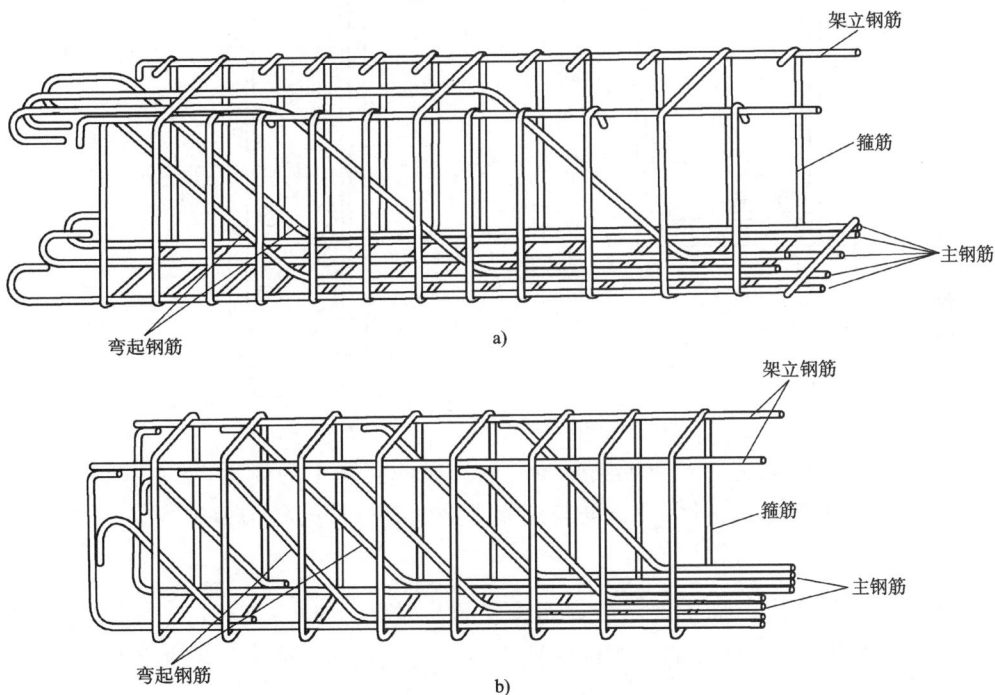

图 3-3　钢筋混凝土梁内钢筋构造图
a）绑扎钢筋骨架；b）多层焊接钢筋骨架

1. 主钢筋

梁内主钢筋常放在梁的底部承受拉应力，是梁的主要受力钢筋。常用的主钢筋直径为

14~32mm,一般不超过40mm。在同一根(批)梁中宜采用相同牌号、相同直径的主钢筋,以简化施工。有时为了节约钢材,也可采用两种不同直径的主钢筋,但直径相差不应小于2mm,以便施工时识别。

梁内主钢筋可以单根或2~3根地成束布置成束筋,也可竖向不留空隙地焊成多层钢筋骨架,其叠高一般不超过$(0.15~0.20)h(h$ 为梁高)。主钢筋应尽量布置成最少的层数。在满足混凝土保护层厚度的前提下,简支梁的主钢筋应尽量布置在梁底,以获得较大的内力偶臂而节约钢材。对于焊接钢筋骨架,钢筋的层数不宜多于6层,单根钢筋直径不应大于32mm,并应将粗钢筋布置在底层。主钢筋的排列原则应为由下至上,下粗上细(对不同直径钢筋而言),对称布置,并应上下左右对齐,便于混凝土的浇筑。主钢筋与弯起钢筋之间的焊缝,宜采用双面焊缝,其长度为5d,钢筋之间的短焊缝,其长度为2.5d,此处 d 为主筋直径。

各主钢筋之间的净距或层与层间的净距,当钢筋为三层及以下时,不应小于30mm,并不小于钢筋直径d;当钢筋为三层以上时,不应小于40mm,并不小于钢筋直径 d 的1.25倍。

对于束筋,此处直径应采用等代直径$d_e(d_e$ 见 P20 内容)。

梁内钢筋位置如图3-4所示。

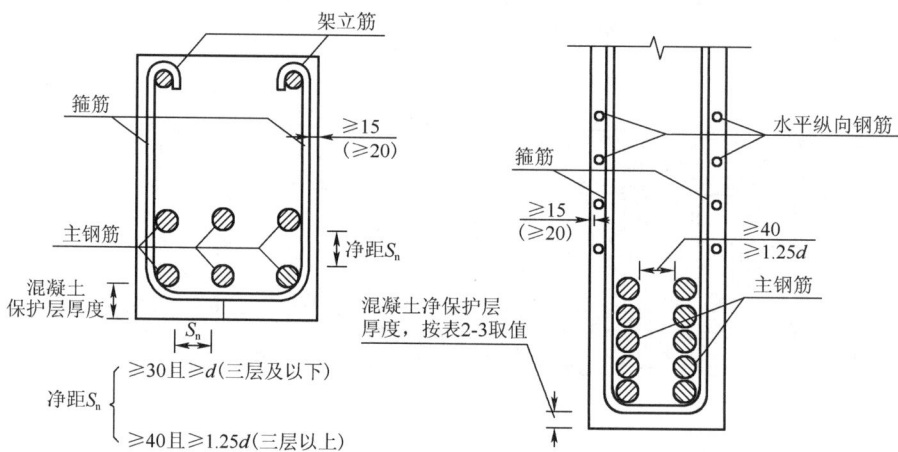

图3-4 梁内钢筋位置(尺寸单位:mm)

规定钢筋的最小间距是为了便于浇灌混凝土和保证混凝土的质量,同时在钢筋周围留有足够厚度的混凝土包裹钢筋,可保证钢筋与混凝土之间有可靠的黏结力。

2. 弯起钢筋(斜筋)

弯起钢筋是为满足斜截面抗剪承载力而设置的,一般由受拉主钢筋弯起而成,有时也需加设专门的斜筋,斜筋是专门设置的与构件纵轴线斜交的钢筋,一般与梁纵轴成45°角。弯起钢筋的直径、数量及位置均由抗剪计算确定。

3. 箍筋

箍筋除了满足斜截面的抗剪承载力外,它还起到联结受拉钢筋和受压区混凝土,使其共同工作的作用。此外,可用它来固定主钢筋的位置而使梁内各种钢筋构成钢筋骨架。工程上使用的箍筋有开口和闭口两种形式,如图3-5所示。

无论计算上是否需要,梁内均应设置箍筋。其直径不小于 8mm 且不小于 1/4 主筋直径。其配筋率 ρ_{sv} $\left(\rho_{sv} = \dfrac{A_{sv}}{s_v b}\text{,其中},s_v\text{ 为箍筋间距};b\text{ 为截面宽度}\right)$:HPB300 钢筋不应小于 0.14%,HRB400 钢筋不应小于 0.11%。

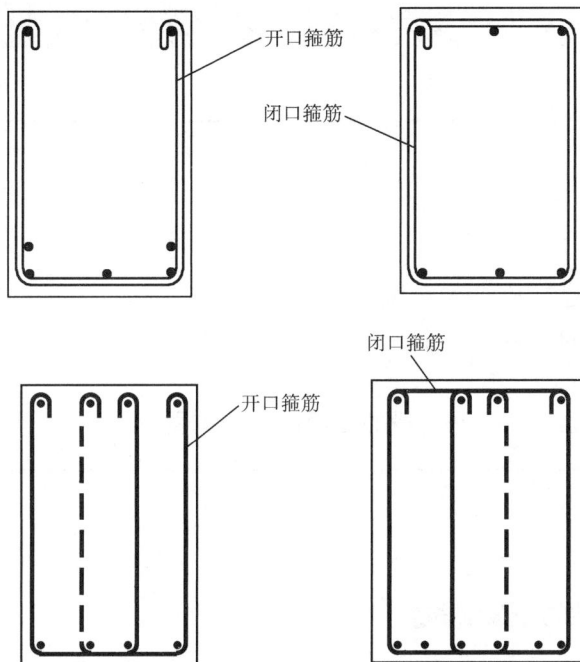

图 3-5　箍筋的形式

箍筋间距不应大于梁高的 1/2 且不大于 400mm。当所箍的钢筋为受压钢筋时,还应不大于受压钢筋直径的 15 倍且不大于 400mm。在钢筋绑扎搭接接头范围内的箍筋间距,当绑扎搭接钢筋受拉时,不应大于主钢筋直径的 5 倍,且不大于 100mm;当搭接钢筋受压时,不应大于主钢筋直径的 10 倍,且不大于 200mm。在支座中心向跨径方向长度相当于不小于 1 倍梁高的范围内,箍筋间距不宜大于 100mm。

近梁端第一根箍筋应设置在距端面一个混凝土保护层距离处。梁与梁或梁与柱的交接范围内,靠近交接面的箍筋,其与交接面的距离不宜大于 50mm。混凝土表面至箍筋的净距应不小于 15mm。

4. 架立钢筋

钢筋混凝土梁内须设置架立钢筋,以便在施工时形成钢筋骨架,保持箍筋的间距,防止钢筋因浇筑振捣混凝土及其他意外因素而产生的偏斜。钢筋混凝土 T 形梁的架立钢筋直径多为 22mm,矩形截面梁一般为 10～14mm。

5. 水平纵向钢筋

当梁高大于 1m 时,沿梁肋高度的两侧并在箍筋外侧设置水平纵向钢筋,以抵抗温度应力及混凝土收缩应力。其直径一般为 8～12mm,其总面积为 (0.001～0.002) bh。其中 b 为梁肋宽,h 为梁截面高度。

水平纵向钢筋的间距，在受拉区应不大于腹板宽度，且不应大于200mm；在梁受压区不应大于300mm；在梁支点附近剪力较大区段，水平纵向钢筋截面面积应予增加，其间距宜为100～150mm。

§3-2 受弯构件正截面受力全过程和破坏特征

素养点：
增强环保意识、安全意识。

知识点：
①适筋梁的受力过程及截面应力分布；
②受弯构件正截面的破坏特征。

技能点：
能正确区分适筋梁三个工作阶段的截面应力分布图形。

一、钢筋混凝土梁的试验研究

（一）梁的受力阶段

图 3-6 为承受两对称集中荷载作用的钢筋混凝土简支梁。梁的 CD 段处于纯弯曲状态，两端配有足够的腹筋以保证不发生剪切破坏。为了研究梁内应力和应变的变化，沿梁高度布置测点，用以量测混凝土及钢筋的纵向应变。同时，在跨中和支座处布置百分表或倾角仪测量梁的跨中挠度。

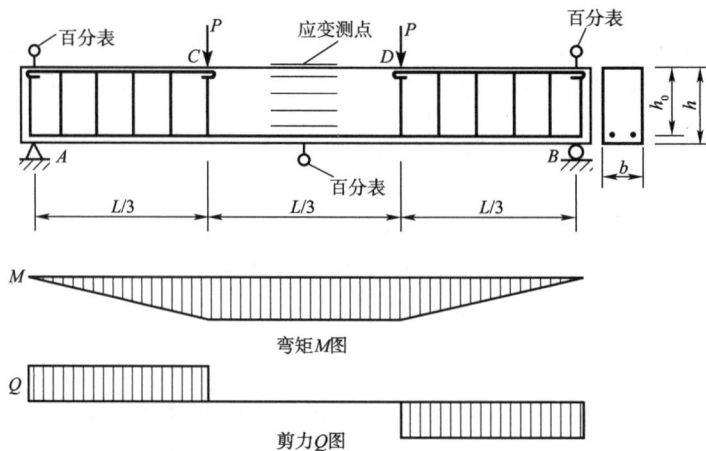

图 3-6　试验梁的受力及构造图

现以 M 和 M_u 分别表示分级加载引起的弯矩和极限弯矩，并以 M/M_u 为纵坐标，跨中挠度 f 为横坐标，绘制梁的试验结果曲线，如图 3-7 所示。试验时采取逐级加荷，当弯矩较小时，挠度和弯矩关系接近直线变化；当弯矩超过开裂弯矩 M_{cr} 时，受拉区混凝土开裂，随着裂缝的出现与不断开展，挠度的增长速度比开裂前快，M/M_u-f 关系曲线出现了第一个明显转折点 a。弯矩再增加，当达到 M_s 时，钢筋应力增加到屈服强度，在 M/M_u-f 关系曲线上出现第二个明显转折点 b，此后，梁内受拉钢筋进入流幅；同时，裂缝急剧开展，挠度急剧增加。最后，当弯矩增加到极限弯矩 M_u 时，梁即告破坏。根据 M/M_u-f 曲线上两个转折点 a 与 b，将钢筋混凝土梁从加荷到破坏全过程划分为三个工作阶段，即阶段 I、阶段 II 和阶段 III。

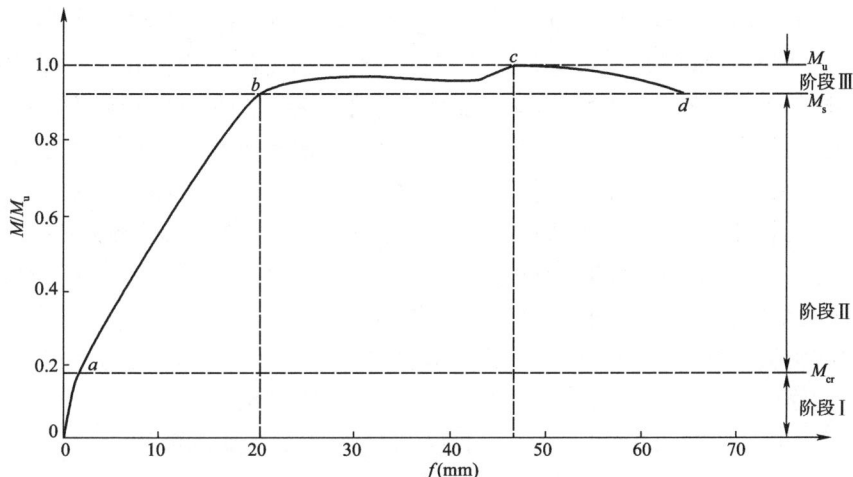

图 3-7　试验梁的 M/M_u-f 曲线

（二）梁在各工作阶段的截面应力分布

配筋率适当的钢筋混凝土梁称为"适筋梁"。适筋梁在三个工作阶段的截面应力分布如图 3-8 所示。

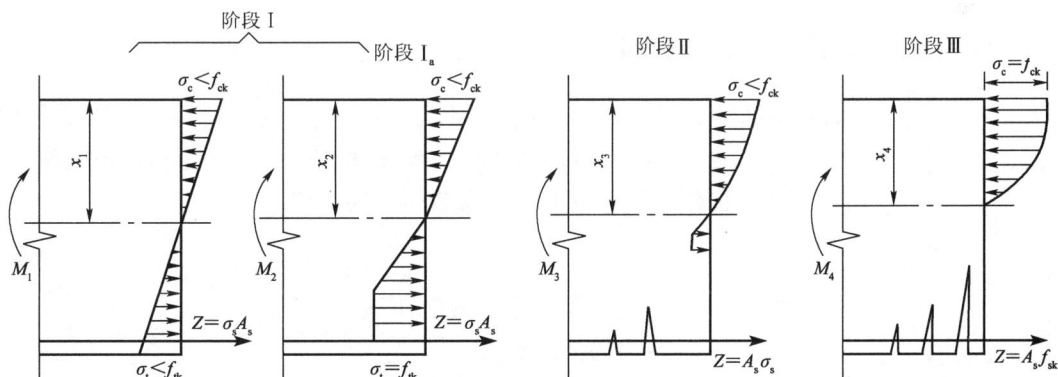

图 3-8　适筋梁在三个工作阶段的截面应力分布图

阶段 I（整体工作阶段）：在加荷初期，当作用（荷载）很小时，弯矩较小，混凝土下缘应力小于其抗拉强度极限值，上缘应力远小于其抗压强度极限值，此时应力图在中性轴以上及以下部分均按直线变化。在这一阶段，截面中性轴以下的受拉区混凝土尚未开裂，构件整个截面都参加工作，故又称整体工作阶段。

阶段 I_a(整体工作阶段末期):当作用(荷载)增加时,混凝土的塑性变形发展,受拉区混凝土应力图呈曲线形,此时下缘混凝土拉应力将达到其抗拉强度极限值 f_{tk},混凝土即将出现裂缝;对受压区混凝土,因其抗压强度远比抗拉强度为高,应力图仍接近于三角形。在这一阶段,混凝土达到将要出现裂缝的临界状态,截面的整体工作状态就要结束,故称整体工作阶段末期。计算钢筋混凝土构件裂缝时,即以此阶段为计算基础。

阶段 II(带裂缝工作阶段):当作用(荷载)继续增加时,受拉区混凝土的拉应力超过其抗拉强度极限值 f_{tk},梁下缘产生裂缝,并随着作用(荷载)的增加而向上发展,梁进入带裂缝工作阶段。之后,作用(荷载)进一步增大,应力继续增加,混凝土受压区塑性变形亦逐渐加大,应力图形呈微曲线形。在这一阶段,受拉区混凝土基本退出工作,全部拉力由钢筋单独承担(但钢筋应力尚未达到其屈服极限)。按容许应力法计算构件强度的理论,即以此阶段为基础。

阶段 III(破坏阶段):作用(荷载)继续增加到一定限度后,钢筋应力达到屈服极限 f_{sk},钢筋的屈服使得钢筋的应力停留在屈服点而不再增大,而应变却迅速增加,促使受拉区混凝土的裂缝急剧开展并向上延伸,造成中性轴上移,构件挠度增大,受压区面积减小,混凝土压应力因之迅速增大。最后,当混凝土压应力达到其抗压强度极限值时,受压区即出现一些纵向裂缝,混凝土即被压碎,造成全梁破坏。此时所对应的作用(荷载),即为梁的破坏作用(荷载)。在这一阶段,受压区混凝土的塑性特征表现得十分充分,受压区应力图将更丰满,曲线多呈高次抛物线形。承载能力极限状态法即以此阶段为计算基础。

总结上述钢筋混凝土梁从加荷到破坏的整个过程,可以看出:

(1)受压区混凝土应力图在阶段 I 呈三角形;在阶段 II 呈微曲的曲线形;在阶段 III 呈高次抛物线形。

(2)在阶段 I 钢筋应力增长速度较慢;在阶段 II 应力增长速度较阶段 I 为快;在阶段 III 当钢筋应力达到屈服强度后,应力不再增加,直到破坏。

(3)在阶段 I 梁混凝土未开裂,梁的挠度增长速度较慢;在阶段 II 由于梁带裂缝工作,挠度增长速度较前阶段为快;在阶段 III 由于钢筋屈服,裂缝急剧开展,挠度急剧增加。

二、受弯构件正截面的破坏特征

仅在受拉区配置有纵向受力钢筋的矩形截面梁,称为单筋矩形截面梁,其截面如图3-9所示。梁内纵向受力钢筋数量用配筋率 ρ 表示。**配筋率 ρ 是指纵向受力钢筋截面面积与正截面有效面积的比值**,即:

$$\rho = \frac{A_s}{bh_0} \tag{3-1}$$

式中:A_s——纵向受力钢筋截面面积;

b——梁的截面宽度;

h_0——梁的截面有效高度,$h_0 = h - a_s$,其中 h 为梁的截面高度,a_s 为纵向受力钢筋合力作用点至截面受拉边缘的距离,按式(3-2)计算:

$$a_s = \frac{\sum f_{sdi} A_{si} a_{si}}{\sum f_{sdi} A_{si}} \tag{3-2}$$

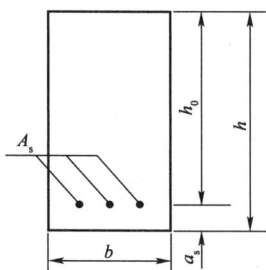

图 3-9 单筋矩形截面

A_{si}——第 i 种纵向受力钢筋截面面积；

a_{si}——第 i 种纵向受力钢筋合力作用点至截面受拉边缘的距离；

f_{sdi}——第 i 种纵向受力钢筋抗拉强度的设计值；

其余符号意义同前。

梁正截面的破坏形式与配筋率的大小及钢筋和混凝土的强度有关。对以常用牌号的钢筋和常用强度等级的混凝土构成的钢筋混凝土受弯构件,其正截面的破坏形式主要依配筋率的大小而异。按照钢筋混凝土梁的配筋情况,其受弯时正截面的破坏形式可归纳为以下三类。

1. 适筋梁——塑性破坏

适筋梁的破坏特点为破坏始于受拉钢筋的屈服。在受拉钢筋应力达到屈服强度之初,受压区混凝土外边缘的应力尚未达到抗压强度极限值,此时混凝土并未被压碎。随着作用(荷载)增加,钢筋屈服,构件产生较大的塑性伸长,随之引起受拉区混凝土裂缝急剧开展,受压区逐渐缩小,直至受压区混凝土应力达到抗压强度极限值后,构件即被破坏。这种梁在破坏前,由于裂缝开展较宽,挠度较大,给人以明显的破坏预兆,故习惯上称之为"塑性破坏"。其破坏形态见图 3-10a)。

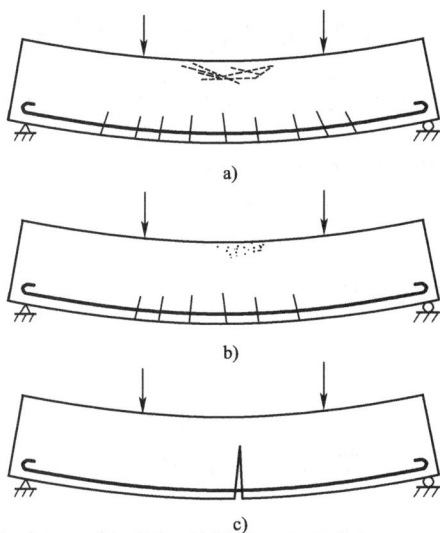

图 3-10 梁的三种破坏形式
a)适筋梁;b)超筋梁;c)少筋梁

2. 超筋梁——脆性破坏

配筋率过高的钢筋混凝土梁称为"超筋梁"。超筋梁的破坏特点是破坏始于受压区混凝土被压碎。当钢筋混凝土梁内钢筋配置多到一定程度时,钢筋抗拉能力就过强,而作用(荷载)的增加,使受压区混凝土应力首先达到抗压强度极限值,混凝土被压碎,导致梁破坏。此时钢筋仍处于弹性工作阶段,钢筋应力低于其屈服强度。由于梁在破坏前裂缝开展不宽,延伸不多,梁的挠度不大,梁是在没有明显预兆情况下由于受压区混凝土突然压碎而破坏,故习惯上称之为"脆性破坏"。其破坏形态见图 3-10b)。

3. 少筋梁——脆性破坏

配筋率过低的钢筋混凝土梁称为"少筋梁"。少筋梁在开始加荷时,作用在截面上的拉力主要由受拉区混凝土来承担。当截面出现第一条裂缝后,拉力几乎全部转由钢筋来承受,造成裂缝处的钢筋应力突然增大,由于钢筋配得过少,这就使钢筋即刻达到或超过屈服强度,并进入钢筋的强化阶段。此时,裂缝往往集中出现一条,且开展宽度较大,沿梁高向上延伸很长,即使受压区混凝土暂未压碎,但由于裂缝宽度过大,标志着梁的"破坏"。因为这种"破坏"来得突然,故"少筋梁"也属"脆性破坏"。其破坏形态见图 3-10c)。

由上可知,"适筋梁"能充分发挥材料的强度,符合安全、经济的要求,因而在工程中被广泛采用。"超筋梁"破坏预兆不明显,钢筋用量又多,故在工程中不得采用。"少筋梁"虽配置了钢筋,但因数量过少,作用不大,其承载能力实际上与素混凝土梁差不多,破坏形式又属"脆性破坏",在工程中也不宜采用。因此,应通过设计使梁的配筋率适中,将梁设计成适筋梁。

§3-3 受弯构件正截面抗弯承载力计算

课题一 正截面承载力计算的基本要求

素养点:
①弘扬"精益求精、一丝不苟"的工匠精神;
②提升检索资料、查阅规范的信息素养。

知识点:
①正截面承载力计算的基本假定;
②适筋梁的基本条件。

技能点:
①熟知受弯构件正截面承载力计算的基本假定;
②能准确区分适筋梁与超筋梁、少筋梁的界限。

一、正截面承载力计算的基本假定

1. 两点说明

由试验得知,梁从加荷到破坏经历了三个阶段,为保证梁具有足够的安全性,必须按承载能力极限状态法对梁正截面进行承载力计算,并以阶段Ⅲ的应力状态(图 3-11)作为计算基础。

这项计算具有以下几个特点:

(1)图 3-11 为钢筋混凝土梁在三个工作阶段的应变图。由图可见,梁在第Ⅰ阶段受压与受拉应变图呈直线分布,说明混凝土与钢筋应变的规律符合平截面假定。随着弯矩的增加,当梁进入第Ⅱ阶段时,受压区混凝土压应变与受拉区钢筋拉应变的实测值均不断增长,但应变图基本上仍是上、下两个三角形,平均应变仍符合平截面假定。这种状况一直延续至第Ⅲ阶段,即梁破坏前。最后,当梁破坏时,受压区混凝土边缘纤维压应变达到(或接近)极限压应变 ε_{cu},这标志着梁已开始破坏。

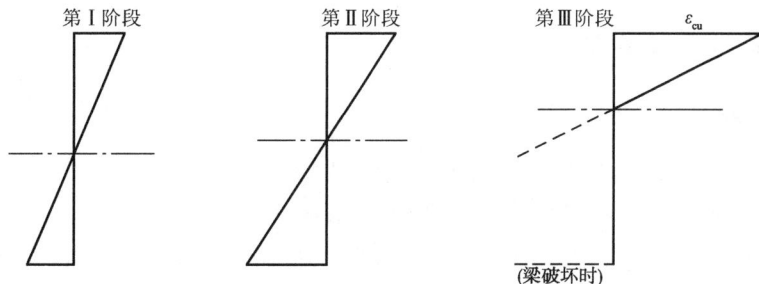

图 3-11　钢筋混凝土梁在三个工作阶段的应变图

(2)以上述梁破坏时受压区混凝土应变图的分布,比照图 1-4 介绍的混凝土一次短期加荷时应力-应变关系曲线中的"下降段",可看出对应于极限压应变 ε_{cu} 的应力不是受压区混凝土的最大应力 σ_{max},而 σ_{max} 却位于受压边缘纤维以下一定高度处,其应力图形呈高次抛物线形(图 3-12)。

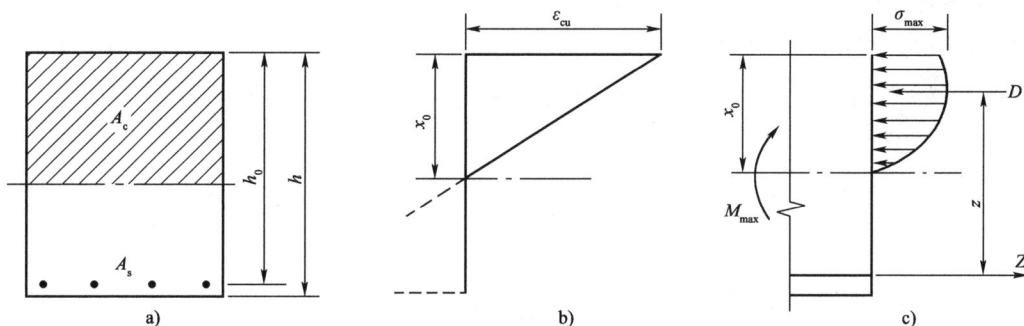

图 3-12　钢筋混凝土梁在破坏阶段的应力、应变图
a)构件截面;b)应变图(第Ⅲ阶段);c)应力图(第Ⅲ阶段)

在结构设计中,为了较简便地求出受压区应力图形的合力大小及其作用点,而以等效矩形应力图代替图 3-12c)所示的抛物线应力图。其基本原则是:**矩形应力图的合力应与抛物线应力图的合力大小相等,作用点位置相同,它们应是等效的。**等效矩形应力图的受压区高度 x 与抛物线应力图的受压区高度 x_0 的关系为 $x = \beta x_0$,式中 β 为混凝土受压区高度换算系数。按《公桥规》的规定,不同强度等级的混凝土的 β 按表 3-1 取值。等效矩形应力图的应力为 f_{cd}(混凝土抗压强度设计值)。

混凝土矩形应力图高度系数　　　　　　　　　　表 3-1

混凝土强度等级	C50 及以下	C55	C60	C65	C70	C75	C80
β	0.80	0.79	0.78	0.77	0.76	0.75	0.74

2. 基本假定

基于上述特点,钢筋混凝土构件在按承载能力极限状态法计算时,引入下列假定:

(1)构件弯曲后,其截面仍保持平面,受压区混凝土平均应变和钢筋的应变沿截面高度符合线性分布。

(2)正截面破坏时,构件受压区混凝土应力取抗压强度设计值 f_{cd},应力计算图形为矩形。

（3）正截面破坏时，受弯构件的受拉主筋达到抗拉强度设计值 f_{sd}，受拉区混凝土不参与工作（抗剪计算除外）。

二、适筋梁的基本条件

1. 适筋梁与超筋梁的界限

前文介绍过，适筋梁和超筋梁的区别在于：前者的配筋率适中，破坏开始于受拉钢筋达到屈服强度；后者的配筋率过大，破坏开始于受压区混凝土被压碎。当钢筋确定之后，梁内配筋存在一个特定的配筋率 ρ_{max}，它能使在受拉钢筋应力达到屈服强度的同时，受压区混凝土边缘压应变也恰好到达极限压应变值 ε_{cu}。钢筋混凝土梁的这种破坏称为"界限破坏"，也是适筋梁与超筋梁的界限。上述特定配筋率 ρ_{max} 也就是适筋梁配筋率的最大值，超筋梁配筋率的最小值。若使梁为适筋梁，必须满足：

$$\rho \leqslant \rho_{max} \tag{3-3}$$

这个条件通常可用受压区高度 x 来控制。

根据平截面假定，梁变形后的计算截面仍保持平面，梁处于界限破坏状态的计算截面见图 3-13 中的 acc'，相应的实际受压区高度 oc 取名为"实际受压区界限高度"，用符号 x_b 表示，x_b 与（$h_0 - x_b$）的比值为：

$$\frac{x_b}{h_0 - x_b} = \frac{\varepsilon_{cu}}{\varepsilon_s} \tag{3-4}$$

即

$$\frac{x_b}{h_0} = \frac{\varepsilon_{cu}}{\varepsilon_s + \varepsilon_{cu}} \tag{3-5}$$

或

$$x_b = \frac{\varepsilon_{cu}}{\varepsilon_{cu} + \varepsilon_s} h_0 \tag{3-6}$$

在梁的正截面承载力计算中用等效矩形应力图代替受压区抛物线应力图，x 为等效矩形应力图的高度，h_0 为截面有效高度，它们的比值 $\xi = \dfrac{x}{h_0}$ 称为相对受压区高度。

梁处于界限破坏状态时，等效矩形应力图高度用 x_u 表示，它与截面有效高度 h_0 之比值：$\xi_b = \dfrac{x_u}{h_0}$，又称为相对界限受压区高度。

根据基本假设，可知：　　　　　　　　$x_u = \beta x_b$

由式（3-5）得：

$$\xi_b = \frac{x_u}{h_0} = \frac{\beta x_b}{h_0} = \frac{\beta \varepsilon_{cu}}{\varepsilon_{cu} + \varepsilon_s} = \frac{\beta \varepsilon_{cu}}{\varepsilon_{cu} + \dfrac{f_{sd}}{E_s}} \tag{3-7}$$

式中：ε_{cu}——混凝土极限压应变值，《公桥规》规定：当混凝土强度等级为 C50 及以下时，取 $\varepsilon_{cu} = 0.0033$；当混凝土强度等级为 C80 时，取 $\varepsilon_{cu} = 0.003$；中间强度等级用直线内插法求得；

ε_s——钢筋屈服应变值，$\varepsilon = \dfrac{f_{sd}}{E_s}$；

f_{sd}——钢筋抗拉设计强度；

E_s——钢筋弹性模量。

在《公桥规》中，对不同强度等级混凝土和配有不同牌号的钢筋的梁，给出了不同的混凝土相对界限受压区高度 ξ_b 值（表 3-2）。

混凝土受压区相对界限高度 ξ_b 表 3-2

钢筋种类	混凝土强度等级			
	C50 及以下	C55、C60	C65、C70	C75、C80
HPB300	0.58	0.56	0.54	—
HRB400、HRBF400、RRB400	0.53	0.51	0.49	—
HRB500	0.49	0.47	0.46	—

注：1. 截面受拉区内配置不同种类钢筋的受弯构件，其 ξ_b 值应选用相应于各种钢筋的较小者。

2. $\xi_b = x_b/h_0$，其中 x_b 为纵向受拉钢筋和受压区混凝土同时达到各自强度设计值时的受压区矩形应力图高度。

适筋梁与超筋梁截面破坏时的相同点是受压区外边缘的混凝土压应变均达到极限压应变值 ε_{cu}，如图 3-13 中的 oa 段；它们之间的根本区别就是截面破坏时受拉钢筋是否屈服，即受拉钢筋的拉应变是否达到屈服应变值 ε_s。适筋梁截面破坏时，受拉钢筋的拉应变达到甚至超过其屈服应变值 ε_s，如图 3-13 中的梁变形后的截面 abb'、acc'，受拉钢筋的拉应变 $o'b' > o'c' = \varepsilon_s$，与此对应的实际受压区高度 $ob < oc = x_b$，若实际受压区高度用 x_s 表示，对于适筋梁，$x_s \leqslant x_b$。前述实际受压区高度 x_s 与等效矩形应力图高度 x 存在 βx_s 的关系，则 $x = \beta x_s \leqslant \beta x_b = x_u$。对于超筋梁而言，受拉钢筋的拉应变小于其屈服应变 ε_s，如图 3-13 中梁变形后的截面 add'，其受拉钢筋拉应变 $o'd' < o'c' = \varepsilon_s$，截面 add' 的实际受压

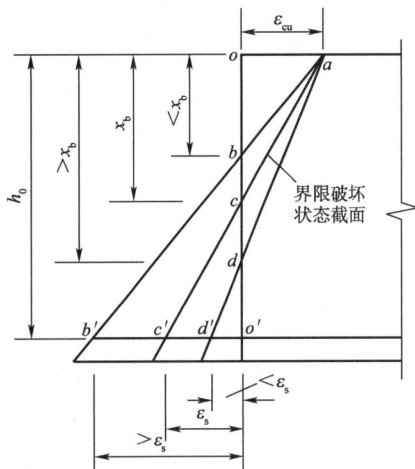

图 3-13 梁截面应变图

区高度 x_s 大于实际受压区界限高度 x_b，即 $x = \beta x_s > x_b = x_u$。由此可得出适筋梁与超筋梁的界限条件：

$$x \leqslant x_u = \xi_b h_0 \tag{3-8}$$

将 x 称为"受压区高度"。

2. 适筋梁与少筋梁的界限

为了防止截面配筋过少而出现脆性破坏，并考虑温度收缩应力及构造等方面的要求，适筋梁配筋率 ρ 亦应满足另一条件，即 $\rho \geqslant \rho_{min}$。式中 ρ_{min} 表示适筋梁的最小配筋率。《公桥规》规定：$\rho_{min} = 45 f_{td}/f_{sd}(\%)$，同时不应小于 0.2%。即有：

$$\rho = \frac{A_s}{bh_0} \geqslant \rho_{min} = 45 \times \frac{f_{td}}{f_{sd}}(\%) \geqslant 0.2\%$$

3.两点说明

在工程实际中,梁的配筋率 ρ 总要比 ρ_{max} 小一些,比 ρ_{min} 大一些,才能做到经济合理。这主要是考虑到以下两点:

(1)为了确保所有的梁在濒临破坏时具有明显的预兆,以及在破坏时具有适当的延性,就要满足 $\rho < \rho_{max}$。

(2)当 ρ 取值小时,梁截面就要大些;当 ρ 取值大时,梁截面就要小些,这就要考虑钢材、水泥、砂石等材料价格及施工费用。

根据我国经验,钢筋混凝土板的经济配筋率为 0.5% ~1.3%,钢筋混凝土 T 形梁的经济配筋率为 2.0% ~3.5%。

三、受弯构件正截面承载能力计算的三点说明

(1)受弯构件的正截面计算,一般仅需对构件的控制截面进行。所谓控制截面,在等截面受弯构件中,是指弯矩设计值最大的截面;在变截面受弯构件中,除了弯矩设计值最大的截面外,还有截面尺寸相对较小,而弯矩设计值相对较大的截面。

(2)钢筋混凝土受弯构件的正截面计算是按照 §2-3 的设计计算原则,即持久状况承载能力极限状态计算原则,应满足 $\gamma_0 M_d \leq M_u$,其中 M_d 为弯矩计算值,γ_0 为结构的重要性系数,M_u 为截面弯矩设计值。

(3)受弯构件正截面承载力计算,在实际设计中可分为截面设计和截面复核两类计算问题。

①截面设计

截面设计是根据要求截面所承受的弯矩,选定混凝土强度等级、钢筋牌号,计算出构件截面尺寸 b、h 及受拉钢筋截面积 A_s。

②承载力复核

承载力复核是对已经设计好的截面进行承载力计算,以判断其安全程度。

课题二 单筋矩形截面受弯构件计算

素养点:
遵守行业规范、标准,培养廉洁自律、安全意识和"一丝不苟、精益求精"的职业精神。

知识点:
①计算公式及适用条件;
②能画出计算图式;
③正确运用公式进行配筋计算与承载力复核。

技能点:
能正确选择计算公式,进行单筋矩形截面设计与承载力复核。

一、正截面承载力计算公式及其适用条件

1. 正截面承载力计算基本公式

根据前述钢筋混凝土受弯构件按承载能力极限状态设计时的假定,可绘出如图3-14所示单筋矩形截面受弯构件正截面承载力计算图式。

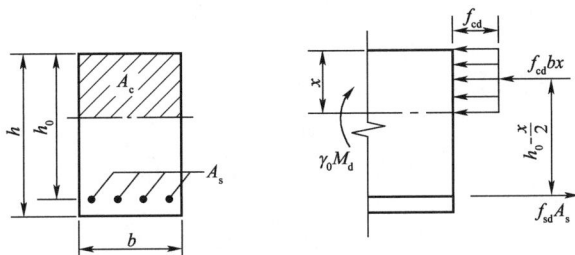

图3-14　单筋矩形截面受弯构件正截面承载力计算图式

按静力平衡条件,由图3-14可得单筋矩形截面承载力计算公式。

由水平力平衡即 $\sum H = 0$,可得:

$$f_{cd}bx = f_{sd}A_s \tag{3-9}$$

由弯矩平衡,即 $\sum M = 0$。

取受拉钢筋合力作用点为矩心,可得:

$$M = f_{cd}bx \left(h_0 - \frac{x}{2}\right) \tag{3-10}$$

取受压区混凝土合力作用点为矩心,可得:

$$M = f_{sd}A_s \left(h_0 - \frac{x}{2}\right) \tag{3-11}$$

式(3-10)和式(3-11)也可说成结构抗力效应设计值的计算公式,即:

$$M = f_{cd}bx \left(h_0 - \frac{x}{2}\right) \tag{3-12}$$

或

$$M = f_{sd}A_s \left(h_0 - \frac{x}{2}\right) \tag{3-13}$$

根据承载能力极限状态设计原则,可得出如下公式:

$$\gamma_0 M_d \leqslant f_{cd}bx \left(h_0 - \frac{x}{2}\right) \tag{3-14}$$

或

$$\gamma_0 M_d \leqslant f_{sd}A_s \left(h_0 - \frac{x}{2}\right) \tag{3-15}$$

上述式中:M——结构抗力的设计值,即截面总的抗弯内力矩;

　　　　M_d——作用基本组合的弯矩设计值;

　　　　f_{cd}——受压区混凝土的抗压强度设计值;

　　　　f_{sd}——受拉钢筋的抗拉强度设计值;

　　　　b——矩形截面的宽度;

　　　　h_0——矩形截面的有效高度;

　　　　x——混凝土受压区高度;

A_s——受拉钢筋的截面面积;

γ_0——桥梁结构的重要性系数,详见本书单元二§2-3中的取值规定。

2. 计算公式适用条件

由§3-3课题一可知,适筋梁应满足:

$$x < \xi_b h_0$$

☞**知识链接**

结合式(3-1),可将式(3-9)变换成:

$$x = \frac{A_s f_{sd}}{b f_{cd}} = \frac{A_s}{b h_0} \frac{f_{sd}}{f_{cd}} h_0 = \rho \frac{f_{sd}}{f_{cd}} h_0 \tag{3-16}$$

截面相对受压区高度ξ为:

$$\xi = \frac{x}{h_0} = \rho \frac{f_{sd}}{f_{cd}} \tag{3-17}$$

或

$$\rho = \xi \frac{f_{cd}}{f_{sd}} \tag{3-18}$$

上面讲过,适筋梁的ξ最大值为ξ_b,当然利用式(3-18)可以得出适筋梁的最大配筋率计算公式为:

$$\rho_{max} = \xi_b \frac{f_{cd}}{f_{sd}} \tag{3-19}$$

分析此式可以看出,适筋梁受压区高度x不能超过其最大限值x_u,它的配筋率ρ不能大于其所对应的最大配筋率ρ_{max},即要求$\rho \leq \rho_{max}$。这也进一步说明钢筋混凝土梁受弯时正截面的破坏形式主要依配筋率的大小而异的道理。

二、计算内容

单筋矩形截面受弯构件正截面承载力计算,包括截面设计与承载力复核两项内容。

1. 截面设计

设计中,单筋矩形截面受弯构件进行截面设计时,常有下列两种情况:

(1)已知作用基本组合的弯矩设计值M_d,结构重要性系数γ_0,钢筋牌号和混凝土强度等级,构件截面尺寸b、h,求受拉钢筋截面面积A_s。

计算步骤:

①由式(3-14)解一元二次方程,得受压区高度x:

$$x = h_0 - \sqrt{h_0^2 - \frac{2\gamma_0 M_d}{f_{cd} b}} \tag{3-20}$$

②若$x > \xi_b h_0$,则此梁为超筋梁,需要增大截面尺寸,主要是增加高度h或者提高混凝土的强度等级;若$x \leq \xi_b h_0$,则可由式(3-15)求得钢筋截面面积A_s:

$$A_s = \frac{\gamma_0 M_d}{f_{sd}\left(h_0 - \dfrac{x}{2}\right)} \tag{3-21}$$

或

$$A_s = \frac{f_{cd}bx}{f_{sd}} \tag{3-22}$$

在上述计算公式中,均需先确定截面的有效高度 h_0,当钢筋截面面积 A_s 尚未确定之前,须先根据环境条件和设计使用年限假定受拉钢筋合力点至受拉边缘的距离 a_s。另外,为使所采用的钢筋截面面积 A_s 在适筋梁范围内,还需要验证 $\xi \leqslant \xi_b$,即 $x \leqslant \xi_b h_0$。

③通过计算求得 A_s 后,即可根据构造要求等,从表3-3、表3-4中选择合适的钢筋直径及根数,并进行具体的钢筋布置,从而再对假定的 a_s 值进行校核修正。此外,还应验证 $\rho \geqslant \rho_{min}$。

钢筋公称截面面积和公称质量 表3-3

直径 (mm)	在下列钢筋根数时的截面面积(mm²)									质量 (kg/m)
	1	2	3	4	5	6	7	8	9	
6	28.27	57	85	113	141	170	198	226	254	0.222
8	50.27	101	151	201	251	302	352	402	452	0.395
10	78.54	157	236	314	393	471	550	628	707	0.617
12	113.10	226	339	452	566	679	792	905	1018	0.888
14	153.90	308	462	616	770	923	1077	1231	1385	1.21
16	201.10	402	603	804	1006	1207	1408	1609	1810	1.580
18	254.50	509	764	1018	1273	1527	1782	2036	2291	2.000
20	314.20	628	943	1257	1571	1885	2199	2514	2828	2.470
22	380.10	760	1140	1520	1901	2281	2661	3041	3421	2.980
25	490.90	982	1473	1964	2455	2945	3436	3927	4418	3.850
28	615.80	1232	1847	2463	3079	3695	4311	4926	5542	4.830
32	804.20	1608	2413	3217	4021	4825	5629	6434	7238	6.310
36	1018.00	2036	3054	4072	5090	6108	7126	8144	9162	7.990
40	1257.00	2514	3771	5028	6285	7542	8799	10056	11313	9.870
50	1964.00	3928	5892	7856	9820	11784	13748	15712	17676	15.420

在钢筋间距一定时板每米宽度内钢筋截面面积(mm²) 表3-4

钢筋间距 (mm)	钢筋直径(mm)									
	6	8	10	12	14	16	18	20	22	24
70	404	718	1122	1616	2199	2873	3636	4487	5430	6463
75	377	670	1047	1508	2052	2681	3393	4188	5081	6032
80	353	628	982	1414	1924	2514	3181	3926	4751	5655
85	333	591	924	1331	1811	2366	2994	3695	4472	5322
90	314	559	873	1257	1711	2234	2828	3490	4223	5027
95	298	529	827	1190	1620	2117	2679	3306	4001	4762
100	283	503	785	1131	1539	2011	2545	3141	3801	4524
105	269	479	748	1077	1466	1915	2424	2991	3620	4309
110	257	457	714	1028	1399	1828	2314	2855	3455	4113
115	246	437	683	984	1339	1749	2213	2731	3305	3934
120	236	419	654	942	1283	1676	2121	2617	3167	3770
125	226	402	624	905	1232	1609	2036	2513	3041	3619
130	217	387	604	870	1184	1574	1958	2416	2924	3480
135	209	372	582	838	1140	1490	1885	2327	2816	3351

续上表

钢筋间距	钢筋直径（mm）									
（mm）	6	8	10	12	14	16	18	20	22	24
140	202	359	561	808	1100	1436	1818	2244	2715	3231
145	195	347	542	780	1062	1387	1755	2166	2621	3120
150	189	335	524	754	1026	1341	1697	2084	2534	3016
155	182	324	507	730	993	1297	1642	2027	2452	2919
160	177	314	491	707	962	1257	1590	1964	2376	2828
165	171	305	476	685	933	1219	1542	1904	2304	2741
170	166	296	462	665	905	1183	1497	1848	2236	2661
175	162	287	449	646	876	1149	1454	1795	2172	2585
180	157	279	436	628	855	1117	1414	1746	2112	2513
185	153	272	425	611	832	1087	1376	1694	2035	2445
190	149	265	413	595	810	1058	1339	1654	2001	2381
195	145	258	403	580	789	1031	1305	1611	1949	2320
200	141	251	393	565	769	1055	1272	1572	1901	2262

（2）已知作用基本组合的弯矩设计值 M_d，钢筋牌号及混凝土强度等级，结构设计的安全等级，求构件截面尺寸 b、h 及受拉钢筋截面面积 A_s。

计算步骤：

由于基本计算公式只有式（3-9）、式（3-14）或式（3-15）两个，这样只有在 b、h、x、A_s 四个未知数中先假定两个，建立二元二次方程，通过对此方程的求解，才能求得另外两个未知数。这种计算程序既麻烦又费时，不实用，故可采用以下方法求解。

①在经济配筋率内选定一 ρ 值，并根据受弯构件适应情况选定梁宽（设计板时，一般采用单位板宽，即取 $b=1000\text{mm}$）。

②按公式 $\xi=\rho f_{sd}/f_{cd}$ 求出 ξ 值，若 $\xi \leqslant \xi_b$，则取 $x=\xi h_0$，代入公式（3-14），简化后得：

$$h_0 = \sqrt{\frac{\gamma_0 M_d}{\xi(1-0.5\xi)f_{cd}b}} \tag{3-23}$$

③由 h_0 求出所需截面高度 h，即 $h=h_0+a_s$，式中 a_s 为受拉钢筋合力作用点至截面受拉区外缘的距离。为了使构件截面尺寸规格化和考虑施工的方便，最后实际取用的 h 值应模数化，即钢筋混凝土梁板的 h 值应为整数。

④继续按第一种情况求出受拉钢筋面积并布置钢筋。若 $\xi > \xi_b$，则应重新选定 ρ 值，重复上述计算，直至满足 $\xi \leqslant \xi_b$ 的条件。

例 3-1 某钢筋混凝土单筋矩形梁截面尺寸 $b=250\text{mm}$、$h=550\text{mm}$，拟采用 C25 混凝土，HPB300 钢筋，承受弯矩 $M_d=100\text{kN}\cdot\text{m}$，结构所处的环境为 Ⅱ 类-冻融环境，设计使用年限为 50 年。结构重要性系数 $\gamma_0=1.1$。求受拉钢筋的截面面积 A_s，并配筋。

解：由表 1-1、表 1-4 查得：C25 混凝土 $f_{cd}=11.5\text{MPa}$，HPB300 钢筋 $f_{sd}=250\text{MPa}$；查表 3-2 得 $\xi_b=0.58$。按照混凝土最小保护层厚度的条件：查表 2-3，得混凝土保护层最小厚度为

25mm，假设箍筋直径8mm，主筋直径20mm，则 $a_s = 25 + 8 + 10 = 43(\text{mm})$（公式中的10cm为主筋直径的一半），选取 $a_s = 45\text{mm}$。

截面有效高度：$\qquad h_0 = h - a_s = 550 - 45 = 505(\text{mm})$

由式（3-20）得：

$$x = h_0 - \sqrt{h_0^2 - \frac{2\gamma_0 M_d}{f_{cd} b}} = 505 - \sqrt{505^2 - \frac{2 \times 1.1 \times 100 \times 10^6}{11.5 \times 250}} = 82.5(\text{mm})$$

$$< \xi_b h_0 = 0.58 \times 505 = 292.9(\text{mm})$$

则由式（3-22）可得受拉钢筋截面面积 A_s：

$$A_s = \frac{f_{cd} bx}{f_{sd}} = \frac{11.5 \times 250 \times 82.5}{250} = 948.8(\text{mm}^2)$$

查表3-3，选用 $4\phi18$，$A_s = 1018(\text{mm}^2)$。钢筋按一排布置，所需截面最小宽度：

$$b_{min} = 3 \times 30 + 4 \times 18 + 2 \times (25 + 8) = 228(\text{mm}) < b = 250(\text{mm})$$

梁的实际有效高度：

$$h_0 = h - a_s = 550 - \left(25 + 8 + \frac{18}{2}\right) = 508(\text{mm})$$

实际配筋率：

$$\rho = \frac{A_s}{bh_0} = \frac{1018}{250 \times 508} = 0.8\%$$

$$\rho_{min} = (45 f_{td}/f_{sd})\% = (45 \times 1.23/250)\% = 0.22\%$$

所以有 $\rho > \rho_{min}$，配筋率满足《公桥规》的要求。

截面配筋见图3-15。

例3-2　某钢筋混凝土单筋矩形梁，截面尺寸 b、h 未知，其余条件同例3-1，求梁截面尺寸 b、h 及所需的纵向受拉钢筋截面面积 A_s。

图3-15　截面配筋（尺寸单位：mm）

解：根据受弯构件的构造要求，设纵向受拉钢筋配筋率 $\rho = 1\%$，矩形截面宽 $b = 250\text{mm}$；$a_s = 25 + 8 + 10 = 43(\text{mm})$，选取 $a_s = 45\text{mm}$（同例3-1）。由表1-1、表1-4查得：C25混凝土 $f_{cd} = 11.5\text{MPa}$、HPB300钢筋 $f_{sd} = 250\text{MPa}$；查表3-2得 $\xi_b = 0.58$，则：

$$\xi = \rho \frac{f_{sd}}{f_{cd}} = 0.01 \times \frac{250}{11.5} = 0.217 < \xi_b = 0.58$$

由式（3-23）计算截面有效高度：

$$h_0 = \sqrt{\frac{\gamma_0 M_d}{\xi(1 - 0.5\xi) f_{cd} b}} = \sqrt{\frac{1.1 \times 100 \times 10^6}{0.217 \times (1 - 0.5 \times 0.217) \times 11.5 \times 250}} = 445(\text{mm})$$

则钢筋混凝土梁高：$\qquad h = h_0 + a_s = 445 + 45 = 490(\text{mm})$

截面高度尺寸模数化，取梁高 $h = 500\text{mm}$，实际截面有效高度 $h_0 = h - a_s = 500 - 45 = 455(\text{mm})$，再由式（3-20）求得受压区高度 x：

$$x = h_0 - \sqrt{h_0^2 - \frac{2\gamma_0 M_d}{f_{cd} b}} = 455 - \sqrt{455^2 - \frac{2 \times 1.1 \times 100 \times 10^6}{11.5 \times 250}}$$

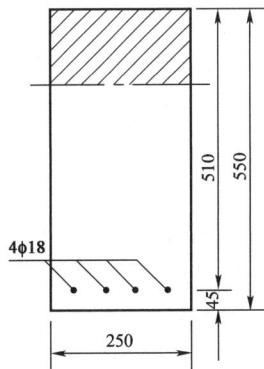

$$= 93.7(\text{mm}) < \xi_b h_0 = 0.58 \times 455 = 263.9(\text{mm})$$

则由式(3-22)可得受拉钢筋截面面积 A_s:

$$A_s = \frac{f_{cd}bx}{f_{sd}} = \frac{11.5 \times 250 \times 93.7}{250} = 1077.55(\text{mm}^2)$$

查表 3-3,选用 4Φ20,实际取用纵向受拉钢筋截面面积 $A_g = 1256.8\text{mm}^2$。
其他计算同上例,略去不述。

2. 承载力复核

已知基本组合的效应设计值 M_d,截面尺寸 b、h,纵向受拉钢筋截面面积 A_s,混凝土强度等级和钢筋牌号,结构重要性系数 γ_0。验算截面所能承担的弯矩 M_u,并判断其安全程度。

计算步骤:

(1)由公式 $\rho = \dfrac{A_s}{bh_0}$ 计算纵向受拉钢筋配筋率 ρ,需满足 $\rho \geqslant \rho_{\min}$。

(2)由公式 $\xi = \rho\dfrac{f_{sd}}{f_{cd}}$ 计算矩形截面受压区高度系数,需满足 $\xi < \xi_b$。

(3)再由式(3-14)和式(3-15)及 $x = \xi h_0$,求出本截面所能承担的弯矩 M_u:

$$M_u = \xi(1 - 0.5\xi)bh_0^2 f_{cd} \tag{3-24}$$

或

$$M_u = (1 - 0.5\xi)A_s h_0 f_{cd} \tag{3-25}$$

若 $M_d \leqslant M_u$,则满足承载力要求。

思考:以上的截面设计结果是否是唯一的?

例 3-3 某单跨整体式钢筋混凝土盖板涵,板厚 $h = 200\text{mm}$,跨中基本组合的弯矩设计值 $M_d = 40.5\text{kN} \cdot \text{m}$,材料采用 C25 混凝土($f_{cd} = 11.5\text{MPa}$),HPB300 钢筋Φ16@140mm($A_s = 1436\text{mm}^2$,$f_{sd} = 250\text{MPa}$),箍筋Φ8,如图 3-16 所示。结构所处的环境为 II 类-冻融环境,设计使用年限为 30 年;结构重要性系数 $\gamma_0 = 1.1$。试复核此盖板承载力。

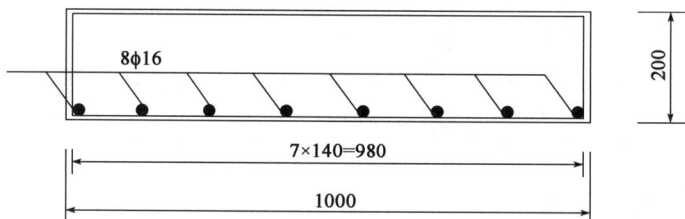

图 3-16 钢筋布置图(尺寸单位:mm)

解:根据已知条件,查表 2-3 可得混凝土保护层最小厚度 $c_{\min} = 25\text{mm}$,则:$a_s = c_{\min} + d_{箍筋} + \dfrac{d_{主筋}}{2} = 25 + 8 + \dfrac{16}{2} = 41(\text{mm})$,$h_0 = h - a_s = 200 - 41 = 159(\text{mm})$,现取单位板宽 $b = 1000\text{mm}$,并计算配筋率:

$$\rho = \frac{A_s}{bh_0} = \frac{1436}{1000 \times 159} = 0.903\% > \rho_{\min} = \left(45\frac{f_{td}}{f_{sd}}\right)\% = 0.22\%$$

混凝土受压区高度系数:

$$\xi = \rho \frac{f_{sd}}{f_{cd}} = 0.00903 \times \frac{250}{11.5} = 0.196 < \xi_b = 0.58$$

由式(3-24)计算跨中截面所能承担的弯矩 M_u：

$$M_u = \xi(1 - 0.5\xi)bh_0^2 f_{cd}$$
$$= 0.196 \times (1 - 0.5 \times 0.196) \times 1000 \times 159^2 \times 11.5$$
$$= 51.4(kN \cdot m) > \gamma_0 M_d = 1.1 \times 40.5 = 44.55(kN \cdot m)$$

承载力满足要求。

课题三 双筋矩形截面受弯构件计算

素养点：
遵守行业规范、标准，培养廉洁自律、安全意识和"一丝不苟、精益求精"的职业精神。

知识点：
①选择双筋矩形截面的条件；
②双筋矩形截面正截面承载力计算图式、计算公式及适用条件；
③公式的应用。

技能点：
能正确选择计算公式，进行双筋矩形截面设计与承载力复核。

一、选择双筋矩形截面的条件

在截面受拉区配置有纵向受拉钢筋，又在受压区配置有纵向受压钢筋的矩形截面受弯构件，称为双筋矩形截面受弯构件。

双筋矩形截面多适用于以下情况：

(1) 当矩形截面承受的弯矩较大，截面尺寸受到限制，且混凝土强度等级又不可能提高，以致用单筋截面无法满足 $x \leqslant \xi_b h_0$ 的条件时，即需在受压区配置受压钢筋 A_s' 来帮助混凝土受压。

(2) 当截面既承受正向弯矩又可能承受负向弯矩时，截面上、下均需配置受力钢筋。此外，根据构造上的要求，有些纵向钢筋需贯穿全梁时，若计算中考虑截面受压区这部分受压钢筋的作用，则也可按双筋截面处理(如连续梁支点及支点附近截面)。

从使用性能来看，双筋截面受弯构件由于设置了受压钢筋，可提高截面的延性和防震性能，有利于防止结构的脆性破坏；此外，由于受压钢筋的存在和混凝土徐变的影响，可以减少短期和长期作用下构件产生的变形。

二、正截面承载力计算公式及其适用条件

双筋矩形截面梁与单筋矩形截面梁在破坏时，其受力特点是相似的，两者的区别只在于受压区是否配有纵向受压钢筋。因此，对于双筋矩形截面梁，在明确了梁破坏时受压钢筋承受的

应力后,双筋梁的基本公式就可以比照单筋梁的计算方法建立。

图 3-17a) 为双筋矩形截面图,工程上为简化计算,截面受压区抛物线应力图多用等效矩形应力图代替,如图 3-17b) 所示。

根据图 3-17b),按静力平衡条件可得双筋矩形截面正截面承载力计算公式。

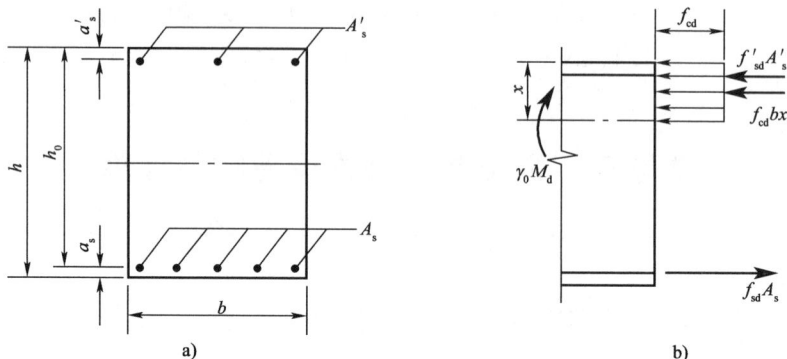

图 3-17　双筋矩形截面正截面承载力计算图式
a) 构件截面;b) 等效矩形应力图

由截面水平方向内力之和为零的平衡条件得:

$$f_{sd}A_s - f'_{sd}A'_s = f_{cd}bx \tag{3-26}$$

取受拉钢筋合力作用点为矩心,由弯矩平衡即 $\sum M = 0$,可得:

$$\gamma_0 M_d \leqslant f_{cd}bx\left(h_0 - \frac{x}{2}\right) + f'_{sd}A'_s(h_0 - a'_s) \tag{3-27}$$

式中:f'_{sd}——受压钢筋的强度设计值;

　　A'_s——受压钢筋截面积;

　　a'_s——受压钢筋合力作用点至截面受压区外缘的距离;

其余符号意义同前。

据试验分析,在应用式(3-26)、式(3-27)进行钢筋混凝土双筋矩形截面设计计算时,应满足下述两项条件的要求:

(1) 受压区高度 $x \leqslant \xi_b h_0$。其意义与单筋矩形截面相同,是为了保证梁的破坏从受拉钢筋屈服开始,防止梁发生脆性破坏。

(2) 受压区高度 $x \geqslant 2a'_s$。这主要是为了保证受压钢筋在截面破坏时,其应力达到屈服强度。若 $x < 2a'_s$,说明受压钢筋位置距离中性轴太近,这样在构件破坏时,使得受压钢筋的压应变太小,以致其应力达不到抗压强度设计值 f'_{sd}。这种应力状态与极限状态下的双筋矩形截面应力图式不符,从而需要用 $x \geqslant 2a'_s$ 来限制受压区高度的最小值。

至于控制最小配筋率的条件,在双筋截面的情况下,一般不需验算。

三、计算内容

1. 截面设计

双筋矩形截面受弯构件的截面设计,主要是指已知构件截面尺寸(构件截面尺寸通常可以根据构造要求或总体布置预先确定),求受拉钢筋截面面积 A_s 与受压钢筋截面面积 A'_s(有时,受压钢筋截面面积 A'_s 已由其他作用情况设计出来,或根据构造要求已被确定)。

为了方便计算,将式(3-27)分解成两组(图3-18):$M_1 = f_{cd}bx\left(h_0 - \dfrac{x}{2}\right)$ 和 $M_2 = f'_{sd}A'_s\left(h_0 - a'_s\right)$。

其中,M_1 是由受压区混凝土的内力 $f_{cd}bx$ 与相当数量的部分受拉钢筋 A_{s1} 的内力 $f_{sd}A_{s1}$ 所形成的抗弯力矩;M_2 是由受压区钢筋 A'_s 的内力 $f'_{sd}A'_s$ 与另一部分受拉钢筋 A_{s2} 的内力 $f_{sd}A_{s2}$ 所形成的抗弯力矩。

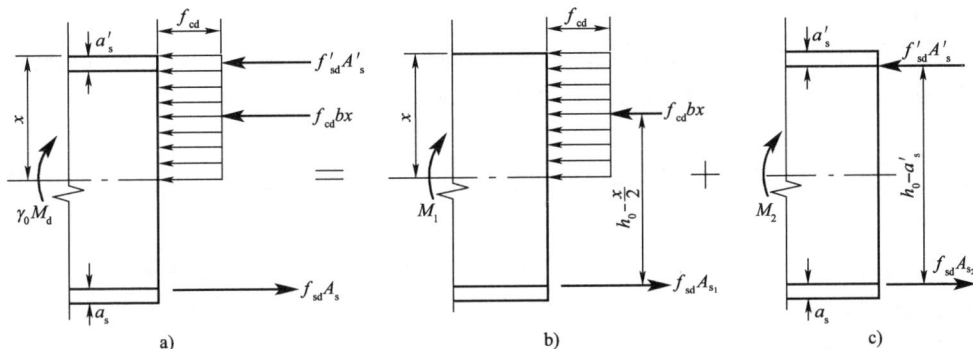

图 3-18　双筋矩形截面的 M_d 分解为 M_1 与 M_2

在截面设计时可令:

$$\gamma_0 M_d = M_1 + M_2 = f_{cd}bx\left(h_0 - \frac{x}{2}\right) + f'_{sd}A'_s(h_0 - a'_s)$$

双筋矩形截面受弯构件截面设计的基本出发点,应首先充分发挥受压区混凝土和其对应的受拉钢筋 A_{s1} 的承载能力(即取 $x = \xi_b h_0$,按单筋截面设计),而对无法承担的部分荷载效应,则考虑由受压钢筋 A'_s 和部分受拉钢筋 A_{s2} 来承担。

(1)已知作用基本组合的弯矩设计值 M_d,构件截面尺寸 b、h,混凝土强度等级和钢筋牌号,结构重要性系数 γ_0,求受拉钢筋截面积 A_s 和受压钢筋截面积 A'_s。

计算步骤:

①为充分利用混凝土的抗压强度,力求截面上的总钢筋截面积 $A_s + A'_s$ 为最小。方法是取 $x = \xi_b h_0$,相应的单筋矩形截面所承担的内力矩为:

$$M_1 = f_{cd}bx\left(h_0 - \frac{x}{2}\right) = f_{cd}\xi_b(1 - 0.5\xi_b)bh_0^2 \tag{3-28}$$

当 $\gamma_0 M_d > M_1$ 时,应配置受压钢筋。

②相应于 M_1,所需的受拉钢筋截面面积 A_{s1} 为:

$$A_{s1} = \frac{f_{cd}}{f_{sd}}b(\xi_b h_0) \tag{3-29}$$

③剩余部分的弯矩组合设计值由受压钢筋 A'_s 和部分受拉钢筋 A_{s2} 组成的内力矩 M_2 承担:

$$M_2 = \gamma_0 M_d - M_1 = \gamma_0 M_d - f_{cd}\xi_b(1 - 0.5\xi_b)bh_0^2 \tag{3-30}$$

受压钢筋截面面积:

$$A'_s = \frac{M_2}{f'_{sd}(h_0 - a'_s)} = \frac{\gamma_0 M_d - f_{cd}\xi_b(1 - 0.5\xi_b)bh_0^2}{f'_{sd}(h_0 - a'_s)} \tag{3-31}$$

部分受拉钢筋截面面积:

$$A_{s2} = \frac{f'_{sd}}{f_{sd}} A'_s \tag{3-32}$$

④受拉钢筋总截面面积:

$$A_s = A_{s1} + A_{s2} = \frac{f_{cd}}{f_{sd}} b(\xi_b h_0) + \frac{f'_{sd}}{f_{sd}} A'_s \tag{3-33}$$

按上述方法设计的双筋截面,均能满足其适用条件 $x \leqslant \xi_b h_0$ 和 $x \geqslant 2a'_s$,所以可不再进行这两项内容的验算。

(2)已知作用组合的弯矩设计值 M_d,构件截面尺寸 b、h,混凝土强度等级和钢筋牌号,受压钢筋截面积 A'_s,结构重要性系数 γ_0,求受拉钢筋截面积 A_s。

计算步骤:

①由已知的受压钢筋截面面积 A'_s,求出相应的部分受拉钢筋截面积 A_{s2} 及它们共同组成的内力矩 M_{d2}。

②计算由受压区混凝土与相应的受拉钢筋 A_{s1} 组成的内力矩 M_{d1},并求出 A_{s1}。

③求受拉钢筋总截面积 A_s,$A_s = A_{s1} + A_{s2}$。

这种情况,在计算过程中需注意以下两个问题:

①如求得的受压区高度系数 $\xi > \xi_b$,则意味着原来已配置的受压钢筋 A'_s 数量不足,应增加钢筋。

②如求得的受压区高度 $x < 2a'_s$ 或 $\xi h_0 < 2a'_s$,则表明已配置的受压钢筋数量 A'_s 过多,在极限状态时受压钢筋可能有部分达不到其抗压强度设计值 f'_{sd},此时可假设混凝土压应力合力作用在受压钢筋重心处(相当于 $x = 2a'_s$),取以受压钢筋重心处为矩心的力矩平衡条件 $\gamma_0 M_d = f_{sd} A_s (h_0 - a'_s)$,得:

$$A_s = \frac{\gamma_0 M_d}{f_{sd}(h_0 - a'_s)} \tag{3-34}$$

对于 $x < 2a'_s$ 情况,当按公式求得的受拉钢筋总截面积比不考虑受压钢筋时还多,则计算时可不计受压钢筋的作用,按单筋截面计算受拉钢筋。

例 3-4 某钢筋混凝土矩形截面简支梁,跨中作用组合的弯矩设计值 $M_d = 200 \text{kN} \cdot \text{m}$,截面尺寸 $b = 200 \text{mm}$、$h = 500 \text{mm}$,拟采用 C30 混凝土($f_{cd} = 13.8 \text{MPa}$),HRB400 钢筋($f_{sd} = f'_{sd} = 330 \text{MPa}$),箍筋采用 HPB300,$\phi 8$;结构重要性系数 $\gamma_0 = 1.1$,结构所处的环境为 II 类-冻融环境,设计使用年限为 50 年,试选择截面并配筋。

解: 假设采用两排受拉钢筋 $\underline{\Phi} 20$、一排受压钢筋 $\underline{\Phi} 20$,根据环境条件,查表 2-3 得混凝土最小保护层厚度 $c_{min} = 25 \text{mm}$,则:

$$a_s = c_{min} + d_{箍筋} + d_{主筋} + \frac{c_{两层钢筋间距}}{2} = 25 + 8 + 20 + \frac{30}{2} = 68(\text{mm}),\text{取 } a_s = 70 \text{mm};$$

$$a'_s = c_{min} + d_{箍筋} + \frac{d_{受压主筋}}{2} = 25 + 8 + \frac{20}{2} = 43(\text{mm}),\text{取 } a'_s = 45 \text{mm}。$$

截面有效高度 $h_0 = 500 - 70 = 430(\text{mm})$。查表 3-2 得 $\xi_b = 0.53$。

据式(3-28),按单筋矩形截面设计,则截面的承载力 M_1 为:

$$M_1 = f_{cd}\xi_b(1 - 0.5\xi_b)bh_0^2 = 13.8 \times 0.53 \times (1 - 0.5 \times 0.53) \times 200 \times 430^2$$
$$= 198.8(kN \cdot m)$$

即 $M_1 = 198.8 kN \cdot m < \gamma_0 M_d = 220 kN \cdot m$,故需设置受压钢筋。

由式(3-29)求得相应于构件承载力 M_1 的受拉钢筋 A_{s1}:

$$A_{s1} = \frac{f_{cd}}{f_{sd}}b\xi_b h_0 = \frac{13.8 \times 200 \times 0.53 \times 430}{330} = 1906.1(mm^2)$$

则应由受压钢筋 A_s' 和部分受拉钢筋 A_{s2} 组成的承载力 M_2 为:

$$M_2 = \gamma_0 M_d - M_1 = 220 - 198.8 = 21.2(kN \cdot m)$$

由式(3-31)求得受压钢筋截面面积 A_s':

$$A_s' = \frac{M_2}{f_{sd}'(h_0 - a_s')} = \frac{21.2 \times 10^6}{330 \times (430 - 45)} = 166.86(mm^2)$$

因为 $f_{sd}' = f_{sd}$,则部分受拉钢筋截面面积 $A_{s2} = A_s' = 166.86(mm^2)$。

受拉钢筋总截面面积:

$$A_s = A_{s1} + A_{s2} = 1906.1 + 166.86 = 2072.96(mm^2)$$

由表3-3选用受拉钢筋 6Φ22,实际总受拉钢筋截面积 $A_s = 380.1 \times 6 = 2280.6(mm^2)$,选用受压钢筋 2$\Phi$16,实际受压钢筋截面积 $A_s' = 201.1 \times 2 = 402.2(mm^2)$。配筋见图3-19。

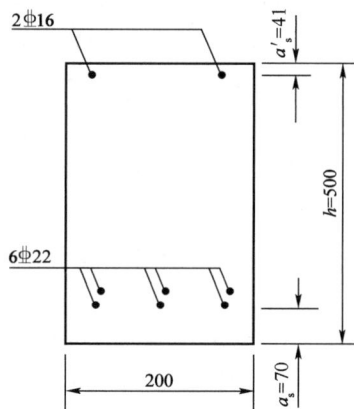

图3-19 配筋图(尺寸单位:mm)

受拉钢筋重心至下边缘的距离:

$$a_s = 25 + 8 + 22 + \frac{30}{2} = 70(mm)$$

与假定的 a_s 相符。

符合设计要求。

受压钢筋重心至上边缘的距离:

$$a_s' = 25 + 8 + \frac{16}{2} = 41(mm)$$

符合 $x > 2a_s'$。

2. 承载力复核

双筋矩形截面受弯构件承载力复核的特点与单筋矩形截面受弯构件相似,即在已知条件下求出截面所能承受的弯矩 M_u(承载力),要求满足 $M_u \geq \gamma_0 M_d$ 这一不等式条件。

已知作用组合的弯矩设计值 M_d,截面尺寸 b、h,受拉及受压钢筋截面面积及截面的钢筋布置情况,混凝土强度等级和钢筋牌号,结构重要性系数 γ_0,计算截面所能承受的弯矩 M_u,比较 M_d 与 M_u 值。

计算步骤:

首先由式(3-26)求出受压区高度:

$$x = \frac{f_{sd}A_s - f'_{sd}A'_s}{f_{cd}b} \tag{3-35}$$

根据 x 值的大小,分三种情况验算正截面承载力。

(1) $2a'_s \leq x \leq \xi_b h_0$ 时,按下式验算:

$$M_u = f_{cd}bx\left(h_0 - \frac{x}{2}\right) + f'_{sd}A'_s(h_0 - a'_s) \geq \gamma_0 M_d \tag{3-36}$$

(2) $x < 2a'_s$ 时,按下式验算:

$$M_u = f_{sd}A_s(h_0 - a'_s) \geq \gamma_0 M_d \tag{3-37}$$

如不计受压钢筋的作用,截面的承载力较按上式计算结果为大时,则可按单筋截面复核。

(3) $x > \xi_b h_0$ 时,令 $x = \xi_b h_0$,代入式(3-36)重新进行配筋计算:

$$M_u = f_{cd}bh_0^2\xi_b(1 - 0.5\xi_b) + f'_{sd}A'_s(h_0 - a'_s) \geq \gamma_0 M_d \tag{3-38}$$

使 $x < \xi_b h_0$,避免出现脆性破坏。

例3-5 某钢筋混凝土双筋矩形截面梁,跨中作用组合的弯矩设计值 $M_d = 53\text{kN} \cdot \text{m}$,结构重要性数 $\gamma_0 = 1.1$,截面尺寸 $b = 150\text{mm}$、$h = 350\text{mm}$,拟采用 C30 混凝土($f_{cd} = 13.8\text{MPa}$),HRB400 钢筋($f_{sd} = f'_{sd} = 330\text{MPa}$),受拉钢筋为 3 ⏀20,其截面积 $A_s = 942.6(\text{mm}^2)$、钢筋重心位置 $a_s = 45(\text{mm})$,受压钢筋为 3 ⏀12,其截面积 $A'_s = 339.3(\text{mm}^2)$,钢筋重心位置 $a'_s = 40(\text{mm})$(见图3-20);箍筋采用 HPB300(Φ8);结构所处的环境为 Ⅱ类-冻融环境,设计使用年限为 50 年。试复核此梁承载力。

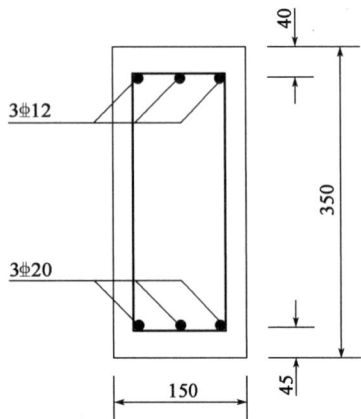

解: 截面有效高度: $h_0 = h - a_s = 350 - 45 = 305(\text{mm})$。

按公式(3-35)求得混凝土受压区高度:

$$x = \frac{f_{sd}A_s - f'_{sd}A'_s}{f_{cd}b} = \frac{330 \times 942.6 - 330 \times 339.3}{13.8 \times 150} = 96.2(\text{mm})$$

$x < \xi_b h_0 = 0.53 \times 305 = 161.6(\text{mm})$,且 $x > 2a'_s = 80\text{mm}$

此截面所能承担的弯矩(承载力):

$$\begin{aligned} M_u &= f_{cd}bx(h_0 - 0.5x) + f'_{sd}A'_s(h_0 - a'_s) \\ &= 13.8 \times 150 \times 96.2 \times (305 - 0.5 \times 96.2) + \\ &\quad 330 \times 339.3 \times (305 - 40) \\ &= 80.83(\text{kN} \cdot \text{m}) > \gamma_0 M_d = 1.1 \times 53 = 58.3(\text{kN} \cdot \text{m}) \end{aligned}$$

图 3-20 钢筋布置图(尺寸单位:mm)

承载力满足要求。

课题四   单筋 T 形截面受弯构件计算

素养点：
遵守行业规范、标准，培养廉洁自律、安全意识和"一丝不苟、精益求精"的职业精神。

知识点：
①T 形截面的等效代换；
②两种 T 形截面的正截面承载力的计算图式、计算公式及适用条件；
③两种 T 形截面的条件；
④T 形截面正截面配筋和承载力复核。

技能点：
能正确选择计算公式，进行单筋 T 形截面设计与承载力复核。

一、几点说明

钢筋混凝土矩形截面受弯构件在破坏时，中性轴以下的混凝土早已开裂而脱离工作，对截面的抗弯能力已不起作用，因此可将受拉区混凝土挖去一部分，设有如图 3-21a) 所示的钢筋混凝土矩形截面，若削除中性轴以下左右两块剖面线面积内的混凝土，同时将原有的纵向受拉钢筋集中布置在剩余面积，即形成 T 形截面。实践证明，T 形截面的抗弯能力与原矩形截面全相等，但混凝土用量和梁的自重却大为减小。

如图 3-21b) 所示，T 形截面是由两侧挑出的翼缘与中间部分的梁肋（又称腹板）组成，翼缘的宽与高分别以符号 b_f' 及 h_f' 表示，梁肋的宽与高分别以符号 b 及 h 表示。

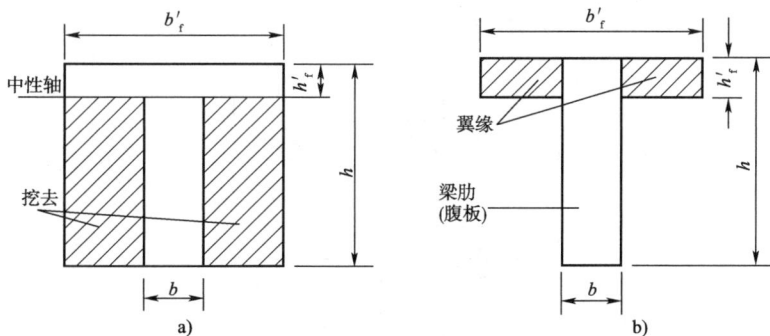

图 3-21   T 形截面示意图

在工程实践中，除了一般普通的 T 形截面外，尚可遇到多种可用 T 形截面等效代换的截面，如工字形梁、箱形梁、Π 形梁、空心板等。在进行正截面强度计算时，由于不考虑受拉区混凝土的作用，上述截面可按各自的等效 T 形截面进行计算，见图 3-22。

一般来讲,T 形截面混凝土受压区较大,混凝土足够承担压力,无须增设受压钢筋,所以,T 形截面一般按单筋截面设计。

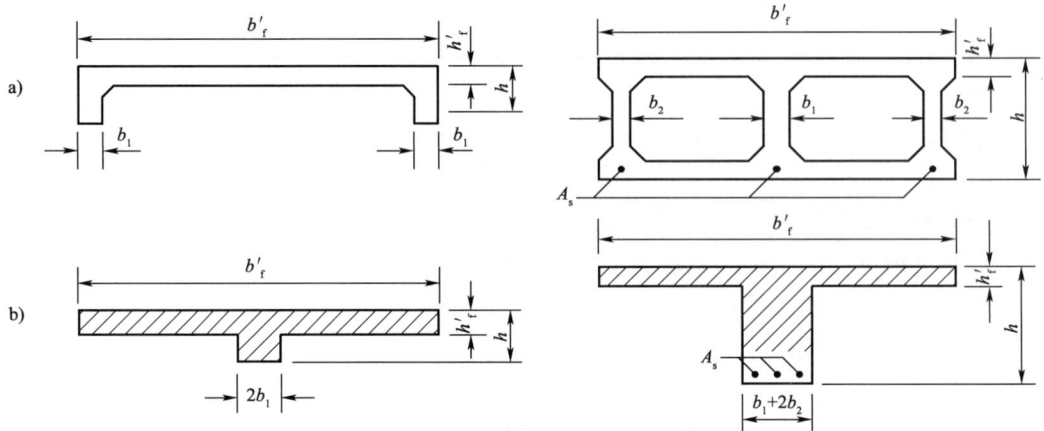

图 3-22　Ⅱ 形板与空心板的等效 T 形截面

a)实际截面;b)等效 T 形截面

理论分析证明,T 形梁受力后,T 形截面翼缘上的纵向压应力是不均匀分布的,距离梁肋越远,压应力越小,为此,在设计中需要把翼缘的计算(有效)宽度限制在一定范围内,这个翼缘的计算宽度用符号 b'_f 表示,如图 3-23a)所示。当然,假设在 b'_f 范围内压应力是均匀分布的。

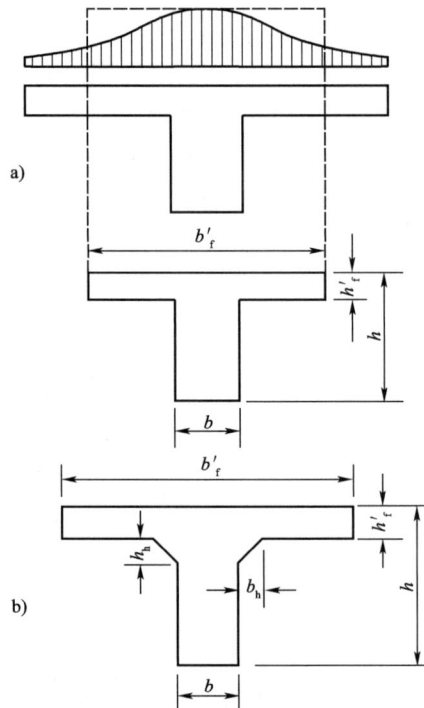

图 3-23　T 形梁翼缘板上压应力分布图及带承托的 T 形梁

a)T 形梁翼缘板上压应力分布图;b)带承托的 T 形梁

T形截面受弯构件位于受压区的翼缘计算宽度可按下列规定采用：

（1）内梁翼缘计算宽度取下列三者中的最小者：

①对于简支梁，为计算跨径的1/3。对于连续梁，各中间跨正弯矩区段，取该跨计算跨径的0.2倍；边跨正弯矩区段，取该跨计算跨径的0.27倍；各中间点负弯矩区段，则取该支点相邻两跨计算跨径之和的0.07倍。

②相邻两梁的平均间距。

③$b + 2b_h + 12h'_f$，此处b为梁的腹板宽，b_h为承托长度，h'_f为不计承托的翼缘厚度，如图3-23b）所示。当$h_h/b_h < 1/3$时，上式b_h应以$3h_h$代替，此处h_h为承托根部厚度。

（2）外梁翼缘的计算宽度取相邻内梁翼缘计算宽度的一半，加上腹板宽度的1/2，再加上外侧悬臂板平均厚度的6倍或外侧悬臂板实际宽度两者中的较小者。

二、正截面承载力计算公式及其适用条件

桥涵工程中常见的是翼缘位于受压区的T形截面梁。对于翼缘位于受压区的单筋T形截面强度计算，按中性轴所在位置的不同分为以下两种情况。

第一种T形截面：中性轴位于翼缘内，即受压区高度$x \leqslant h'_f$，混凝土受压区为矩形，如图3-24所示。这种截面形式上似属T形，但其作用却与宽度为b'_f、高度为h的矩形截面完全相同，因此，在所有计算问题中，只需将单筋矩形截面强度计算公式中的b改为b'_f后，即可完全套用。

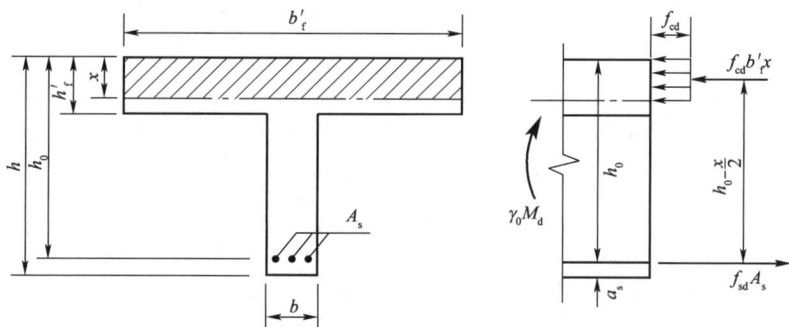

图3-24   第一种T形截面（$x \leqslant h'_f$）

这种T形截面承载力计算公式为：

$$f_{cd}b'_f x = f_{sd}A_s \tag{3-39}$$

$$\gamma_0 M_d \leqslant f_{cd}b'_f x \left(h_0 - \frac{x}{2}\right) \tag{3-40}$$

第二种T形截面：中性轴位于梁腹板内，即受压区高度$x > h'_f$，受压区为T形，如图3-25所示。这种截面的计算，可仿照双筋矩形截面的分析方法，将整个截面的承载能力看成由以下两组抗弯内力矩组成。

（1）第一组抗弯内力矩M_1，是由腹板上部受压区内力$f_{cd}bx$及一部分受拉钢筋A_{s1}的内力$f_{sd}A_{s1}$构成，如图3-25b）所示，其值与梁宽为b的单筋矩形梁一样，即：

$$M_1 = f_{cd}bx\left(h_0 - \frac{x}{2}\right) \tag{3-41}$$

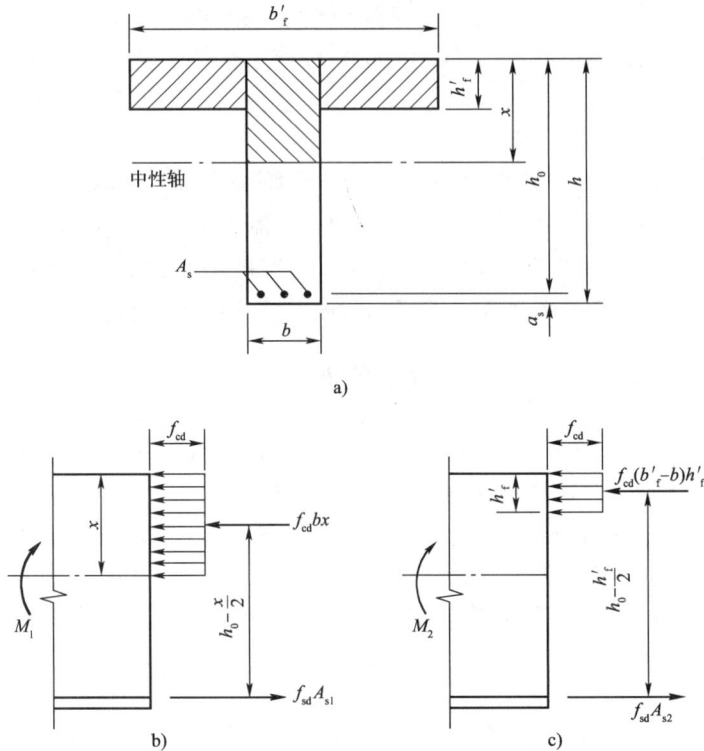

a)

b)   c)

图 3-25 第二种 T 形截面($x > h_f'$)

(2)第二组抗弯内力矩 M_2,是由翼缘挑出部分的受压区内力 $f_{cd}(b_f'-b)h_f'$ 及另一部分的受拉钢筋 A_{s2} 的内力 $f_{sd}A_{s2}$ 构成,如图 3-25c)所示,其值为:

$$M_2 = f_{cd}(b_f'-b)h_f'\left(h_0 - \frac{h_f'}{2}\right) \tag{3-42}$$

将以上两组内力矩叠加,便可得到第二种 T 形截面承载力的计算公式,即:

$$\gamma_0 M_d \leqslant M_u = M_1 + M_2 = f_{cd}bx\left(h_0 - \frac{x}{2}\right) + f_{cd}(b_f'-b)h_f'\left(h_0 - \frac{h_f'}{2}\right) \tag{3-43}$$

由水平力平衡条件得:

$$f_{sd}A_s = f_{cd}bx + f_{cd}(b_f'-b)h_f' \tag{3-44}$$

式中: M_d——作用组合的弯矩设计值;

M_u——截面承载力;

b——T 形截面腹板宽度;

b_f'——T 形截面受压区翼缘计算宽度;

h_f'——T 形截面受压区翼缘高度;

其余符号同单筋矩形截面计算公式。

式(3-41)~式(3-44)的适用条件是:

（1）$x \le \xi_b h_0$ 或 $\rho = \dfrac{A_s}{bh_0} \le \xi_b \dfrac{f_{cd}}{f_{sd}}$

对于第一种 T 形截面，由于 $\xi < \dfrac{h'_f}{h_0}$，所以，一般均能满足 $\xi \le \xi_b$ 的条件，故可不必验算。

（2）$\rho \ge \rho_{min}$

由于最小配筋率 ρ_{min} 是根据钢筋混凝土截面的最小承载力不低于同样截面尺寸的素混凝土截面的承载力的原则确定的，而素混凝土截面的承载力主要取决于受拉区的承载力，因此，T 形截面与相同高度而宽度却为梁腹板宽的矩形截面的承载力相差不多。为了简化计算，并考虑以往的设计经验，在验算 $\rho \ge \rho_{min}$ 时，T 形截面配筋率的计算公式为：

$$\rho = \frac{A_s}{bh_0}$$

对于第二种 T 形截面，一般均能满足 $\rho \ge \rho_{min}$ 的要求，故可不必验算。

三、两种 T 形截面的判别

在进行结构设计时，为了正确地应用上述公式进行计算，首先必须判别截面属于哪一种 T 形截面。

由以上分析得知，两种 T 形截面中性轴的分界位置恰好在翼缘的下边缘处，此时 $x = h'_f$，翼缘全部受压，如图 3-26 所示。实际上，这正是第一种 T 形截面受压区高度最大值的极限位置。因此，可用这个特定条件来判别 T 形截面的类型。

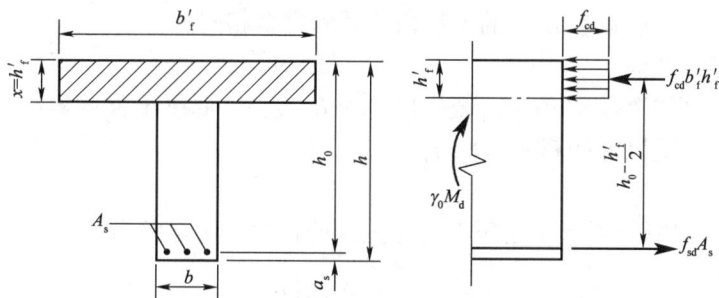

图 3-26 $x = h'_f$ 的 T 形截面

由 $\sum H = 0$ 可得：

$$f_{cd} b'_f h'_f = f_{sd} A_s$$

由对受拉钢筋合力作用点为矩心的 $\sum M = 0$ 得：

$$\gamma_0 M_d = f_{cd} b'_f h'_f \left(h_0 - \frac{h'_f}{2} \right)$$

显然，若

$$f_{sd} A_s \le f_{cd} b'_f h'_f \qquad (3\text{-}45)$$

或

$$\gamma_0 M_d \leqslant f_{cd} b'_f h'_f \left(h_0 - \frac{h'_f}{2} \right) \tag{3-46}$$

则 $x \leqslant h'_f$ ，即属第一种 T 形截面。

反之，若

$$f_{sd} A_s > f_{cd} b'_f h'_f \tag{3-47}$$

或

$$\gamma_0 M_d > f_{cd} b'_f h'_f \left(h_0 - \frac{h'_f}{2} \right) \tag{3-48}$$

则 $x > h'_f$ ，即属第二种 T 形截面。

式(3-45)或式(3-47)中，要求受拉钢筋截面面积 A_s 已知，故此两公式仅适用于承载力复核；式(3-46)或式(3-48)中，不存在受拉钢筋截面面积 A_s ，故此两公式适用于截面选择。

四、计算内容

1. 截面设计

T 形截面尺寸一般是预先假定或参考同类的结构或根据经验数据取用(梁的高宽比 $h/b = 2 \sim 8$ ，高跨比 $h/L = 1/16 \sim 1/11$)。

截面尺寸确定之后，首先应用判别式(3-46)或式(3-48)确定构件截面属于何种 T 形截面。

(1)第一种 T 形截面

设计方法与宽、高分别为 b'_f 、 h 的单筋矩形截面完全相同。

(2)第二种 T 形截面

已知作用组合的弯矩设计值 M_d ，截面尺寸 b 、 h 、 b'_f 、 h'_f ，混凝土强度等级和钢筋牌号，结构重要性系数 γ_0 ，计算受拉钢筋截面面积 A_s 。

计算步骤：

①求翼缘部分混凝土所承受之压力对受拉钢筋合力作用点的力矩：

$$M_2 = f_{cd} (b'_f - b) h'_f \left(h_0 - \frac{h'_f}{2} \right)$$

②见图 3-25c)，根据翼缘挑出部分的受压区内力 $f_{cd}(b'_f - b)h'_f$ 与一部分受拉钢筋 A_{s2} 的内力 $f_{sd} A_{s2}$ 的平衡条件，计算这部分受拉钢筋截面面积 A_{s2} ，即：

$$A_{s2} = \frac{f_{cd}(b'_f - b)h'_f}{f_{sd}} \tag{3-49}$$

③取 $\gamma_0 M_d = M_1 + M_2$ ，得 $M_1 = \gamma_0 M_d - M_2$ ，再按单筋矩形截面的计算方法，求出平衡中性轴以上腹板部分混凝土压力所需的受拉钢筋截面面积 A_{s1} ，即由式(3-20)先求出受压区高度 x ，再由式(3-21)求得 A_{s1} ：

$$A_{s1} = \frac{M_1}{f_{cd} \left(h_0 - \frac{x}{2} \right)} \tag{3-50}$$

④求受拉钢筋总截面面积:

$$A_s = A_{s1} + A_{s2} = \frac{M_1}{f_{cd}\left(h_0 - \dfrac{x}{2}\right)} + \frac{f_{cd}(b'_f - b)h'_f}{f_{sd}} \qquad (3-51)$$

⑤计算中性轴位置:

$$x = \frac{f_{sd}A_s - f_{cd}(b'_f - b)h'_f}{f_{cd}b} \qquad (3-52)$$

核算是否满足 $x < \xi_b h_0$ 的适用条件。

例 3-6 某钢筋混凝土 T 形梁,已定截面尺寸如图 3-27 所示,跨中截面弯矩设计值 $M_d = 735\text{kN} \cdot \text{m}$,结构重要性系数 $\gamma_0 = 1.1$,拟采用 C30 混凝土($f_{cd} = 13.8\text{MPa}$)、HRB400 钢筋($f_{sd} = 330\text{MPa}$),箍筋直径为 8mm;结构所处的环境为 I 类-一般环境,设计使用年限为 100 年;求受拉钢筋截面面积 A_s。

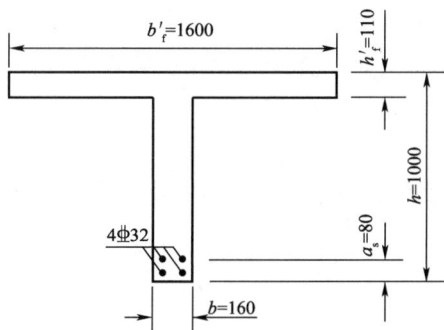

图 3-27 T 梁截面(尺寸单位:mm)

解: 判别 T 形截面类型:

根据已知条件,同例 3-1,先假设 $a_s = 80\text{mm}$,则 $h_0 = h - a_s = 1000 - 80 = 920\text{mm}$。
因

$$f_{cd}b'_f h'_f \left(h_0 - \frac{h'_f}{2}\right) = 13.8 \times 1600 \times 110 \times \left(920 - \frac{110}{2}\right) = 2100.91(\text{kN} \cdot \text{m})$$

$$> \gamma_0 M_d = 1.1 \times 735 = 808.5(\text{kN} \cdot \text{m})$$

由式(3-46)可判定此截面属于第一种 T 形截面,可按矩形截面 $b'_f \times h$ 进行计算。
由公式(3-20)求出受压区高度 x:

$$x = h_0 - \sqrt{h_0^2 - \frac{2\gamma_0 M_d}{f_{cd}b'_f}} = 920 - \sqrt{920^2 - \frac{2 \times 1.1 \times 735 \times 10^6}{13.8 \times 1600}}$$

$$= 40.7(\text{mm}) < \xi_b h_0 = 0.53 \times 920 = 487.6(\text{mm})$$

由公式(3-22)求出受拉钢筋截面积 A_s:

$$A_s = \frac{f_{cd}b'_f x}{f_{sd}} = \frac{13.8 \times 1600 \times 40.7}{330} = 2723.2(\text{mm}^2)$$

现取用 4Φ32,则实际取用受拉钢筋截面面积 $A_s = 3216.8(\text{mm}^2)$。钢筋布置见图 3-27。
实际取用受拉钢筋重心至下边缘的距离:

$$a_s = c_{\min} + d_{箍筋} + d_{主筋} + \frac{c_{两层钢筋间距}}{2} = 20 + 8 + 32 + 30/2 = 75(mm) \approx 80mm$$

实际配筋所需腹板宽:

$$b = c_{\min} + d_{箍筋} + d_{主筋} + c_{主筋间距} + d_{主筋} + d_{箍筋} + c_{\min} = 30 + 32 + 30 + 32 + 30$$

$$= 154(mm) < 160(mm)$$

符合要求。

2. 承载力复核

对已设计的 T 形截面梁进行正截面承载力复核时,首先应用式(3-45)或式(3-47)判别构件截面属于何种 T 形截面,然后按有关公式进行承载力的复核。

(1)第一种 T 形截面:承载力复核内容与单筋矩形截面 $b'_f \times h$ 相同。

(2)第二种 T 形截面:承载力复核可按下列步骤进行:

已知作用组合的弯矩设计值 M_d,截面尺寸 b、h、b'_f、h'_f,混凝土强度等级和钢筋牌号,结构重要性系数 γ_0,受拉钢筋截面面积 A_s 及其布置情况,验算截面所能承担的弯矩 M_u,并判断其安全程度。

计算步骤:

①由图 3-25c)求平衡翼缘挑出部分混凝土压力所需受拉钢筋截面面积 A_{s2}:

$$A_{s2} = \frac{f_{cd}(b'_f - b)h'_f}{f_{sd}}$$

②计算平衡梁腹部分混凝土压力所需受拉钢筋截面面积 $A_{s1} = A_s - A_{s2}$。

③由配筋率 $\rho_1 = \dfrac{A_{s1}}{bh_0}$ 计算 $\xi = \rho_1 \dfrac{f_{sd}}{f_{cd}}$。

④计算:
$$M_1 = f_{cd}bx\left(h_0 - \frac{x}{2}\right)$$

$$M_2 = f_{sd}A_{s2}\left(h_0 - \frac{h'_f}{2}\right)$$

⑤计算该截面实际所能承担的弯矩:$M_u = M_1 + M_2$。

比较 M_d 与 M_u,判断其安全程度。

例 3-7 某整体式 Ⅱ 形梁格系中一小纵梁,计算跨径 $L = 6m$,截面见图 3-28。结构所处的环境为 Ⅱ 类-冻融环境,设计使用年限为 50 年,结构重要性系数 $\gamma_0 = 1.1$,作用组合的弯矩设计值 $M_d = 330kN \cdot m$,梁截面尺寸 $b = 200mm$,$h = 500mm$,与两侧主梁间距为 2.40m,净距为 2.20m,翼缘 $h'_f = 80mm$,拟采用 C30 混凝土($f_{cd} = 13.8MPa$),HRB400 钢筋 $f_{sd} = 330(MPa)$,纵向受拉钢筋采用 6 Φ 32,其截面面积 $A_s = 4825mm^2$,钢筋截面重心位置 $a_s = 80mm$(钢筋布置见图 3-29),求该小纵梁截面的承载力,并判断其安全程度(结构所处的环境为 Ⅰ 类-一般环境,设计使用年限为 50 年)。

解:确定此副纵梁翼缘计算宽度 b'_f:

①计算跨径的 1/3，得 $L/3 = 6000/3 = 2000(\text{mm})$；

②相邻两片梁轴线间距离 $2400(\text{mm})$；

③$b + 2c + 12h_f' = 200 + 0 + 12 \times 80 = 1160(\text{mm})$。

取上述三者的最小值，即计算宽度 $b_f' = 1160(\text{mm})$。

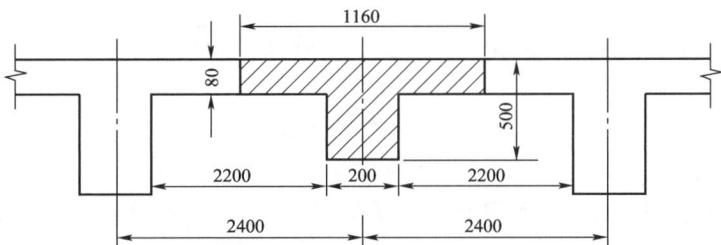

图 3-28 Ⅱ形梁截面(尺寸单位:mm)

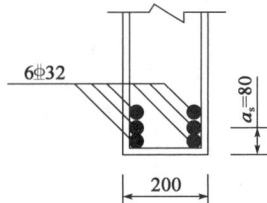

图 3-29 钢筋布置图(尺寸单位:mm)

判别截面类型：

截面有效高度 $h_0 = h - a_s = 500 - 80 = 420(\text{mm})$。

由

$$f_{sd}A_s = 330 \times 4825 = 1592.32(\text{kN} \cdot \text{m})$$

$$f_{cd}b_f'h_f' = 13.8 \times 1160 \times 80 = 1280.6(\text{kN} \cdot \text{m})$$

可得 $f_{sd}A_s > f_{cd}b_f'h_f'$，该截面属第二种 T 形截面。

求平衡翼缘挑出部分混凝土压力所需受拉钢筋截面面积 A_{s2}：

$$A_{s2} = \frac{f_{cd}(b_f' - b)h_f'}{f_{sd}} = \frac{13.8 \times (1160 - 200) \times 80}{330} = 3212(\text{mm}^2)$$

则平衡中性轴以上腹板部分混凝土压力所需受拉钢筋截面面积 A_{s1}：

$$A_{s1} = A_s - A_{s2} = 4825 - 3212 = 1613(\text{mm}^2)$$

其对应配筋率

$$\rho_1 = \frac{A_{s1}}{bh_0} = \frac{1613}{200 \times 420} = 0.019$$

对应的受压区高度系数：

$$\xi = \rho_1 \frac{f_{sd}}{f_{cd}} = 0.019 \times \frac{330}{13.8} = 0.454 < \xi_b = 0.53$$

由 $\xi = x/h_0$，得：$x = \xi h_0 = 0.454 \times 420 = 190.68(\text{mm})$。

再由式(3-8)得：

$$M_1 = f_{cd}bx\left(h_0 - \frac{x}{2}\right) = 13.8 \times 200 \times 190.68 \times \left(420 - \frac{190.68}{2}\right) = 170.86(\text{kN} \cdot \text{m})$$

$$M_2 = f_{sd}A_{s2}\left(h_0 - \frac{h_f'}{2}\right) = 330 \times 3212 \times \left(420 - \frac{80}{2}\right) = 402.78(\text{kN} \cdot \text{m})$$

所以此副纵梁截面的承载力为：

$$M_u = M_1 + M_2 = 170.86 + 402.78 = 573.64(\text{kN} \cdot \text{m})$$

$$\gamma_0 M_d = 1.1 \times 330 = 363(\text{kN} \cdot \text{m})$$

$M_u > \gamma_0 M_d$，满足承载力要求。

【课后练习】

一、填空题

1. 行车道板内的主钢筋直径不应小于_____;人行道板内的主钢筋直径不应小于_____。

2. 对于焊接钢筋骨架,钢筋的层数不宜多于_____层,单根钢筋直径不应大于_____,并应将粗钢筋布置在_____。

3. 主钢筋的排列原则应为:_____,_____(对不同直径钢筋而言),_____,并应上下左右对齐,便于混凝土的浇筑。

4. 各主钢筋之间的净距或层与层间的净距,当钢筋为三层及以下时,不应小于_____,并不小于_____;

5. 钢筋混凝土 T 形梁的架立钢筋直径多为_____;矩形截面梁一般为_____。

6. 配筋率适当的钢筋混凝土梁称为_____。

7. 配筋率过高的钢筋混凝土梁称为_____。

8. 配筋率过低的钢筋混凝土梁称为_____。

9. 当钢筋确定之后,梁内配筋存在一个特定的配筋率 ρ_{max},它能使在受拉钢筋应力达到屈服强度的同时,受压区混凝土边缘压应变也恰好到达极限压应变值 ε_{cu}。钢筋混凝土梁的这种破坏称为"_____"。

10. 在支座中心向跨径方向长度相当于不小于一倍梁高范围内,箍筋间距不宜大于_____。

11. 混凝土表面至箍筋的净距应不小于_____。

二、选择题

1. 梁上部钢筋净距应满足下列哪条要求(d 为纵向受力钢筋直径)? (　　)

    A. 净距 $=d$ 且 ≥25mm   B. 净距 $=1.5d$ 且 ≥20mm

    C. 净距 $=1.5d$ 且 ≥30mm   D. 净距 $=1.5d$ 且 ≥25mm

2. 受弯构件正截面承载力计算基本公式是依据哪种破坏形态建立的? (　　)

    A. 少筋破坏   B. 适筋破坏   C. 超筋破坏   D. 界限破坏

3. 受弯构件正截面承载力中,T 形截面划分为两类截面的依据是(　　)。

    A. 计算公式建立的基本原理不同

    B. 受拉区与受压区截面形状不同

    C. 破坏形态不同

    D. 混凝土受压区的形状不同

4. 对于适筋梁,受拉钢筋刚刚屈服时,下面说法正确的是(　　)。

    A. 承载力达到极限

    B. 受压边缘混凝土应变达到 ε_{cu}

    C. 受压边缘混凝土应变尚未达到 ε_{cu}

    D. 受压边缘混凝土应变超过 ε_{cu}

5. 混凝土保护层厚度是指(　　)。

A. 纵向受力钢筋合力点至截面近边缘的最小垂直距离

B. 箍筋至截面近边缘的最小垂直距离

C. 纵向受力钢筋外边缘至截面近边缘的最小垂直距离

D. 纵向受力钢筋合力点至截面受拉边缘的距离

6. 与素混凝土梁相比,适量配筋的钢筋混凝土梁的承载力和抵抗开裂的能力(　　)。

    A. 均提高很多   B. 承载力提高很多,抗裂提高不多

    C. 抗裂提高很多,承载力提高不多   D. 均提高不多

7. 在双筋梁架计算中满足 $2a'_s \leq x \leq \xi_b$ 时,下面论述正确的是(　　)。

    A. 拉筋不屈服,压筋屈服   B. 拉筋屈服,压筋不屈服

    C. 拉筋、压筋均不屈服   D. 拉筋、压筋均屈服

8. 受弯构件减小受力裂缝宽度最有效的措施之一是(　　)。

    A. 增加截面尺寸

    B. 增加受拉钢筋截面面积,减小裂缝截面的钢筋应力

    C. 提高混凝土的强度等级

    D. 增加钢筋的直径

9. 下面的关于钢筋混凝土受弯构件截面弯曲刚度的说明中,错误的是(　　)。

    A. 截面弯曲刚度不变

    B. 截面弯曲刚度随时间的增加而减小

    C. 截面弯曲刚度随着裂缝的发展而减小

    D. 截面弯曲刚度随着荷载增大而减小

10. 混凝土受弯构件的受拉纵筋屈服,受压边缘混凝土也同时达到极限压应变的情况,称为(　　)破坏形态。

    A. 适筋   B. 少筋   C. 界限   D. 超筋

11. 钢筋混凝土梁在正常使用情况下,下列说法正确的是(　　)。

    A. 通常是带裂缝工作的

    B. 一旦出现裂缝,裂缝贯通全截面

    C. 一旦出现裂缝,沿全长混凝土与钢筋间的黏结力丧尽

    D. 通常是无裂缝的

12. (　　)作为受弯构件正截面承载力计算的依据。

    A. I_a 状态   B. II_a 状态   C. III_a 状态   D. 第 II 阶段

13. (　　)作为受弯构件抗裂计算的依据。

    A. I_a 状态   B. II_a 状态   C. III_a 状态   D. 第 II 阶段

14. 受弯构件正截面承载力计算基本公式的建立是依据哪种破坏形态建立的(　　)。

    A. 少筋破坏   B. 适筋破坏   C. 超筋破坏   D. 界限破坏

15. 受弯构件正截面承载力中,对于双筋截面,下面哪个条件可以满足受压钢筋的屈服(　　)。

    A. $x \leq \xi_b h_0$ B. $x > \xi_b h_0$ C. $x \geq 2a'_s$ D. $x < 2a'_s$

三、判断题

1. 超筋梁的破坏属于脆性破坏,而少筋梁的破坏属于塑性破坏。 （ ）
2. 受弯构件界限破坏时是延性破坏。 （ ）
3. 混凝土保护层应从受力纵筋的内边缘起算。 （ ）
4. 钢筋混凝土受弯构件正截面承载力计算公式中考虑了受拉区混凝土的抗拉强度。
（ ）
5. 判断一个截面在计算时是否属于T形截面,不是看截面本身形状,而是要看其翼缘板是否参加抗压作用。 （ ）
6. 当梁截面承受异号弯矩作用时,可以采用单筋截面。 （ ）
7. 水平纵向钢筋其作用主要是在梁侧面发生裂缝后,可以减少混凝土裂缝宽度。（ ）
8. 混凝土保护层厚度越大越好。 （ ）
9. 对于 $x \leqslant h'_f$ 的T形截面梁,因为其正截面受弯承载力相当于宽度为 b'_f 的矩形截面梁,所以其配筋率应按 $\rho = \dfrac{A_s}{b'_f h_0}$ 来计算。 （ ）
10. 板中的分布钢筋布置在受力钢筋的下面。 （ ）
11. 梁式结构受拉主钢筋应有不少于3根并不少于30%的受拉主钢筋通过支点。（ ）
12. 双筋截面比单筋截面更经济适用。 （ ）
13. 截面复核中,如果 $\xi > \xi_b$,说明梁发生破坏,承载力为0。 （ ）
14. 适筋破坏的特征是破坏始自于受拉钢筋的屈服,然后混凝土受压破坏。 （ ）
15. 最大配筋率的限制,规定了适筋梁和超筋梁的界限。 （ ）

四、简答题

1. 简述分布钢筋的作用?
2. 简述受弯构件适筋梁,其正截面从开始加荷至破坏所经历的阶段及各阶段的主要特征。
3. 简述受弯构件正截面抗弯承载力计算的基本假定。
4. 钢筋混凝土受弯构件正截面有哪几种破坏形式? 其破坏特征有何不同?
5. 什么叫最小配筋率? 它是如何确定的? 在计算中作用是什么?
6. 钢筋混凝土梁中,钢筋的分类及其各自的作用。
7. 什么是双筋截面? 在什么情况下才采用双筋截面?
8. 在双筋截面中,为什么要求 $2a'_s \leqslant x \leqslant \xi_b h_0$?

五、计算题

1. 某单筋矩形截面梁,其截面尺寸 $b = 350\text{mm}$,$h = 900\text{mm}$,承受的弯矩设计值 $M_d = 450\text{kN} \cdot \text{m}$,拟采用HRB400钢筋,C30混凝土,问此截面需配置多少钢筋才能满足承载力要求?

2. 有一单筋矩形截面受弯构件,其截面尺寸 $b = 250\text{mm}$、$h = 500\text{mm}$,承受的弯矩设计值 $M_d = 180\text{kN} \cdot \text{m}$,拟采用HRB400钢筋,C30混凝土,试求受拉钢筋截面面积 A_s。

3. 一单筋矩形截面梁,截面尺寸 $b \times h = 250\text{mm} \times 500\text{mm}$,混凝土为C25,钢筋为 4 Φ 18,$a_s = 40\text{mm}$,试求此梁所能承受的弯矩。

4. 某钢筋混凝土简支板桥,其跨中最不利的作用组合的弯矩设计值为 $180\text{kN} \cdot \text{m/m}$,拟采用HPB300钢筋,C25混凝土,试进行此桥的正截面设计。

5. 已知双筋矩形截面梁，其截面尺寸为 $b=180\text{mm}$，$h=400\text{mm}$，承受的弯矩设计值为 $M_d=150\text{kN}\cdot\text{m}$；混凝土为 C30，受压钢筋采用 HPB300 钢筋，为 2Φ16，受拉钢筋采用 HRB400，求受拉钢筋截面面积 A_s。

6. 有一矩形截面梁，截面尺寸 $b=200\text{mm}$、$h=450\text{mm}$，承受的弯矩设计值 $M_d=160\text{kN}\cdot\text{m}$；混凝土为 C30，HRB400 钢筋，试求钢筋截面面积。

7. 已知双筋矩形截面梁的截面尺寸为 $b=200\text{mm}$，$h=500\text{mm}$，混凝土 C30，HRB400 钢筋，$A_s=1884\text{mm}^2$，$a_s=62\text{mm}$，$A_s'=763\text{mm}^2$，$a_s'=40\text{mm}$。承受的弯矩设计值 $M_d=195\text{kN}\cdot\text{m}$；求此梁所能承受的最大弯矩设计值，并复核截面承载力。

8. 已知一双筋矩形截面梁，截面尺寸 $b=200\text{mm}$、$h=550\text{mm}$，C30 混凝土，HRB400 钢筋，$A_s=1900\text{mm}^2$，$a_s=60\text{mm}$，$A_s'=1500\text{mm}^2$，$a_s=40\text{mm}$，求截面所能承受的最大计算弯矩。

9. 已知 T 形截面梁的翼缘宽 $b_f'=2000\text{mm}$，$h_f'=150\text{mm}$，梁肋 $b=200\text{mm}$，梁高 $h=600\text{mm}$，混凝土为 C30，钢筋为 HRB400，所需承受的最大弯矩设计值 $M_d=28\times10^4\text{N}\cdot\text{m}$，试计算所需纵向受拉钢筋截面面积 A_s。

10. 某简支 T 形截面梁，其翼缘宽 $b_f'=1600\text{mm}$，$h_f'=110\text{mm}$，梁肋 $b=180\text{mm}$，梁高 $h=1200\text{mm}$，拟采用 C30 混凝土，HRB400 钢筋，在其上最不利的作用组合的弯矩设计值 $M_d=2850\text{kN}\cdot\text{m}$，此 T 梁需配多少钢筋？

11. 已知某 T 形梁的尺寸为 $b_f'=1100\text{mm}$，$h_f'=100\text{mm}$，$b=200\text{mm}$，$h=1000\text{mm}$，采用 C30 混凝土，HRB400 钢筋，内配置有 6Φ32 的钢筋，此截面的抗弯承载力是多少？

12. 已知 T 形截面梁的尺寸为 $b=200\text{mm}$，$h=550\text{mm}$，$b_f'=400\text{mm}$，$h_f'=80\text{mm}$；混凝土为 C30，HRB400 钢筋，$A_s=2714\text{mm}^2$，$a_s=60\text{mm}$，求截面所能承受的最大弯矩。

（注：习题中未加特殊说明，结构所处的环境均为Ⅱ类-冻融环境，安全等级均取二级）

单元四
UNIT FOUR
受弯构件斜截面承载力计算

钢筋混凝土受弯构件受力后,各截面上除了作用有弯矩外,一般同时还作用有剪力。在受弯构件设计中,首先应使构件的截面具有足够的抗弯承载力,即必须进行正截面抗弯承载力计算。此外,在剪力和弯矩共同作用的区段,有可能发生构件沿斜截面的破坏,故必须进行斜截面承载力计算。

§4-1　概述

素养点:
树立岗位责任意识、安全意识。

知识点:
①受弯构件斜截面的破坏形态;
②影响受弯构件斜截面抗剪承载力的因素。

技能点:
能正确分辨斜压破坏、剪压破坏和斜拉破坏。

按照钢筋混凝土受弯构件的构造要求(单元三有介绍),钢筋混凝土梁内设置的箍筋和弯起(斜)钢筋起着抗剪作用。一般把箍筋、弯起钢筋统称腹筋或剪力钢筋。配有箍筋、弯起钢筋和纵筋的梁,称为有腹筋梁;无箍筋和弯起钢筋,但设有纵筋的梁,称为无腹筋梁。

一、斜截面破坏形态

通过对无腹筋简支梁的试验研究分析,承受作用(荷载)的钢筋混凝土受弯构件的斜截面破坏与作用组合的弯矩和剪力情况有关,这种关系通常用剪跨比来表示。对于承受集中荷载的梁,集中荷载作用点到支点的距离 a,一般称为剪跨[图 4-1b)],剪跨 a 与截面有效高度 h_0 的比值,称为剪跨比,用 m 表示。而剪跨比 m 又可表示为:

$$m = \frac{a}{h_0} = \frac{Pa}{Ph_0} = \frac{M_d}{V_d h_0} \tag{4-1}$$

此处 M、V 分别为剪切破坏截面的弯矩与剪力。对于其他作用情况,亦可用 $m = \frac{M}{V \cdot h_0}$ 表示,此式又称为广义剪跨比。

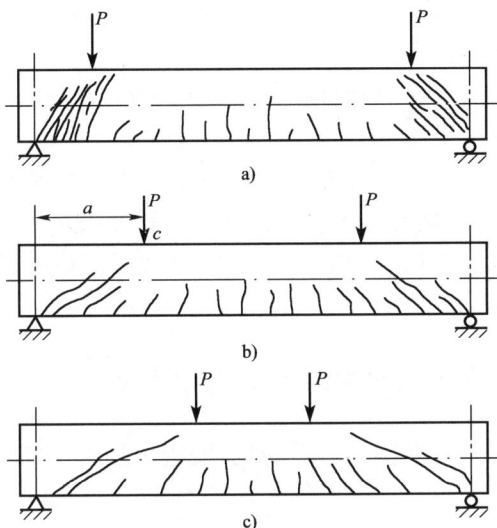

图 4-1　斜截面的剪切破坏形态
a)斜压破坏;b)剪压破坏;c)斜拉破坏

现将梁中斜裂缝的出现和发展以及梁沿斜截面破坏的主要形态分述如下:

1. 斜压破坏[图 4-1a)]

斜压破坏多发生在剪力大而弯矩小的区段内。即当集中荷载十分接近支座、剪跨比 $M/(V \cdot h_0)$ 值较小($m < 1$)时,或者当腹筋配置过多,或者当梁腹板很薄(例如 T 形或 I 形薄腹梁)时,梁腹部分的混凝土往往因为主压应力过大而造成斜向压坏。斜压破坏的特点是随着作用(荷载)的增加,梁腹被一系列平行的斜裂缝分割成许多倾斜的受压柱体,这些柱体最后在弯矩和剪力的复合作用下被压碎,因此斜压破坏又称腹板压坏。破坏时箍筋往往并未屈服。

2. 剪压破坏[图 4-1b)]

对于有腹筋梁,剪压破坏是最常见的斜截面破坏形态。对于无腹筋梁,当剪跨比 $m = 1 \sim 3$ 时,也会发生剪压破坏。

剪压破坏的特点是:若构件内腹筋用量适当,当作用(荷载)增加到一定程度后,构件上早已出现的垂直裂缝和细微的倾斜裂缝发展形成一根主要的斜裂缝,称为"临界斜裂缝"。斜裂缝末端混凝土截面既受剪又受压,称为剪压区。作用(荷载)继续增加,斜裂缝向上伸展,直到与临界斜裂缝相交的箍筋达到屈服强度,同时剪压区的混凝土在剪应力与压应力共同作用下达到复合受力时的极限强度而破坏,梁也失去了承载力。试验结果表明,剪压破坏时作用(荷载)一般明显地大于斜裂缝出现时的作用(荷载)。

3. 斜拉破坏[图 4-1c)]

斜拉破坏多发生在无腹筋梁或配置较少腹筋的有腹筋梁,且其剪跨比的数值较大($m>3$)时。

斜拉破坏的特点是:斜裂缝一出现,就很快形成临界斜裂缝,并迅速延伸到集中荷载作用点处,使梁斜向被拉断而破坏。这种破坏的脆性性质比剪压破坏更为明显,破坏来得突然,危险性较大,应尽量避免。试验结果表明,斜拉破坏时的作用(荷载)一般仅稍高于裂缝出现时的作用(荷载)。

斜截面除了以上三种主要破坏形态外,在不同的条件下,还可能出现其他的破坏形态,如局部挤压破坏、纵筋的锚固破坏等。

对于上述几种不同的破坏形态,设计时可以采用不同的方法进行处理,以保证构件在正常工作情况下具有足够的抗剪承载力。

一般用限制截面最小尺寸的办法,防止梁发生斜压破坏;用满足箍筋最大间距等构造要求和限制箍筋最小配筋率的办法,防止梁发生斜拉破坏。剪压破坏是设计中常见的破坏形态,而且抗剪承载力变化幅度较大,因此,《公桥规》给出的斜截面抗剪承载力计算公式,都是以剪压破坏形态的受力特征为基础而建立的。

二、影响受弯构件斜截面抗剪承载力的主要因素

影响斜截面抗剪承载力的主要因素有剪跨比、混凝土强度、纵向受拉钢筋配筋率和箍筋数量及强度等。

1. 剪跨比

几乎所有试验资料都表明,剪跨比[$M/(V \cdot h_0)$]对梁的抗剪承载力有着重要的影响,即弯矩与剪力比值的大小决定着梁的抗剪承载力。从无腹筋梁的试验分析得知,在混凝土截面尺寸以及纵向钢筋配筋率均相同的情况下,剪跨比越大,梁的抗剪承载力越小;反之,亦然。但当剪跨比 $m>3$ 以后,其对抗剪承载力的影响就很小了。大量的试验分析又证明,在有腹筋梁中,剪跨比同样显著地影响着梁的抗剪承载力。

2. 混凝土强度等级

大量无腹筋梁的试验资料显示,混凝土的强度等级越高,梁的抗剪承载力也越高,呈抛物线变化。低、中强度等级的混凝土,其抗剪承载力增长较快,高强度等级的增长较慢。此外,有腹筋梁的试验也得出同样的结论。

3. 纵向钢筋配筋率

纵向钢筋可以制约斜裂缝的开展,阻止中性轴的上升,增大受压区混凝土的抗剪承载力。与斜裂缝相交的纵向钢筋本身也可以起到"销栓作用"而直接承受一部分剪力,因此,纵向钢筋的配筋率越大,梁的抗剪承载力也越大。

4. 腹筋的强度和数量

腹筋包括箍筋和弯起钢筋,它们的强度和数量对梁的抗剪承载力有着显著的影响,增加了构件的延性,对钢筋混凝土梁的斜截面安全起着重要的保证作用。

§4-2 受弯构件斜截面抗剪承载力计算

课题一 斜截面抗剪承载力计算公式及适用条件

素养点：
遵守行业规范、标准，增强廉洁自律、安全意识，养成"一丝不苟"的学习习惯，弘扬"精益求精"的工匠精神。

知识点：
①斜截面抗剪承载力计算图式和公式；
②计算公式的适用条件。

技能点：
能叙述计算公式中各系数的取值规定和计算公式的使用条件。

钢筋混凝土梁沿斜截面的主要破坏形态有斜压破坏、剪压破坏和斜拉破坏等。在设计时，对于斜压和斜拉破坏，一般是采用截面限制条件和一定的构造措施予以避免。对于常见的剪压破坏形态，梁的斜截面抗剪承载能力变化较大，所以必须进行斜截面抗剪承载力的计算。《公桥规》的基本公式就是针对剪压破坏形态的受力特征而建立的。

一、斜截面抗剪承载力计算的基本公式

图 4-2 为斜截面发生剪压破坏时的受力情况。

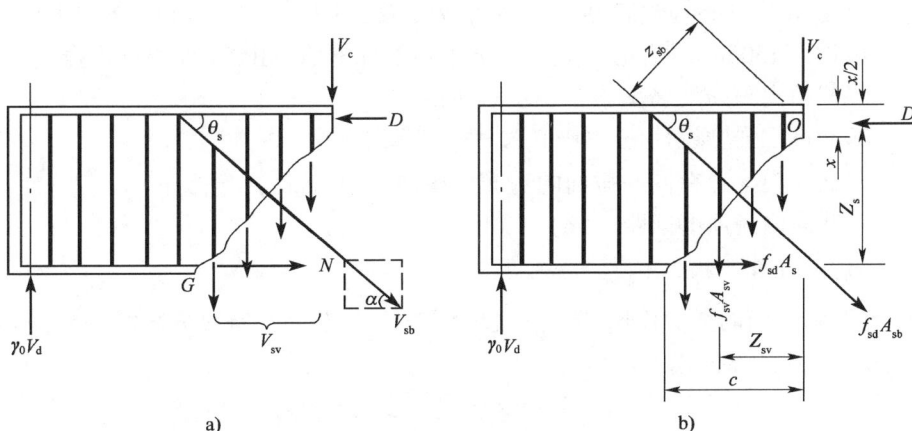

图 4-2 斜截面抗剪承载力计算示意图
a)隔离体；b)计算图式

此时,斜截面上的剪力,由裂缝顶端剪压区混凝土以及与斜裂缝相交的箍筋和弯起钢筋三者共同承担,故梁的斜截面抗剪承载力计算公式可表达为:

$$\gamma_0 V_d \leqslant V_c + V_{sv} + V_{sb}$$

即

$$\gamma_0 V_d \leqslant V_{cs} + V_{sb} \tag{4-2}$$

式中:V_d——验算截面处由作用(或荷载)组合产生的最不利剪力设计值(kN);

V_c——斜截面顶端剪压区混凝土的抗剪承载力设计值(kN);

V_{sv}——与斜截面相交的箍筋抗剪承载力设计值(kN);

V_{sb}——与斜截面相交的弯起钢筋抗剪承载力设计值(kN);

V_{cs}——斜截面内混凝土与箍筋共同的抗剪承载力设计值(kN);

γ_0——桥梁结构的重要性系数。

1. 混凝土与箍筋的抗剪承载力 V_{cs}

箍筋的抗剪承载力是指与斜截面相交的箍筋抵抗梁沿斜截面破坏的承载力,当梁剪切破坏时,靠近剪压区的箍筋可能达不到屈服强度,要考虑拉应力的不均匀影响,应计入应力不均系数。

《公桥规》采用的计算混凝土和箍筋共同抗剪能力的公式为:

$$V_{cs} = 0.45 \times 10^{-3} \alpha_1 \alpha_2 \alpha_3 b h_0 \sqrt{(2 + 0.6P)} \sqrt{f_{cu,k} \rho_{sv} f_{sv}} \quad (kN) \tag{4-3}$$

式中:α_1——异号弯矩影响系数,计算简支梁和连续梁近边支点梁段的抗剪承载力时,取 $\alpha_1 = 1.0$;计算连续梁和悬臂梁近中间支点梁段的抗剪承载力时,取 $\alpha_1 = 0.9$;

α_2——预应力提高系数,对钢筋混凝土受弯构件,取 $\alpha_2 = 1.0$;对预应力混凝土受弯构件,取 $\alpha_2 = 1.25$;但当由钢筋合力引起的截面弯矩与外弯矩的方向相同时,或对允许出现裂缝的预应力混凝土受弯构件,取 $\alpha_2 = 1.0$;

α_3——受压翼缘的影响系数,对矩形截面,取 $\alpha_3 = 1.0$;对 T 形和 I 形截面,取 $\alpha_3 = 1.1$;

b——斜截面剪压区对应正截面处的矩形截面宽度(mm),或 T 形和 I 形截面腹板宽度(mm);

h_0——截面的有效高度(mm),取斜截面剪压区对应正截面处、自纵向受拉钢筋合力点至受压边缘的距离;

P——斜截面内纵向受拉钢筋的配筋百分率,$P = 100\rho$,$\rho = A_s/(bh_0)$,当 $P > 2.5$ 时,取 $P = 2.5$;

$f_{cu,k}$——边长为 150mm 的混凝土立方体抗压强度标准值(MPa),即混凝土强度等级;

ρ_{sv}——斜截面内箍筋配筋率,$\rho_{sv} = A_{sv}/(s_v b)$;

f_{sv}——箍筋抗拉强度设计值(MPa),按表 1-4 采用;

A_{sv}——斜截面内配置在同一截面的箍筋总截面面积(mm^2);

s_v——斜截面内箍筋的间距(mm)。

2. 弯起钢筋的抗剪承载力 V_{sb}

弯起钢筋对斜截面的抗剪作用,应为弯起钢筋抗拉承载力在竖直方向的分量,再乘以应力不均匀系数 0.75,其计算公式为:

$$V_{sb} = 0.75 \times 10^{-3} f_{sd} \sum A_{sb} \sin\theta_s \tag{4-4}$$

式中:A_{sb}——斜截面内在同一弯起平面的普通弯起钢筋截面面积(mm^2);

θ_s——普通弯起钢筋(在斜截面受压端正截面处)的切线与水平线的夹角,按斜截面剪压区对应正截面处取值。

于是,配有箍筋和弯起钢筋的受弯构件,其斜截面抗剪承载力应符合下列要求:

$$\gamma_0 V_d \leq 0.45 \times 10^{-3} \alpha_1 \alpha_2 \alpha_3 bh_0 \sqrt{(2+0.6P)\sqrt{f_{cu,k}}\rho_{sv}f_{sv}} + 0.75 \times 10^{-3} f_{sd} \sum A_{sb} \sin\theta_s \quad (4\text{-}5)$$

二、计算公式的适用条件

式(4-5)是根据混凝土梁剪压破坏时的受力特点及试验研究资料拟定的,因此它仅在一定的条件下才适用。应用式(4-5)时,需要确定其适用范围,即公式的上、下限值。

（一）上限值——截面最小尺寸

试验表明,当梁内抗剪钢筋的配筋率达到一定程度后,即使再增加抗剪钢筋,梁的抗剪能力也不会再增加,当混凝土受斜压或劈裂而导致破坏时,箍筋的应力亦达不到屈服强度,且这种破坏属于突发性的脆性破坏。为了防止出现此类破坏,《公桥规》规定了截面尺寸的限制条件,即抗剪上限值。

矩形、T形和I形截面的钢筋混凝土受弯构件,其抗剪截面应符合下列要求:

$$\gamma_0 V_d \leq 0.51 \times 10^{-3} \sqrt{f_{cu,k}} bh_0 \quad (kN) \quad\quad (4\text{-}6)$$

式中:V_d——验算截面处由作用(或荷载)组合产生的最不利剪力设计值(kN);

　　b——矩形截面宽度或T形、I形截面腹板宽度(mm),取斜截面所在范围内的最小值;

　　h_0——自纵向受拉钢筋合力点至受压边缘的距离(mm),取斜截面所在范围内截面有效高度的最小值。

对变高度(承托)连续梁,除验算近边支点梁段的截面尺寸外,尚应验算截面急剧变化处的截面尺寸。

如果不能满足式(4-6)的条件,则应增大构件的截面尺寸。

（二）下限值——按构造要求配置箍筋

试验表明,在混凝土尚未出现斜裂缝以前,梁内的主拉应力主要由混凝土承受,箍筋承受的应力很小;当斜裂缝出现后,斜裂缝处的主拉应力将全部转由箍筋承受。如果箍筋配置过少,一旦斜裂缝出现,箍筋的拉应力就可能立即达到屈服强度,以至于不能进一步抑制斜裂缝的延展,甚至会出现因箍筋被拉断而导致混凝土梁的斜拉破坏。这种破坏是一种无预兆的脆性破坏。当混凝土梁内配置一定数量的箍筋,且箍筋的间距又不太大时,即可以避免发生斜拉破坏。

《公桥规》规定,矩形、T形和I形截面的受弯构件,若符合下列公式要求,则不需要进行斜截面抗剪承载力计算,而仅按构造要求配置箍筋。

$$\gamma_0 V_d \leq 0.50 \times 10^{-3} \alpha_2 f_{td} bh_0 \quad (kN) \quad\quad (4\text{-}7)$$

式中:f_{td}——混凝土轴心抗拉强度设计值(MPa);

　　其余符号意义同前。

式(4-7)实际上是规定了梁的抗剪承载力的下限值。对于不配置箍筋的板式受弯构件,式(4-7)右边计算值可乘以1.25的提高系数。

当受弯构件的剪力设计值 V_d 符合式(4-7)的条件时,按构造要求配置箍筋,并应满足最小配箍率 ρ_{svmin} 的要求。这是因为混凝土在出现斜裂缝前,主拉应力主要由混凝土承受,箍筋内应力很小,但当裂缝一旦出现,箍筋内应力骤增,箍筋过少,不足以抵抗由开裂截面转移过来的斜拉应力,因此必须规定最小箍筋配筋率,确保在意外作用(荷载)下出现斜裂缝时,由箍筋来负担此时的剪力(主拉应力)。《公桥规》规定的最小配箍率为:

HPB300 $\rho_{sv} \geqslant 0.14\%$

HRB400 $\rho_{sv} \geqslant 0.11\%$

在实际设计中,斜截面抗剪承载力计算可分为斜截面抗剪配筋设计和承载力复核两种情况。

在使用上面公式时,需注意:

上述基本公式在推导过程中已经考虑过各符号的计量单位,使用时,只需按各公式符号意义说明中所列计量单位相对应的数值代入有关公式计算即可。

课题二　受弯构件斜截面抗剪配筋设计

素养点:

遵守行业规范、标准,增强廉洁自律、安全意识,养成"一丝不苟"的学习习惯,弘扬"精益求精"的工匠精神。

知识点:

①计算剪力的取值规定;

②箍筋和弯起钢筋的设计计算;

③斜截面抗剪承载力复核。

技能点:

①能正确使用计算公式,进行箍筋和弯起钢筋的设计计算;

②能进行受弯构件斜截面抗剪承载力的复核。

受弯构件斜截面抗剪配筋设计,一般是在正截面承载力计算完成后进行的。受弯构件正截面承载力计算包括选用材料、确定截面尺寸、布置纵向主钢筋等,但是,它们并不一定满足混凝土的抗剪上限值要求,应利用式(4-6)对通过正截面承载力计算已选定的混凝土强度等级与截面尺寸做进一步验算。验算满足要求后,按式(4-7)计算分析受弯构件是否需要配置抗剪腹筋。本节将介绍对于受弯构件的剪力设计值 $\gamma_0 V_d$ 大于受弯构件斜截面抗剪承载力下限值 $0.50 \times 10^{-3} \alpha_2 f_{td} b h_0$ 条件下箍筋和弯起钢筋的设计计算方法。

一、剪力设计值的取值规定

此规定仅适用于简支梁梁段,其他种类的梁段请参阅《公桥规》中的相关规定。

钢筋混凝土受弯构件,按抗剪要求,箍筋、弯起钢筋的布置方式为:箍筋垂直于梁纵轴方向布置;弯起钢筋一般与梁纵轴成45°角,简支梁第一排(对支座而言)弯起钢筋的末端弯折点应位于支座中心截面处,如图4-3a)所示,以后各排弯起钢筋的末端弯折点应落在或超过前一排弯起钢筋弯起点截面。

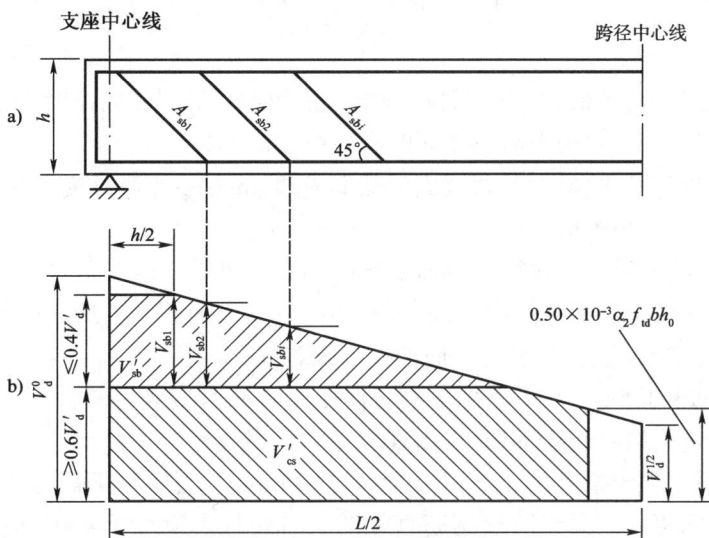

图4-3   斜截面抗剪配筋计算图(简支梁和连续梁近边支点梁段)

V_d^0-由作用(或荷载)组合引起的支点截面处最大剪力设计值;V_d'-用于配筋设计的作用组合的最大剪力设计值,对简支梁,取距支点中心$h/2$处的量值;$V_d^{1/2}$-跨中截面作用组合的剪力设计值;V_{cs}'-由混凝土和箍筋承担的总剪力设计值;V_{sb}'-由弯起钢筋承担的总剪力设计值;V_{sb1}、V_{sb2}、V_{sbi}-由距支座中心$h/2$处第一排弯起钢筋、第二排弯起钢筋、第i排弯起钢筋分别承担的剪力设计值;A_{sb1}、A_{sb2}、A_{sbi}-从支点算起的第一排、第二排、第i排弯起钢筋截面面积;h-梁全高

在进行受弯构件斜截面抗剪配筋设计计算时,首先应计算出作用组合在受弯构件支座中心和跨中截面的最大剪力设计值V_d^0及$V_d^{1/2}$,以这两点之间的剪力设计值,按直线绘出图4-3b)所示的剪力包络图。计算用的剪力取值按下列规定采用:

(1)最大剪力计算值取用距支座中心$h/2$(梁高一半)处截面的数值,其中混凝土与箍筋共同承担不少于60%,即$0.6V_d'$的剪力计算值;弯起钢筋(按45°弯起)承担不超过40%,即$0.4V_d'$的剪力计算值;

(2)计算第一排(对支座而言)弯起钢筋时,取用距支座中心$h/2$处由弯起钢筋承担的那部分剪力值;

(3)计算以后每一排弯起钢筋时,取用前一排弯起钢筋下面弯起点处由弯起钢筋承担的那部分剪力值。

二、箍筋和弯起钢筋的设计计算

1. 箍筋设计计算

根据"计算剪力的取值规定(1)",式(4-3)得出的混凝土与箍筋所共同承担的剪力不少于0.6倍最大剪力计算值:

$$V_{cs} = 0.45 \times 10^{-3} \alpha_1 \alpha_2 \alpha_3 bh_0 \sqrt{(2 + 0.6P)\ \sqrt{f_{cu,k}} \rho_{sv} f_{sv}} \geq 0.6\gamma_0 V_d' \tag{4-8}$$

由式(4-8)可求得配箍率 ρ_{sv}，根据 $\rho_{sv} = A_{sv}/(s_v b)$，预先选定箍筋种类和直径，可按式(4-9)计算箍筋间距：

$$s_v = \frac{0.2 \times 10^{-6} \alpha_1^2 \alpha_3^2 (2 + 0.6P) \sqrt{f_{cu,k}} A_{sv} f_{sv} b h_0^2}{(\xi \gamma_0 V_d')^2} \qquad (4-9)$$

式中：ξ——抗剪配筋设计的最大剪力设计值分配于混凝土和箍筋共同承担的分配系数，取 $\xi \geq 0.6$；

$\quad$ h_0——抗剪配筋设计的最大剪力截面的有效高度(mm)；

$\quad$ b——抗剪配筋设计的最大剪力截面的梁腹宽度(mm)，当梁的腹板厚度有变化时，b 取设计梁段最小腹板厚度；

$\quad$ A_{sv}——配置在同一截面内箍筋总截面面积(mm^2)。

同样，亦可以先假定箍筋的间距 s_v，而求箍筋的总截面面积 A_{sv}，最后根据 $A_{sv} = n_{sv} a_{sv}$ 选定箍筋的肢数 n_{sv} 及箍筋的直径 d_{sv} 和每一肢的截面面积 a_{sv}。

箍筋直径不应小于8mm且不应小于主筋直径的1/4，且应满足斜截面内箍筋的最小配箍率要求，并宜优先选用螺纹钢筋，以避免出现较宽的斜裂缝。

箍筋的间距不应大于梁高的1/2且不应大于400mm。当所箍钢筋为按受力需要的纵向受压钢筋时，箍筋间距不应大于所箍钢筋直径的15倍，且不应大于400mm；在钢筋绑扎搭接接头范围内的箍筋间距，当绑扎搭接钢筋受拉时，不应大于主钢筋直径的5倍，且不大于100mm；当搭接钢筋受压时，不应大于主钢筋直径的10倍，且不大于200mm。沿跨径方向距支座中心距离不小于一倍梁高范围内，箍筋间距不宜大于100mm。

近梁端第一根箍筋应设置在距端面一个混凝土保护层的距离处。梁与梁或梁与柱的交接范围内，靠近交接面的箍筋，其与交接面的距离不宜大于50mm。

2. 弯起钢筋设计

根据式(4-4)及上述剪力设计值的取值原则"弯起钢筋承担剪力设计值的40%"，则第 i 排弯起钢筋截面面积可按式(4-10)计算：

$$A_{sbi} = \frac{\gamma_0 V_{sbi}}{0.75 \times 10^{-3} f_{sd} \sin\theta_s} \qquad (mm^2) \qquad (4-10)$$

式中，第一排(参见图4-3)弯起钢筋承担的剪力为：

$$V_{sb1} = V_d' - 0.6 \times V_d' = 0.4 \times V_d' \qquad (4-11)$$

这里需要注意的是 V_d' 为距支座中心 $h/2$(梁高之半)处的剪力设计值。以后各排弯起钢筋的截面面积 A_{sb} 可按照剪力设计值的取值规定依次求出，并符合《公桥规》中的弯起规定。

三、斜截面抗剪承载力复核

具体复核内容为：已知构件截面尺寸 b、h_0，弯起钢筋截面面积 $\sum A_{sbi}$、箍筋截面面积 A_{sv} 及间距 s_v，结构重要性系数 γ_0，混凝土强度等级和钢筋牌号，作用组合的剪力设计值 V_d。计算截面所能承受的剪力 V_u，并判断其安全程度。

计算步骤：

(1)首先必须复核钢筋混凝土梁是否满足式(4-6)这一重要条件,如不符合,应考虑加大截面尺寸或提高混凝土强度等级。

(2)当钢筋混凝土梁中配置有箍筋和弯起钢筋作腹筋时,按式(4-5)进行抗剪承载力验算,即应满足 $\gamma_0 V_d \leqslant V_u = V_{cs} + V_{sb}$ 这一不等式条件,否则应重新设计剪力钢筋或改变截面尺寸。

(3)当钢筋混凝土梁中仅配置箍筋作腹筋时,按式(4-3)进行抗剪承载力验算,即应满足 $\gamma_0 V_d \leqslant V_u = V_{cs}$ 这一不等式条件,否则应重新设计。

但在进行受弯构件斜截面抗剪承载力复核前,需要确定验算截面的位置,通常选用构件抗剪能力最薄弱,或是应力剧变、易于产生斜裂缝的地方作为验算截面。在进行受弯构件斜截面抗剪承载力验算时验算截面的取用按下列规定确定。

1.简支梁和连续梁近边支点梁段

(1)距支座中心 $h/2$(梁高一半)处的截面(如图4-4中截面1-1)。

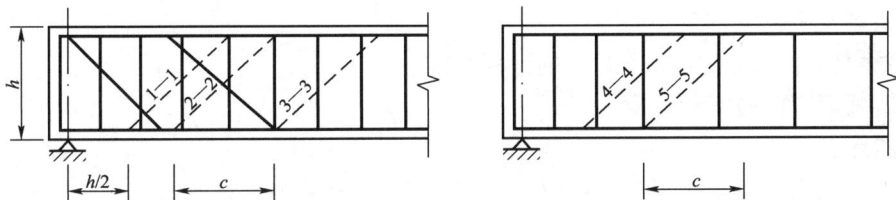

图4-4　斜截面抗剪承载力验算截面示意图(简支梁和连续梁近边支点梁段)

因为构件越靠近支座(m 较小)处,直接支承压力的影响越大,混凝土的抗力也越高而不致破坏,只有距支座中心大于 $h/2$ 以后的截面抗力才可能变小。

(2)受拉区弯起钢筋弯起点处的截面(如图4-4中的截面2-2、3-3),以及锚于受拉区的纵向主筋开始不受力处的截面(如图4-4中的截面4-4)。

因为这些截面纵向主筋减少,应力集中且要发生内力重分配,而在弯起钢筋转折处的局部压力可能导致混凝土破损。

(3)箍筋数量或间距改变处截面(如图4-4中的截面5-5)。

箍筋数量或间距改变,导致配箍率改变,根据式(4-3)可以看出相应的抗剪承载力要发生变化, ρ_{sv} 减小,相应的 V_{cs} 也减小。

(4)受弯构件腹板宽度变化处的截面。

这里与箍筋间距改变一样,因为抗剪承载力剧变导致的构件薄弱部位会首先出现斜裂缝。

2.连续梁和悬臂梁近中间支点梁段

(1)支点横隔梁边缘处截面(如图4-5中的截面6-6)。

(2)变高度梁的高度突变处截面(如图4-5中的截面7-7)。

(3)参照简支梁的要求,需要进行验算的截面。

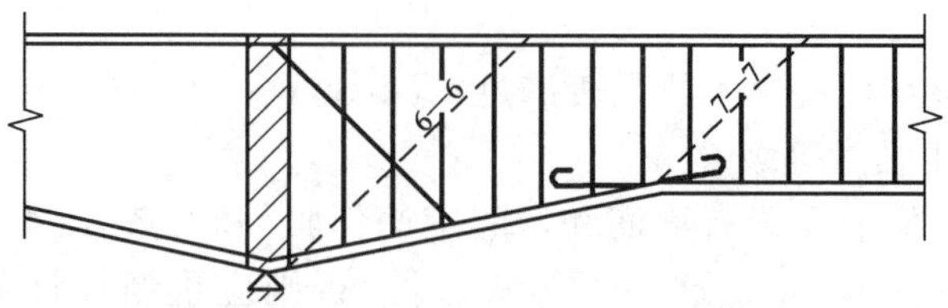

图4-5 斜截面抗剪承载力验算位置示意图(连续梁和悬臂梁近中间支点梁段)

§4-3 受弯构件斜截面抗弯承载力计算

素养点:
遵守行业规范、标准,增强廉洁自律、安全意识,养成"一丝不苟"的学习习惯,弘扬"精益求精"的工匠精神。

知识点:
①受弯构件斜截面抗弯承载力的计算公式;
②斜截面弯曲破坏的位置。

技能点:
能正确使用计算公式,进行受弯构件斜截面抗弯承载力的计算。

在钢筋混凝土受弯构件中,斜裂缝的产生与开展除了可能引起斜截面受剪破坏外,还可能引起斜截面的受弯破坏,因此,还应进行斜截面的抗弯承载力计算。

如图4-2所示,受弯构件沿斜截面弯曲破坏时,梁被斜裂缝分开的两部分环绕裂缝顶端的压力中心 O(铰)转动,如图4-2b)所示。破坏时纵向受拉钢筋、箍筋以及弯起钢筋基本上都可达到抗拉强度设计值,只有靠近斜裂缝顶端的少数箍筋与弯起钢筋承受的应力较小。

受弯构件斜截面抗弯承载力计算的基本公式,由对受压区压力作用点 O 的弯矩平衡条件 $\sum M_0 = 0$ 可得(图4-2):

$$\gamma_0 M_d \leqslant M_R = f_{sd} A_s Z_s + \sum f_{sd} A_{sb} Z_{sb} + \sum f_{sv} A_{sv} Z_{sv} \tag{4-12}$$

式中:M_d——作用组合在斜截面受压端正截面处产生的最大弯矩设计值;

Z_s——纵向普通受拉钢筋合力点至受压区中心点 O 的距离;

Z_{sb}——与斜截面相交的同一弯起平面内普通弯起钢筋合力点至受压区中心点 O 的距离;

Z_{sv}——与斜截面相交的同一平面内箍筋合力点至受压区中心点 O 的水平距离;

M_R——斜截面所能承受的力矩;

其他符号意义同前。

受压区中心点 O 由受压区高度 x 决定。受压区高度 x 可利用所有作用于斜截面上的力对构件纵轴的投影之和为零的平衡条件 $\sum H = 0$ 求得:

$$f_{sd} A_s + \sum f_{sd} A_{sb} \cos\theta_s = f_{cd} A_c \tag{4-13}$$

式中：θ_s——与斜截面相交的弯起钢筋切线与梁水平纵轴的夹角；

　　A_c——受压区混凝土面积，对矩形截面，$A_c = bx$；对 T 形截面，$A_c = bx + (b'_f - b)h'_f$ 或 $A_c = b'_f x$；

　　f_{cd}——混凝土抗压强度设计值；

　　f_{sd}——纵向钢筋或弯起钢筋的抗拉强度设计值。

进行斜截面抗弯承载力计算时，应在验算截面处，自下向上沿斜向计算几个不同角度的斜截面，按下列公式确定最不利的斜截面位置：

$$\gamma_0 V_d = \sum f_{sd} A_{sb} \sin\theta_s + \sum f_{sv} A_{sv} \tag{4-14}$$

式中：V_d——斜截面顶端正截面内相应于最大弯矩设计值时的剪力设计值。

式（4-14）是按照荷载效应与构件斜截面抗弯承载力之差为最小的原则推导出来的，其物理意义是满足此要求的斜截面，其抗弯能力最小。

最不利斜截面位置确定后，才能按式（4-12）计算斜截面的抗弯承载力。

根据设计经验，在正截面抗弯承载力得到保证的情况下，一般受弯构件斜截面抗弯承载力仅按《公桥规》中的有关构造措施就可得到保证，而不需按式（4-12）进行计算。

§4-4　全梁承载力校核

素养点：

遵守行业规范、标准，增强廉洁自律、安全意识，养成"一丝不苟"的学习习惯，弘扬"精益求精"的工匠精神。

知识点：

①设计弯矩图和正截面抗弯承载力图；

②纵向钢筋弯起的构造要求；

③纵向钢筋截断与锚固的构造要求。

技能点：

能利用设计弯矩图与正截面抗弯承载力图，进行受弯构件全梁承载力校核。

一、设计弯矩图与正截面抗弯承载力图

在钢筋混凝土梁的设计中，必须同时考虑斜截面抗剪承载力、正截面和斜截面抗弯承载力，保证梁段中任一截面都不会出现正截面和斜截面破坏。

单元三讲述了梁最大弯矩截面的正截面抗弯承载力设计问题；单元四的第二节通过箍筋设计和弯起钢筋数量确定，基本解决了梁段斜截面抗剪承载力的设计问题。尽管在梁斜截面抗剪承载力设计中初步确定了弯起钢筋的位置，但是纵向钢筋能否在这些位置弯起，还应考虑同时满足梁的正截面和斜截面抗弯承载力的要求。为了解决这个问题，同时能够合理地布置

钢筋，一般采用梁的抵抗弯矩图覆盖计算弯矩包络图的原则进行设计。

所谓弯矩包络图（又称设计弯矩图），即是由作用基本组合沿梁跨径，在各正截面产生的弯矩设计值 M_{dx} 的变化图形。其线形为二次或高次抛物线。在均布荷载作用下，简支梁的弯矩包络图一般是以支点弯矩 $M_{d(0)}$、跨中弯矩 $M_d\left(\dfrac{L}{2}\right)$ 作为控制点，按二次抛物线 $M_d\left(\dfrac{L}{2}\right)\left(1-\dfrac{4x^2}{L^2}\right)$ 绘出（图4-6）。

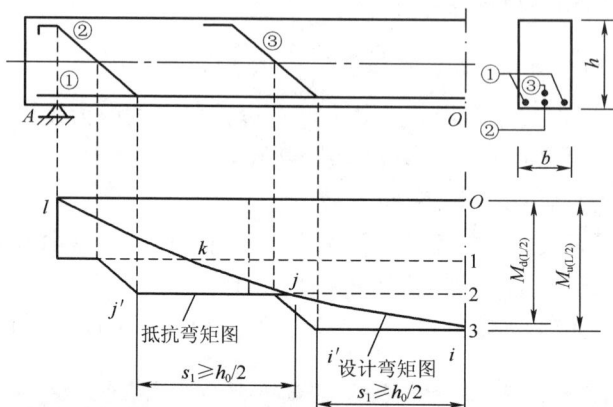

图4-6　设计弯矩图与抵抗弯矩图的叠合图

所谓抵抗弯矩图是指沿梁长各正截面按实际配置的总受拉钢筋能产生的抵抗弯矩图，即梁各正截面所具有的抗弯承载力 M_u 的分布图形，如图4-6中的阶梯形图线。抵抗弯矩图又称正截面抗弯承载力图，在确定纵向钢筋弯起位置时，必须使用抵抗弯矩图，下面以图4-6所示钢筋混凝土简支梁为例，具体讨论钢筋混凝土梁抵抗弯矩图的绘制方法：

首先在跨中截面将其最大抵抗力矩 $M_{u(L/2)}$ 根据纵向主钢筋数量改变处的截面实有抵抗力矩 $M_{u(i)}$ 分段（也可近似地由各组钢筋，如图4-6中钢筋①2 Φ 25、②1 Φ 25、③1 Φ 25 的截面面积按比例进行分段），然后作平行于横轴的水平线1、2、3。水平线3、2、1对应的抵抗弯矩 $M_{u(i)}$ 分别为：

$$M_{u(3)}=f_{sd}A_{s(3)}Z_{s(3)},\ M_{u(2)}=f_{sd}A_{s(2)}Z_{s(2)},\ M_{u(1)}=f_{sd}A_{s(1)}Z_{s(1)}$$

其中，$A_{s(3)}$ 为4 Φ 25 钢筋的截面面积；$A_{s(2)}$ 为3 Φ 25 钢筋的截面面积；$A_{s(1)}$ 为2 Φ 25 钢筋的截面面积。$Z_{s(3)}$、$Z_{s(2)}$、$Z_{s(1)}$ 分别为钢筋截面面积 $A_{s(3)}$、$A_{s(2)}$、$A_{s(1)}$ 合力点对混凝土受压区中心点 O 的力臂。

再按照 $M_{d(x)}=M_d\left(\dfrac{L}{2}\right)\cdot\left(1-\dfrac{4x^2}{L^2}\right)$（$L$ 为简支梁的计算跨径；x 为计算截面至跨中 O 点的距离）绘制弯矩包络图（图4-6中的设计弯矩图）。

图4-6中钢筋①2 Φ 25 通过支点，不弯起。"1"水平线 $M_{u(1)}$ 与设计弯矩图相交于"k"；"2"水平线 $M_{u(2)}$ 与设计弯矩图相关于"j"。

由图4-6可见，在跨中 i 点处，所有钢筋的强度被充分利用；在 j 点处①和②钢筋的强度被充分利用，而③钢筋在 j 点以外（向支座 A 方向）就不再需要了；同样，在 k 点处①钢筋的强度被充分利用，②钢筋在 k 点以外（向支座 A 方向）也就不再需要了。通常可以把 i、j、k 三个点分别称为③、②、①钢筋的"充分利用点"，而把 j、k、l 三个点分别称为③、②和①钢筋的"不需要点"。

为了保证斜截面抗弯承载力，③钢筋只能在距其充分利用点 i 的距离 $s_1 \geqslant h_0/2$ 处 i' 点弯起。为了保证弯起钢筋的受拉作用，弯起钢筋③与梁中轴线的交点应位于其不需要点 j 以外，这是由于弯起钢筋的内力臂是逐渐减小的，故抗弯承载力也逐渐减小，当弯起钢筋③穿过梁中轴线基本上进入受压区后,它的正截面抗弯作用才认为消失。

钢筋②弯起位置的确定原则,与钢筋③相同。

由此而得的抵抗弯矩图将弯矩包络图完全包住,保证了梁段内任一截面不会发生正截面和斜截面抗弯破坏。图4-6中,钢筋②和钢筋③的弯起位置就被确定在 i' 和 j' 两点处。

实际设计中均将设计弯矩图与抵抗弯矩图置于同一坐标系中,并采用同一比例,即两图叠合(图4-6),此叠合图可用来确定纵向主钢筋的弯起或截断位置,或用于校核全梁正截面抗弯承载力。在叠合图中,如果抵抗弯矩图形切入设计弯矩图形时,表明"切入"处正截面抗弯承载力不足,此时就必须限制纵筋在该处弯起或截断。因此,为了保证梁的正截面抗弯承载力,必须要求抵抗弯矩图将设计弯矩图全部包含在内。如果抵抗弯矩图形离开设计弯矩图形,且离开的距离较大,说明纵筋较多,它所对应的正截面抗弯承载力尚有富余,可以考虑将部分纵筋弯起或截断。

二、构造要求

(一)纵向钢筋弯起的构造要求

弯起钢筋是由纵向主钢筋弯起而成,纵向主钢筋弯起必须保证受弯构件具有足够的抗弯和抗剪承载力。

1. 保证正截面抗弯承载力的构造要求

保证正截面抗弯承载力要求是根据设计弯矩图与抵抗弯矩图的叠合图进行比较分析而确定的。由图4-6可以看出,一部分纵向钢筋弯起后,所剩纵向钢筋数量减少,正截面抗弯承载力相应减小。从纯理论观点来看,若承载力图与弯矩包络图相切,则表明此梁设计是最经济合理的。

2. 保证斜截面抗剪承载力的构造要求

弯起钢筋的数量(包括根数和直径)是通过斜截面抗剪承载力计算而确定的。而弯起钢筋的弯起位置,还需满足《公桥规》的有关要求,即简支梁第一排(对支座而言)弯起钢筋弯终点应位于支座中心截面处,以后各排弯起钢筋的弯终点应落在或超过前一排弯起钢筋弯起点截面。这样布置可以保证可能出现的任一条斜裂缝,至少能遇到一排弯起钢筋与之相交。当纵筋弯起形成的弯起钢筋不足以承担梁的剪力时,可采用两次弯起或补充附加斜筋,但不得采用不与主钢筋焊接的斜筋(浮筋)。

3. 保证斜截面抗弯承载力的构造要求

受弯构件沿斜截面的破坏形式,除了上述由最大剪力引起的剪切破坏以外,还可能发生沿斜截面由最大弯矩引起的弯曲破坏,这种破坏容易发生在抗剪钢筋较强而抗弯钢筋过弱或纵向受拉钢筋锚固不牢、中断或弯起纵向受拉钢筋的位置不当等情况中。因此,对于受弯构件,除了要进行斜截面抗弯承载力计算之外,尚要在构造上采取一定措施。

《公桥规》规定,当钢筋由纵向受拉钢筋弯起时,从该钢筋充分发挥抗力点即充分利用点(按正截面抗弯承载力计算充分利用该钢筋强度的截面与弯矩包络图的交点)到实际弯起点之间的距离不得小于 $h_0/2$,也就是说,当满足此规定时,由于与斜截面相交的纵筋减少,所损失的抗弯能力完全可由弯起钢筋来补偿,因此,可不必再进行斜截面抗弯承载力计算。弯起钢筋可在按正截面受弯承载力计算不需要该钢筋截面面积之前弯起,但弯起钢筋与梁中心线的交点应位于按计算不需要该钢筋的截面之外,如图 4-6 所示。

(二)纵筋的截断与锚固

1. 纵筋的截断

钢筋混凝土梁内纵向受拉钢筋不宜在受拉区截断;如需截断,应从按正截面抗弯承载力计算充分利用该钢筋强度的截面至少延伸 $l_a + h_0$ 长度处截断,如图 4-7 所示,此处 l_a 为受拉钢筋最小锚固长度,h_0 为梁截面有效高度;同时,尚应考虑从正截面抗弯承载力计算不需要该钢筋的截面至少延伸 $20d$(环氧树脂涂层钢筋为 $25d$)截断,此处 d 为钢筋直径。纵向受压钢筋如在跨间截断时,应延伸至按计算不需要该钢筋的截面以外至少 $15d$(环氧树脂涂层钢筋为 $20d$)。钢筋锚固长度 l_a 的要求,详见单元一的 §1-3。

2. 纵筋的锚固

为防止伸入支座的纵筋因锚固不足而发生滑动,甚至从混凝土中拔出来,造成破坏,应采取锚固措施。实践证明,锚固措施的加强对斜截面抗剪承载力与抗弯承载力的保证,都是极其必要的。纵向钢筋在支座的锚固措施有二:

①在钢筋混凝土梁的支点处,至少应有两根并不少于总数 1/5 的下层受拉主钢筋通过。

②梁底两侧的受拉主钢筋应伸出端支点截面以外,并弯成直角且顺梁高延伸至顶部,与顶层架立钢筋相连。两侧之间不向上弯曲的受拉主钢筋伸出支点截面的长度,不应小于 10 倍钢筋直径(环氧树脂涂层钢筋为 12.5 倍钢筋直径);HPB300 钢筋应带半圆钩。

例 4-1 某钢筋混凝土 T 形截面简支梁,标准跨径 $L_b = 13m$,计算跨径 $L_0 = 12.6m$。按正截面抗弯承载力计算所确定的跨中截面尺寸与钢筋布置如图 4-8 所示,主筋为 HRB400 钢筋($f_{sd} = 300MPa$),$4\Phi32 + 4\Phi16$,$A_s = 4021mm^2$;架立钢筋为 HPB300 钢筋,$2\Phi22$。焊接成多层钢筋骨架,混凝土为 C30($f_{cd} = 13.8MPa$,$f_{td} = 1.39MPa$)。该梁承受支点剪力 $V_{d(0)} = 310kN$,跨中剪力 $V_{d(L/2)} = 65kN$,支点弯矩 $M_{d(0)} = 0$,跨中弯矩 $M_{d(L/2)} = 1000kN \cdot m$,试按梁斜截面抗剪配筋设计方法配置该梁的箍筋和弯起钢筋(结构重要性系数 $\gamma_0 = 1.1$,结构所处的环境为 II 类-冻融环境,设计使用年限为 50 年)。

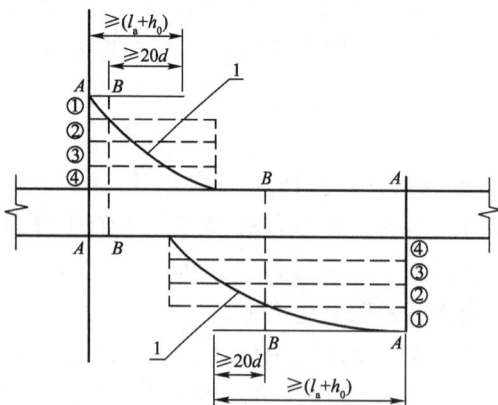

图 4-7 纵向钢筋截断时的延伸长度

A-A:钢筋①②③④强度充分利用截面;B-B:按计算不需要钢筋①的截面;①、②、③、④-钢筋编号;1-弯矩图

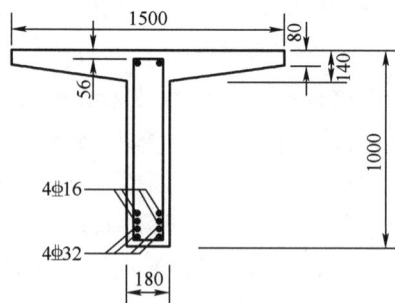

图 4-8 跨中截面钢筋布置图(尺寸单位:mm)

解:(1)计算各截面的有效高度

设箍筋直径为8mm,按照混凝土最小保护层厚度的要求(表2-3),受拉区混凝土边缘至底层主筋的净距离为:25 + 8 = 33(mm),取值35mm。

主筋为4$\oplus$32(A_{s1} = 3217mm²) + 4$\oplus$16(A_{s2} = 804mm²)时,主筋合力作用点至梁截面下边缘的距离,由下式求得:

$$a_s = \frac{f_{sd} \times A_{s1} \times a_{s(32)} + f_{sd} \times A_{s2} \times a_{s(16)}}{f_{sd} \times A_{s1} + f_{sd} \times A_{s2}}$$

$$= \frac{330 \times 3217 \times 67 + 330 \times 804 \times 115}{330 \times 3217 + 330 \times 804} = 77(mm)$$

说明:$a_{s(32)}$ = 主筋净保护层厚度 + 第一层主筋直径 = 35 + 32 = 67(mm);

$a_{s(16)}$ = 主筋净保护层厚度 + 三层主筋直径 = 35 + 32 × 2 + 16 = 115(mm)。

截面有效高度(跨中):

$$h_0 = 1000 - 77 = 923(mm)$$

主筋为4$\oplus$32(A_{s1} = 3217mm²) + 2$\oplus$16(A_{s2} = 402mm²)时,$a_{s(32)}$ = 67(mm);$a_{s(16)}$ = 35 + 32 × 2 + $\frac{16}{2}$ = 107(mm),主筋合力作用点至梁截面下边缘的距离,由下式求得:

$$a_s = \frac{330 \times 3217 \times 67 + 330 \times 402 \times 107}{330 \times 3217 + 330 \times 402} = 71.4(mm)$$

截面有效高度:

$$h_0 = 1000 - 71.4 = 928.6(mm)$$

主筋为4$\oplus$32时(A_{s1} = 3217mm²),主筋合力作用点至梁截面下边缘的距离:

$$a_s = 35 + 32 = 67(mm)$$

截面有效高度:

$$h_0 = 1000 - 67 = 933(mm)$$

主筋为2$\oplus$32时(A_{s1} = 1608.5mm²),主筋合力作用点至梁截面下边缘的距离:

$$a_s = 35 + \frac{32}{2} = 51(mm)$$

截面有效高度(支点):

$$h_0 = 1000 - 51 = 949(mm)$$

(2)核算梁的截面尺寸

由式(4-6)得:

支点截面:

$$0.51 \times 10^{-3}\sqrt{f_{cu,k}}bh_0 = 0.51 \times 10^{-3} \times \sqrt{30} \times 180 \times 949 = 477.2(kN) > \gamma_0 V_{d(0)}$$
$$= 1.1 \times 310 = 341(kN)$$

跨中截面:

$$0.51 \times 10^{-3}\sqrt{f_{cu,k}}bh_0 = 0.51 \times 10^{-3} \times \sqrt{30} \times 180 \times 923 = 464.1(kN) > \gamma_0 V_{d(L/2)}$$
$$= 1.1 \times 6.5 = 71.5(kN)$$

故按正截面抗弯承载力计算所确定的截面尺寸满足抗剪方面的构造要求。

(3)分析梁内是否需要配置剪力钢筋(取支点截面)

由式(4-7)得：

$$0.50 \times 10^{-3} \alpha_2 f_{td} bh_0 = 0.5 \times 10^{-3} \times 1 \times 1.39 \times 180 \times 949$$
$$= 118.7(kN) < \gamma_0 V_{d(0)} = 341kN$$

故梁内需要进行抗剪强度计算,配置剪力钢筋。

(4)确定计算剪力

①绘制此梁半跨剪力包络图(图4-9),并计算不需设置剪力钢筋的区段长度：

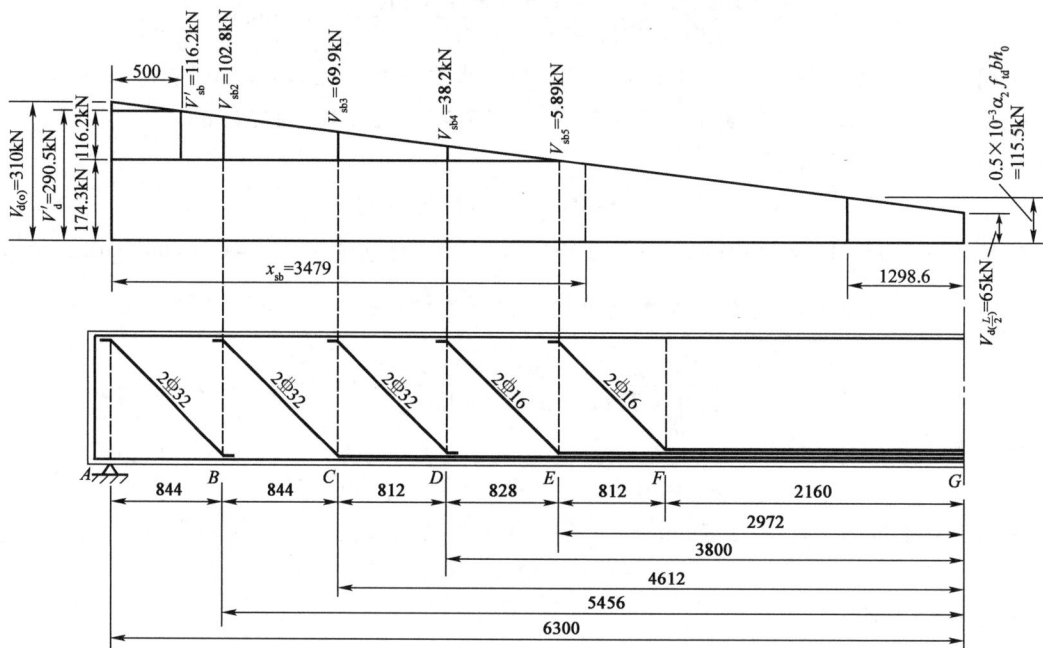

图4-9　按抗剪强度要求计算各排弯起钢筋的用量(尺寸单位:mm)

对于跨中截面,$0.50 \times 10^{-3} \alpha_2 f_{td} bh_0 = 0.5 \times 10^{-3} \times 1 \times 1.39 \times 180 \times 923 = 115.5(kN) > \gamma_0 V_{d(L/2)} = 71.5kN$,不需设置剪力钢筋的区段长度：

$$x_c = \frac{(0.5 \times 10^3 \alpha_2 f_{td} bh_0 - V_{d(L/2)}) \times \frac{L_0}{2}}{V_{d(0)} - V_{d(L/2)}} = \frac{(115.5 - 65) \times 6300}{310 - 65} = 1298.6(mm)$$

②按比例关系,依剪力包络图求距支座中心 $h/2$ 处截面的最大剪力值：

$$V'_d = V_{d(L/2)} + \frac{(0.5 \times 10^3 \alpha_2 f_{td} bh_0 - V_{d(L/2)}) \times \left(\frac{L_0}{2} - \frac{h}{2}\right)}{x_c}$$

$$= 65 + \frac{(115.5 - 65) \times (6300 - 500)}{1298.6} = 290.5(kN)$$

③最大剪力的分配。

按《公桥规》的规定：

由混凝土与箍筋共同承担不少于最大剪力 V'_d 的60%,即：

$$V'_{cs} \geq 0.6V'_d = 0.6 \times 290.5 = 174.3(kN)$$

由弯起钢筋承担不多于最大剪力 V'_d 的 40%，即：

$$V'_{sb} \leq 0.4V'_d = 0.4 \times 290.5 = 116.2(kN)$$

（5）配置弯起钢筋

①按比例关系，依剪力包络图计算需设置弯起钢筋的区段长度：

$$x_{sb} = \frac{(V_{d(0)} - 0.6V'_d) \times \dfrac{h}{2}}{V_{d(0)} - V'_d} = \frac{(310 - 174.3) \times 500}{310 - 290.5} = 3479(mm)$$

②计算各排弯起钢筋截面面积。

a. 计算第一排（对支座而言）弯起钢筋截面面积 A_{sb1}。

取用距支座中心 $h/2$ 处由弯起钢筋承担的剪力值：

$$V_{sb1} = V'_{sb} = 116.2kN$$

梁内第一排弯起钢筋拟用补充斜筋 $2 \oplus 32 f_{sd} = 330MPa$，该排弯起钢筋截面面积需要量为：

$$A'_{sb1} = \frac{\gamma_0 V_{sb1}}{0.75 \times 10^{-3} f_{sd} \sin 45°} = \frac{1.1 \times 116.2}{0.75 \times 10^{-3} \times 330 \times 0.707} = 730.5(mm^2)$$

而 $2 \oplus 32$ 钢筋实际截面面积 $A_{sb1} = 1609mm^2 > A'_{sb1} = 730.5mm^2$，满足抗剪要求。其弯起点为 B，弯终点落在支座中心 A 截面处，弯起钢筋与主筋的夹角 $\theta_s = 45°$，弯起点 B 至点 A 的距离为：

$$AB = h - (顶部架立钢筋净保护层厚度 + 架立钢筋直径 + 弯起钢筋顶部半径和底部半径 +$$
$$过支点主筋直径 + 底部主筋净保护层厚度)$$

$$= 1000 - \left(35 + 22 + \frac{32}{2} + \frac{32}{2} + 32 + 35\right) = 844(mm)$$

b. 计算第二排弯起钢筋截面面积 A_{sb2}。

按比例关系，依剪力包络图计算第一排弯起钢筋弯起点 B 处由第二排弯起钢筋承担的剪力值：

$$V_{sb2} = \frac{(x_{sb} - AB) \times 0.4V'_d}{x_{sb} - \dfrac{h}{2}} = \frac{(3479 - 844) \times 116.2}{3479 - 500} = 102.8(kN)$$

第二排弯起钢筋拟由主筋 $2 \oplus 32$（$f_{sd} = 330MPa$）弯起形成，该排弯起钢筋截面面积需要量为：

$$A'_{sb2} = \frac{\gamma_0 V_{sb2}}{0.75 \times 10^{-3} f_{sd} \sin 45°} = \frac{1.1 \times 102.8}{0.75 \times 10^{-3} \times 330 \times 0.707} = 646.2(mm^2)$$

而 $2 \oplus 32$ 钢筋实际截面面积 $A_{sb2} = 1609mm^2 > A'_{sb2} = 646.2mm^2$，满足抗剪要求。其弯起点为 C，弯终点落在第一排弯起钢筋弯起点 B 截面处，弯起钢筋与主筋的夹角 $\theta_s = 45°$，其弯起点 C 至点 B 的距离为：

$$BC = AB = 844mm$$

c. 计算第三排弯起钢筋截面面积 A_{sb3}。

按比例关系,依剪力包络图计算第二排弯起钢筋弯起点 C 处由第三排弯起钢筋承担的剪力值:

$$V_{sb3} = \frac{(x_{sb} - AB - BC) \times 0.4V_d'}{x_{sb} - \dfrac{h}{2}} = \frac{(3479 - 844 - 844) \times 116.2}{3479 - 500} = 69.9(kN)$$

第三排弯起钢筋拟用补充斜筋 $2\,\Phi\,32(f_{sd} = 330MPa)$,该排弯起钢筋截面面积需要量为:

$$A_{sb3}' = \frac{\gamma_0 V_{sb3}}{0.75 \times 10^{-3} f_{sd} \sin45°} = \frac{1.1 \times 69.9}{0.75 \times 10^{-3} \times 330 \times 0.707} = 439.4(mm^2)$$

而 $2\,\Phi\,32$ 钢筋实际截面面积 $A_{sb3} = 1609mm^2 > A_{sb3}' = 439.4mm^2$,满足抗剪求。其弯起点为 D,弯终点落在第二排弯起钢筋弯起点 C 截面处,弯起钢筋与主筋的夹角 $\theta_s = 45°$,弯起点 D 至点 C 的距离为:

$CD = h -$(顶层架立钢筋净保护层厚度 + 架立钢筋直径 + 顶部和底部弯起钢筋半径 + 底部两层主筋直径 + 底部主筋净保护层厚度)

$$= 1000 - \left(35 + 22 + \frac{32}{2} + \frac{32}{2} + 32 \times 2 + 35\right) = 812(mm)$$

d. 计算第四排弯起钢筋截面面积 A_{sb4}。

按比例关系,依剪力包络图计算第三排弯起钢筋弯起点 D 处由第四排弯起钢筋承担的剪力:

$$V_{sb4} = \frac{(x_{sb} - AB - BC - CD) \times 0.4V_d'}{x_{sb} - \dfrac{h}{2}}$$

$$= \frac{(3479 - 844 - 844 - 812) \times 116.2}{3479 - 500} = 38.2(kN)$$

第四排弯起钢筋拟用主筋 $2\,\Phi\,16(f_{sd} = 330MPa)$,该排弯起钢筋截面面积需要量为:

$$A_{sb4}' = \frac{\gamma_0 V_{sb4}}{0.75 \times 10^{-3} f_{sd} \sin45°} = \frac{1.1 \times 38.2}{0.75 \times 10^{-3} \times 330 \times 0.707} = 240.1(mm^2)$$

而 $2\,\Phi\,16$ 钢筋实际截面面积 $A_{sb4} = 402(mm^2) > A_{sb4}' = 240.1(mm^2)$,满足抗剪要求。其弯起点为 E,弯终点落在第三排弯起钢筋弯起点 D 截面处,弯起钢筋与主筋的夹角 $\theta_s = 45°$,弯起点 E 至点 D 的距离为:

$DE = h -$(顶部架立钢筋净保护层厚度 + 架立钢筋直径 + 顶部和底部弯起钢筋半径 + 底部两层主筋直径 + 底部主筋净保护层厚度)

$$= 1000 - \left(35 + 22 + \frac{16}{2} + \frac{16}{2} + 32 \times 2 + 35\right) = 828(mm)$$

e. 计算第五排弯起钢筋截面面积 A_{sb5}。

按比例关系,依剪力包络图计算第四排弯起钢筋弯起点 E 处由第五排弯起钢筋承担的剪力值:

$$V_{sb5} = \frac{(x_{sb} - AB - BC - CD - DE) \times 0.4V'_d}{x_{sb} - \dfrac{h}{2}}$$

$$= \frac{(3479 - 844 - 844 - 812 - 828) \times 116.2}{3479 - 500} = 5.89(kN)$$

第五排弯起钢筋拟由主筋 2 ⏀ 16($f_{sd} = 330MPa$)弯起形成,该排弯起钢筋截面面积需要量为:

$$A'_{sb5} = \frac{\gamma_0 V_{sb5}}{0.75 \times 10^{-3} f_{sd} \sin 45°} = \frac{1.1 \times 5.89}{0.75 \times 10^{-3} \times 330 \times 0.707} = 37(mm^2)$$

而 2 ⏀ 16 钢筋实际截面面积 $A_{sb5} = 402mm^2 > A'_{sb5} = 37mm^2$,满足抗剪要求。其弯起点为 F,弯终点落在第四排弯起钢筋弯起点 E 截面处,弯起钢筋与主筋的夹角 $\theta_s = 45°$,弯起点 F 至点 E 的距离为:

$$EF = h - (顶部架立钢筋净保护层厚度 + 架立钢筋直径 + 顶部和底部弯起钢筋半径 +$$
$$底部三层钢筋直径 + 底部主筋净保护层厚度)$$

$$= 1000 - \left(35 + 22 + \frac{16}{2} + \frac{16}{2} + 16 + 32 \times 2 + 35\right) = 812(mm)$$

第五排弯起钢筋弯起点 F 至支座中心 A 的距离为:

$$AF = AB + BC + CD + DE + EF = 844 + 844 + 812 + 828 + 812$$
$$= 4140(mm) > x_{sb} = 3479mm$$

这说明第五排弯起钢筋弯起点 F 已超过需设置弯起钢筋的区段长 x_{sb} 以外 661mm。弯起钢筋数量已满足抗剪承载力要求。

各排弯起钢筋弯起点至跨中截面 G 的距离如图 4-10 所示:

$$x_B = BG = \frac{L}{2} - AB = 6300 - 844 = 5456(mm)$$

$$x_C = CG = BG - BC = 5456 - 844 = 4612(mm)$$

$$x_D = DG = CG - CD = 4612 - 812 = 3800(mm)$$

$$x_E = EG = DG - DE = 3800 - 828 = 2972(mm)$$

$$x_F = FG = EG - EF = 2972 - 812 = 2160(mm)$$

(6)检验各排弯起钢筋的弯起点是否符合构造要求

①保证斜截面抗剪承载力方面。

从图 4-9 可以看出,对支座而言,梁内第一排弯起钢筋的弯终点已落在支座中心截面处,以后各排弯起钢筋的弯终点均落在前一排弯起钢筋的弯起点截面上,这些都符合《公桥规》的有关规定,即能满足斜截面抗剪承载力方面的构造要求。

②保证正截面抗弯承载力方面。

a. 计算各排弯起钢筋弯起点的设计弯矩。

跨中弯矩 $M_{d(L/2)} = 1000 \text{kN} \cdot \text{m}$,支点弯矩 $M_{d(0)} = 0 \text{kN} \cdot \text{m}$,其他截面的设计弯矩可按二次抛物公式 $M_{dx} = M_{d(L/2)} \left(1 - \dfrac{4x^2}{L^2}\right)$ 计算,见表4-1。

各排弯起钢筋弯起点的设计弯矩计算表   表4-1

弯起钢筋序号	弯起点符号	弯起点至跨中截面距离 x_i (mm)	各弯起点的设计弯矩 $M_{dx} = M_{d(L/2)}\left(1 - \dfrac{4x^2}{L^2}\right)$ (kN·m)
跨中截面			$M_G = M_{d(L/2)} = 1000$
5	F	$x_F = 2160$	$M_F = 1000 \times \left(1 - \dfrac{4 \times 2160^2}{12600^2}\right) = 882.4$
4	E	$x_E = 2972$	$M_E = 1000 \times \left(1 - \dfrac{4 \times 2972^2}{12600^2}\right) = 777.5$
3	D	$x_D = 3800$	$M_D = 1000 \times \left(1 - \dfrac{4 \times 3800^2}{12600^2}\right) = 636.2$
2	C	$x_C = 4612$	$M_C = 1000 \times \left(1 - \dfrac{4 \times 4612^2}{12600^2}\right) = 464.1$
1	B	$x_B = 5456$	$M_B = 1000 \times \left(1 - \dfrac{4 \times 5456^2}{12600^2}\right) = 245$

根据 M_x 值绘出设计弯矩图(图4-10)。

b. 计算各排弯起钢筋弯起点和跨中截面的抵抗弯矩(抗弯承载力)。

首先判别 T 形截面类型:

对于跨中截面,

$$f_{sd}A_s = (330 \times 3217) + (330 \times 804) = 1326.9 (\text{kN})$$

$$f_{cd}b'_f h'_f = 13.8 \times 1500 \times 110 = 2277 (\text{kN})$$

$f_{cd}b'_f h'_f > f_{sd}A_s$,说明跨中截面中性轴在翼缘内,属第一种 T 形截面,即可按单筋矩形截面 $b'_f \times h$ 计算。

其他截面的主筋截面面积均小于跨中截面的主筋截面面积,故各截面均属第一种 T 形截面,均可按单筋矩形截面 $b'_f \times h$ 计算。

随后计算各梁段抵抗弯矩,见表4-2。根据 $M_{u(i)}$ 值绘出抵抗弯矩图(图4-10)。

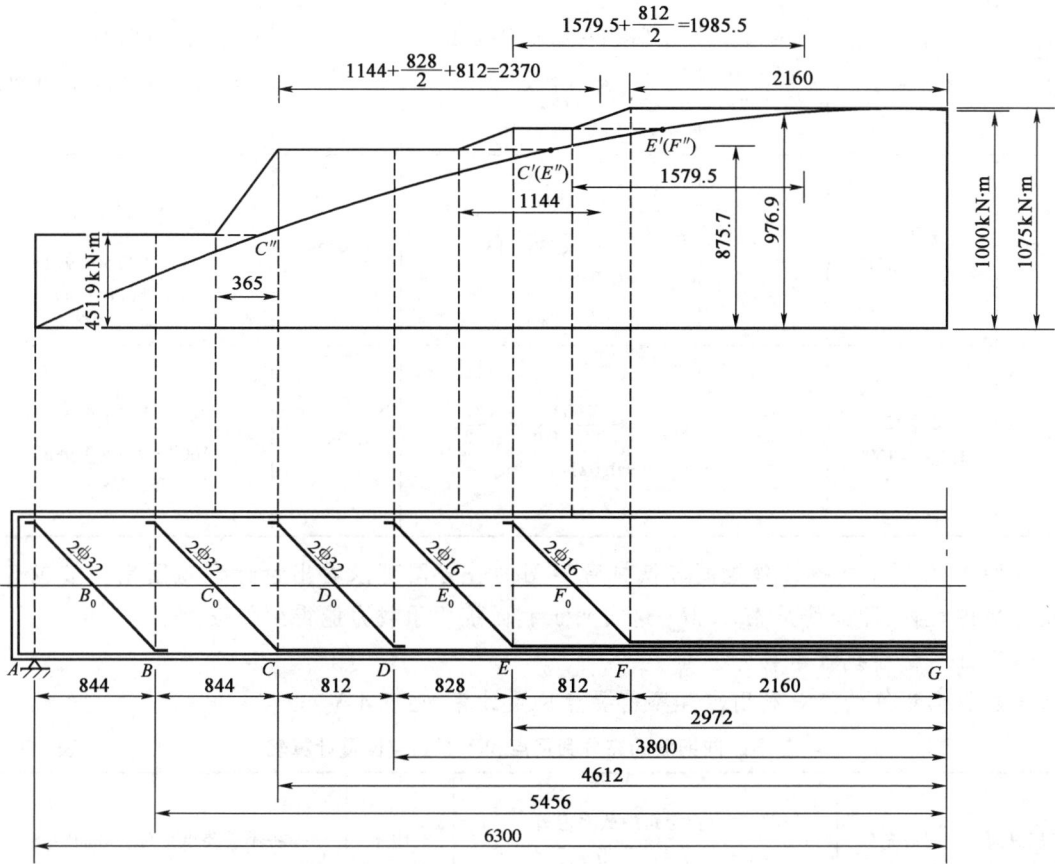

图 4-10　按抗弯承载力要求检验各排弯起钢筋弯起点的位置(尺寸单位:mm)

各梁段抵抗弯矩计算表　　　　　　　　　　　　　　　　　表 4-2

梁段符号	主筋截面面积 A_s（mm^2）	截面有效高度 h_0（mm）	混凝土受压区高度系数 $\xi = \dfrac{A_s}{b'_f h_0} \times \dfrac{f_{sd}}{f_{cd}}$	$1 - 0.5\xi$	各梁段抵抗弯矩 $M_{u(i)} = \dfrac{1}{\gamma_0} f_{sd} A_s h_0 (1 - 0.5\xi)$
FG	$4\,\Phi\,32 + 4\,\Phi\,16$ $A_{s(L/2)} = 4021$	923	$\xi_{(L/2)} = \dfrac{4021}{1500 \times 923} \times \dfrac{330}{13.8}$ $= 0.069$	0.9655	$M_{u(L/2)} = \dfrac{1}{1.1} \times 330 \times$ $4021 \times 923 \times 0.9655$ $= 1075(\text{kN} \cdot \text{m})$
EF	$4\,\Phi\,32 + 2\,\Phi\,16$ $A_{s(EF)} = 3619$	928.6	$\xi_{(EF)} = \dfrac{3619}{1500 \times 928.6} \times \dfrac{330}{13.8}$ $= 0.062$	0.969	$M_{u(EF)} = \dfrac{1}{1.1} \times 330 \times$ $3619 \times 928.6 \times 0.969$ $= 977(\text{kN} \cdot \text{m})$

梁段符号	主筋截面面积 A_s (mm²)	截面有效高度 h_0 (mm)	混凝土受压区高度系数 $\xi = \dfrac{A_s}{b'_f h_0} \times \dfrac{f_{sd}}{f_{cd}}$	$1 - 0.5\xi$	各梁段抵抗弯矩 $M_{u(i)} = \dfrac{1}{\gamma_0} f_{sd} A_s h_0 (1 - 0.5\xi)$
CE	4 ⏀ 32 $A_{s(CE)} = 3217$	933	$\xi_{(CE)} = \dfrac{3217}{1500 \times 933} \times \dfrac{330}{13.8}$ $= 0.055$	0.9725	$M_{u(CE)} = \dfrac{1}{1.1} \times 330 \times$ $3217 \times 933 \times 0.9725$ $= 876 (\text{kN} \cdot \text{m})$
AC	2 ⏀ 32 $A_{s(AC)} = 1609$	949	$\xi_{(AC)} = \dfrac{1609}{1500 \times 949} \times \dfrac{330}{13.8}$ $= 0.027$	0.9865	$M_{u(AC)} = \dfrac{1}{1.1} \times 330 \times$ $1609 \times 949 \times 0.9865$ $= 452 (\text{kN} \cdot \text{m})$

从图 4-10 所示的设计弯矩图与抵抗弯矩图的叠合图可以看出设计弯矩图完全被包含在抵抗弯矩图之内,即处处是 $M_d < M_u$,这表明正截面抗弯承载力能得到保证。

③保证斜截面抗弯承载力方面。

各层纵向钢筋的充分利用点和不需要点位置计算,见表 4-3。

各层纵向钢筋的充分利用点和不需要点位置计算表　　　　表 4-3

各层纵向钢筋序号	对应充分利用点号	各充分利用点至跨中截面距离 (mm) $x_i = \dfrac{L}{2}\sqrt{1 - \dfrac{M_{u(i)}}{M_{d(L/2)}}}$	对应不需要点号	各不需要点至跨中截面距离 x_i (mm)
4	F'	$x_{F'} = 0$	F''	$x_{F''} = x_{E''} = 957.5$
3	E'	$x_{E'} = 6300 \times \sqrt{1 - \dfrac{977}{1000}} = 957.5$	E''	$x_{E''} = x_{C''} = 2200.5$
2	C'	$x_{C'} = 6300 \times \sqrt{1 - \dfrac{878}{1000}} = 2200.5$	C''	$x_{C''} = 6300 \times \sqrt{1 - \dfrac{452}{1000}} = 4664.1$

计算各排弯起钢筋与梁中心线的交点 C_0、E_0、F_0 的位置:

$$x_{C_0} = \left(\frac{L_0}{2} - AC\right) + \left[\frac{h}{2} - (主筋净保护层厚度 + 主筋直径 + 主筋半径)\right]$$

$$= 4612 + \left[500 - \left(35 + 32 + \frac{32}{2}\right)\right] = 5029 (\text{mm})$$

$$x_{E_0} = \left(\frac{L_0}{2} - AE\right) + \left[\frac{h}{2} - (\text{主筋净保护层厚度} + \text{两层主筋直径} + \text{一层主筋半径})\right]$$

$$= 2972 + \left[500 - \left(35 + 2 \times 32 + \frac{16}{2}\right)\right] = 3365 (\text{mm})$$

$$x_{F_0} = \left(\frac{L_0}{2} - AF\right) + \left[\frac{h}{2} - (\text{主筋净保护层厚度} + \text{三层主筋直径} + \text{一层主筋半径})\right]$$

$$= 2160 + \left[500 - \left(35 + 2 \times 32 + 16 + \frac{16}{2}\right)\right] = 2537 (\text{mm})$$

计算各排弯起钢筋弯起点至对应的充分利用点的距离、各排弯起钢筋与梁中心线交点至对应不需要点的距离,见表 4-4。

保证斜截面抗弯承载力构造要求分析表　　　　　　　　　　表 4-4

各排弯起钢筋序号	弯起点至充分利用点距离 $(x_i - x_{i'})$ (mm)	$\dfrac{h_0}{2}$ (mm)	$x_i - x_{i'} - \dfrac{h_0}{2}$ (mm)	弯起钢筋与梁中心线交点至不需要点距离 $x_{i_0} - x_{i''}$ (mm)
5	$x_F - x_{F'} = 2160 - 0 = 2160$	$\dfrac{923}{2} = 461.5$	1698.5	$(x_{F_0} - x_{F''}) = 2537 - 957.5 = 1579.5$
4	$x_E - x_{E'} = 2972 - 957.5 = 2014.5$	$\dfrac{928.6}{2} = 464.3$	1550.2	$(x_{E_0} - x_{E''}) = 3365 - 2200.5 = 1164.5$
3	$x_C - x_{C'} = 4612 - 2200.5 = 2411.5$	$\dfrac{933}{2} = 466.5$	1945	$(x_{C_0} - x_{C''}) = 5029 - 4664.1 = 365$

从表 4-4 可以看出,各排弯起钢筋弯起点均在该层钢筋充分利用点以外不小于 $h_0/2$ 处,而且各排弯起钢筋与梁中心线的交点均在该层钢筋不需要点以外,即均能保证斜截面抗弯承载力。

另外,如图 4-10 所示,在梁底两侧有 2 根±32 主筋不弯起,通过支座中心点 A,这两根主筋截面面积 $A_s = 1609 \text{mm}^2$,与主筋 4±32 + 4±16 总截面面积 $A_s = 4021 \text{mm}^2$ 之比为 0.4,大于 1/5,这符合《公桥规》规定的构造要求。

(7)配置箍筋

根据《公桥规》关于"钢筋混凝土梁应设置直径不小于 8mm 且不小于 1/4 主筋直径的箍筋"的规定,本设计采用封闭式双肢箍筋,$n = 2$,HPB300 钢筋($f_{sv} = 250 \text{MPa}$),直径为 φ8,每肢箍筋截面面积 $a_{sv} = 50.3 \text{mm}^2$。

《公桥规》中又规定:"箍筋间距不大于梁高的 1/2 且不大于 400mm","支承截面处,支座中心向跨径方向长度相当于不小于一倍梁高范围内,箍筋间距不大于 100mm"。本设计按照这些规定,在梁端(一侧)范围内共设置 11 组箍筋,箍筋间距为 100mm;中间梁段的箍筋间距均为 200mm。相应的最小配箍率:$\rho_{sv} = A_{sv}/(s_v b) = \dfrac{2 \times 50.3}{200 \times 180} = 0.28\% > 0.14\%$,符合《公桥规》的构造要求(各梁段箍筋的最大间距计算见表 4-5)。

各梁段箍筋的最大间距计算表 表 4-5

梁段符号	主梁截面面积 A_s (mm^2)	截面有效高度 h_0 (mm)	主筋配筋率 $\rho = 100 \times \dfrac{A_s}{bh_0}$	箍筋最大间距 $s_v = \dfrac{\alpha_1^2 \alpha_3^2 \times 0.2 \times 10^{-6} \times (2 + 0.6P)\sqrt{f_{cu,k}}\, A_{sv} f_{sv} b h_0^2}{(\xi \gamma_0 V_d')^2}$
FG	$4 \underline{\Phi} 32 +$ $4 \underline{\Phi} 16$ $A_{s(L/2)} = 4021$	923	$\rho_{(L/2)} = 100 \times$ $\dfrac{4021}{180 \times 923}$ $= 2.42$	$s_{v(L/2)} = \dfrac{1.1^2 \times 0.2 \times 10^{-6} \times (2 + 0.6 \times 2.42)\sqrt{30} \times 100.6 \times 250 \times 180 \times 923^2}{(0.6 \times 1.1 \times 290.5)^2}$ $= 479.9\,(mm)$
EF	$4 \underline{\Phi} 32 +$ $2 \underline{\Phi} 16$ $A_{s(EF)} = 3619$	928.6	$\rho_{(EF)} = 100 \times$ $\dfrac{3619}{180 \times 928.6}$ $= 2.16$	$s_{v(EF)} = \dfrac{1.1^2 \times 0.2 \times 10^{-6} \times (2 + 0.6 \times 2.42)\sqrt{30} \times 100.6 \times 250 \times 180 \times 928.6^2}{(0.6 \times 1.1 \times 290.5)^2}$ $= 463.8\,(mm)$
CE	$4 \underline{\Phi} 32$ $A_{s(CE)} = 3217$	933	$\rho_{(CE)} = 100 \times$ $\dfrac{3217}{180 \times 933}$ $= 1.92$	$s_{v(CE)} = \dfrac{1.1^2 \times 0.2 \times 10^{-6} \times (2 + 0.6 \times 2.42)\sqrt{30} \times 100.6 \times 250 \times 180 \times 933^2}{(0.6 \times 1.1 \times 290.5)^2}$ $= 447.8\,(mm)$
AC	$2 \underline{\Phi} 32$ $A_{s(AC)} = 1609$	949	$\rho_{(AC)} = 100 \times$ $\dfrac{1609}{180 \times 949}$ $= 0.94$	$s_{v(AC)} = \dfrac{1.1^2 \times 0.2 \times 10^{-6} \times (2 + 0.6 \times 2.42)\sqrt{30} \times 100.6 \times 250 \times 180 \times 949^2}{(0.6 \times 1.1 \times 290.5)^2}$ $= 376.8\,(mm)$

【课后练习】

一、填空题

1. 梁剪切破坏的形式为斜压破坏、剪压破坏和_____。

2. 斜截面抗剪承载力计算公式是以_____破坏模式为基础而建立的。

3. 对于无腹筋梁，剪跨比越大，抗剪承载力越_____。

4. 通常可采用限制截面最小尺寸的办法，防止梁发生_____破坏。

5. 为保证钢筋混凝土梁斜截面受剪承载力，防止发生斜拉破坏，应控制箍筋间距和_____。

6. 对于剪压破坏，斜截面上的剪力由混凝土、箍筋和_____共同承担。

7. 简支梁第一排弯起钢筋的末端弯折点应位于_____截面处。

8. 进行斜截面抗剪配筋设计时，混凝土和箍筋承担的剪力不少于最大剪力计算值的_____。

9. 钢筋混凝土受弯构件沿斜截面除可能发生受剪破坏外，还可能发生_____破坏。

10. 用来表示钢筋混凝土受弯构件各截面的正截面抗弯承载力的图形称为_____图。

二、选择题

1. 梁沿斜截面破坏时,当裂缝一出现,很快形成一条主要斜裂缝,并迅速延伸至荷载作用点,使梁斜向被拉断,这种破坏称为(　　)。

　　A. 斜压破坏　　　　　　　　　　　B. 剪压破坏

　　C. 斜拉破坏　　　　　　　　　　　D. 剪切破坏

2. 条件相同的无腹筋梁,发生斜压、剪压、斜拉三种破坏形态时,梁的斜截面抗剪承载力的大致关系是(　　)。

　　A. 斜压破坏的承载力 > 剪压破坏的承载力 > 斜拉破坏的承载力

　　B. 剪压破坏的承载力 > 斜压破坏的承载力 > 斜拉破坏的承载力

　　C. 斜拉破坏的承载力 > 斜压破坏的承载力 > 剪压破坏的承载力

　　D. 剪压破坏的承载力 > 斜拉破坏的承载力 > 斜压破坏的承载力

3. 钢筋混凝土受弯构件中的弯起钢筋作用是(　　)?

　　A. 抗弯　　　　　　　　　　　　　B. 抗剪

　　C. 抗裂　　　　　　　　　　　　　D. 形成钢筋骨架

4. 在梁的斜截面设计中,要求箍筋间距 $S \leq S_{\max}$,其目的是(　　)。

　　A. 防止发生斜拉破坏　　　　　　　B. 防止发生斜压破坏

　　C. 保证箍筋发挥作用　　　　　　　D. 避免斜裂缝过宽

5. 梁中的抗剪钢筋通常有箍筋和弯起钢筋,在实际工程中往往首先选用(　　)。

　　A. 垂直箍筋　　　　　　　　　　　B. 沿主拉应力方向放置的斜向箍筋

　　C. 弯起钢筋　　　　　　　　　　　D. 螺旋箍筋

6. 下列属于钢筋混凝土受弯构件斜截面破坏形态的是(　　)。

　　A. 塑性破坏　　　　　　　　　　　B. 适筋破坏

　　C. 剪压破坏　　　　　　　　　　　D. 超筋破坏

7. 公路桥梁的钢筋混凝土受弯构件,如配置 HRB400 的箍筋,则配箍率不应小于(　　)。

　　A. 0.11%　　　　　　　　　　　　B. 0.12%

　　C. 0.13%　　　　　　　　　　　　D. 0.14%

8. 进行抗剪配筋设计时,最大剪力计算值应取(　　)的数值。

　　A. 支座中心处　　　　　　　　　　B. 距支座中心 $h/2$ 处

　　C. 距支座中心 h 处　　　　　　　D. 跨中处

9. 钢筋混凝土全梁承载能力校核一般采用图解法,要使全梁的正截面抗弯承载能力得到保证,必须使(　　)全部覆盖(　　),且两者差距越小,说明设计越经济。

　　A. 抵抗弯矩图　弯矩包络图　　　　B. 弯矩包络图　抵抗弯矩图

　　C. 弯矩包络图　弯矩包络图　　　　D. 抵抗弯矩图　抵抗弯矩图

10. 为保证钢筋混凝土受弯构件斜截面抗弯承载力,弯起钢筋弯起点与该钢筋充分利用点之间的距离,不应小于(　　)。

　　A. 0.5h　　　　　　　　　　　　B. h

　　C. 0.5h_0　　　　　　　　　　　D. h_0

三、判断题

1. 钢筋混凝土梁沿斜截面的破坏形态属于延性破坏。（　　）
2. 钢筋混凝土无腹筋梁发生斜拉破坏时，梁的抗剪强度取决于混凝土的抗拉强度，而发生斜压破坏时，梁的抗剪强度取决于混凝土的抗压强度。（　　）
3. 纵向钢筋的配筋率影响构件正截面抗弯承载力，对构件斜截面抗剪承载力没有影响。（　　）
4. 为了保证受弯构件的斜截面受剪承载力，设计时通常采取配置一定数量的间距不太大的、满足最小配箍率的箍筋，以防止斜拉破坏发生。（　　）
5. 受弯构件斜截面受剪承载力计算公式是依据剪压破坏得到的，故其不适用于斜拉破坏和斜压破坏。（　　）
6. 若设计剪力超过斜截面抗剪承载力上限值，则需要增加抗剪钢筋来提高构件的抗剪承载力。（　　）
7. 若设计剪力小于斜截面抗剪承载力下限值，则不需进行斜截面抗剪承载力验算。（　　）
8. 在受弯构件斜截面受剪承载力计算中，通常采用配置腹筋即配置箍筋和弯起钢筋的方法来提高梁的斜截面受剪承载能力。（　　）
9. 梁发生斜截面弯曲破坏有可能是钢筋弯起位置有误。（　　）
10. 材料抵抗弯矩图越贴近该梁的弯矩包络图，则说明梁的安全储备越大。（　　）

四、简答题

1. 什么是有腹筋梁和无腹筋梁？
2. 剪跨比是指什么？
3. 影响受弯构件斜截面抗剪承载力的主要因素有哪些？
4. 斜截面抗剪承载力计算公式的上限和下限值各说明了什么？写出它们的表达式，并说明。
5. 写出弯起钢筋抗剪的设计计算步骤。
6. 在进行受弯构件斜截面抗剪承载力复核前，如何确定其验算截面？
7. 什么是设计弯矩图？如何绘制？
8. 什么是抵抗弯矩图？如何绘制？
9. 在进行全梁承载力校核时，如何使用设计弯矩图和抵抗弯矩图？
10. 纵向钢筋弯起的条件是什么？
11. 纵筋在支座处的锚固措施有哪些？
12. 你认为潮州广济桥的梁桥部分是如何满足斜截面抗剪和抗弯承载力要求的？

五、计算题

1. 承受均布荷载的简支梁，净跨为 $l_0 = 4.8\text{m}$，截面尺寸 $b = 200\text{mm}$，$h = 500\text{mm}$，纵向受拉钢筋采用 HRB400，4 ϕ 18，混凝土强度等级为 C30，箍筋用 HPB300 钢筋，已知沿梁长配有双肢 ϕ 8 的箍筋，箍筋间距为 150mm。计算该斜截面抗剪承载力。结构所处的环境为 Ⅱ 类-冻融环境，重要性系数 $\gamma_0 = 1.0$。

2. 如图 4-11 所示简支梁，$b = 250\text{mm}$，$h = 550\text{mm}$，混凝土强度等级为 C30，箍筋用 HPB300

钢筋,纵向受拉钢筋用 HRB400 钢筋,集中荷载设计值 $P = 135\text{kN}$,均布荷载设计值 $q = 6.5\text{kN/m}$ (包括自重)。请对下列两种情况进行抗剪承载力计算(结构所处的环境为Ⅱ类-冻融环境,重要性系数 $\gamma_0 = 1.0$):

(1)仅配置箍筋,并选定箍筋直径和间距;

(2)箍筋按双肢φ8,间距为 200mm 配置,计算弯起钢筋用量,并绘制腹筋配置草图。

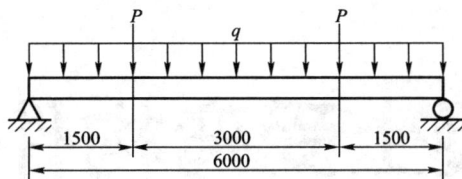

图 4-11(尺寸单位:mm)

单元五
UNIT FIVE

钢筋混凝土受弯构件在施工阶段的应力计算

公路桥涵结构按承载能力极限状态设计的主要目的,是确保结构或构件在设计基准期内,不致发生强度破坏或失稳破坏。在前面几个单元里已经详细介绍了钢筋混凝土受弯构件的强度计算及设计方法,但对于钢筋混凝土受弯构件,还要根据使用条件进行施工阶段的混凝土和钢筋应力验算。

§5-1 换算截面

素养点:
遵守行业规范、标准,养成"一丝不苟"的学习习惯,弘扬"精益求精"的工匠精神。

知识点:
①基本假定;
②截面变换;
③换算截面的几何特征表达式。

技能点:
能利用计算公式,进行钢筋混凝土单筋矩形截面、双筋矩形截面和 T 形截面换算截面的计算。

钢筋混凝土受弯构件在施工阶段时,受拉区的混凝土开始出现裂缝,即此时钢筋混凝土受弯构件受力进入第二工作阶段(详见§3-2)。

钢筋混凝土受弯构件第二工作阶段的特征是弯曲竖向裂缝已形成并开展,中性轴以下部分混凝土已退出工作,由钢筋承受拉力,钢筋应力为 σ_s,远小于钢筋的屈服强度。受压区混凝土的压应力图形大致是抛物线形,而受弯构件的荷载-挠度(跨中)关系曲线是一条接近于直线的曲线,因此,钢筋混凝土受弯构件的第二工作阶段又可称为开裂后弹性阶段。

由于钢筋混凝土是由钢筋和混凝土两种受力性能完全不同的材料组成,因此,在进行钢筋混凝土受弯构件施工阶段的应力计算时,需要通过换算截面的计算手段,把钢筋混凝土转换成匀质弹性材料后进行计算。

一、基本假定

根据钢筋混凝土受弯构件在施工阶段及正常使用荷载作用下的主要受力特征,可做如下的假定:

(1)平截面假定。即梁的正截面在弯曲变形时,其截面仍保持平面。

(2)弹性体假定。钢筋混凝土受弯构件在第二工作阶段时,混凝土受压区的应力分布图形是曲线形,但此时曲线并不丰满,与直线形相差不大,可以近似地看作直线分布,即受压区混凝土的应力与平均应变成正比。

(3)受拉区出现裂缝后,受拉区的混凝土退出工作,拉应力全部由钢筋承担。

二、截面变换

由上述基本假定作出的钢筋混凝土受弯构件在第二工作阶段的计算图式如图 5-1 所示。

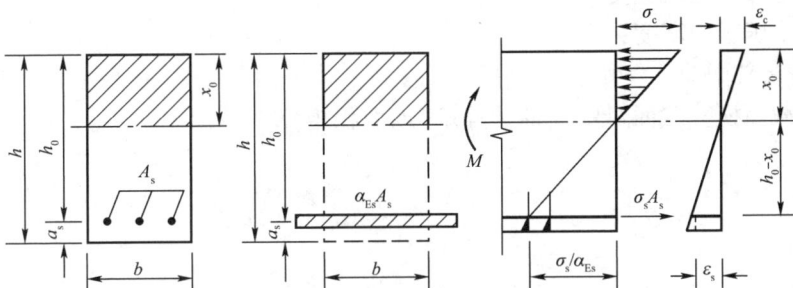

图 5-1　单筋矩形截面应力计算图式

钢筋混凝土受弯构件的正截面是由钢筋和混凝土组成的组合截面,并非均质的弹性材料,不能直接用材料力学公式进行截面计算。如果用等效混凝土块代替钢筋,如图 5-1 所示,则两种材料组成的组合截面就变成单一材料(混凝土)的截面,称之为"换算截面"。上述等效变换的条件是:

(1)等效混凝土块仍居于钢筋的重心处,它们的应变相同,即 $\varepsilon_t = \varepsilon_s$。

(2)等效混凝土块与钢筋承担的内力相同,即 $\sigma_s A_s = \sigma_t A_t$。

综上所述,由胡克定律得:

$$\varepsilon_s = \frac{\sigma_s}{E_s}, \varepsilon_t = \frac{\sigma_t}{E_c}$$

根据 $\varepsilon_t = \varepsilon_s$,得:

$$\frac{\sigma_s}{E_s} = \frac{\sigma_t}{E_c}$$

即:

$$\sigma_{\text{s}} = \frac{E_{\text{s}}}{E_{\text{c}}}\sigma_{\text{t}} \tag{5-1}$$

根据 $\sigma_{\text{s}}A_{\text{s}} = \sigma_{\text{t}}A_{\text{t}}$,得:

$$A_{\text{t}} = \frac{\sigma_{\text{s}}}{\sigma_{\text{t}}}A_{\text{s}} = \alpha_{\text{Es}}A_{\text{s}} \tag{5-2}$$

式中:E_{s}——普通钢筋的弹性模量;

$\qquad E_{\text{c}}$——混凝土的弹性模量;

$\qquad \varepsilon_{\text{t}}$——等效混凝土块的应变;

$\qquad \varepsilon_{\text{s}}$——钢筋的应变;

$\quad \sigma_{\text{s}}、A_{\text{s}}$——钢筋的应力及截面面积;

$\quad \sigma_{\text{t}}、A_{\text{t}}$——等效混凝土块的应力及面积。

可见,等效混凝土块的面积 A_{t} 为主钢筋截面面积 A_{s} 的 α_{Es} 倍。

三、开裂截面换算截面的几何特征表达式

1. 单筋矩形截面

(1)开裂截面换算截面面积 A_{cr}

$$A_{\text{cr}} = bx_0 + \alpha_{\text{Es}}A_{\text{s}} \tag{5-3}$$

式中:A_{cr}——构件开裂截面换算截面面积;

$\qquad b$——矩形截面的宽度;

$\qquad x_0$——受压区的高度;

其余符号意义同前。

(2)开裂截面换算截面对中性轴的静矩(或面积矩)S_{cr}

受压区:

$$S_{\text{cra}} = \frac{1}{2}bx_0^2 \tag{5-4}$$

受拉区:

$$S_{\text{crl}} = \alpha_{\text{Es}}A_{\text{s}}(h_0 - x_0) \tag{5-5}$$

(3)开裂截面换算截面的惯性矩 I_{cr}

$$I_{\text{cr}} = \frac{1}{3}bx_0^3 + \alpha_{\text{Es}}A_{\text{s}}(h_0 - x_0)^2 \tag{5-6}$$

式中:I_{cr}——构件截面开裂后的换算截面的惯性矩(又称开裂截面换算截面惯性矩)。

注:虚拟混凝土块对其自身重心轴的惯性矩极小,通常略去不计。

(4)开裂截面换算截面的抵抗矩 W_{cr}

对混凝土受压边缘:

$$W_{\text{cr}} = \frac{I_{\text{cr}}}{x_0} \tag{5-7}$$

对受拉钢筋重心处:

$$W_{\text{cr}} = \frac{I_{\text{cr}}}{h_0 - x_0} \tag{5-8}$$

（5）受压区高度 x_0

由力学课程知识可知，承受平面弯曲的受弯构件，其截面的中性轴通过它的重心，而任意平面图形对重心的静矩总和等于零。因此，受压区对中性轴的静矩与受拉区对中性轴的静矩之代数和等于零，即：

$$S_{cra} - S_{crl} = 0$$

$$\frac{1}{2}bx_0^2 - \alpha_{Es}A_s(h_0 - x_0) = 0$$

化简后得：

$$bx_0^2 + 2\alpha_{Es}A_sx_0 - 2\alpha_{Es}A_sh_0 = 0$$

解得：

$$x_0 = \frac{\alpha_{Es}A_s}{b}\left(\sqrt{1 + \frac{2bh_0}{\alpha_{Es}A_s}} - 1\right) \tag{5-9}$$

2. 双筋矩形截面

对于双筋矩形截面，截面变换的方法就是将受拉钢筋的截面面积 A_s 和受压钢筋截面面积 A_s' 分别用两个虚拟的混凝土块代替，形成换算截面。它与单筋矩形截面的不同之处，仅仅是受压区配置了受压钢筋，因此，双筋矩形截面几何特征值的表达式可在单筋矩形截面的基础上，再计入受压区钢筋换算截面面积 $\alpha_{Es}A_s'$ 就可以了。

《公桥规》规定，当受压区配有纵向钢筋时，在计算受压区高度 x_0 和惯性矩 I_{cr} 公式中的受压钢筋的应力应符合 $\alpha_{Es}\alpha_{cc}' \leqslant f_{sd}'$ 的条件；当 $\alpha_{Es}\alpha_{cc}' > f_{sd}'$ 时，各公式中所含的 $\alpha_{Es}A_s'$ 应以 $\frac{f_{sd}'}{\sigma_{cc}'}A_s'$ 代替；此处，f_{sd}' 为受压钢筋强度设计值，σ_{cc}' 为受压钢筋合力点相应的混凝土压应力。

3. 单筋 T 形截面

单筋 T 形截面的换算截面几何特征，根据受压区高度 x 值的大小不同，可分为两种情况：

（1）如果 $x_0 \leqslant h_f'$（T 形截面受压区与翼缘高度），表明中性轴位于翼缘内，此时，单筋 T 形截面可以按受压区翼缘宽度 b_f' 为宽度、T 形截面高度和 h 为高度的单筋矩形截面的有关公式进行计算。

（2）如果 $x_0 > h_f'$，则表明中性轴位于翼缘之外的梁肋内，此时梁肋有一部分在受压区（图 5-2）。

单筋 T 形开裂截面换算截面的几何特征表达式如下。

（1）开裂截面换算截面面积 A_{cr}

$$A_{cr} = bx_0 + (b_f' - b)h_f' + \alpha_{Es}A_s \tag{5-10}$$

式中：A_{cr}——构件开裂截面换算截面面积；

　　　b_f'——T 形截面受压区翼缘计算宽度；

　　　h_f'——T 形截面受压区翼缘厚度；

　　　b——T 形截面腹板宽度；

其余符号意义同前。

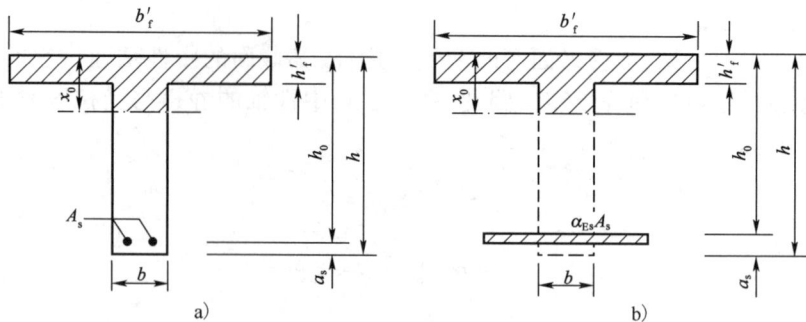

图 5-2 单筋 T 形截面

(2)开裂截面换算截面对中性轴的静矩(或面积矩)S_{cr}

受压区：

$$S_{cra} = \frac{1}{2}bx_0^2 + (b_f' - b)h_f'\left(x_0 - \frac{1}{2}h_f'\right) \tag{5-11}$$

或

$$S_{cra} = \frac{1}{2}b_f'x_0^2 - \frac{1}{2}(b_f' - b)(x_0 - h_f')^2$$

受拉区：

$$S_{crl} = \alpha_{Es}A_s(h_0 - x_0) \tag{5-12}$$

(3)开裂截面换算截面的惯性矩 I_{cr}

$$I_{cr} = \frac{1}{3}b_f'x_0^3 - \frac{1}{3}(b_f' - b)(x_0 - h_f')^3 + \alpha_{Es}A_s(h_0 - x_0)^2 \tag{5-13}$$

式中：I_{cr}——构件截面开裂后的换算截面的惯性矩(又称开裂截面换算截面惯性矩)。

注：①虚拟混凝土块对其自身重心轴的惯性矩极小，通常略去不计。

②当受拉区配置有多层钢筋时，在计算开裂换算截面惯性矩的公式中所含的 $\alpha_{Es}A_s(h_0 - x_0)^2$

项，应用 $\alpha_{Es}\sum\limits_{i=1}^{n}A_{si}(h_{0i} - x_0)^2$ 代替，此处 n 为受拉钢筋层数，A_{si} 为第 i 层全部钢筋的截面面积，h_{0i}

为第 i 层钢筋 A_{si} 重心至受压区边缘的距离。

(4)开裂截面换算截面的抵抗矩 W_{cr}

对混凝土受压边缘：

$$W_{cr} = \frac{I_{cr}}{x_0} \tag{5-14}$$

对受拉钢筋重心处：

$$W_{cr} = \frac{I_{cr}}{h_0 - x_0} \tag{5-15}$$

(5)受压区高度 x

由力学课程知识可知，承受平面弯曲的受弯构件，其截面的中性轴通过它的重心，而任意平面图形对重心的静矩总和等于零。因此，受压区对中性轴的静矩与受拉区对中性轴的静矩之代数和等于零，即：

$$S_{cra} - S_{crl} = 0$$

$$\frac{1}{2}b_f'x_0^2 - \frac{1}{2}(b_f' - b)(x_0 - h_f')^2 = \alpha_{Es}A_s(h_0 - x_0) \tag{5-16}$$

化简后得：

$$x_0^2 + 2Ax_0 - B = 0$$

其中：

$$A = \frac{\alpha_{Es}A_s + h_f'(b_f' - b)}{b}$$

$$B = \frac{h_f'^2(b_f' - b) + 2\alpha_{Es}A_sh_0}{b}$$

解得：

$$x_0 = \sqrt{A^2 + B} - A \tag{5-17}$$

或通过 $x_0 = \dfrac{S_{cra}}{A_{cr}}$ 求得受压区高度，其中 S_{cra} 为换算截面对混凝土受压区上边缘的静矩。

在钢筋混凝土受弯构件的使用阶段和施工阶段的计算中，有时会遇到全截面换算截面的概念，即《公桥规》中提到的换算截面。

换算截面是混凝土全截面面积和钢筋的换算面积所组成的截面。对于图 5-1 所示的矩形截面，换算截面的几何特性计算式如下：

换算截面面积 A_0：

$$A_0 = bh + (\alpha_{Es} - 1)A_s \tag{5-18}$$

受压区高度 x_0：

$$x_0 = \frac{\frac{1}{2}bh^2 + (\alpha_{Es} - 1)A_sh_0}{A_0} \tag{5-19}$$

换算截面对中性轴的惯性矩 I_0

$$I_0 = \frac{1}{12}bh^3 + bh\left(\frac{1}{2}h - x_0\right)^2 + (\alpha_{Es} - 1)A_s(h_0 - x_0)^2 \tag{5-20}$$

§5-2　受弯构件在施工阶段的应力计算

素养点：
遵守行业规范、标准，增强廉洁自律、安全意识，养成"一丝不苟"的学习习惯，弘扬"精益求精"的工匠精神。

知识点：
①正截面应力计算；
②钢筋混凝土梁的最大剪应力计算；
③钢筋混凝土梁的主应力计算。

技能点：
能正确使用计算公式，进行受弯构件正截面和斜截面的应力计算。

钢筋混凝土梁在施工阶段，特别是梁的运输、安装过程中，梁的支承条件、受力图式会发生变化。例如,图5-3b)所示简支梁的吊装,吊点的位置并不在梁设计的支座截面,当吊点位置与支座中心的距离 a 较大时,将会在吊点截面处引起较大的负弯矩。又如图5-3c)所示,采用"钓鱼法"架设简支梁,在安装施工中,其受力简图不再是简支体系。因此,应该根据受弯构件在施工中的实际受力体系进行应力计算。

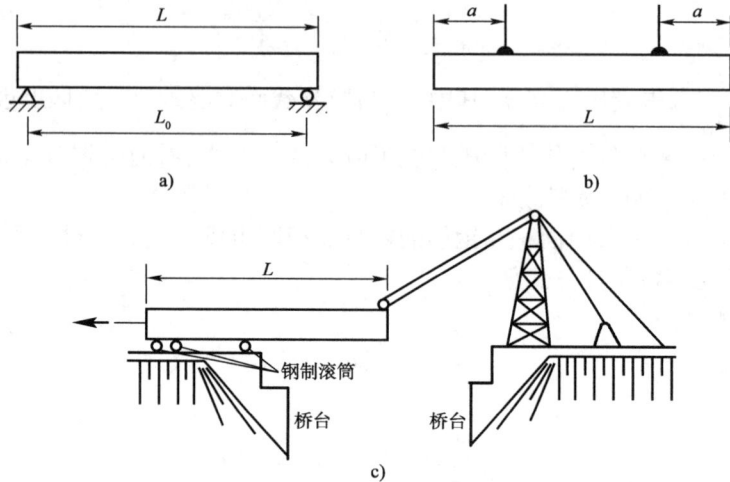

图5-3 构件吊装

钢筋混凝土受弯构件,在施工阶段,可以利用前述方法把构件正截面变换成换算截面就变成了力学课程所研究的匀质弹性材料,即可用力学课程讲授的方法进行计算。

《公桥规》规定进行施工阶段验算时,施工荷载除有特殊规定外,均采用标准值,当有组合时不考虑荷载组合系数。当进行构件运输和安装时,构件自重应乘以动力系数1.2(对结构不利时)或0.85(对结构有利时),并可视构件具体情况作适当增减。当用起重机行驶于桥梁上进行安装时,应对已安装的构件进行验算,起重机应乘以1.15的荷载系数。但当起重机产生的效应设计值小于按持久状况承载力极限状态计算的荷载效应设计值时,可不必验算。

一、正截面应力计算

《公桥规》规定,钢筋混凝土受弯构件在进行短暂状况设计时,正截面应力按下列公式计算,并应符合下列规定:

1. 受压区混凝土边缘的压应力

$$\sigma_{cc}^{t} = \frac{M_{k}^{t} x_0}{I_{cr}} \leqslant 0.80 f_{ck}' \tag{5-21}$$

2. 受拉钢筋的应力

$$\sigma_{si}^{t} = \alpha_{Es} \frac{M_{k}^{t}(h_{0i} - x_0)}{I_{cr}} \leqslant 0.75 f_{sk} \tag{5-22}$$

上述式中：M_k^t——由临时的施工荷载标准值产生的弯矩值；

x_0——换算截面的受压区高度，按换算截面受压区和受拉区对中性轴面积矩相等的原则求得；

I_{cr}——开裂截面换算截面的惯性矩，根据已求得的受压区高度 x_0，按开裂换算截面对中性轴惯性矩之和求得；

σ_{si}^t——按短暂状况计算时受拉区第 i 层钢筋的应力；

h_{0i}——受压区边缘至受拉区第 i 层钢筋截面重心的距离；

f_{ck}'——施工阶段相应于混凝土立方体抗压强度 f_{cu}' 的混凝土轴心抗压强度标准值，按表 1-1 以直线内插取用；

f_{sk}——普通钢筋抗拉强度标准值，按表 1-1 采用。

二、斜截面应力验算

《公桥规》规定，钢筋混凝土受弯构件中性轴处的主拉应力（剪应力）σ_{tp}^t 应符合：

$$\sigma_{tp}^t = \frac{V_k^t}{bz_0} \leqslant f_{tk}' \tag{5-23}$$

式中：V_k^t——由施工荷载标准值产生的剪力值；

b——矩形截面宽度，T 形、工字形截面的腹板宽度；

z_0——受压区合力点至受拉钢筋合力点的距离，按受压区应力图形为三角形计算确定；

f_{tk}'——施工阶段的混凝土轴心抗拉强度标准值。

对于某些需要按短暂状况计算荷载或其他需按弹性分析允许应力法进行抗剪配筋设计的情况，应按下列方法处理。

（1）钢筋混凝土受弯构件中性轴处的主拉应力，若符合下列条件：

$$\sigma_{tp}^t \leqslant 0.25 f_{tk}' \tag{5-24}$$

则该区段的主拉应力全部由混凝土承受，此时抗剪钢筋按构造要求配置。

（2）中性轴处的主拉应力不符合式（5-24）的区段，则主拉应力全部由箍筋和弯起钢筋承受。箍筋、弯起钢筋可按剪应力图配置（图 5-4），并按下列公式计算：

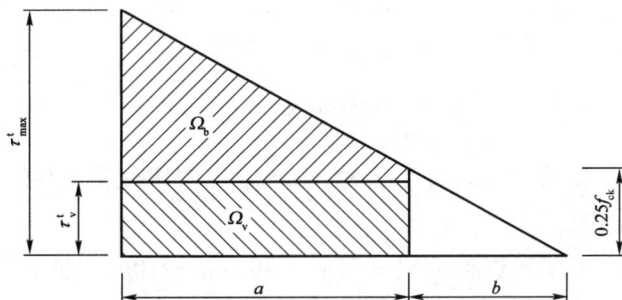

图 5-4　钢筋混凝土受弯构件剪应力分配

a-箍筋、弯起钢筋承受剪应力的区段；b-混凝土承受剪力的区段

（1）箍筋

$$\tau_v^t \geqslant \frac{nA_{sv1}[\sigma_s^t]}{bs_v} \qquad (5\text{-}25)$$

（2）弯起钢筋

$$A_{sb} \geqslant \frac{b\Omega}{\sqrt{2}[\sigma_s^t]} \qquad (5\text{-}26)$$

上述式中：τ_v^t——由箍筋承担的主拉应力（剪应力）值；

$\quad\quad\quad n$——同一截面内箍筋的肢数；

$\quad\quad\quad [\sigma_s^t]$——按短暂状况设计时，钢筋应力限值，取$[\sigma_{sv}^t] = 0.75f_{sk,v}$；

$\quad\quad\quad A_{sv1}$——一肢箍筋的截面面积；

$\quad\quad\quad s_v$——箍筋的间距；

$\quad\quad\quad b$——矩形截面宽度、T 形和工形截面的腹板宽度；

$\quad\quad\quad A_{sb}$——弯起钢筋的总截面面积；

$\quad\quad\quad \Omega$——由弯起钢筋承受的剪应力图的面积。

例 5-1 某装配式钢筋混凝土简支 T 梁，其计算跨径 $L = 19.5\text{m}$，截面尺寸如图 5-5 所示，采用 C30 混凝土（$f_{tk} = 2.01\text{MPa}$，$f_{ck}' = 20.1\text{MPa}$），主筋采用 HRB400 钢筋（8 Φ 32，$A_s = 6434\text{mm}^2$，$f_{sk} = 400\text{MPa}$），焊接钢筋骨架。由恒载标准值产生的弯矩值 $M_k^t = 766\text{kN·m}$，剪力值 $V_k^t = 78.2\text{kN}$。试进行正截面应力和中性轴处主拉应力验算，并判断是否需要配置剪力钢筋（结构所处的环境为 I 类 - 一般环境，设计使用年限 100 年）。

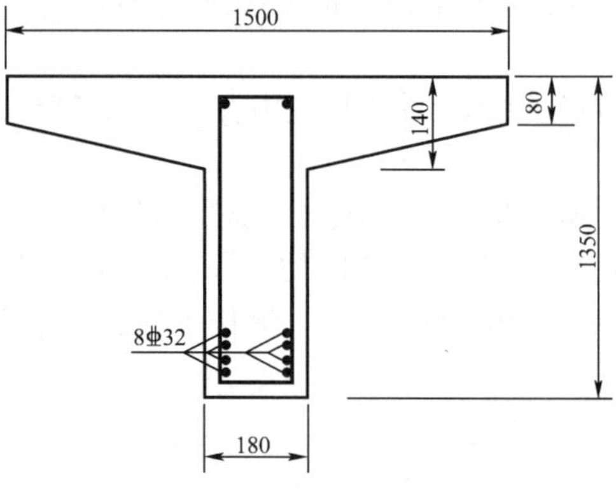

图 5-5 T 梁截面（尺寸单位：mm）

解： 查表 1-2 可得 C30 混凝土的弹性模量：$E_c = 3 \times 10^4\text{MPa}$；查表 1-3 可得 HRB400 钢筋的弹性模量：$E_s = 2 \times 10^5\text{MPa}$。

$\alpha_{Es} = E_s/E_c = 6.67$；翼缘平均厚度 $h_f' = (140 + 80)/2 = 110\text{mm}$；根据已知条件查表 2-3，得混凝土保护层最小厚度 $c_{min} = 20(\text{mm})$，设箍筋直径为 8mm，混凝土保护层最小厚度 + 箍筋直径 $= 20 + 8 = 28(\text{mm})$，取 30mm。则截面的有效高度 $h_0 = 1350 - (30 + 2 \times 32) = 1256(\text{mm})$，$h_{01} = 1350 - (30 + 32/2) = 1304(\text{mm})$。

1. 验算正截面应力

（1）确定受压区高度

由式(5-17)得：

$$x_0 = \sqrt{A^2 + B} - A$$

$$A = \frac{\alpha_{Es}A_s + h_f'(b_f' - b)}{b} = \frac{6.67 \times 6434 + 110 \times (1500 - 180)}{180} = 1045.1$$

$$B = \frac{h_f'^2(b_f' - b) + 2\alpha_{Es}A_sh_0}{b} = \frac{110^2 \times (1500 - 180) + 2 \times 6.67 \times 6434 \times 1256}{180} = 687632.93$$

则 $x_0 = 289(\text{mm}) > h_f' = 110\text{mm}$，说明截面中性轴位于梁肋之内，属第二类截面。

（2）求开裂截面换算截面的惯性矩

$$I_{cr} = \frac{1}{3}b_f'x_0^3 - \frac{1}{3}(b_f' - b)(x_0 - h_f')^3 + \alpha_{Es}A_s(h_0 - x_0)^2$$

$$= \frac{1}{3} \times 1500 \times 289^3 - \frac{1}{3} \times (1500 - 180) \times (289 - 110)^3 + 6.67 \times 6434 \times (1256 - 289)^2$$

$$= 496.74 \times 10^8 (\text{cm}^4)$$

（3）正截面应力验算

受压区混凝土边缘的压应力：

$$\sigma_{cc}^t = \frac{M_k^t x_0}{I_{cr}} = \frac{766 \times 10^6 \times 289}{496.74 \times 10^8} = 4.51(\text{MPa}) \leqslant 0.80f_{ck}' = 0.8 \times 20.1 = 16.08(\text{MPa})$$

最外一层受拉钢筋应力：

$$\sigma_{si}^t = \alpha_{Es}\frac{M_k^t(h_{0i} - x_0)}{I_{cr}} = 6.67 \times \frac{766 \times 10^6 \times (1304 - 289)}{496.74 \times 10^8} = 104.4(\text{MPa})$$

$$\leqslant 0.75f_{sk} = 0.75 \times 400 = 300(\text{MPa})$$

因此，构件正截面应力满足要求。

2. 验算中性轴处主拉应力，并判断是否需要配置剪力钢筋

按照公式(5-23)计算 $\sigma_{tp}^t = \frac{V_k^t}{bz_0}$ 其中：

$$z_0 = h_0 - \frac{x_0}{3} = 1256 - \frac{289}{3} = 1159.7(\text{mm})$$

$$\sigma_{tp}^t = \frac{V_k^t}{bz_0} = \frac{78.2 \times 10^3}{200 \times 1159.7} = 0.337(\text{MPa}) < f_{tk}' = 2.01(\text{MPa})$$

中性轴处主拉应力满足要求。

因：$\sigma_{tp}^t = 0.337 < 0.25f_{tk}' = 0.25 \times 2.01 = 0.5025(\text{MPa})$。

所以，抗剪钢筋按构造要求配置即可。

【课后练习】

一、填空题

1.桥涵结构按承载能力极限状态设计的主要目的是确保结构或构件在_____内,不致发生_____或_____。

2.钢筋混凝土受弯构件受力进入第二工作阶段的特征是_____已形成并开展,中性轴以下部分_____已退出工作,钢筋承受的拉应力_____钢筋的_____。

3.受弯构件在施工阶段进行计算时,需要进行_____假定、_____假定和受拉区出现裂缝后_____。

4.将钢筋和混凝土组成的截面换算成单一混凝土材料组成的"换算截面"的条件是:等效混凝土块_____,二者的_____相同;等效混凝土块与钢筋承担的_____相同。

5.单筋矩形截面开裂截面的换算截面面积 A_S =_____。

6.《公桥规》规定当受压区配有纵向钢筋时,在计算受压区高度 x_0 和惯性矩 I_{cr} 公式中的受压钢筋的应力应符合_____的条件;当_____时,则各公式中所含的 $\alpha_{Es} A'_s$ 应以_____代替;此处,f'_{sd} 为_____,σ^t_{cc} 为_____相应的混凝土压应力。

7.单筋 T 形开裂截面的换算截面面积 A_{cr} =_____。

8.施工阶段验算时,当用起重机(车)行驶于桥梁上进行安装时,应对已安装的构件进行验算,起重机(车)应乘以_____的荷载系数。但当起重机(车)产生的_____按持久状况承载力极限状态计算荷载效应设计值时,可不必验算。

9.钢筋混凝土受弯构件在施工阶段进行正截面应力计算时,不仅要计算_____的压应力、受拉_____,对于多层焊接骨架配筋的构件,还应验算_____的应力。

10.钢筋混凝土受弯构件中性轴处的主拉应力 $\sigma^t_{tp} \geq 0.25 f'_{tk}$ 的区段,则主拉应力全部由_____和_____承受。

二、选择题

1.钢筋混凝土受弯构件受力进入第二工作阶段时,受压区混凝土的压应力图形大致是(　　)。
　　A.矩形　　　　　　B.三角形　　　　　　C.抛物线　　　　　　D.半圆形

2.钢筋混凝土受弯构件受力进入第二工作阶段时,受弯构件的荷载—挠度(跨中)关系曲线是一条接近于(　　)的曲线。
　　A.椭圆　　　　　　B.半圆　　　　　　C.抛物线　　　　　　D.直线

3.单筋 T 形截面的换算截面几何特征,根据受压区高度 x 值的不同,可分为(　　)种情况。
　　A.2　　　　　　B.3　　　　　　C.4　　　　　　D.5

4.等效混凝土块的面积 A_t 为主钢筋截面积 A_s 的(　　)倍。
　　A.α_{Es}　　　　　　B.α_E　　　　　　C.α_{EC}　　　　　　D.α_s

5.受压区对中性轴的静矩与受拉区对中性轴的静矩之代数和(　　)。
　　A.<0　　　　　　B.=0　　　　　　C.>0　　　　　　D.≠0

6.《公桥规》规定进行施工阶段验算时,施工荷载除有特殊规定外,均采用标准值(　　)。
　　A.准永久值　　　　B.标准值　　　　C.频遇值　　　　D.组合值

7. 当进行构件运输和安装时,构件自重应乘以动力系数(　　　),并可视构件具体情况作适当增减。

  A. 1.0(对结构不利时)或0.95(对结构有利时)

  B. 1.1(对结构不利时)或0.95(对结构有利时)

  C. 1.2(对结构不利时)或0.85(对结构有利时)

  D. 1.1(对结构不利时)或0.85(对结构有利时)

8. 钢筋混凝土受弯构件施工阶段受压区混凝土边缘的压应力应≤(　　　)f'_{ck}。

  A. 0.75   B. 0.80   C. 0.85   D. 0.90

9. 钢筋混凝土受弯构件施工阶段受拉钢筋的应力应≤(　　　)f_{sk}。

  A. 0.75   B. 0.80   C. 0.85   D. 0.90

10. 钢筋混凝土受弯构件中性轴处的主拉应力 σ^t_{tp} ≤(　　　)f'_{tk}时,抗剪钢筋按构造要求配置。

  A. 0.35   B. 0.30   C. 0.25   D. 0.20

三、判断题

1. 钢筋混凝土受弯构件的第二工作阶段又可称为开裂后弹性阶段。   (　　)

2. 钢筋混凝土受弯构件的应力可以直接进行计算。   (　　)

3. 受弯构件在施工阶段的计算是以第一工作阶段为计算图式。   (　　)

4. 承受平面弯曲的受弯构件,任意平面图形对重心的静矩总和等于零。 (　　)

5. 双筋矩形截面变换的方法与单筋矩形截面完全相同。   (　　)

6. 如果单筋 T 形截面 $x_0 > h'_f$ 时,单筋 T 形截面可以按以受压区翼缘宽度 b'_f 为宽度、T 形截面高度 h 为高度的单筋矩形截面的有关公式进行计算。   (　　)

7. 钢筋混凝土受弯构件施工阶段按短暂状况设计。   (　　)

8. 钢筋混凝土受弯构件中性轴处的主拉应力(剪应力)应是 $\sigma^t_{tp} \geq f'_{tk}$。 (　　)

四、简答题

1. 画出钢筋混凝土受弯构件(单筋矩形截面)在施工阶段的计算图示。

2. 写出双筋矩形截面换算截面的面积 A_{cr}、惯性矩 I_{cr} 的计算式。

3. 某钢筋混凝土受弯构件需要按短暂状况计算荷载进行抗剪配筋设计,应如何处理?

4. 简述截面转换的条件。

5. 某桥在安装梁体时出现断裂,你认为可能是什么原因造成的?出现这种事故的后果会有哪些?

五、计算题

某装配式钢筋混凝土实体板桥,每块板宽 $b = 1000\text{mm}$,板厚 $h = 300\text{mm}$,采用 C35 混凝土,HRB400 级钢筋,配筋 8 ⊕ 16($A_s = 1609\text{mm}^2$)受拉钢筋,$a_s = 45\text{mm}$,承受弯矩设计值 $M^t_k = 90$ kN·m,$V^t_k = 18\text{kN}$。试验算正截面应力和中性轴处主拉应力,并判断是否需要配置剪力钢筋(结构所处的环境为 Ⅱ 类-冻融环境,设计使用年限 50 年)。

单元六
UNIT SIX

钢筋混凝土受弯构件变形和裂缝宽度计算

钢筋混凝土受弯构件,除了在必要的情况下进行施工阶段的应力验算外,还需要对构件挠度和裂缝宽度进行验算,从而满足结构构件的适用性和耐久性。

《桥规》规定,公路桥涵结构按正常使用极限状态设计时,应采用作用的频遇组合或准永久组合。

§6-1 受弯构件的变形(挠度)计算

素养点:
遵守行业规范、标准,加强安全意识,养成"一丝不苟"的学习习惯,弘扬"精益求精"的工匠精神。

知识点:
①变形(挠度)计算公式及应用;
②挠度限值;
③预拱度的设置。

技能点:
①会利用公式计算钢筋混凝土受弯构件在使用阶段的长期挠度;
②能正确选择挠度限值和预拱度。

承受作用的受弯构件,如果变形过大,将会影响结构的正常使用。例如,桥梁上部结构的挠度过大,梁端的转角亦大,车辆通过时,不仅会发生冲击,而且还会破坏伸缩装置处的桥面,影响结构的耐久性;桥面铺装的过大变形将会引起车辆的颠簸和冲击,对桥梁结构不利,所以在设计这些构件时,必须根据不同要求,把它们的弯曲变形控制在规范规定的容许值以内。这就是所谓的刚度问题。

一、受弯构件在使用阶段按频遇组合的挠度计算

1. 结构力学中的挠度计算公式

对于普通的匀质弹性梁在承受不同作用时的变形(挠度)计算,可用《结构力学》中的相应公式求解。例如,在均布荷载作用下,简支梁的最大挠度为:

$$f = \frac{5ML^2}{48EI} \quad 或 \quad f = \frac{5qL^4}{384EI} \tag{6-1}$$

当集中荷载作用在简支梁跨中时,梁的最大挠度为:

$$f = \frac{ML^2}{12EI} \quad 或 \quad f = \frac{PL^3}{48EI} \tag{6-2}$$

由这些公式可以看出,不论作用的形式和大小如何,梁的挠度 f 总是与 EI 值呈反比。EI 值越大,挠度 f 就越小;反之,挠度 f 就加大。EI 值反映了梁抵抗弯曲变形的能力,故 EI 又称为受弯构件的抗弯刚度。

2. 钢筋混凝土受弯构件的挠度计算公式

钢筋混凝土受弯构件在承受作用时会产生裂缝,导致其受拉区成为非连续体,这就决定了钢筋混凝土受弯构件的变形(挠度)计算中涉及的抗弯刚度不能直接采用匀质弹性梁的抗弯刚度 EI,钢筋混凝土受弯构件的抗弯刚度通常用 B 表示,即用 B 取代式(6-1)和式(6-2)中的 EI。即:

$$f_s = \frac{5qL^4}{384B} \quad 和 \quad f_s = \frac{PL^3}{48B}$$

《公桥规》规定,钢筋混凝土受弯构件的刚度按下列公式计算:

当 $M_s \geqslant M_{cr}$ 时:

$$B = \frac{B_0}{\left(\frac{M_{cr}}{M_s}\right)^2 + \left[1 - \left(\frac{M_{cr}}{M_s}\right)^2\right]\frac{B_0}{B_{cr}}} \tag{6-3}$$

$$M_{cr} = \gamma f_{tk} W_0 \tag{6-4}$$

$$\gamma = \frac{2S_0}{W_0} \tag{6-5}$$

当 $M_s < M_{cr}$ 时:

$$B = B_0$$

上述式中:B——开裂构件等效截面的抗弯刚度;

$\quad\quad B_0$——全截面的抗弯刚度,$B_0 = 0.95E_c I_0$;

$\quad\quad B_{cr}$——开裂截面的抗弯刚度,$B_{cr} = E_c I_{cr}$;

$\quad\quad M_s$——按作用(或荷载)频遇组合计算的弯矩值;

M_{cr}——开裂弯矩；

γ——构件受拉区混凝土塑性影响系数；

S_0——全截面换算截面重心轴以上(或以下)部分面积对重心轴的面积矩；

W_0——换算截面抗裂边缘的弹性抵抗矩；

I_0——全截面换算截面惯性矩；

I_{cr}——开裂截面换算截面惯性矩；

f_{tk}——混凝土轴心抗拉强度标准值。

二、受弯构件在使用阶段的长期挠度值 f_l

按《公桥规》的规定，钢筋混凝土受弯构件在使用阶段的挠度应考虑作用长期效应的影响，即随着时间的增长，构件的刚度会降低，挠度会增大。这是因为：

(1)受压区的混凝土会发生徐变。

(2)受拉区裂缝间混凝土与钢筋之间的黏结作用逐渐退出工作，钢筋平均应变增大。

(3)受压区与受拉区混凝土收缩不一致，构件曲率增大。

(4)混凝土的弹性模量降低。

因此，《公桥规》规定按荷载频遇组合和按式(6-3)和式(6-4)的刚度计算的挠度值，应乘以挠度长期增长系数 η_θ。挠度增长系数可按下列规定取用：

当采用 C40 以下混凝土时，$\eta_\theta = 1.60$；

当采用 C40 ~ C80 混凝土时，$\eta_\theta = 1.45 ~ 1.35$，中间强度等级可按直线内插法取用。

受弯构件在使用阶段的长期挠度为：

$$f_l = \eta_\theta f_s$$

式中：f_s——按作用频遇组合的效应值计算的挠度值。

三、挠度限值及预拱度

1. 限值

钢筋混凝土受弯构件按上述计算的长期挠度值，由汽车荷载(不计冲击力)和人群荷载频遇组合在梁式桥主梁产生的最大挠度不应超过计算跨径的 1/600；在梁式桥主梁的悬臂端不应超过悬臂长度的 1/300，即：

$$\eta_\theta(f_s - f_G) \leqslant \frac{L}{600} \quad 或 \quad \frac{L}{300} \tag{6-6}$$

式中：f_G——结构自重产生的挠度；

L——结构的计算跨径。

2. 预拱度

在承受作用时，受弯构件的变形(挠度)由两部分组成，一部分是由永久作用产生的挠度，另一部分是由基本可变作用所产生的。永久作用产生的挠度，可认为是在长期荷载作用下所引起的构件变形，它可以通过在施工时设置预拱度的办法来消除，而基本可变作用产生的挠度,则需要通过验算来分析是否符合要求。

钢筋混凝土受弯构件的预拱度可按下列规定设置:

(1)当由作用频遇组合并考虑作用长期效应影响产生的长期挠度不超过计算跨径的 1/1600 时,可不设预拱度;

(2)当不符合上述规定时应设预拱度,且其值可按结构自重和 1/2 可变荷载频遇值计算的长期挠度值之和采用。

汽车荷载频遇值为汽车荷载标准值的 0.7 倍,人群荷载频遇值为其标准值。

例 6-1 某装配式钢筋混凝土简支 T 梁,其计算跨径 $L = 19.5\mathrm{m}$,截面尺寸如图 6-1 所示,采用 C30 混凝土($f_{tk} = 2.01\mathrm{MPa}$)、主筋采用 HRB400 钢筋($8 \Phi 32, A_s = 6434\mathrm{mm}^2$),焊接钢筋骨架。恒载弯矩标准值 $M_{Gk} = 766\mathrm{kN} \cdot \mathrm{m}$,汽车荷载弯矩标准值 $M_{Q1k} = 660.8\mathrm{kN} \cdot \mathrm{m}$(其中包括冲击系数 $1 + \mu = 1.19$),人群荷载弯矩标准值 $M_{Q2k} = 85.5\mathrm{kN} \cdot \mathrm{m}$。结构所处的环境为 I 类 - 一般环境,设计使用年限为 100 年。试计算此 T 梁的跨中挠度。

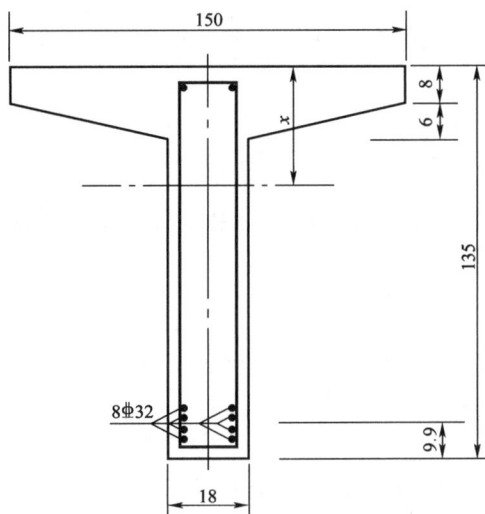

图 6-1　T 梁截面(尺寸单位:cm)

解:(1)计算截面的几何特性

详见例 5-1,开裂截面换算截面的惯性矩为 $I_{cr} = 496.74 \times 10^8 (\mathrm{mm}^4)$。

全截面的换算截面面积为:

$$A_0 = bh + (b'_f - b)h'_f + (\alpha_{Es} - 1)A_s = 180 \times 1350 + (1500 - 180) \times 110 + (6.67 - 1) \times 6434$$
$$= 424.7 \times 10^3 (\mathrm{mm}^2)$$

全截面对上边缘的静矩 S_{0a} 为:

$$S_{0a} = \frac{1}{2}bh^2 + \frac{1}{2}(b'_f - b)h'^2_f + (\alpha_{Es} - 1)A_sh_0$$

$$= \frac{1}{2} \times 180 \times 1350^2 + \frac{1}{2} \times (1500 - 180) \times 110^2 + (6.67 - 1) \times 6434 \times 1256$$

$$= 217.831 \times 10^6 (\mathrm{mm}^3)$$

换算截面重心至受压边缘的距离 $y'_0 = \dfrac{S_{0a}}{A_0} = \dfrac{217831 \times 10^3}{424.7 \times 10^3} = 512.9(\text{mm})$，至受拉边缘的距

离 $y_0 = 1350 - 512.9 = 837.1(\text{mm})$；中性轴在梁肋内。

全截面换算截面重心轴以上部分面积对重心轴的面积矩为：

$$
\begin{aligned}
S_0 &= \frac{1}{2}by_0'^2 + (b'_f - b)h'_f\left(y'_0 - \frac{1}{2}h'_f\right) \\
&= \frac{1}{2} \times 180 \times 512.9^2 + (1500 - 180) \times 110 \times \left(512.9 - \frac{1}{2} \times 110\right) \\
&= 90.2 \times 10^6(\text{mm}^3)
\end{aligned}
$$

全截面换算截面的惯性矩为：

$$
\begin{aligned}
I_0 &= \frac{1}{3}b'_f y_0'^3 - \frac{1}{3}(b'_f - b)(y'_0 - h'_f)^3 + \frac{1}{3}b(h_0 - y'_0)^3 + (\alpha_{Es} - 1)A_s(h_0 - y'_0)^2 \\
&= \frac{1}{3} \times 1500 \times 512.9^3 - \frac{1}{3}(1500 - 180) \times (512.9 - 110)^3 + \frac{1}{3} \times 180 \times \\
&\quad (1256 - 512.9)^3 + (6.67 - 1) \times 6434 \times (1256 - 512.9)^2 \\
&= 83451.3 \times 10^6(\text{mm}^4)
\end{aligned}
$$

对受拉边缘的弹性抵抗矩为：

$$
W_0 = \frac{I_0}{y_0} = 83451.3 \times 10^6 / 837.1 = 99.7 \times 10^6(\text{mm}^3)
$$

(2) 计算构件的刚度 B

荷载频遇组合：

$M_s = M_{Gk} + 0.7M_{Q1k}/(1 + \mu) + M_{Q2k} = (766 + 0.7 \times 660.8 \div 1.19 + 85.5) \times 10^6$
$= 1240.2 \times 10^6(\text{N} \cdot \text{mm})$

全截面的抗弯刚度：

$$B_0 = 0.95E_c I_0 = 0.95 \times 3 \times 10^4 \times 83451.3 \times 10^6 = 2378.4 \times 10^{12}(\text{N} \cdot \text{mm}^2)$$

开裂截面的抗弯刚度：

$$B_{cr} = E_c I_{cr} = 3 \times 10^4 \times 496.74 \times 10^8 = 1490.22 \times 10^{12}(\text{N} \cdot \text{mm}^2)$$

构件受拉区混凝土塑性影响系数：

$$\gamma = \frac{2S_0}{W_0} = \frac{2 \times 90.2 \times 10^6}{99.7 \times 10^6} = 1.81$$

开裂弯矩：

$$M_{cr} = \gamma \cdot f_{tk} W_0 = 1.81 \times 2.01 \times 99.7 \times 10^6 = 362.7 \times 10^6(\text{N} \cdot \text{mm})$$

将以上数据代入式(6-3)得：

$$
\begin{aligned}
B &= \frac{B_0}{\left(\dfrac{M_{cr}}{M_s}\right)^2 + \left[1 - \left(\dfrac{M_{cr}}{M_s}\right)^2\right]\dfrac{B_0}{B_{cr}}} \\
&= \frac{2378.4 \times 10^{12}}{\left(\dfrac{362.7}{1240.2}\right)^2 + \left[1 - \left(\dfrac{362.7}{1240.2}\right)^2\right] \times \dfrac{2378.4 \times 10^{12}}{1490.2 \times 10^{12}}}
\end{aligned}
$$

$$= 1539.4 \times 10^{12} (\mathrm{N \cdot mm^2})$$

（3）荷载频遇组合下跨中截面挠度

$$f_s = \frac{5M_s L^2}{48B} = \frac{5 \times 1240.2 \times 10^6 \times 19500^2}{48 \times 1539.4 \times 10^{12}} = 31.9(\mathrm{mm})$$

长期挠度为：$f = \eta_\theta f_s = 1.6 \times 31.9 = 51.04\mathrm{mm} > L/1600 = 19500/1600 = 12.2(\mathrm{mm})$

应设置预拱度，按结构自重和 1/2 可变荷载频遇值计算的长期挠度值之和采用。

$$f'_p = \eta_\theta \times \frac{5}{48} \times \frac{\{M_{Gk} + 0.5[0.7M_{Q1k}/(1+\mu) + M_{Q2k}]\}}{B} \times L^2$$

$$= 1.6 \times \frac{5}{48} \times \frac{766 + 0.5(0.7 \times 660.8/1.19 + 85.5)}{1538.1 \times 10^{12}} \times 19500^2 = 41.3(\mathrm{mm})$$

消除自重影响后的长期挠度为：

$$f_{LQ} = \eta_\theta \times \frac{5}{48} \times \frac{M_s - M_{Gk}}{B} \times L^2$$

$$= 1.6 \times \frac{5}{48} \times \frac{(1240.2 - 766) \times 10^6}{1539.4 \times 10^{12}} \times 19500^2$$

$$= 19.5(\mathrm{mm}) < L/600 = 19500/600 = 32.5(\mathrm{mm})$$

计算挠度满足规范要求。

§6-2 受弯构件的裂缝宽度计算

素养点：

遵守行业规范、标准，加强安全意识，养成"一丝不苟"的学习习惯，弘扬"精益求精"的工匠精神。

知识点：

①裂缝类型；

②影响裂缝宽度的因素；

③钢筋混凝土受弯构件裂缝宽度的计算。

技能点：

①能分辨受弯构件上的裂缝属于哪一类；

②会利用公式计算钢筋混凝土受弯构件的最大裂缝。

混凝土的抗拉强度很低，在不大的拉应力作用下就可能出现裂缝。如果桥梁构件出现过大的裂缝，不但会引起人们心理上的不安全感，而且也会导致钢筋锈蚀，有可能带来重大的工程事故。如河南郑州匝道桥坍塌（2021 年）就是因为独柱墩盖梁存在长期未处理的弯曲裂缝，加之暴雨渗水导致钢筋锈蚀，在超载车辆通过时，造成裂缝贯穿而导致。

一、裂缝的类型

钢筋混凝土结构的裂缝按其产生的原因可分为以下几类:

1. 由荷载效应(如弯矩、剪力、扭矩及拉力等)引起的裂缝

这类裂缝是由于构件下缘拉应力早已超过混凝土抗拉强度而使受拉区混凝土产生的垂直裂缝。例如 C25 混凝土,其轴心抗拉标准值 $f_{tk} = 1.78\text{MPa}$,采用 HPB300 钢筋,则弹性模量比等于7.5。使用时,当构件下缘混凝土应力达到 1.78MPa,截面即将开裂时,与混凝土黏结在一起的钢筋应力仅为 13.35MPa,可见,当受拉钢筋应力达到其设计应力时,构件下缘混凝土早已开裂。所以,通常按承载能力极限状态设计的钢筋混凝土构件,总是有裂缝的。

2. 由外加变形或约束变形引起的裂缝

外加变形或约束变形一般有地基的不均匀沉降、混凝土的收缩及温度差等。约束变形越大,裂缝宽度也越大。例如在钢筋混凝土薄腹 T 梁的腹板表面上出现中间宽两端窄的竖向裂缝,这是混凝土结硬时,腹板混凝土受到四周混凝土及钢筋骨架的约束而引起的裂缝。

施工不当也会造成裂缝,如拆模时间不当、养护不周等。

3. 钢筋锈蚀裂缝

由于混凝土保护层碳化或冬季施工中掺氯盐(是一种混凝土促凝、早强剂)过多导致钢筋锈蚀,锈蚀产物的体积比钢筋被侵蚀的体积大 2~3 倍,这种体积膨胀使外围混凝土产生相当大的拉应力,引起混凝土的开裂,甚至使混凝土保护层剥落。

上述第一种裂缝总是要产生的,习惯上称为正常裂缝,后两种称为非正常裂缝。过多裂缝或过大的裂缝宽度会影响结构的外观,造成使用者的不安。同时,某些裂缝的发生或发展,将会影响结构的使用寿命。为了保证钢筋混凝土构件的耐久性,必须在设计、施工等方面控制裂缝的宽度。对于非正常裂缝,只要在设计与施工中采取相应的措施,如在施工中保证混凝土的密实性,在设计上采用必要的保护层厚度,大部分非正常裂缝是可以限制并被克服的,而正常裂缝则需要进行裂缝宽度的验算。

二、裂缝宽度的计算

1. 概述

目前,国内外有关裂缝宽度的计算公式很多,尽管各种公式所考虑的参数不同,但就其研究的方法来说,可分为两类:第一类是以黏结-滑移理论为基础的半理论半经验的计算方法,按照这种理论,裂缝的间距取决于钢筋与混凝土间黏结应力的分布,裂缝的开展是由于钢筋与混凝土间的变形不再维持协调,出现相对滑移而产生;第二类是以数理统计为基础的经验计算方法,即从大量的试验资料中分析影响裂缝的各种因素,保留主要因素,舍去次要因素,给出简单适用而又有一定可靠性的经验计算公式。

2. 影响裂缝宽度的因素

根据试验研究结果分析,影响裂缝宽度的主要因素有钢筋应力、钢筋直径、配筋率、保护层厚度、钢筋外形、作用性质(短期、长期、重复作用)、构件的受力性质(受弯、受拉、偏心受拉等)等。

(1)受拉钢筋应力 σ_s

在国内外文献中,一致认为受拉钢筋应力是影响裂缝开展宽度的最主要因素。但裂缝宽度与钢筋应力 σ_s 的关系则有不同的表达形式。在使用荷载作用下,裂缝最大宽度与受拉钢筋应力呈线性关系,其表达式为 $W_f = k_1\sigma_s + k_1'$,式中,k_1 和 k_1' 为由试验资料确定的系数。

(2)受拉钢筋直径

试验表明,在受拉钢筋配筋率、钢筋应力大致相同的情况下,裂缝宽度随钢筋直径的增大而增大。

(3)受拉钢筋配筋率

试验表明,当钢筋直径相同、钢筋应力大致相同的情况下,裂缝宽度随着钢筋配筋率的增加而减小,当配筋率接近某一数值时,裂缝宽度接近不变。

(4)混凝土保护层厚度

保护层厚度对裂缝间距和裂缝宽度均有影响,保护层越厚,裂缝宽度越宽。但是,从另一方面讲,保护层越厚,钢筋锈蚀的可能性就越小。在裂缝宽度计算公式中,需要考虑保护层厚度的影响。

(5)受拉钢筋的外形影响

受拉钢筋表面形状对钢筋与混凝土之间的黏结力影响颇大,而黏结力又对裂缝开展有一定影响。式(6-7)中引用系数 C_1 来反映这种影响。对带肋钢筋,取 $C_1 = 1.0$;对光圆钢筋,取 $C_1 = 1.4$。

(6)荷载作用性质的影响

原南京理工学院的试验资料指出,构件的平均最大裂缝宽度会随荷载作用时间的延续,以逐渐减低的比率增加。中国建筑科学研究院的试验资料指出,重复荷载作用时发展的裂缝宽度是承受初始作用时裂缝宽度的 $1.0 \sim 1.5$ 倍,因而,人们又在裂缝宽度计算中取用扩大系数 C_2 来考虑长期或重复荷载的影响。

(7)构件形式的影响

实践证明,具有腹板的受弯构件抗裂性能比板式受弯构件稍好,因此,在裂缝宽度计算公式中又引入了一个与构件形式有关的系数 C_3。

3. 裂缝宽度的计算公式

《公桥规》规定,矩形、T 形和工字形截面的钢筋混凝土构件,其最大裂缝宽度 W_{fk} 可按下列公式计算:

$$W_{fk} = C_1 C_2 C_3 \frac{\sigma_{ss}}{E_s}\left(\frac{c + d}{0.36 + 1.7\rho_{te}}\right) \tag{6-7}$$

式中:W_{fk}——受弯构件最大裂缝宽度(mm);

C_1——钢筋表面形状的系数,对光面钢筋,$C_1 = 1.4$;对带肋钢筋,$C_1 = 1.0$;对环氧树脂涂层带肋钢筋,$C_1 = 1.15$;

C_2——长期效应影响系数,$C_2 = 1 + 0.5\dfrac{M_l}{M_s}$,其中 M_l 和 M_s 分别为按作用准永久组合和作用频遇组合计算的弯矩设计值(或轴力设计值);

C_3——与构件受力性质有关的系数,当为钢筋混凝土板式受弯构件时,$C_3 = 1.15$,其他受弯构件 $C_3 = 1.0$,轴心受拉构件 $C_3 = 1.2$,偏心受拉构件 $C_3 = 1.1$,圆形截面偏心受压构件 $C_3 = 0.75$,其他截面偏心受压构件 $C_3 = 0.9$;

σ_{ss}——钢筋应力,按式(6-8)计算;

c——最外排纵向受拉钢筋的混凝土保护层厚度(mm),当 $c>50$mm 时,取 50mm;

d——纵向受拉钢筋直径(mm),当用不同直径的钢筋时,d 改用换算直径 d_e,$d_e = \dfrac{\sum n_i d_i^2}{\sum n_i d_i}$,其中,对于钢筋混凝土构件,$n_i$ 为受拉区第 i 种普通钢筋的根数,d_i 为受拉区第 i 种普通钢筋的公称直径,按表 6-1 取值;对于钢筋混凝土构件中的焊接钢筋骨架,d 或 d_e 应乘以 1.3 的系数;

ρ_{te}——纵向受拉钢筋的有效配筋率,对矩形、T 形及工字形截面,$\rho_{te} = A_s/A_{te}$,其中 A_s 为受拉区纵向钢筋截面面积,A_{te} 为有效受拉混凝土截面面积,受弯构件取 $2a_s b$,a_s 为受拉钢筋重心至受拉区边缘的距离,对矩形截面,b 为截面宽度,对翼缘位于受拉区的 T 形、工字形截面,b 为受拉区有效翼缘宽度;当 $\rho_{te}>0.1$ 时,取 $\rho_{te}=0.1$,当 $\rho_{te}<0.01$ 时,取 $\rho_{te}=0.01$。

上式中开裂截面纵向受拉钢筋的应力 σ_{ss},可按下式计算:

受弯构件

$$\sigma_{ss} = \frac{M_s}{0.87 A_s h_0} \tag{6-8}$$

式中:M_s——按作用(或荷载)频遇组合计算的弯矩设计值。

受拉区钢筋直径 d_i　　　　表 6-1

受拉区钢筋种类	单根普通钢筋	普通钢筋的束筋	钢绞线束	钢丝束
d_i 取值	公称直径 d	等代直径 d_{se}	等代直径 d_{pe}	

注:1. $d_{se} = \sqrt{n}\,d$,其中 n 为组成束筋的普通钢筋根数,d 为单根普通钢筋公称直径。

2. $d_{pe} = \sqrt{n}\,d_p$,其中 n 为钢丝束中钢丝根数或钢绞线束中钢绞线根数,d_p 为单根钢丝或钢绞线公称直径。

4. 裂缝宽度的限值

《公桥规》规定,钢筋混凝土构件,其计算的最大裂缝宽度不应超过表 6-2 规定的限值。

最大裂缝宽度限值　　　　表 6-2

环境类别	最大裂缝宽度限值(mm)	
	钢筋混凝土构件、采用预应力螺纹钢筋的 B 类预应力混凝土构件	采用钢丝或钢绞线的 B 类预应力混凝土构件
Ⅰ类-一般环境	0.20	0.10
Ⅱ类-冻融环境	0.20	0.10
Ⅲ类-近海或海洋氯化物环境	0.15	0.10
Ⅳ类-除冰盐等其他氯化物环境	0.15	0.10
Ⅴ类-盐结晶环境	0.10	禁止使用
Ⅵ类-化学腐蚀环境	0.15	0.10
Ⅶ类-磨蚀环境	0.20	0.10

例6-2 根据例题5-1、例题6-1的已知条件。试验算该T形梁跨中截面裂缝宽度。

解:(1)选择计算公式:

$$W_{fk} = C_1 C_2 C_3 \frac{\sigma_{ss}}{E_s}\left(\frac{c+d}{0.36+1.7\rho_{te}}\right)$$

(2)确定公式中三个系数

①带肋钢筋:$C_1 = 1.0$;

②受弯构件:$C_3 = 1.0$;

③计算 C_2:$C_2 = 1 + 0.5\dfrac{M_l}{M_s}$。

正常使用极限状态裂缝宽度计算,采用作用频遇组合,并考虑作用准永久的影响。

根据例6-1,可知作用频遇组合:

$M_s = 1240.2\text{kN}\cdot\text{m}$

作用准永久组合:

$M_l = M_{Gk} + 0.4[M_{Q1k}/(1+\mu) + M_{Q2k}] = 766 + 0.4\times(660.8/1.19 + 85.5) = 1022.3(\text{kN}\cdot\text{m})$

则

$$C_2 = 1 + 0.5\frac{M_l}{M_s} = 1 + 0.5\times\frac{1022.3}{1240.2} = 1.41$$

(3)计算 ρ_{te}

$$\rho_{te} = \frac{A_s}{bh_0} = \frac{6434}{180\times1256} = 0.028 > 0.01 \text{ 并且 } \rho_{te} < 0.1,取 \rho_{te} = 0.028。$$

(4)计算 σ_{ss}

$$\sigma_{ss} = \frac{M_s}{0.87A_s h_0} = \frac{1240.2\times10^6}{0.87\times6434\times1256} = 176.4(\text{MPa})$$

(5)确定钢筋保护层厚度

钢筋保护层厚度 $c = 20\text{mm}$。

(6)计算裂缝宽度

将以上数据代入式(6-7)得:

$$W_{fk} = C_1 C_2 C_3 \frac{\sigma_{ss}}{E_s}\left(\frac{c+d}{0.36+1.7\rho_{te}}\right)$$

$$= 1.41\times\frac{176.4}{2\times10^5}\times\left(\frac{20+1.3\times32}{0.36+1.7\times0.028}\right)$$

$$= 0.19(\text{mm}) < 0.2\text{mm}$$

裂缝宽度没有超限。

【课后练习】

一、填空题

1.公路桥涵结构按正常使用极限状态设计时,应采用作用的_____或_____。

2.不论作用的形式和大小如何,梁的_____总是与_____值成_____。

3.EI 值愈大,挠度 f 就_____;反之,挠度 f 就_____。

4. EI 值反映了梁_____的能力,故 EI 又称为受弯构件的_____。

5. 对受弯构件挠度和裂缝宽度进行验算,是为了满足结构构件的_____和_____。

6. 全截面的抗弯刚度 $B_0 =$ _____;开裂截面的抗弯刚度 $B_{cr} =$ _____。

7. 钢筋混凝土受弯构件随着使用时间的增长,构件的_____,_____。

8. 由汽车荷载(不计冲击力)和人群荷载频遇组合在梁式桥主梁产生的最大挠度不应超过计算跨径的_____;梁式桥主梁的悬臂端不应超过悬臂长度的_____。

9. 受弯构件的变形(挠度)由_____产生的挠度和由_____所产生的挠度组成。

10. 预拱度可按_____和_____频遇值计算的长期挠度值_____采用。

11. 钢筋混凝土结构的裂缝按其产生的原因可分为_____(如弯矩、剪力、扭矩及拉力等)引起的裂缝、由_____或_____引起的裂缝和_____产生的裂缝。

12. 若在施工中保证混凝土的_____,在设计上采用必要的_____,大部分非正常裂缝是可以限制并被克服的。

13. 裂缝宽度的计算可分为以黏结-滑移理论为基础的_____的计算方法和以数理统计为基础的_____方法两类。

14. 影响裂缝宽度的主要因素有:_____、钢筋直径、_____、_____、钢筋外形、_____(短期、长期、重复作用)、_____(受弯、受拉、偏心受拉等)等。

15. 当_____相同、_____大致相同的情况下,裂缝宽度随着钢筋配筋率的增加而_____,当配筋率接近某一数值时,裂缝宽度_____。

16. 开裂截面纵向受拉钢筋的应力 σ_{ss} 的计算式为_____。

二、选择题

1. 承受集中荷载的钢筋混凝土受弯构件变形(挠度)计算公式是(   )。

A. $f = \dfrac{PL^3}{48EI}$ 　　B. $f_s = \dfrac{PL^3}{48B}$ 　　C. $f_s = \dfrac{PL^3}{48B_0}$ 　　D. $f_s = \dfrac{PL^3}{48B_{cr}}$

2. 公路桥涵结构按正常使用极限状态设计时,应采用作用的组合是(   )或(   )。

A. 基本组合 　　B. 频遇组合 　　C. 作用地震组合 　　D. 偶然组合

E. 准永久组合

3. 某受弯构件采用 C30 混凝土,其挠度长期增长系数 η_θ 应取(   )。

A. 1.6 　　　　B. 1.5 　　　　C. 1.45 　　　　D. 1.35

4. 由汽车荷载(不计冲击力)和人群荷载频遇组合在梁式桥主梁的悬臂端不应超过悬臂长度的(   )。

A. 1/1600 　　B. 1/900 　　C. 1/600 　　D. 1/300

5. 当由作用频遇组合并考虑作用长期效应影响产生的长期挠度不超过计算跨径的(   )时,可不设预拱度。

A. 1/1600 　　B. 1/900 　　C. 1/600 　　D. 1/300

6. 受弯构件在使用阶段的长期挠度为(   )。

A. f_s 　　　　B. f_G 　　　　C. $\eta_\theta f_s$ 　　　　D. $\eta_\theta f_G$

7. 由(   )引起的裂缝称为正常裂缝。

A. 钢筋锈蚀 　　B. 荷载效应 　　C. 外加变形 　　D. 约束变形

8.影响裂缝开裂宽度的最主要因素是( )。

    A.钢筋应力

    B.保护层厚度

    C.作用性质(短期、长期、重复作用)

    D.构件的受力性质(受弯、受拉、偏心受拉等)

9.在受拉钢筋配筋率和钢筋应力大致相同的情况下,裂缝宽度随钢筋直径的增大而( )。

    A.不变   B.减小   C.增大   D.以上三种都有可能

10.当纵向受力钢筋为光圆钢筋时,公式(6-7)中的系数 C_1 应取( )。

    A.1.0   B.1.2   C.1.4   D.1.6

11.当为钢筋混凝土梁肋式受弯构件时,公式(6-7)中的系数 C_3 应取( )。

    A.1.15   B.1.0   C.1.2   D.0.75

12.近海或海洋氯化物环境下的钢筋混凝土构件的最大裂缝宽度限值为( )。

    A.0.10   B.0.15   C.0.20   D.0.25

三、判断题

1.梁的挠度 f 总是与 EI 值成正比。( )

2.所谓的刚度,就是指受弯构件在设计时,必须根据不同要求,把它们的弯曲变形控制在规范规定的容许值以内。( )

3.钢筋混凝土受弯构件能直接采用匀质弹性梁的抗弯刚度。( )

4.钢筋混凝土受弯构件的抗弯刚度通常用 B 表示。( )

5.《公桥规》规定按作用频遇组合和按公式规定的刚度计算的挠度值,应乘以挠度长期增长系数 η_θ。( )

6.受弯构件的挠度可以通过在施工时设置预拱度的办法来消除。( )

7.在施工中为保证混凝土的密实性,在设计上采用必要的保护层厚度,裂缝是可以被限制甚至克服的。( )

8.在使用荷载作用下,裂缝最大宽度与受拉钢筋应力呈线性关系。( )

9.保护层愈厚,裂缝宽度愈小。( )

10.当受弯构件的受力钢筋采用不同直径的钢筋时,公式(6-7)中的 d 改用换算直径 d_e。( )

四、简答题

1.为什么要进行变形计算?

2.钢筋混凝土受弯构件的挠度为什么要考虑作用长期效应的影响?如何考虑?

3.什么是预拱度?设置预拱度有何条件?

4.影响裂缝宽度的主要因素有哪些?

5.纵向受拉钢筋的配筋率对裂缝宽度有无影响?其值计算有何规定?

6.以桥梁结构为例,讲讲你对"宁折不弯"与"柔韧有度"两个成语的认识。

五、计算题

1.某混凝土简支T形梁,项目所在地属于Ⅰ类环境。该桥计算跨径 $L=19.5\text{m}$;翼板宽

$b'_f = 1600\text{mm}$,翼板根部厚 140mm;端部厚 100mm;梁高 $h = 1000\text{mm}$;梁肋宽 $b = 240\text{mm}$。采用 C30 混凝土,主筋采用 HRB400 钢筋($12 \oplus 32$,$A_s = 9650\text{mm}^2$,$a_s = 101.6\text{mm}$),焊接钢筋骨架,跨中恒载弯矩标准值 $M_{GK} = 912.58\text{kN} \cdot \text{m}$,汽车荷载弯矩标准值 $M_{Q1K} = ,859.57\text{kN} \cdot \text{m}$[包括冲击系数 $(1 + \mu) = 1.19$],人群荷载弯矩标准值 $M_{Q2K} = 85.44\text{kN} \cdot \text{m}$,试计算此梁的跨中挠度及其裂缝宽度(结构所处的环境为Ⅱ类-冻融环境,设计使用年限为 50 年)。

2. 某计算跨径 $L = 19.5\text{m}$ 的 T 形梁,所处环境为Ⅱ级。截面尺寸为 $b'_f = 1600\text{mm}$,$b = 180\text{mm}$,$h'_f = 12\text{mm}$,$h = 1350\text{mm}$,$h_0 = 1240\text{mm}$,配有 HRB400($10 \oplus 28$)纵向钢筋。采用 C30 混凝土,恒载弯矩标准值 $M_{GK} = 750\text{kN} \cdot \text{m}$,汽车荷载弯矩标准值 $M_{Q1K} = 600\text{kN} \cdot \text{m}$[其中包括冲击系数 $(1 + \mu) = 1.19$],人群荷载弯矩标准值 $M_{Q2K} = 60\text{kN} \cdot \text{m}$,试计算此 T 梁的跨中最大裂缝宽度及跨中挠度(结构所处的环境为Ⅱ类-冻融环境,设计使用年限为 50 年)。

单元七
UNIT SEVEN

轴心受压构件承载力计算

§7-1 概述

素养点：
遵守行业规范、标准，加强安全意识，养成"一丝不苟"的学习习惯，弘扬"精益求精"的工匠精神。

知识点：
①轴心受压构件的概念；
②轴心受压构件的类型。

技能点：
能简述轴心受压构件的类型。

受压构件是以承受轴向压力为主的构件；当纵向外压力作用线与受压构件轴线相重合时，此受压构件为轴心受压构件。在实际结构中，真正意义上的轴心受压构件是不存在的。通常由于作用位置的偏差、混凝土组成结构的非均匀性、纵向钢筋的非对称布置以及施工中的误差等原因，受压构件都或多或少承受弯矩的作用。

如果偏心距很小，在实际的工程设计中容许忽略不计时，即可按轴心受压构件计算。

钢筋混凝土轴心受压构件根据箍筋的功能和配置方式的不同可分为两种：

（1）配有纵向钢筋和普通箍筋的轴心受压构件（普通箍筋柱），如图7-1a)所示。

（2）配有纵向钢筋和螺旋箍筋的轴心受压构件（螺旋箍筋柱），如图7-1b)所示。

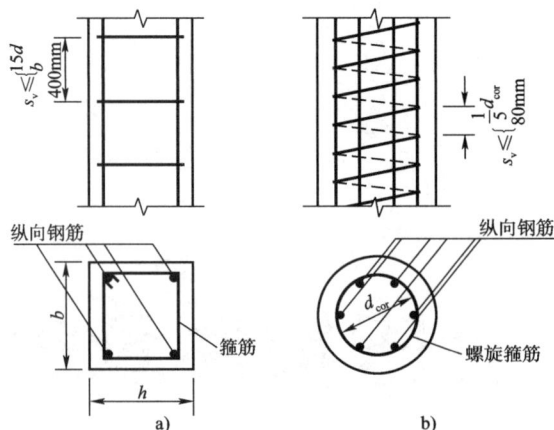

图 7-1　轴心受压构件配筋

s_v-箍筋间距；d-箍筋直径；d_{cor}-混凝土核心直径；b、h-矩形截面短边、长边

§7-2　普通箍筋柱

课题一　几 点 说 明

素养点：

遵守行业规范、标准，加强安全意识，养成"一丝不苟"的学习习惯，弘扬"精益求精"的工匠精神。

知识点：

①长、短柱的破坏形态；

②轴向受压构件的稳定系数。

技能点：

①能区分轴心受压构件的类型；

②能按照构造要求选择合理的截面尺寸和布置纵向受力钢筋和箍筋。

一、构造要求

普通箍筋柱的截面形状多为正方形、矩形等。纵向钢筋对称布置，沿构件高度设置有等间距的箍筋。轴心受压构件的承载力主要由混凝土承担，设置纵向钢筋的目的是：

（1）协助混凝土承受压力，减小构件截面尺寸。

（2）承受可能存在的不大的弯矩。

（3）防止构件的突然脆性破坏。

普通箍筋的作用是,防止纵向钢筋局部压屈,并与纵向钢筋形成钢筋骨架,便于施工。

1. 混凝土的强度等级

轴心受压构件一般多采用 C30 以上的混凝土,正截面承载力主要由混凝土提供。

2. 截面尺寸

轴心受压构件截面尺寸不宜过小,因长细比越大纵向弯曲的影响越大,承载力降低很多,不能充分利用材料强度。构件截面尺寸(矩形截面以短边计)不宜小于 250mm。通常按 50mm 一级增加,如 250mm、300mm、350mm 等。当构件截面尺寸在 800mm 以上时,按 100mm 为一级,如 800mm、900mm、1000mm 等。

3. 纵向钢筋

纵向受力钢筋的直径不应小于 12mm。在构件截面上,纵向受力钢筋至少应有 4 根并且在截面每一角隅处必须布置一根。

纵向受力钢筋的净距不应小于 50mm 且不大于 350mm。

在设计的轴心受压构件中,受压钢筋的最大配筋率不宜超过 5%;当纵向钢筋配筋率很小时,纵筋对构件承载力的影响很小,此时受压构件接近素混凝土柱,徐变使混凝土的应力降低得很小,纵筋将起不到防止脆性破坏的缓冲作用。同时为了承受可能存在的较小弯矩,以及混凝土收缩、温度变化引起的拉应力,《公桥规》规定,轴心受压构件、偏心受压构件全部纵向钢筋的配筋百分率不应小于 0.5,当混凝土强度等级为 C50 及以上时不应小于 0.6%,同时一侧钢筋的配筋百分率不应小于 0.2%。计算构件的配筋率应按构件的毛截面面积计算。

水平浇筑预制件的纵向钢筋的最小净距首先应满足施工要求,使振捣器可以顺利插入。并且此净距不小于 50mm,且不小于钢筋直径。

构件内纵向受力钢筋应设置于离角筋(即位于箍筋折角处的钢筋)中心距离 s(图 7-2)不大于 150mm 或 15 倍箍筋直径(取较大者)范围内,如超出此范围设置纵向受力钢筋,应设复合箍筋(附加箍筋)。相邻箍筋的弯钩接头,在纵向应错开布置。

4. 箍筋

箍筋必须做成闭合式的,箍筋直径不应小于纵向钢筋直径的 1/4,且不小于 8mm。

箍筋的间距不应大于纵向受力钢筋直径的 15 倍、不大于构件短边尺寸(圆形截面采用0.8 倍直径)并不大于 400mm。纵向受力钢筋搭接范围内的箍筋间距,不应大于主钢筋直径的 10 倍,且不大于 200mm。

纵向钢筋截面面积大于混凝土截面面积 3% 时,箍筋间距应不大于纵向钢筋直径的 10 倍,且不大于 200mm。如图 7-2c)所示。

二、破坏形态

按照构件的长细比(又称压杆的柔度,是一个没有单位的参数,它综合反映了杆长、支承情况、截面尺寸和截面形状对临界力的影响),轴心受压构件可分为短柱和长柱两种,它们的受力变形和破坏形态各不相同。下面结合有关试验研究来分别介绍。

轴心受压构件试验采用的 A、B 两种试件,它们的材料强度等级、截面尺寸和配筋均相同,但柱的长度不同(图7-3)。轴心压力用油压千斤顶施加,并用电子秤量测压力大小。由平衡条件可知,压力的读数就等于试验柱截面所受到轴心压力值。同时,在柱长度一半处设置百分表,测量其横向挠度。此试验的目的是采取对比方法来观察长细比不同的轴心受压构件的破坏形态。

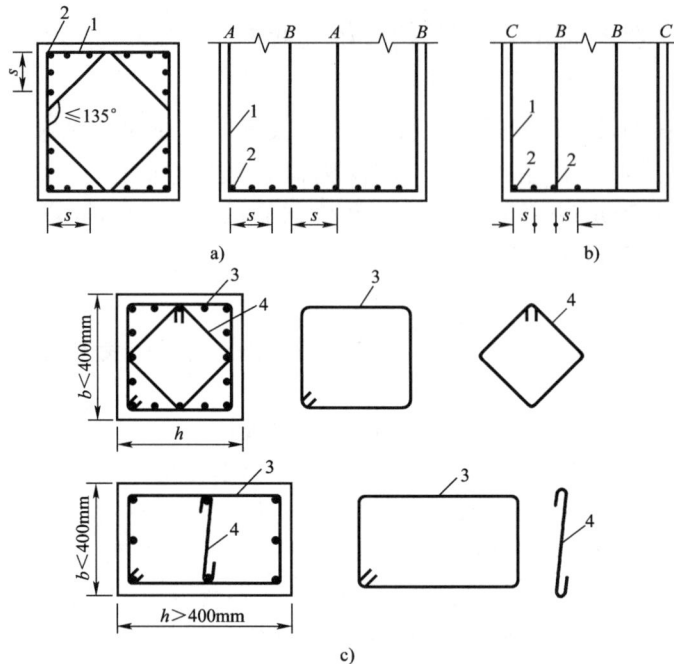

图 7-2　柱内复合箍筋布置

a)s 内设三根纵向受力钢筋;b)s 内设二根纵向受力钢筋;c)受压柱箍筋布置

1-箍筋;2-角筋;3-正常箍筋;4-附加箍筋

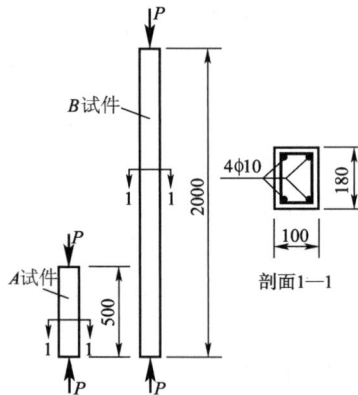

图 7-3　轴心受压构件试件

1. 短柱

当压力逐渐增加时,试件柱(试件 A)也随之缩短,通过仪表测量,证明混凝土全截面和纵向钢筋均发生压缩变形。

当轴向压力达到破坏作用(荷载)的 90% 左右时,柱四周混凝土表面开始出现纵向裂缝等压坏的迹象,混凝土保护层剥落,最后由于箍筋间的纵向钢筋发生屈曲,向外凸出,直至混凝土被压碎而整个试验柱破坏(图7-4)。破坏时,测得的混凝土压应变大于 1.8×10^{-3},而柱中部的横向挠度却很小。钢筋混凝土短柱的破坏是一种材料破坏,即混凝土压碎破坏。许多试验证明,钢筋混凝土短柱破坏时,混凝土的压应变均在 2×10^{-3} 附近,此时,混凝土已达到其棱柱体抗压强度;同时,一般中等强度的纵向钢筋,均能达到抗压屈服强度。对于高强度钢筋,混凝土应变达到 2×10^{-3} 时,钢筋可能尚未达到其屈服强度,在设计时如果采用这样的钢材,则它的抗压强度设计值最多只能取为 $f'_{sd} = \varepsilon_c E_s = 0.002 \times 200000 = 400(\mathrm{MPa})$,因而在短柱设计中,一般都不宜采用高强钢筋作为受压纵筋。

2. 长柱

试件 B 在压力 P 不大时,全截面受压,但随着压力增大,长柱不仅发生压缩变形,同时产生较大的横向挠度,凹侧压应力较大,凸侧较小。在长柱破坏前,横向挠度增加得很快,使长柱的破坏来的比较突然,导致失稳破坏。破坏时,凹侧的混凝土首先被压碎,有纵向裂缝,纵向钢筋被压弯而向外鼓出,混凝土保护层脱落;凸侧则由受压突然转变为受拉,出现水平裂缝(图7-5)。

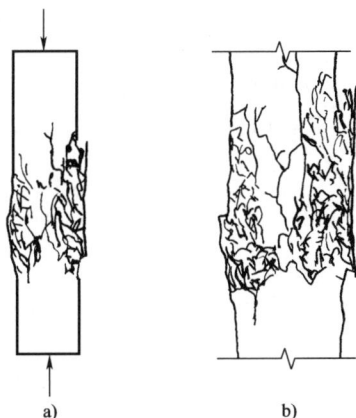

图7-4 轴心受压短柱的破坏

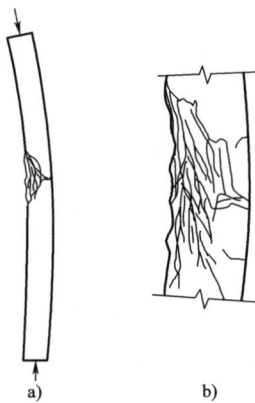

图7-5 轴心受压长柱的破坏

由图7-6及大量的其他试验可知,短柱总是压碎破坏,长柱则是失稳破坏;长柱的承载能力要小于相同截面、配筋、材料的短柱的承载能力。

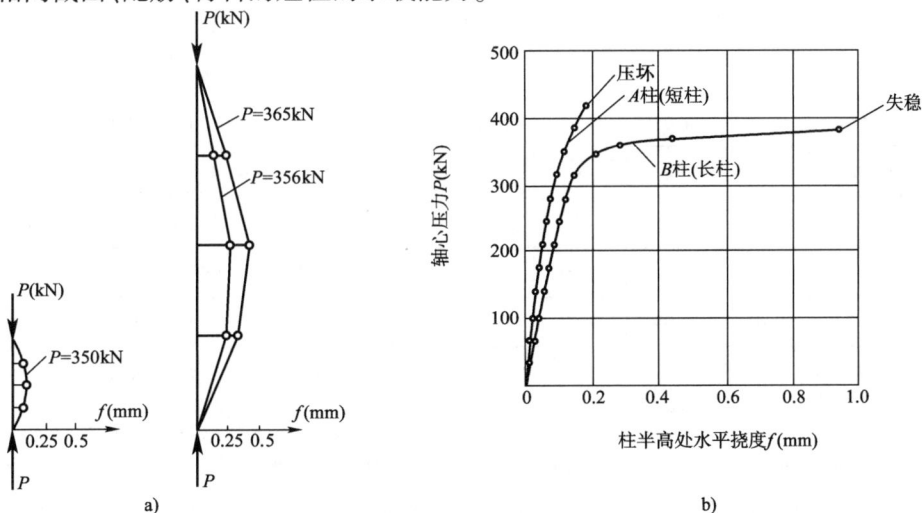

图7-6 轴心受压构件的横向挠度 f

a)横向挠度沿柱高的变化;b)横向挠度与压力的关系

在实际结构中,轴心受压构件承受的作用大部分为长期作用的恒载。在恒载的长期作用下,混凝土会产生徐变,由于混凝土徐变的作用及钢筋和混凝土的变形必须协调,在混凝土和钢筋之间将会出现应力重分布现象。即随着作用持续时间的增加,混凝土的压应力逐渐减少,钢筋的压应力逐渐增大,造成实际上混凝土受拉,而钢筋受压的现象。若纵向钢筋配筋率过大,则可能使混凝土的拉应力达到其抗拉强度后而拉裂,会出现若干条与构件轴线垂直的贯通裂缝,故在设计中要限制纵向钢筋的最大配筋率。

三、纵向弯曲系数

如前所述,对于钢筋混凝土轴心受压构件,把长柱失稳破坏时的临界压力 $N_长$ 与短柱压坏时的轴心压力 $N_短$ 的比值,称为轴向受压构件稳定系数(或称纵向弯曲系数) φ,即:

$$\varphi = \frac{N_长}{N_短} \tag{7-1}$$

根据有关试验资料与数据分析可知,纵向弯曲系数 φ 主要与构件的长细比有关,混凝土强度等级及配筋率对其影响很小。在结构设计中,为了提高压杆的稳定性,往往采取措施降低压杆的长细比。长细比的表达式为:

矩形截面: $\varphi = l_0/b$

圆形截面: $\varphi = l_0/(2r)$

一般截面: $\varphi = l_0/i$

其中, i 为截面的最小回转半径。

《公桥规》根据试验资料,考虑到长期作用的影响和作用偏心影响,规定了稳定系数值,见表7-1。

钢筋混凝土轴心受压构件的稳定系数 表7-1

l_0/b	≤8	10	12	14	16	18	20	22	24	26	28
$l_0/2r$	≤7	8.5	10.5	12	14	15.5	17	19	21	22.5	24
l_0/i	≤28	35	42	48	55	62	69	76	83	90	97
φ	1.0	0.98	0.95	0.92	0.87	0.81	0.75	0.70	0.65	0.60	0.56
l_0/b	30	32	34	36	38	40	42	44	46	48	50
$l_0/2r$	26	28	29.5	31	33	34.5	36.5	38	40	41.5	43
l_0/i	104	111	118	125	132	139	146	153	160	167	174
φ	0.52	0.48	0.44	0.40	0.36	0.32	0.29	0.26	0.23	0.21	0.19

注:1. 表中 l_0 为构件的计算长度; b 为矩形截面的短边尺寸; r 为圆形截面的半径; i 为截面最小回旋半径, $i = \sqrt{I/A}$,其中 I 为截面惯性矩, A 为截面面积。

2. 构件计算长度 l_0 的取值。当构件两端固定时取 $0.5l$;当一端固定、一端为不移动的铰时,取 $0.7l$。当两端均为不移动的铰时,取 l;当一端固定、一端自由时取 $2l$,其中 l 为构件支点间长度。

由表7-1可以看到,长细比越大,纵向弯曲系数越小。当 $l_0/b \leqslant 8$ 时, $\varphi \approx 1$,构件即为短柱。

课题二 正截面承载力计算

素养点:

遵守行业规范、标准,养成"一丝不苟"的学习习惯,秉持"诚实守信"的工作态度,提高分析问题和解决问题的能力。

知识点:

①计算图式及计算公式;

②截面设计和承载力复核。

技能点:

能正确运用公式,完成普通箍筋柱截面选择、配筋计算和承载力复核。

一、正截面承载力计算公式

根据以上分析,由图 7-7 可得到配有纵向受力钢筋和普通箍筋的轴心受压构件正截面承载力计算式:

$$\gamma_0 N_d \leqslant 0.90 \varphi(f_{cd}A + f'_{sd}A'_s) \tag{7-2}$$

式中:γ_0——结构的重要性系数,对应于结构设计安全等级,当为一级、二级和三级时分别取 1.1、1.0 和 0.9;

N_d——轴向力设计值;

φ——轴心受压构件稳定系数,按表 7-1 采用;

A——构件毛截面面积,当纵向钢筋配筋率 $\rho' = \dfrac{A'_s}{A}$ 大于 3% 时,A 应改用 $A_n = A - A'_s$;

A'_s——全部纵向钢筋的截面面积;

f_{cd}——混凝土轴心抗压强度设计值;

f'_{sd}——普通钢筋抗压强度设计值。

二、计算内容

普通箍筋柱的正截面承载力计算,分为截面设计和承载力复核两种情况。

1. 截面设计

已知:截面尺寸、计算长度、混凝土轴心抗压强度设计值、钢筋抗压强度设计值、轴向压力设计值 N_d、结构重要性系数 γ_0。

求纵向钢筋 A'_s。

解法:首先计算长细比 l_0/b,由表 7-1 查得相应的稳定系数 φ。

再由式(7-2)计算所需钢筋截面面积:

$$A'_s = \frac{\gamma_0 N_d - 0.9\varphi f_{cd} A}{0.9\varphi f'_{sd}} \qquad (7\text{-}3)$$

由 A'_s 计算值及构造要求选择并布置钢筋。

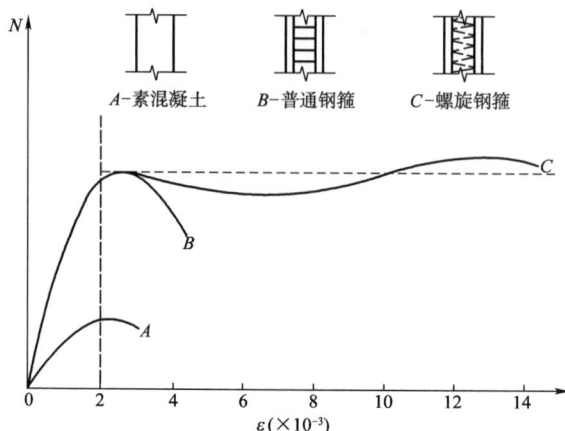

图 7-7　柱的荷载-应变曲线

若截面尺寸未知,可先假定配筋率 $\rho(\rho = 0.8\% \sim 1.5\%)$,并设 $\varphi = 1$;可将 $A'_s = \rho A$ 代入式(7-2),得:

$$\gamma_0 N_d \leq 0.90\varphi(f_{cd} A + f'_{sd}\rho A)$$

则:

$$A \geqslant \frac{\gamma_0 N_d}{0.9\varphi(f_{cd} + f'_{sd}\rho)} \qquad (7\text{-}4)$$

构件的截面面积确定后,结合构造要求选取截面尺寸(截面的边长要取整数)。然后,按构件的实际长细比,确定稳定系数 φ,再由式(7-2)计算所需的钢筋截面面积 A'_s,最后按构造要求选择并布置钢筋。

2. 承载力复核

已知:截面尺寸、纵向钢筋 A'_s、计算长度 l_0、混凝土和钢筋的抗压设计强度、轴向力组合设计值 N_d。

求截面承载能力 N_{du}。

解法:首先应检查纵向钢筋及箍筋布置是否符合构造要求。

由已知截面尺寸和计算长度计算长细比,由表 7-1 查得相应的稳定系数 φ,再由式(7-2)计算轴心受压构件正截面承载力 N_{du},且应满足 $N_{du} \geqslant \gamma_0 N_d$,说明构件的承载力是足够的。

例 7-1　如图 7-8 所示,有一现浇的钢筋混凝土轴心受压柱,柱高 7m,两端固定,承受的轴向压力设计值 $N_d = 900$kN,结构重要性系数 $\gamma_0 = 1.0$,拟采用 C30 混凝土,$f_{cd} = 13.8$MPa;HRB400 钢筋,$f'_{sd} = 330$MPa。Ⅰ类环境,设计使用年限 100 年,安全等级二级。试设计柱的截面尺寸及配筋。

解:设纵向钢筋的配筋率 $\rho = 1\%$,假定 $\varphi = 1$,由式(7-4)求得柱的截面面积为:

$$A \geqslant \frac{\gamma_0 N_d}{0.9\varphi(f_{cd} + f'_{sd}\rho)} = \frac{1.0 \times 900 \times 10^3}{0.9 \times 1 \times (13.8 + 330 \times 0.01)} = 58479.5(\text{mm}^2)$$

选取正方形截面，$b = \sqrt{58479.5} = 241.8 (\text{mm})$，取 $b = 250\text{mm}$。

柱的计算长度 $l_0 = 0.5 \times 7000 = 3500 (\text{mm})$，$\dfrac{l_0}{b} = 3500/250 = 14$，查表 7-1，得 $\varphi = 0.92$。

所需钢筋截面面积由式(7-3)求得：

$$A'_s = \frac{\gamma_0 N_d - 0.9\varphi f_{cd}A}{0.9\varphi f'_{sd}}$$

$$= \frac{1 \times 900000 - 0.9 \times 0.92 \times 13.8 \times 250^2}{0.9 \times 0.92 \times 330} = 680.2 (\text{mm}^2)$$

选取 4Φ16，钢筋的截面面积 $A'_s = 804.4\text{mm}^2$，实际配筋率 $\rho' = 804.4/(250 \times 250) = 0.013 = 1.3\%$，$> \rho'_{min} = 0.5\%$，$< \rho'_{max} = 5\%$。箍筋选$\Phi$8，间距 $s = 200\text{mm} < 15d = 15 \times 14 = 210 (\text{mm})$，$< b = 250\text{mm}$，$< 400\text{mm}$。均满足构造要求。

截面承载能力：

$$N_{du} = 0.90\varphi(f_{cd}A + f'_{sd}A'_s) = 0.90 \times 0.92 \times (13.8 \times 250 \times 250 + 330 \times 804.4)$$

$$= 933.9 (\text{kN}) > \gamma_0 N_d = 900\text{kN}$$

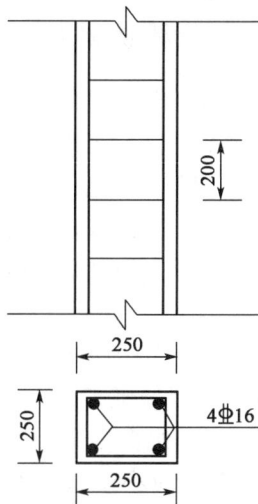

图 7-8 例 7-1 纵向钢筋在截面上的布置（尺寸单位：mm）

§7-3 螺旋箍筋柱

素养点：

遵守行业规范、标准，养成"一丝不苟"的学习习惯，秉持"诚实守信"的工作态度，提高分析问题和解决问题的能力。

知识点：

①螺旋箍筋柱的构造要求；

②螺旋箍筋柱的受力特点及破坏特性；

③正截面承载力的计算公式及应用；

④计算公式的使用条件；

⑤普通箍筋柱与螺旋箍筋柱的判断。

技能点：

能正确运用公式，完成螺旋箍筋柱截面选择、配筋计算和承载力复核。

当轴心受压构件承受很大的轴向压力，而截面尺寸又受到限制不能加大，或用普通箍筋柱，即使提高混凝土强度等级和增加纵向钢筋用量，也不足以承受该轴向压力时，可以采用配有螺旋式或焊接式间接钢筋来提高柱的承载力。

一、构造要求

螺旋箍筋柱的截面形状多为圆形或正多边形，纵向钢筋外围设有连续环绕的间距较密的螺旋箍筋或间距较密的焊接环式箍筋。螺旋筋的作用是使截面中间部分（核心）混凝土成为约束混凝土，从而提高构件的承载力和延性。

（1）螺旋箍筋柱的纵向钢筋应沿圆周均匀分布，其截面面积应不小于构件箍筋圈内核心截面面积的 0.5%。核心截面面积不应小于构件整个截面面积的 2/3。常用的配筋率 $\rho' = A_s'/A_{cor}$ 取 0.8% ~ 1.2%。

（2）间接钢筋的螺距或间距不应大于核心直径的 1/5，亦不应大于 80mm，且不应小于 40mm，以便施工。

（3）纵向受力钢筋应伸入与受压构件连接的上下构件内，其长度不应小于受压构件的直径，且不应小于纵向受力钢筋的锚固长度。

（4）间接钢筋的直径不应小于纵向钢筋直径的 1/4，且不小于 8mm。

其余构造要求与普通箍筋柱相同。

二、受力特点与破坏特性

对于配有纵向钢筋和螺旋箍筋的轴心受压短柱，沿柱高连续缠绕的、间距很密的螺旋箍筋犹如一个套筒，将核心部分的混凝土包住，有效地限制了核心混凝土的横向变形，从而提高了柱的承载能力。

图 7-7 中的曲线 C 是螺旋箍筋柱的作用（荷载）-应变曲线，在压应变 $\varepsilon = 0.002$ 以前，螺旋箍筋柱的应变变化曲线与普通箍筋柱基本相同，当作用（荷载）继续增加，直至混凝土和纵筋的压应变 $\varepsilon = 0.003 \sim 0.0035$ 时，纵筋已经屈服，箍筋外面的混凝土保护层开始崩裂剥落，混凝土的截面面积减小，作用（荷载）略有下降。这时，核心部分混凝土由于受到螺旋箍筋的约束，仍能继续受压，核心混凝土处于三向受压状态，其抗压强度超过了棱柱体抗压强度，补偿了剥落的外围混凝土所承担的压力，曲线逐渐回升。随着作用（荷载）不断增大，螺旋箍筋中的环向拉力也不断增大，直至螺旋箍筋达到屈服，不能再约束核心混凝土的横向变形，核心部分混凝土的抗压强度不再提高，混凝土被压碎，构件即破坏。这时，作用（荷载）达到第二峰值，柱的纵向压应变可达到 0.01 以上。

由图 7-7 可知，螺旋箍筋柱具有很好的延性，在承载能力不降低的情况下，其变形能力比普通箍筋柱提高很多。

考虑到螺旋箍筋柱承载能力的提高，是通过螺旋箍筋或焊接环式箍筋受拉而间接达到的，故常将螺旋箍筋或焊接环式箍筋称为间接钢筋，相应地，亦称螺旋箍筋柱为间接钢筋柱。

三、正截面承载力计算

螺旋箍筋柱的正截面破坏特征是其核心混凝土压碎、纵向钢筋已经屈服。而在破坏之前，柱的混凝土保护层早已剥落。

因此，螺旋箍筋柱的正截面抗压承载力是由核心混凝土、纵向钢筋、螺旋式或焊接环式箍

筋三部分的承载力所组成,其正截面承载力可按下列公式计算:

$$\gamma_0 N_d \leq 0.90(f_{cd}A_{cor} + f'_{sd}A'_s + kf_{sd}A_{so}) \tag{7-5}$$

$$A_{so} = \frac{\pi d_{cor}A_{sol}}{s} \tag{7-6}$$

式中:A_{cor}——构件核心截面面积;

A_{so}——螺旋式或焊接环式间接钢筋的换算截面面积;

d_{cor}——构件截面的核心直径;

k——间接钢筋影响系数,混凝土强度等级为 C50 及以下时,取 $k = 2.0$;混凝土强度等级为 C50 ~ C80 时,取 $k = 2.0 ~ 1.70$,中间值按直线插入取用;

A_{sol}——单根间接钢筋的截面面积;

s——沿构件轴线方向间接钢筋的螺距或间距;

f_{sd}——普通钢筋抗拉强度设计值。

其他符号意义同前。

上述公式是针对长细比较小的螺旋箍筋柱,对于长细比较大的螺旋箍筋柱,有可能发生失稳破坏,构件破坏时核心混凝土的横向变形不大,螺旋箍筋的约束作用不能有效发挥,甚至不起作用。换句话说,螺旋箍筋的作用只能提高核心混凝土的抗压强度,而不能增加柱的稳定性。所以,在利用上式进行计算时,《公桥规》有如下规定:

(1)保证构件在承受作用时,螺旋箍筋混凝土保护层不致过早剥落,螺旋箍筋柱的承载力计算值[按式(7-5)计算],不应大于按普通箍筋柱算得的承载力[按式(7-2)计算]的 1.5 倍,即:

$$(f_{cd}A_{cor} + f'_{sd}A'_s + kf_{sd}A_{so}) \leq 1.5\varphi(f_{cd}A + f'_{sd}A'_s)$$

(2)当遇到下列任意一种情况时,不考虑间接钢筋的套箍作用,而按式(7-2)计算构件的承载力。

①当间接钢筋的换算截面面积 A_{so} 小于全部纵向钢筋截面面积的 25% ,即 $A_{so} < 0.25A'_s$ 时,由于螺旋箍筋配置的太少,不能起到约束作用。

②当间接钢筋的间距大于 80mm 或大于核心直径的 1/5 时。

③当构件的长细比 $\frac{l_0}{i} > 48$ 时,由于纵向弯曲的影响,螺旋箍筋不能发挥其作用。

④当按式(7-5)计算的承载力小于按式(7-2)计算的承载力时,因为式(7-5)中只考虑了混凝土核心面积,当柱截面外围混凝土较厚时,核心面积相对较小,会出现上述情况,这时就应该按式(7-2)进行柱的承载力计算。

螺旋箍筋柱的正截面承载力计算包括截面设计与承载力复核两项内容。

例 7-2 有一圆形截面柱,半径 $r = 250$mm,柱高 $L = 5$m,两端为铰接;承受的轴向压力设计值 $N_d = 3500$kN,结构所处环境为I类-一般环境,设计使用年限 50 年,重要性系数 $\gamma_0 = 1.0$,拟采用 C30 混凝土,$f_{cd} = 13.8$MPa;纵向钢筋和箍筋采用 HRB400 钢筋,$f_{sd} = 330$MPa。试选择钢筋。

解:(1)截面设计

柱的计算长度 $l_0 = l = 5000$mm,则 $l_0/(2r) = 5000/(2 \times 250) = 10 < 12$,故可按螺旋箍筋柱设计。

①计算所需钢筋截面面积。

$$A = \pi r^2 = \pi \times 250^2 = 196349.5(\text{mm}^2)$$

螺旋箍筋选取 $\phi 10$,单肢螺旋箍筋的截面面积 $A_{sol} = 78.5\text{mm}^2$。

查表 2-3,箍筋混凝土的保护层最小厚度 $C_{\min} = 20\text{mm}$,纵筋混凝土保护层厚度 $C_1 = C_{\min} + 10 = 20 + 10 = 30(\text{mm})$,则得柱的核心直径及核心截面面积为:

$$d_{\text{cor}} = 2r - 2C_1 = 2 \times 250 - 2 \times 30 = 440(\text{mm})$$

$$A_{\text{cor}} = \frac{\pi d_{\text{cor}}^2}{4} = \frac{3.14 \times 440^2}{4} = 152053.1(\text{mm}^2) > \frac{2}{3}A(=130899.7\text{mm}^2)$$

按常用的纵筋配筋率选取 $\rho' = 1\%$,

则 $A_s' = \rho' A_{\text{cor}} = 1\% \times 152053.1 = 1520.53(\text{mm}^2)$,选 6 ϕ 20,$A_s' = 1884\text{mm}^2$。

② 确定箍筋的间距。

螺旋箍筋换算面积:

$$A_{\text{so}} = \frac{\gamma_0 N_{\text{d}} - 0.9(f_{\text{cd}}A_{\text{cor}} + f_{\text{sd}}'A_s')}{0.9kf_{\text{sd}}}$$

$$= \frac{1.0 \times 3500 \times 10^3 - 0.9 \times (13.8 \times 152053.1 + 330 \times 1884)}{0.9 \times 2 \times 330}$$

$$= 1770.96(\text{mm}^2) > 0.25A_s' = 0.25 \times 1884 = 471(\text{mm}^2)$$

满足箍筋的构造要求。

螺旋箍筋的间距:

$$s = \frac{\pi d_{\text{cor}}A_{sol}}{A_{\text{so}}} = \frac{3.14 \times 440 \times 78.5}{1770.96} = 61.2(\text{mm})$$

按构造要求,螺旋箍筋间距 $s \leqslant \dfrac{d_{\text{cor}}}{5} = \dfrac{440}{5} = 88(\text{mm})$,且 $\leqslant 80\text{mm}$,$\geqslant 40\text{mm}$,故取 $s = 60\text{mm}$,钢筋布置如图 7-9 所示。

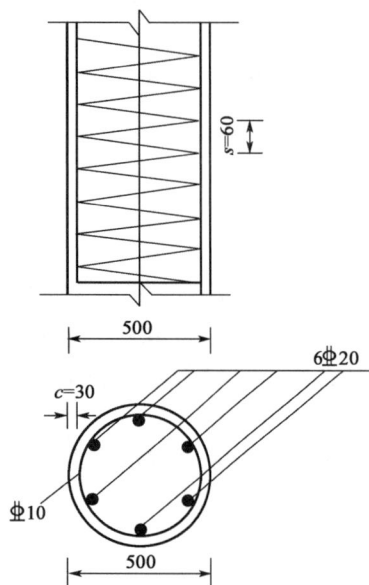

图 7-9 例 7-2 钢筋布置图
(尺寸单位:mm)

(2)承载力复核

根据上面的计算可知:$A_{\text{cor}} = 152053.1\text{mm}^2$,$A_s' = 1884\text{mm}^2$。

$$\rho' = \frac{A_s'}{A_{\text{cor}}} = \frac{1884}{152053.1} = 1.2\% > 0.5\%$$

$$A_{\text{so}} = \frac{\pi d_{\text{cor}}A_{sol}}{s} = \frac{3.14 \times 440 \times 78.5}{60} = 1808(\text{mm}^2)$$

实际承载力为:

$$\begin{aligned} N_{\text{du}} &= 0.9(f_{\text{cd}}A_{\text{cor}} + f_{\text{sd}}'A_s' + kf_{\text{sd}}A_{\text{so}}) \\ &= 0.9 \times (13.8 \times 152053.1 + 330 \times 1808 + 2 \times 330 \times 1884) \\ &= 3545(\text{kN}) > \gamma_0 N_{\text{d}} = 3500(\text{kN}) \end{aligned}$$

承载力满足要求。

(3)复核混凝土保护层是否会剥落

$l_0/(2r) = 5000/(2 \times 250) = 10$,查表 7-1,按直线内插法可得 $\varphi = 0.9575$。

$$\begin{aligned} N_{\text{du}} &\leqslant 1.5 \times 0.9\varphi(f_{\text{sd}}A + f_{\text{sd}}'A_s') = 1.5 \times 0.9 \times 0.9575(13.8 \times 196349.5 + 330 \times 1884) \\ &= 4306.2(\text{kN}) > N_{\text{du}} = 3545(\text{kN}) \end{aligned}$$

计算结果表明,在使用荷载作用下混凝土保护层不会剥落。

【课后练习】

一、填空题

1. 钢筋混凝土轴心受压构件计算中，φ 是＿＿＿＿＿＿＿＿＿，用来考虑对柱的承载力的影响。

2. 配置普通箍筋的轴心受压构件的承载力 N_u 为＿＿＿＿＿＿＿＿＿。

3. 普通箍筋柱，若提高混凝土强度等级、增加钢筋数量都不足以承受轴心压力时，可以采用增加＿＿＿＿＿＿＿＿或＿＿＿＿＿＿＿＿方法来提高其承载力。

4. 《公桥规》规定，受压构件的全部纵筋的配筋率不应小于＿＿＿＿＿＿且不应大于＿＿＿＿＿＿；一侧纵筋的配筋率不应小于＿＿＿＿＿＿。

5. 配螺旋箍筋的钢筋混凝土轴心受压构件的正截面受压承载力计算公式中的系数 k 是＿＿＿＿＿＿＿＿＿。

6. 螺旋箍筋柱的正截面破坏特征是其＿＿＿＿＿＿＿＿＿、＿＿＿＿＿＿＿＿＿。而在破坏之前，柱的＿＿＿＿＿＿＿＿＿早已剥落。

7. 螺旋箍筋只能提高核心混凝土的＿＿＿＿＿＿＿＿＿，而不能增加柱的＿＿＿＿＿＿＿＿＿。

8. 轴心受压构件的破坏形态分＿＿＿＿＿＿压碎破坏和＿＿＿＿＿＿失稳破坏。

9. 构件长细比越＿＿＿＿＿＿，纵向弯曲系数越＿＿＿＿＿＿。

10. 螺旋箍筋的作用是使截面中间部分的＿＿＿＿＿＿＿＿＿成为约束混凝土，从而提高构件的＿＿＿＿＿＿和＿＿＿＿＿＿。

二、选择题

1. 钢筋混凝土轴心受压短柱，由混凝土徐变引起的塑性应力重力分布现象与纵筋配筋率 ρ' 的关系是（　　　）。

　　A. ρ' 越大，塑性应力重分布越不明显

　　B. ρ' 越大，塑性应力重分布越明显

　　C. ρ' 与塑性应力重分布无关

　　D. 开始，ρ' 越大，塑性应力重分布越明显，但 ρ' 超过一定值后，塑性应力重分布反而不明显了

2. 配置螺旋钢筋的钢筋混凝土柱的抗压承载力，高于同等条件下不配置螺旋箍筋时的抗压承载力，这是因为（　　　）

　　A. 又多了一种钢筋受压　　　　　　　　B. 螺旋箍筋使混凝土更密实

　　C. 截面受压面积增大　　　　　　　　　D. 螺旋箍筋约束了混凝土的横向变形

3. 一圆形截面钢筋混凝土螺旋箍筋柱，柱长细比为 $l_0/(2r)=13$。按螺旋箍筋柱计算该柱的承载力为 550kN，按普通箍筋柱计算，该柱的承载力为 440kN。该柱的承载力应视为（　　　）。

　　A. 400kN　　　　　　B. 475kN　　　　　　C. 500kN　　　　　　D. 550kN

4. 一圆形截面钢筋混凝土螺旋箍筋柱，柱长细比为 $l_0/(2r)=10$。按螺旋箍筋柱计算该柱的承载力为 480kN，按普通箍筋柱计算，该柱的承载力为 500kN。该柱的承载力应视为（　　　）。

　　A. 480kN　　　　　　B. 490kN　　　　　　C. 495kN　　　　　　D. 500kN

5. 《公桥规》规定：按螺旋箍筋柱计算承载力不得超过普通箍筋柱计算承载力的 1.5 倍，

这是为了(　　　)。

　　A. 限制截面尺寸　　　　　　　　　　　B. 不发生脆性破坏

　　C. 在正常使用阶段外层混凝土不致脱落　D. 保证构件的延性

　6. 在钢筋混凝土轴心受压构件中,宜采用(　　　)。

　　A. 较高强度等级的混凝土

　　B. 较高强度等级的纵向受力钢筋

　　C. 在钢筋面积不变的前提下,宜采用直径较小的钢筋

　7. 某圆形截面螺旋箍筋柱,若按普通箍筋混凝土柱计算,其承载力为300kN;若按螺旋箍筋混凝土柱计算,其承载力为500kN。则该柱的承载力为(　　　)。

　　A. 300kN　　　　　B. 400kN　　　　　C. 450kN　　　　　　　D. 500kN

　8. 对长细比大于12的柱不宜采用螺旋箍筋,其原因是(　　　)。

　　A. 柱的承载力较高

　　B. 抗震性能不好

　　C. 施工难度大

　　D. 柱的强度将由于纵向弯曲而降低,螺旋箍筋作用不能发挥

　9. 钢筋混凝土轴心受压构件,两端约束情况越好,则稳定系数(　　　)。

　　A. 越大　　　　　　B. 越小　　　　　　C. 不变

　10. 配有普通箍筋的钢筋混凝土轴心受压构件中,箍筋的作用主要是(　　　)。

　　A. 抵抗剪力

　　B. 约束核心混凝土

　　C. 形成钢筋骨架,约束纵筋,防止压曲外凸

三、判断题

1. 实际工程中没有真正的轴心受压构件。　　　　　　　　　　　　　　　　　(　　)

2. 受压构件的长细比越大,稳定系数φ值越高。　　　　　　　　　　　　　(　　)

3. 螺旋箍筋既能提高轴心受压柱的承载力,又能提高柱的稳定性。　　　　　(　　)

4. 同截面、同材料、同纵向钢筋的螺旋箍筋钢筋混凝土轴心受压柱的承载力比普通箍筋钢筋混凝土轴心受压柱的承载力低。　　　　　　　　　　　　　　　　　　　　(　　)

5. 构件高度愈高,则材料破坏的可能性愈小。　　　　　　　　　　　　　　(　　)

6. 同截面、同材料、同纵向钢筋的螺旋筋钢筋混凝土轴心受压柱的承载力比普通箍筋钢筋混凝土轴心受压柱的承载力低。　　　　　　　　　　　　　　　　　　　　　(　　)

7. 轴心受压构件正截面承载力主要由混凝土提供。　　　　　　　　　　　　(　　)

8. 长柱的承载力大于相同截面、配筋、材料的短柱的承载力。　　　　　　　(　　)

9. 轴心受压构件的截面尺寸不宜过小,因长细比越大,纵向弯曲的影响越大,承载力降低很多,不能充分利用材料强度。构件截面尺寸不宜小于350mm。　　　　　　　　(　　)

10. 纵向弯曲系数主要与混凝土的强度和配筋率有关。　　　　　　　　　　(　　)

四、简答题

1. 什么是轴心受压构件?

2. 什么是普通箍筋柱和螺旋箍筋柱?

3. 普通箍筋柱与螺旋箍筋柱在构造上有哪些不同？既然轴心受压构件的承载力主要由混凝土承担，为什么还要设置纵向钢筋？

4. 受压构件的长柱和短柱如何划分？

5. 普通箍筋柱有哪些破坏形态？

6. 为什么长柱的承载力比短柱低？

7. 为什么螺旋箍筋柱的承载力大于普通箍筋柱的承载力？

8. 螺旋箍筋柱的正截面抗压承载力由哪些部分组成？

9. 螺旋箍筋柱应满足哪些条件？

10. 我们都知道螺旋箍筋柱比普通箍筋柱的承载力大，发散你的思维，从人文的角度说说你的感悟。

五、计算题

1. 预制的钢筋混凝土轴心受压构件，截面尺寸为 $b \times h = 300\text{mm} \times 350\text{mm}$，计算长度 $l_0 = 4.5\text{m}$；采用 C30 混凝土，HRB400 钢筋（纵筋）和 HPB300 钢筋（箍筋）；作用的轴向压力设计值 $N_d = 1600\text{kN}$；I 类环境条件，安全等级为二级，试进行构件的截面设计。

2. 配有纵向钢筋和普通箍筋的轴心受压构件，其截面尺寸为 $b \times h = 250\text{mm} \times 250\text{mm}$，构件计算长度 $l_0 = 5\text{m}$；C30 混凝土，HRB400 钢筋，配有纵筋 $A_s' = 804\text{mm}^2 (4 \phi 16)$；I 类环境条件，安全等级为二级，轴向压力设计值 $N_d = 560\text{kN}$；试进行构件承载力校核。

3. 已知一矩形截面柱，截面为 $400\text{mm} \times 500\text{mm}$，计算长度 $l_0 = 5\text{m}$，$N_d = 3550\text{kN}$，C30 混凝土，钢筋等级为 HRB400，试对构件进行配筋，并复核承载力。II 类环境条件，安全等级为二级。

4. 有一正方形轴心受压构件，其计算长度 $l_0 = 5.8\text{m}$，纵向力设计值 $N_d = 1025\text{kN}$，采用 C30 混凝土，HRB400 钢筋，试设计此构件的截面尺寸并配筋。II 类环境条件，安全等级为一级。

5. 有一圆形截面柱，直径 500mm，柱高 5m，两端固结，C30 混凝土，沿圆周均布 $10 \phi 16$ 纵向钢筋 HRB400，箍筋采用 HPB300、直径为 10mm 螺旋筋，间距 $s_k = 80\text{mm}$，求该柱所承受的最大计算纵向力。II 类环境条件，安全等级为一级。

6. 有一圆形截面螺旋箍筋柱，柱高 $l = 5.5\text{m}$，两端固结，采用 C30 混凝土，纵向钢筋用 HRB400 钢筋，螺旋筋用 HRB400 钢筋，承受纵向力 $N_d = 1590\text{kN}$，求此柱直径并配筋，II 类环境条件，安全等级为一级。

（说明：习题中未加特殊说明的，结构的安全等级均取二级。）

单元八
UNIT EIGHT
偏心受压构件承载力计算

§8-1　偏心受压构件正截面受力特点和破坏形态

素养点：
"明理、精工、创新"，建立规矩责任意识。
知识点：
①偏心受压构件的概念；
②偏心受压构件正截面的破坏形态。
技能点：
能判别偏心受压构件的两种破坏形态。

一、基本概念

当轴向压力 N 的作用线偏离受压构件的轴线时[图 8-1a)]，此受压构件称为偏心受压构件。偏心压力 N 的作用点离构件截面形心的距离 e_0 称为偏心距。截面上同时承受轴心压力和弯矩的构件[图 8-1b)]，称为压弯构件。根据力的平移法则，截面承受偏心距为 e_0 的偏心压力 N 相当于承受轴心压力 N 和弯矩 $M(M = Ne_0)$ 的共同作用，故压弯构件与偏心受压构件的受力特性是基本一致的。

钢筋混凝土偏心受压(或压弯)构件是实际工程中应用较广泛的受力构件之一。例如，拱桥的钢筋混凝土拱肋、(上承式)桁架的上弦杆、刚架的立柱、柱式墩(台)的墩(台)柱、桩基础的桩等均属偏心受压构件，即在承受作用时，构件截面上同时存在着轴心压力和弯矩。

钢筋混凝土偏心受压构件的截面形式如图 8-2 所示。矩形截面为最常用的截面形式。截面高度大于 600mm 的偏心受压构件多采用工字形或箱形截面；圆形截面多用于柱式墩台及桩基础。

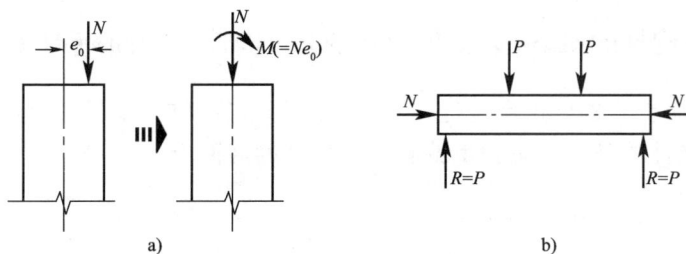

图 8-1　偏心受压构件与压弯构件

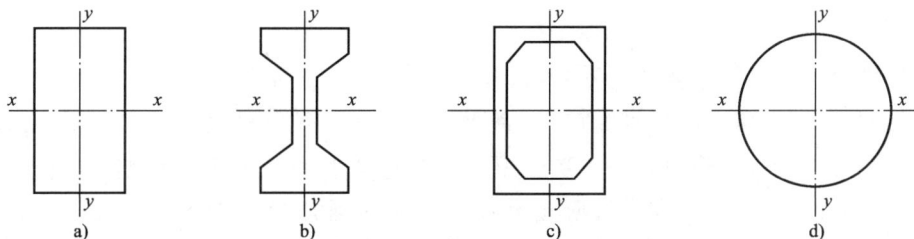

图 8-2　偏心受压构件截面形式

a)矩形截面;b)工字形截面;c)箱形截面;d)圆形截面

在钢筋混凝土偏心受压构件中,布置有纵向受力钢筋和箍筋。纵向受力钢筋在矩形截面中最常见的配置方式是将纵向钢筋布置在偏心力方向的两侧[图 8-3a)],其数量通过承载力计算确定。对于圆形截面,则采用沿截面周边均匀配筋的方式[图 8-3b)]。箍筋的作用与轴心受压构件中普通箍筋的作用基本相同。此外,偏心受压构件中还存在着一定的剪力,可由箍筋承担。但因剪力的数值一般较小,故一般不做计算。箍筋数量及间距按单元七中普通箍筋柱的构造要求确定。

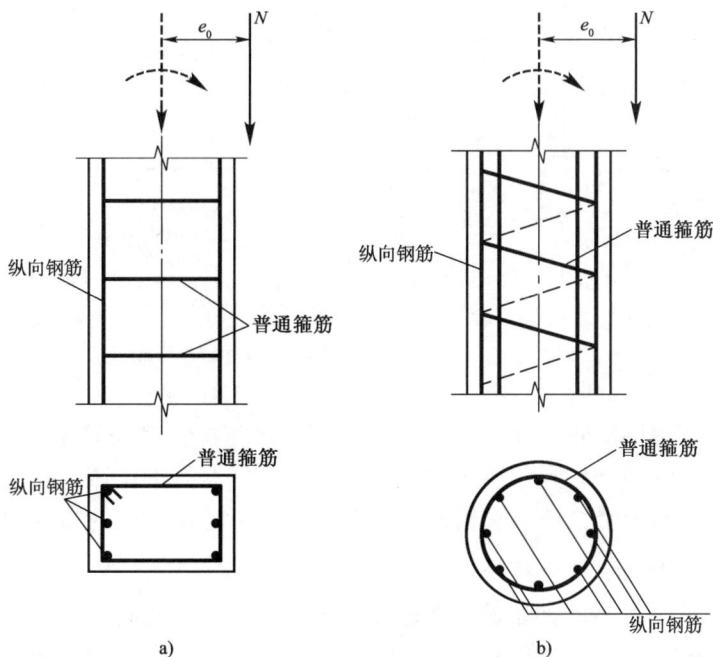

图 8-3　钢筋布置

二、偏心受压构件的破坏形态和小偏心受压构件的截面应力状态

钢筋混凝土偏心受压构件也有短柱和长柱之分。本节以矩形截面偏心受压短柱的试验结果，介绍偏心受压构件的破坏形态和小偏心受压构件的截面应力状态。

（一）偏心受压构件的破坏形态

钢筋混凝土偏心受压构件随着偏心距的大小及纵向钢筋配筋情况的不同，有以下两种主要破坏形态。

1. 受拉破坏——大偏心受压破坏

在相对偏心距（e_0/h）较大，且受拉（远离偏心力一侧）钢筋配置得不太多时，会发生这种破坏形态。图 8-4 为矩形截面大偏心受压短柱试件的尺寸、配筋和截面应变、应力及横向挠度的发展情况。短柱受力后，截面靠近偏心压力 P 一侧的钢筋（A_s'）受压，另一侧的钢筋（A_s）受拉。随着作用（荷载）的增大，受拉区混凝土先出现横向裂缝，裂缝的开展使受拉钢筋的应力增长较快，首先达到屈服，中性轴向受压边移动，受压区混凝土压应变迅速增大。最后，受压区钢筋 A_s' 屈服，混凝土达到其极限压应变而压碎（图 8-5）。其破坏形态与双筋矩形截面梁的破坏形态相似。

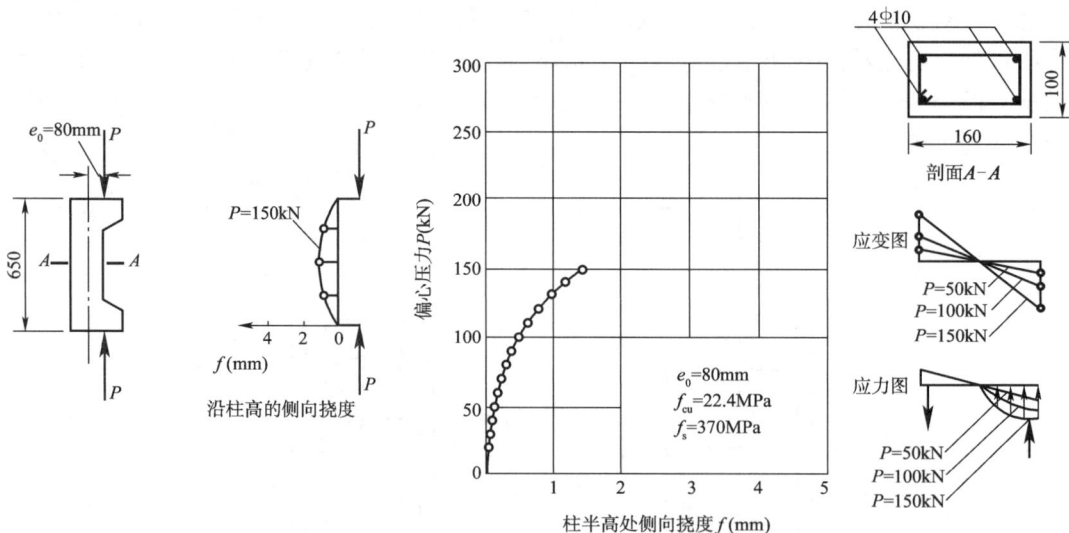

图 8-4　大偏心受压短柱试件试验（尺寸单位：mm）

许多大偏心受压短柱试验都表明，当偏心距较大，且受拉钢筋配筋率不高时，偏心受压构件的破坏是由于受拉钢筋首先到达屈服强度而导致受压区混凝土压坏。临近破坏时有明显的预兆，裂缝显著开展，称为受拉破坏。构件的承载力取决于受拉钢筋的强度和数量。

2. 受压破坏——小偏心受压破坏

小偏心受压就是压力 P 的初始偏心距较小。图 8-6 为矩形截面小偏心受压短柱试件的试验结果。该试件的截面尺寸、配筋均与图 8-4 所示试件相同，但偏心距较小。由图 8-6 可见，短柱受力后，截面全部受压，其中，靠近偏心压力 P 的一侧钢筋（A_s'）受到的压应力较大，另一

侧钢筋(A_s)受到的压应力较小。作用(荷载)逐渐增加,应力也增大,当靠近压力 P 一侧的混凝土压应变达到其极限压应变时,该侧的边缘混凝土被压碎,同时,该侧的受压钢筋也达到屈服;但是,破坏时另一侧的混凝土和钢筋的应力都很小,在临近破坏时,远离偏心力的一侧才出现短而小的裂缝(图 8-7)。

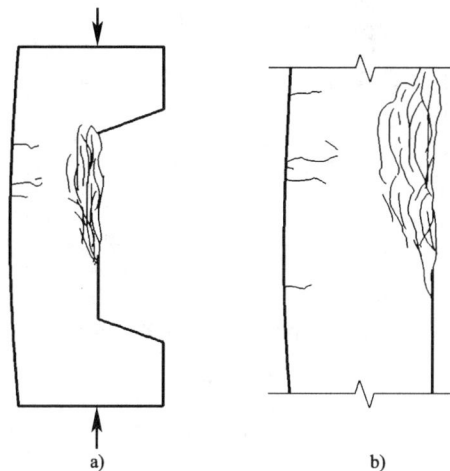

图 8-5 大偏心受压短柱破坏形态

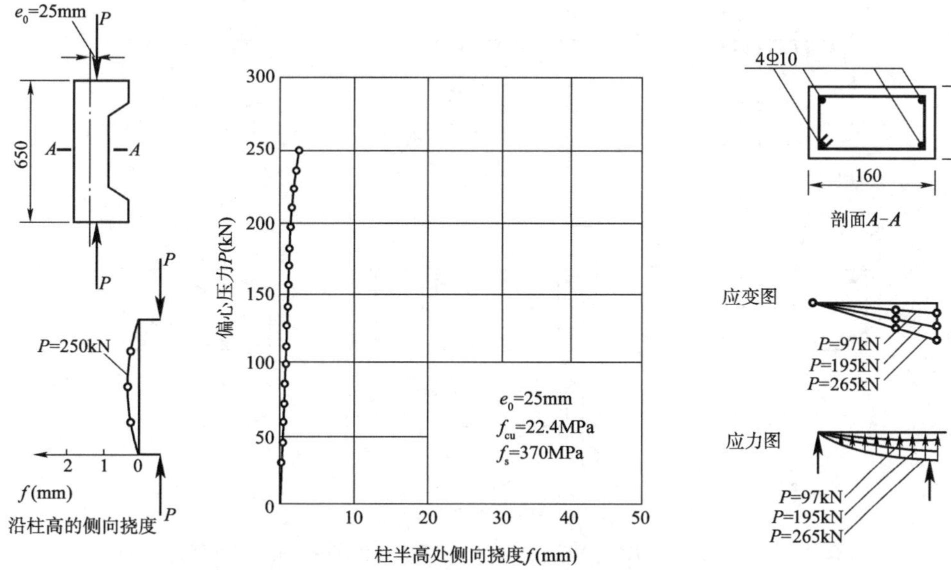

图 8-6 小偏心受压短柱试件试验(尺寸单位:mm)

(二)小偏心受压构件的截面应力状态

根据以上试验以及其他短柱的试验结果,小偏心受压短柱破坏时的截面应力分布,根据偏心距的大小及远离偏心力一侧的纵向钢筋数量,可分为图 8-8 所示的几种情况。

(1)当纵向偏心压力偏心距很小时,构件截面将全部受压[图 8-8a)]。破坏时,靠近压力 N 一侧混凝土压应变达到其极限压应变,钢筋 A'_s 达到其屈服强度,而离纵向压力较远一侧的混凝土和钢筋均未达到其抗压强度。

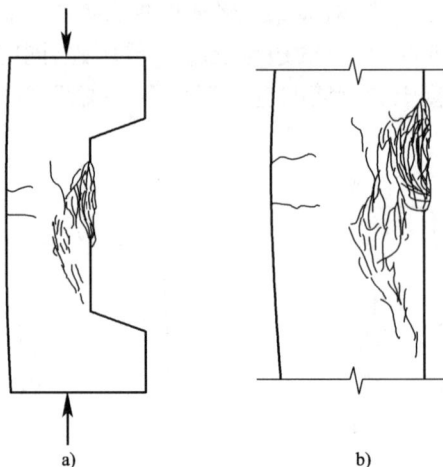

图 8-7　小偏心受压短柱破坏形态

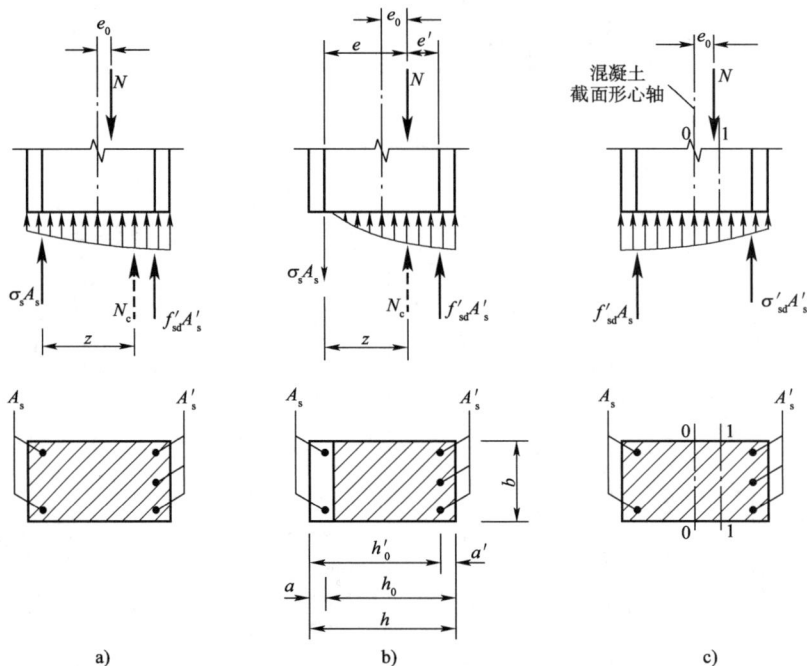

图 8-8　小偏心受压短柱截面受力的几种情况

a）截面全部受压时的应力图；b）截面大部分受压时的应力图；c）A_s 太少时的应力图

（2）纵向压力偏心距很小，但是当离纵向压力较远一侧的钢筋（A_s）数量少而靠近纵向力 N 一侧的钢筋（A'_s）较多时，则截面的实际重心轴就不在混凝土截面形心轴 0-0 处［图 8-8c）］，而向右偏移至 1-1 轴。这样，截面靠近纵向力 N 的一侧，即原来压应力较大而 A'_s 布置较多的一侧，将负担较小的压应力；而远离纵向力 N 的一侧，即原来压应力较小而 A_s 布置过少的一侧，将负担较大的压应力。

（3）当纵向力偏心距较小时，或偏心距较大而远离纵向力一侧的钢筋较多时，截面大部分受压而小部分受拉［图 8-8b）］，中性轴距受拉钢筋很近，钢筋中的拉应力很小，达不到屈服强度。

总而言之,小偏心受压构件的破坏特征一般是首先受压区边缘混凝土的应变达到极限压应变,受压区混凝土被压碎;同一侧的钢筋压应力达到屈服强度,而另一侧的钢筋不论受拉还是受压,其应力均达不到屈服强度;破坏前,构件无明显的急剧横向变形。这种破坏被称为"受压破坏",其正截面承载能力取决于受压区混凝土强度和受压钢筋强度。

综上所述,形成受拉破坏的条件是受压构件偏心距较大且受拉钢筋数量不多,这类构件称为大偏心受压构件。形成受压破坏的条件是受压构件偏心距较小或受拉钢筋数量过多,这类构件称为小偏心受压构件。

三、大、小偏心受压的界限

图 8-9 表示偏心受压构件的截面应变分布图形,图中 ab、ac 线表示大偏心受压状态下的截面应变状态。随着纵向压力偏心距的减小,或受拉钢筋配筋率的增加,在破坏时形成斜线 ad 所示的应变分布状态。即当受拉钢筋达到屈服应变 ε_y 时,受压边缘混凝土也刚好达到极限压应变值 $\varepsilon_{cu} = 0.0033$,此时称为界限状态。若纵向压力的偏心距进一步减小或受拉钢筋配筋率进一步增大,则截面破坏时将形成斜线 ae 所示的受拉钢筋达不到屈服强度的小偏心受压状态。

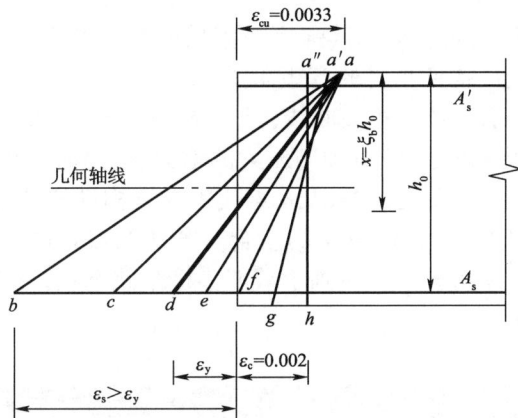

图 8-9　偏心受压构件的截面应变分布

当进入全截面受压状态后,混凝土受压较大一侧的边缘极限压应变将随着纵向压力 N 的偏心距减小而逐渐有所下降,其截面应变分布如斜线 af、$a'g$ 和垂直线 $a''h$ 所示顺序变化,在变化的过程中,受压边缘的极限压应变将由 0.0033 逐步下降到接近轴心受压时的 0.002。

上述偏心受压构件截面是部分受压、部分受拉时的应变变化规律,与受弯构件截面应变变化是相似的,因此,与受弯构件正截面承载力计算相同,可用相对界限受压区高度 ξ_b 来判别两种不同偏心受压形态。

当 $\xi \leqslant \xi_b$ 时,截面为大偏心受压破坏;

当 $\xi > \xi_b$ 时,截面为小偏心受压破坏。

四、偏心受压构件弯矩与轴向力的关系

偏心受压构件是弯矩和轴向力共同作用的构件,轴向力与弯矩对构件的作用存在着叠加和制约的关系,亦即当给定轴向力时,有其唯一对应的弯矩,或者说,构件可以在不同的轴向力和弯矩的共同作用下达到其极限承载力。

对于偏心受压短柱,由其截面承载力的计算分析,可以得到图 8-10 所示的偏心受压构件弯 M 与轴力 N 相关曲线图。

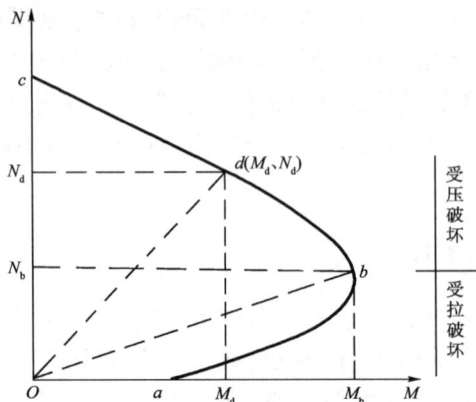

图 8-10　偏心受压构件的 M-N 曲线图

在图 8-10 中,ab 段表示大偏心受压时的 M-N 相关曲线,为二次抛物线。随着轴向力 N 的增大,截面能承担的弯矩也相应提高。

b 点为钢筋与受压混凝土同时达到其强度极限值的界限状态,是大偏心受压和小偏心受压的分界点。此时,偏心受压构件承受的弯矩 M 最大。

bc 段表示小偏心受压时的 M-N 相关曲线,是一条接近于直线的二次函数曲线。由曲线走向可以看出,在小偏心受压情况下,随着轴向压力的增大,截面所能承担的弯矩反而降低。

在图 8-10 中,c 点代表轴心受压的情况,a 点代表受弯构件的情况。图中曲线上任意一点 d 的坐标就代表截面承载力的一种 M 和 N 的组合。若任意点 d 位于曲线 abc 的内侧,说明截面在该点坐标给出的 M 和 N 组合下未达到承载能力极限状态;若 d 点位于图中曲线 abc 的外侧,则表明截面承载力不足。

§8-2　偏心受压构件的纵向弯曲

素养点:
①遵守行业规范、标准,提升分析问题解决问题的能力;
②秉持"诚实守信"的工作态度,弘扬"精益求精"的工匠精神。

知识点:
①偏心受压构件的破坏类型;
②偏心距增大系数的计算。

技能点:
①能区分偏心受压构件的三种类型;
②会计算不同截面偏心受压构件的偏心距增大系数。

钢筋混凝土受压构件在承受偏心作用(荷载)后,将产生纵向弯曲变形,即产生侧向挠度。对于长细比小的短柱,侧向挠度小,计算时一般可忽略其影响。而对长细比较大的长柱,由于侧向挠度的影响,各截面所受的弯矩不再是 Ne_0,而变成 $N(e_0+y)$(图 8-11),y 为构件任意点的侧向挠度。在柱高度中点处侧向挠度最大,为 f,截面上的弯矩为 $N(e_0+f)$。f 随着作用(荷载)的增大而不断增大,因而弯矩的增长也越来越快。一般把偏心受压构件截面弯矩中的 Ne_0 称为初始弯矩或一阶弯矩(不考虑构件侧向挠度时的弯矩),将 Nf 或 Ny 称为附加弯矩或二阶弯矩。由于二阶弯矩的影响,偏心受压构件将出现不同的破坏类型。

一、偏心受压构件的类型

钢筋混凝土偏心受压构件按长细比可分为短柱、长柱和细长柱。

1. 短柱

偏心受压短柱中,虽然偏心作用将产生一定的侧向挠度 f,但 f 值很小,一般可忽略不计。当由于 f 产生的二阶弯矩 $M_2=Nf$ 与初始弯矩 $M_1=Ne_0$ 相比小于 5% 时,可不考虑二阶弯矩,各个截面中的弯矩均可认为等于 Ne_0,即弯矩 M 与轴向力 N 呈线性关系。

对于一般构件,当长细比 $l_0/i \leqslant 17.5$(相当于矩形截面 $l_0/h \leqslant 5$ 或圆形截面 $l_0/2r \leqslant 4.4$)时,不考虑侧向挠度的影响。

短柱随着作用(荷载)的增大,当达到极限承载力时,柱的截面由于材料达到其极限强度而破坏。在 M-N 相关图中,从加载到破坏的 M-N 关系曲线为直线,当直线与截面承载力曲线相交于 B 点时就发生材料破坏,即图 8-12 中的 OB 直线。

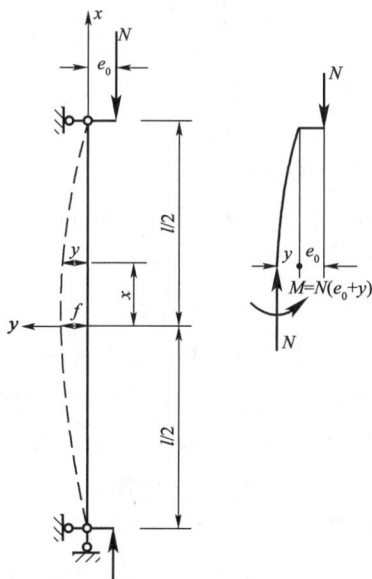

图 8-11 偏心受压构件的受力图

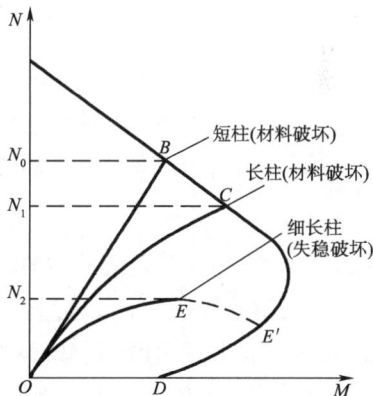

图 8-12 长细比的影响

2. 长柱

当 $17.5 < l_0/i \leqslant 104$ 或 $5 < l_0/h \leqslant 30$ 时,即为长柱。长柱受偏心荷载作用时的侧向挠度 f

较大,二阶弯矩影响已不可忽视。因此,实际作用(荷载)偏心距是随作用(荷载)的增大而非线性增加的,构件控制截面最终仍然是由于截面中材料达到其极限强度而破坏,属材料破坏。图 8-13 为偏心受压长柱的试验结果,其截面尺寸、配筋与图 8-6 所示短柱相同,最终破坏形态仍为小偏心受压,但偏心距已随作用(荷载)的增加而变大。

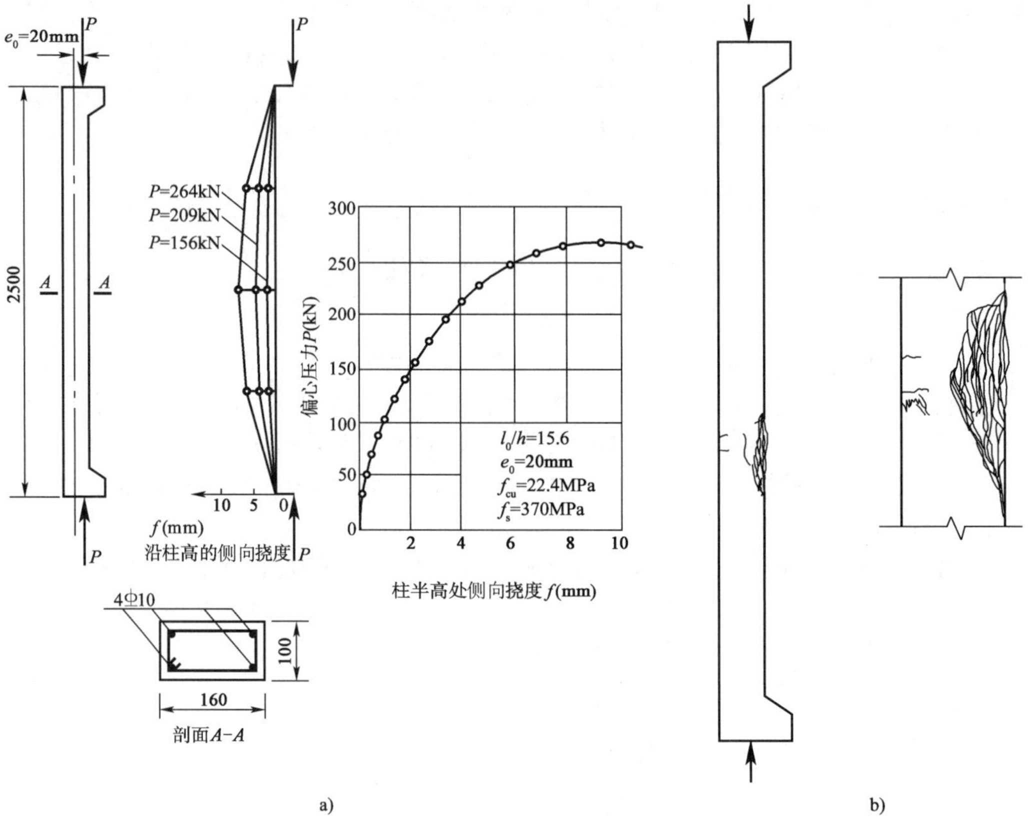

图 8-13　偏心受压长柱的试验与破坏(尺寸单位:mm)

偏心受压长柱在 $M\text{-}N$ 相关图上从开始加载到破坏的关系图线为曲线,与截面承载力曲线相交于 C 点而发生材料破坏,即图 8-12 中的 OC 曲线。

3. 细长柱

长细比($l_0/h > 30$)很大的柱,当偏心压力达到最大值时(图 8-12 中 E 点),侧向挠度 f' 突然剧增。此时,偏心受压构件截面上钢筋和混凝土的应变均未达到材料破坏时的极限值,即压杆达到最大承载能力时,其控制截面材料强度还未达到其破坏强度,这种破坏类型称为失稳破坏。在构件失稳后,若控制作用在构件上的压力逐渐减小以保持构件继续变形,则随着 f 增大到一定值及在相应的压力作用下,截面也可达到材料破坏点(E')。但这时的承载力已明显低于失稳的破坏作用(荷载)。由于失稳破坏与材料破坏有本质的区别,设计中一般尽量不采用细长柱。

在图 8-12 中,短柱、长柱和细长柱的初始偏心距是相同的,但破坏类型不同:短柱和长柱分别为 OB 和 OC 曲线,是材料破坏;细长柱为 OE 曲线,是失稳破坏。随着长细比的增大,承载力 N 值也不同,其值分别为 N_0、N_1 和 N_2,而 $N_0 > N_1 > N_2$。

二、偏心距增大系数的计算

实际工程中最常遇到的是长柱,由于最终破坏是材料破坏,因此,在设计计算中需考虑由于构件侧向挠度而引起的二阶弯矩的影响,即要考虑偏心距增大系数。

《公桥规》规定,计算偏心受压构件正截面承载力时,对长细比 $l_0/i > 17.5$(i 为弯矩作用平面内截面的回转半径)的构件,应考虑偏心受压构件的轴向力承载能力极限状态偏心距增大系数 η。

矩形、T 形、工字形和圆形截面偏心受压构件的偏心距增大系数可按下列公式计算:

$$\eta = 1 + \frac{1}{1300 e_0/h_0} \cdot \left(\frac{l_0}{h}\right)^2 \zeta_1 \zeta_2 \tag{8-1}$$

$$\zeta_1 = 0.2 + 2.7 \frac{e_0}{h_0} \leqslant 1.0 \tag{8-2}$$

$$\zeta_2 = 1.15 - 0.01 \frac{l_0}{h} \leqslant 1.0 \tag{8-3}$$

式中:l_0——构件的计算长度,按表 7-1 注取用或按工程经验确定;

e_0——轴向力对截面重心轴的偏心矩,不小于 20mm 和偏压方向截面最大尺寸的 1/30 两者之间的较大值;

h_0——截面有效高度,对圆形截面,取 $h_0 = r + r_s$;

h——截面高度,对圆形截面,取 $h = 2r$;

r——圆形截面的半径;

r_s——纵向普通钢筋重心所在圆周的半径;

ζ_1——荷载偏心率对截面曲率的影响系数;

ζ_2——构件长细比对截面曲率的影响系数,式(8-3)的适用范围为 $15 \leqslant l_0/h \leqslant 30$;当 $l_0/h < 15$ 时,取 $\zeta_2 = 1$;当 $l_0/h > 30$ 时,构件已由材料破坏变为失稳破坏,不在考虑范围之内;当 $l_0/h = 30$ 时,最小值 $\zeta_2 = 0.85$。

§8-3 矩形截面偏心受压构件

钢筋混凝土矩形截面偏心受压构件是工程中应用最广泛的构件。其截面长边为 h,短边为 b,在设计中,应该以长边方向的截面主轴面 y-y 为弯矩作用平面(图 8-2)。矩形偏心受压构件的纵向钢筋一般集中布置在弯矩作用方向的截面两对边位置上。以 A_s 和 A_s' 来分别代表离偏心压力较远一侧和较近一侧的钢筋面积,当 $A_s \neq A_s'$ 时,称为非对称布筋;当 $A_s = A_s'$ 时,称为对称布筋。

课题一　构造要求及基本公式

素养点：
①遵守行业规范、标准，提升分析问题解决问题的能力；
②秉持"诚实守信"的工作态度，弘扬"精益求精"的工匠精神。
知识点：
①基本假定；
②正截面承载力计算的基本公式及使用条件。
技能点：
能准确选择计算公式。

一、矩形截面偏心受压构件的构造要求

矩形偏心受压构件的构造要求，与配有纵向钢筋及普通箍筋的轴心受压构件相似，详见单元七中的相关内容。长短边的比值一般为 1.5～3.0，为使模板尺寸模数化，边长宜采用 50mm 的倍数，应将长边布置在弯矩作用的方向。当偏心受压构件的截面高度（长边）$h \geq 600$mm 时，在侧面应设置直径为 10～16mm 的纵向构造钢筋，必要时相应设置复合箍筋（图8-14）。

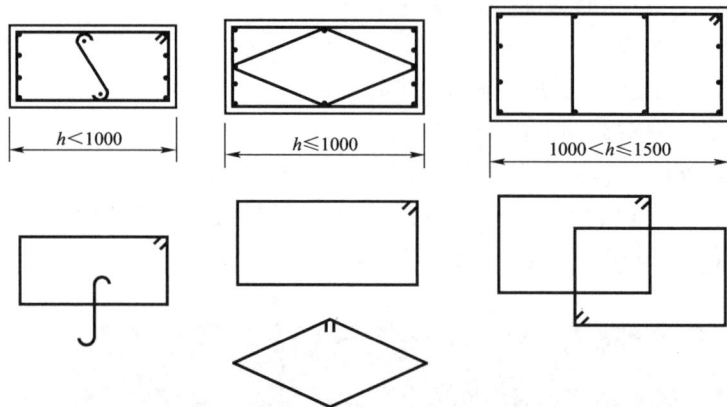

图 8-14　偏心受压柱复合箍筋(尺寸单位:mm)

二、矩形截面偏心受压构件正截面承载力计算的基本公式及适用条件

偏心受压构件的正截面承载力计算采用下列基本假定：
（1）截面应变分布符合平截面假定；
（2）不考虑受拉区混凝土参加工作，拉力全部由钢筋承担；
（3）受压区混凝土的极限压应变 $\varepsilon_{cu} = 0.0033$；
（4）混凝土的压应力图形为矩形，受压区混凝土应力达到混凝土抗压强度设计值 f_{cd}，矩形

应力图的高度取 $x = \beta x_0$（其中 x_0 为应变图应变零点至受压较大边截面边缘的距离；β 为矩形应力图高度系数，按表 8-1 取用）；受压较大边钢筋的应力取钢筋抗压强度设计值 f'_{sd}。

系数 β 值　　　　　　　　　　　　　　　表 8-1

混凝土强度等级	C50 及以下	C55	C60	C65	C70	C75	C80
β	0.80	0.79	0.78	0.77	0.76	0.75	0.74

矩形截面偏心受压构件正截面承载力的计算图式如图 8-15 所示。

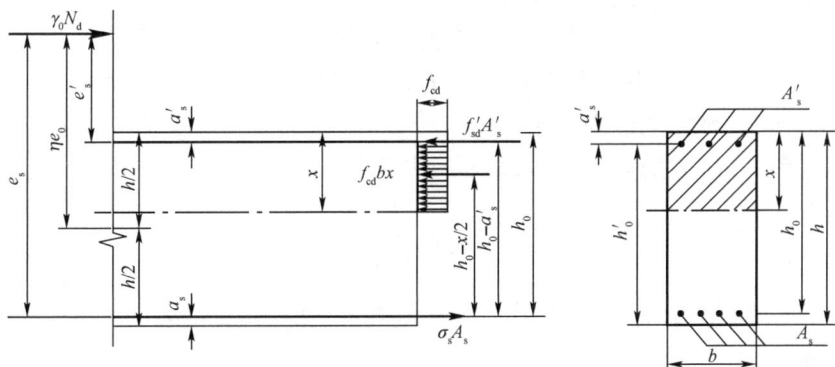

图 8-15　矩形截面偏心受压构件正截面承载力计算图

对于矩形截面偏心受压构件，用 ηe_0 表示纵向弯曲的影响，无论是大偏心受压破坏，还是小偏心受压破坏，受压区边缘混凝土都达到极限压应变，同一侧的受压钢筋 A'_s 一般都能达到抗压强度设计值 f'_{sd}，而对面一侧钢筋 A_s 的应力，可能受拉（达到抗拉强度设计值 f_{sd} 或未达到抗拉强度设计值 f_{sd}），也可能受压，故在图 8-15 中以 σ_s 表示钢筋 A_s 中的应力，从而可以建立一种大小偏心受压情况下统一的正截面承载力计算公式。

按沿构件纵轴方向的内外力之和为零，得

$$\gamma_0 N_d = f_{cd} b x + f'_{sd} A'_s - \sigma_s A_s \tag{8-4}$$

由截面上所有力对受拉边（或受压较小边）钢筋合力点的力矩之和等于零，可得

$$\gamma_0 N_d e_s = f_{cd} b x \left(h_0 - \frac{x}{2} \right) + f'_{sd} A'_s (h_0 - a'_s) \tag{8-5}$$

由截面上所有力对受压较大边钢筋合力点的力矩之和等于零，可得

$$\gamma_0 N_d e'_s = -f_{cd} b x \left(\frac{x}{2} - a'_s \right) + \sigma_s A_s (h_0 - a'_s) \tag{8-6}$$

由截面上所有力对轴向力作用点的力矩之和等于 0，可得

$$f_{cd} b x \left(e_s - h_0 + \frac{x}{2} \right) = \sigma_s A_s e_s - f'_{sd} A'_s e'_s \tag{8-7}$$

式中：e_s——轴向力作用点至截面受拉边或者受压较小边纵向钢筋合力作用点的距离，$e_s = \eta e_0 + h_0 - \dfrac{h}{2} \left(\text{或 } e_s = \eta e_0 + \dfrac{h}{2} - a_s \right)$；

e_s'——轴向力作用点至截面受压边钢筋合力作用点的距离，$e_s' = \eta e_0 - \dfrac{h}{2} + a_s'$；

e_0——轴向力对截面重心轴的偏心距，即初始偏心距，$e_0 = M_d / N_d$；

N_d、M_d——基本组合的轴向力设计值和弯矩设计值；

h_0——截面受压较大边边缘至受拉边或者受压较小边纵向钢筋合力的距离，$h_0 = h - a_s$；

η——偏心受压构件轴向力偏心距增大系数，按式(8-1)计算；

f_{cd}——混凝土轴心抗压强度设计值。

关于式(8-4)~式(8-7)的使用要求及有关说明如下。

(1)受拉边或者受压较小边钢筋 A_s 的应力 σ_s 的取值：

当 $x \leqslant \xi_b h_0$ 时，构件为大偏心受压，取 $\sigma_s = f_{sd}$。

当 $x > \xi_b h_0$ 时，构件为小偏心受压，钢筋应力按下式计算：

$$\sigma_{si} = \varepsilon_{cu} E_s \left(\frac{\beta h_{0i}}{x} - 1 \right) \tag{8-8}$$

式中：σ_{si}——第 i 层纵向钢筋的应力，计算为正值表示拉应力，负值表示压应力，其范围为 $-f_{sd}' \leqslant \sigma_{si} \leqslant f_{sd}$；

ε_{cu}——截面非均匀受压时混凝土极限压应变，当混凝土强度等级为 C50 及以下时，取 $\varepsilon_{cu} = 0.0033$，当混凝土强度等级为 C80 时，取 $\varepsilon_{cu} = 0.003$，中间强度等级用直线插入求得；

E_s——钢筋的弹性模量；

β——截面受压区矩形应力图高度与实际受压区高度的比值，按表 8-1 取用；

x——截面受压区高度；

h_{0i}——第 i 层纵向钢筋截面重心至受压较大边边缘的距离。

(2)为了保证构件破坏时，大偏心受压构件截面上的受压钢筋能达到抗压强度设计值 f_{sd}'，必须满足：

$$x \geqslant 2a_s' \tag{8-9}$$

当 $x < 2a_s'$ 时，受压钢筋的应力可能达不到抗压强度设计值，与双筋截面受弯构件类似，近似取 $x = 2a_s'$，受压区混凝土所承担的压力作用位置与受压钢筋承担的压力作用位置重合，由截面受力平衡条件可写出：

$$\gamma_0 N_d e_s' = f_{sd} A_s (h_0 - a_s') \tag{8-10}$$

(3)当偏心压力的偏心距很小(即小偏心受压)，且全截面受压时，若靠近偏心压力一侧的纵向钢筋配置较多，而远离偏心压力的一侧的纵向钢筋配置较少，钢筋的应力可能达到受压屈服强度，但离偏心受力较远一侧的混凝土也有可能被压坏，为使钢筋的数量不至于过少，防止出现这种破坏，应满足下列条件：

$$\gamma_0 N_d e_s' \leqslant f_{cd} bh \left(h_0' - \frac{h}{2} \right) + f_{sd}' A_s (h_0' - a_s) \tag{8-11}$$

课题二　矩形截面非对称配筋

素养点：
①遵守行业规范、标准,提升分析问题解决问题的能力;
②秉持"诚实守信"的工作态度,弘扬"精益求精"的工匠精神。

知识点：
①截面设计的基本思路;
②承载力复核的基本思路;
③进行截面设计和承载力复核。

技能点：
能按照非对称配筋要求,正确运用公式,完成矩形截面偏心受压构件的截面选择、配筋计算和承载力复核。

一、截面设计

已知截面尺寸 b、h(通常是根据经验或以往类似的设计资料确定),构件安全等级,轴向力设计值 N_d,弯矩设计值 M_d,混凝土及钢筋的强度等级,构件计算长度 l_0。求钢筋截面面积 A_s 及 A_s'。

计算步骤:首先应根据上述已知条件计算初始偏心距 $e_0 = M_d/N_d$;假定 a_s 与 a_s',按式(8-1)计算偏心距增大系数 η,由于尚未进行配筋设计,ξ 值无法求出,无法采用 ξ 与 ξ_b 的关系判断构件的偏心类型。一般情况下可参考采用下述理论分析结果,即:当 $\eta e_0 > 0.3h_0$ 时,构件可按大偏心受压情况计算;当 $\eta e_0 \leq 0.3h_0$ 时,构件可按小偏心受压情况计算。

1. 当按大偏心受压构件计算时

当按大偏心受压构件计算时,取 $\sigma_s = f_{sd}$。这样式(8-4)~式(8-7)中的未知数变成了三个(A_s,A_s',x),但只有两个独立方程,从充分利用混凝土抗压强度的设计原则出发,先假设 $x = \xi_b h_0$,并将其与 $\sigma_s = f_{sd}$ 代入式(8-5)、式(8-6)中,求得

$$A_s' = \frac{\gamma_0 N_d e_s - f_{cd} b h_0^2 \xi_b (1 - 0.5\xi_b)}{f_{sd}'(h_0 - a_s')} \tag{8-12}$$

$$A_s = \frac{\gamma_0 N_d e_s' + f_{cd} b h_0 \xi_b (0.5\xi_b h_0 - a_s')}{f_{sd}(h_0 - a_s')} \tag{8-13}$$

当按式(8-12)求得的受压钢筋配筋率小于每侧受压钢筋的最小配筋率即 $A_s' < \rho_{min} bh$(一般可取 $\rho_{min} = 0.002$)或为负值时,应取 $A_s' = 0.002bh$,并以此重新求解 x 和 A_s。

当 A_s' 为已知时,只有钢筋 A_s 和 x 两个未知数,故可以用基本公式来直接求解。由式(8-5)可求得受压区高度为

$$x = h_0 - \sqrt{h_0^2 - \frac{2[\gamma_0 N_d e_s - f_{sd}' A_s'(h_0 - a_s')]}{f_{cd} b}} \tag{8-14}$$

（1）当计算的 x 满足 $2a'_s \leqslant x \leqslant \xi_b h_0$ 时，构件属于大偏心受压，取 $\sigma_s = f_{sd}$，把 x 代入式(8-6)可得到受压区所需钢筋数量：

$$A_s = \frac{\gamma_0 N_d e'_s + f_{cd} bx(0.5x - a'_s)}{f_{sd}(h_0 - a'_s)} \tag{8-15}$$

（2）当计算的 x 满足 $x \leqslant \xi_b h_0$，但是 $x < 2a'_s$ 时，则按(8-10)求得所需要的受拉钢筋数量 A_s 为：

$$A_s = \frac{\gamma_0 N_d e'_s}{f_{sd}(h_0 - a'_s)} \tag{8-16}$$

（3）当计算的 $x > \xi_b h_0$ 时，需按小偏心受压构件计算。

《公桥规》规定：轴心受压构件、偏心受压构件全部纵向钢筋的配筋率不应小于0.5%（注：规范9.1.12）。构件的全部纵向钢筋配筋率不宜超过5%（注：规范9.6.1.1）。配筋率按构件的毛截面计算。

2. 当按小偏心受压构件计算时

对于小偏心受压的情况，远离偏心压力一侧纵向受力钢筋无论是受压还是受拉，其应力均未达到屈服强度，对截面承载力影响不大，A_s 可按构造要求取等于最小配筋量，即 $A_s = \rho_{min} bh_0 = 0.002bh_0$。

由式(8-6)和式(8-8)可得到以 x 为未知数的方程为

$$\gamma_0 N_d e'_s \leqslant -f_{cd} bx\left(\frac{x}{2} - a'_s\right) + \sigma_s A_s(h_0 - a'_s) \tag{8-17}$$

以及 $\sigma_{si} = \varepsilon_{cu} E_s\left(\frac{\beta h_{0i}}{x} - 1\right)$，即得到关于 x 的一元三次方程为

$$Ax^3 + Bx^2 + Cx + D = 0 \tag{8-18}$$

其中：

$$A = -0.5 f_{cd} b \tag{8-19a}$$

$$B = f_{cd} ba'_s \tag{8-19b}$$

$$C = \varepsilon_{cu} E_s A_s(a'_s - h_0) - \gamma_0 N_d e'_s \tag{8-19c}$$

$$D = \varepsilon_{cu} \beta E_s A_s(h_0 - a'_s)h_0 \tag{8-19d}$$

用逐次渐近法求解一元三次方程。

（1）如果 $\xi_b h_0 < x \leqslant h$，则将 x 代入式(8-8)求得 σ_s 值，再将 A_s、σ_s 和 x 代入式(8-4)或式(8-5)，求得受压较大边钢筋截面面积 A'_s。

如果按上述步骤求得的 A'_s 仍然小于最小配筋率限值，则按构造要求取 $A'_s = (0.005 - 0.002)bh = 0.003bh$。

（2）如果 $x > h$，即相当于构件全截面均匀受压的情况。将 x 代入式(8-8)求得 σ_s，再将 σ_s 和 $x = h$ 代入式(8-4)求得钢筋截面面积 A'_s。

二、承载力复核

《公桥规》规定矩形、T形和工字形截面偏心受压构件除应计算弯矩作用平面抗压承载力外，尚应按轴心受压构件验算垂直于弯矩作用平面的抗压承载力，此时，不考虑弯矩的作用，但应考虑稳定系数 φ 的影响。

已知截面尺寸 b、h，钢筋截面面积 A_s 及 A'_s，构件长细比 l_0/h，混凝土及钢筋的强度等级，轴向力设计值 N_d，弯矩设计值 M_d。试复核构件的承载力是否满足要求。

计算步骤：首先判断配筋率是否满足规范要求。

1. 弯矩作用平面的承载力复核

截面设计时，以 ηe_0 与 $0.3h_0$ 之间的关系来初步确定截面的大小偏心情况，但这不是判断大小偏心的根本依据。截面设计完成后，还必须通过 ξ 与 ξ_b 的关系来复核设计程序中所采用的初步假定是否成立，如果不成立，应重新进行截面设计。

截面复核时，因 A_s、A'_s 均为已知，故应通过实际的 ξ 与 ξ_b 的关系来判断截面是大偏心还是小偏心。一般可取 $\sigma_s = f_{sd}$，代入式（8-7）中求 x，亦即 $\xi = \dfrac{x}{h_0}$。当 $\xi \leqslant \xi_b$ 时，截面为大偏心受压；当 $\xi > \xi_b$ 时，截面为小偏心受压。

（1）大偏心受压（$\xi \leqslant \xi_b$）

若 $2a'_s \leqslant x \leqslant \xi_b h_0$，由式（8-7）计算的 x 即为大偏心受压构件截面受压区高度，此时，$\sigma_s = f_{sd}$，然后按式（8-4）进行截面复核。即：

$$N_{du} = f_{cd}bx + f'_{sd}A'_s - \sigma_s A_s \geqslant \gamma_0 N_d \qquad (8\text{-}20)$$

若 $x < 2a'_s$，由式（8-10）求得截面承载力 N_{du1}。

（2）小偏心受压（$\xi > \xi_b$）

这时，截面受压区高度 x 不能单独由式（8-7）来确定。而要联合使用式（8-7）和式（8-8）来确定小偏心受压构件截面受压区高度 x，化简后可得：

$$Ax^3 + Bx^2 + Cx + D = 0 \qquad (8\text{-}21)$$

其中：

$$A = 0.5f_{cd}b \qquad (8\text{-}22a)$$
$$B = f_{cd}b(e_s - h_0) \qquad (8\text{-}22b)$$
$$C = \varepsilon_{cu}E_sA_se_s + f'_{sd}A'_se'_s \qquad (8\text{-}22c)$$
$$D = -\varepsilon_{cu}\beta E_sA_se_sh_0 \qquad (8\text{-}22d)$$

由上式可求得 x 和相应的 ξ 值。

① 当 $h/h_0 > \xi > \xi_b$ 时，截面部分受压，部分受拉。

将计算的 ξ 值代入式（8-8），可求得 A_s 的应力值 σ_s。然后，按照基本计算公式（8-4），求截面承载力 N_{du} 并且复核截面承载力。

② 当 $\xi > h/h_0$ 时，截面全部受压。

这种情况下，偏心距较小。首先考虑靠近压力作用点的侧截面边缘的混凝土破坏，由实际的 ξ 代入式（8-8）中求得 A_s 的应力值 σ_s，然后取 $\xi = h/h_0$ 由式（8-4）求得截面承载力 N_{du1}。

因全截面受压，须考虑距纵向压力作用点远侧截面边缘的可能破坏，即再由式（8-11）求得承载力 N_{du2}。

很显然，截面校核时截面承载力应取 N_{du1} 和 N_{du2} 较小者。

2. 垂直于弯矩作用平面的承载力复核

对于偏心受压构件，还应按轴心受压构件对垂直于弯矩作用面的承载力进行复核。此内容可参考单元七相关的内容，此处不再赘述。

例 8-1 某钢筋混凝土矩形截面偏心受压柱，截面尺寸为 $b \times h = 300\text{mm} \times 500\text{mm}$，计算长

度 $l_0 = 4.0\text{m}$,$M_d = 266\text{kN} \cdot \text{m}$,$N_d = 380\text{kN}$,结构所处的环境为 Ⅲ 类-近海或海洋氯化物环境,设计使用年限为 50 年;重要性系数 $\gamma_0 = 1$,采用 C30 混凝土,$f_{cd} = 13.8\text{MPa}$;HRB400 钢筋,$f_{sd} = f'_{sd} = 330\text{MPa}$;箍筋直径为 12mm。试进行配筋计算。

解:设此柱箍筋为 Φ12,按照混凝土最小保护层厚度(表 2-3)的要求,$a_s = 30 + 12 = 42(\text{mm})$,取 $a_s = 45\text{mm}$,则 $h_0 = h - a_s = 500 - 45 = 455(\text{mm})$。

由长细比 $l_0/h = 4000/500 = 8 > 5$,故应考虑桩的纵向弯曲。

(1)求偏心距增大系数 η

$$e_0 = \frac{M_d}{N_d} = \frac{266 \times 10^6}{380 \times 10^3} = 700(\text{mm})$$

$$\zeta_1 = 0.2 + 2.7\frac{e_0}{h_0} = 0.2 + 2.7 \times 700/455 = 4.35 > 1.0,\text{取}\ \zeta_1 = 1$$

$$\zeta_2 = 1.15 - 0.01\frac{l_0}{h} = 1.15 - 0.01 \times 4000/500 = 1.07 > 1.0,\text{取}\ \zeta_2 = 1$$

$$\eta = 1 + \frac{1}{1300e_0/h_0} \cdot \left(\frac{l_0}{h}\right)^2 \zeta_1\zeta_2$$

$$= 1 + \frac{1}{1300 \times 700/455} \times \left(\frac{4000}{500}\right)^2 \times 1 \times 1 = 1.03$$

(2)大、小偏心截面的判断

$\eta e_0 = 1.03 \times 700 = 721(\text{mm}) > 0.3 \times 455 = 136.5(\text{mm})$,可先按大偏心的情况进行设计。

$$e_s = \eta e_0 + h_0 - \frac{h}{2} = 721 + 455 - 500/2 = 926(\text{mm})$$

$$e'_s = \eta e_0 + a'_s - \frac{h}{2} = 721 + 45 - 500/2 = 516(\text{mm})$$

(3)钢筋选择

因采用 C30 混凝土、HRB400 钢筋,所以取 $\xi_b = 0.53$,$x = \xi_b h_0 = 0.53 \times 455 = 241.2(\text{mm})$。由于是大偏心构件,取 $\sigma_s = f_{sd} = 330\text{MPa}$。

首先由式(8-12)可得:

$$A'_s = \frac{\gamma_0 N_d e_s - f_{cd}bh_0^2\xi_b(1 - 0.5\xi_b)}{f'_{sd}(h_0 - a'_s)}$$

$$= \frac{380 \times 10^3 \times 926 - 13.8 \times 300 \times 455^2 \times 0.53 \times (1 - 0.5 \times 0.53)}{330 \times (455 - 45)}$$

$$= 133.1(\text{mm}^2) < \rho_{\min}bh = 0.002 \times 300 \times 500 = 300(\text{mm}^2)$$

则按构造要求配筋,并取 $A'_s = 300\text{mm}^2$,选 2 Φ14,供给的 $A'_s = 307.8\text{mm}^2$,仍取 $a'_s = 45\text{mm}$。

由式(8-14)可得:

$$x = h_0 - \sqrt{h_0^2 - \frac{2[\gamma_0 N_d e_s - f'_{sd}A'_s(h_0 - a'_s)]}{f_{cd}b}}$$

$$= 455 - \sqrt{455^2 - \frac{2 \times 380 \times 10^3 \times 926 - 330 \times 307.8 \times 410}{13.8 \times 300}}$$

$$= 215.9(\text{mm}) \begin{cases} < x = \xi_b h_0 = 254.8\text{mm} \\ > 2a'_s = 90\text{mm} \end{cases}$$

x 满足 $2a'_s \leqslant x \leqslant \xi_b h_0$，构件属于大偏心受压，取 $\sigma_s = f_{sd} = 330\text{MPa}$，把 x 代入式（8-4）或式（8-15），于是可得到受拉区所需钢筋数量：

$$A_s = \frac{f_{cd}bx + f'_{sd}A'_s - \gamma_0 N_d}{f_{sd}}$$

$$= \frac{13.8 \times 300 \times 215.9 + 330 \times 307.8 - 380 \times 10^3}{330}$$

$$= 1864.8(\text{mm}^2)$$

故选用钢筋 4 ⊈ 25，$A_s = 1964\text{mm}^2$，满足构造要求。

例 8-2　有一钢筋混凝土偏心受压构件，计算长度 $l_0 = 10\text{m}$，截面尺寸为 $300\text{mm} \times 600\text{mm}$，承受的轴向力设计值 $N_d = 315\text{kN}$，弯矩设计值 $M_d = 210\text{kN} \cdot \text{m}$，结构所处的环境为 Ⅱ 类-冻融环境，设计使用年限为 100 年；重要性系数 $\gamma_0 = 1$，拟采用 C30 混凝土，$f_{cd} = 13.8\text{MPa}$；HRB400 钢筋，$f_{sd} = f'_{sd} = 330\text{MPa}$，$E_s = 2 \times 10^5 \text{MPa}$，$\xi_b = 0.53$。试选择钢筋，并复核承载力。

解：因 $l_0/h = 10000/600 = 16.67 > 5$，故应考虑偏心距增大系数 η 的影响，η 值按式（8-1）计算：

$$\eta = 1 + \frac{1}{1300 e_0/h_0}\left(\frac{l_0}{h}\right)^2 \zeta_1 \zeta_2$$

式中：$e_0 = \dfrac{M_d}{N_d} = \dfrac{210}{315} \times 10^3 = 666.7(\text{mm})$；

$h_0 = h - a_s = 600 - 45 = 555(\text{mm})$（假设 $a_s = a'_s = 45\text{mm}$）；

$l_0 = 10000\text{mm}$；$h = 600\text{mm}$；

$\zeta_1 = 0.2 + 2.7\dfrac{e_0}{h_0} = 0.2 + 2.7 \times \dfrac{666.7}{555} = 3.44 > 1$，取 $\zeta_1 = 1$；

$\zeta_2 = 1.15 - 0.01\dfrac{l_0}{h} = 1.15 - 0.01 \times \dfrac{10000}{600} = 0.98 < 1$，取 $\zeta_2 = 0.98$。

代入上式则得：

$$\eta = 1 + \frac{1}{1300 \times \dfrac{666.7}{555}} \times \left(\frac{10000}{600}\right)^2 \times 1 \times 0.98 = 1.17$$

计算偏心距：

$$e_s = \eta e_0 + h_0 - \frac{h}{2} = 1.17 \times 666.7 + 555 - \frac{600}{2} = 1035(\text{mm})$$

$$e'_s = \eta e_0 - \frac{h}{2} + a'_s = 1.17 \times 666.7 - \frac{600}{2} + 45 = 525(\text{mm})$$

（1）钢筋选择

因采用 C30 混凝土、HRB400 钢筋，$\eta e_0/h_0 = 1.17 \times 666.7/555 = 1.41 > 0.3$。

由于是大偏心受压构件，取 $\sigma_s = f_{sd} = 330\text{MPa}$。

首先，以 $x = \xi_b h_0 = 0.53 \times 555 = 294.2(\text{mm})$ 代入式（8-5），求得受压钢筋截面面积。

$$A'_s = \frac{\gamma_0 N_d e_s - f_{cd}bx\left(h_0 - \dfrac{x}{2}\right)}{f'_{sd}(h_0 - a'_s)}$$

$$= \frac{1 \times 315 \times 10^3 \times 1035 - 13.8 \times 300 \times 294.2 \times \left(555 - \frac{294.2}{2}\right)}{330 \times (555 - 45)}$$

$$= -1014.8 (mm^2)$$

A'_s 出现负值,则应改为按构造要求取 $A'_s = 0.002bh = 0.002 \times 300 \times 600 = 360 (mm^2)$,选 3$\Phi$14,$A'_s = 462mm^2$,仍取 $a'_s = 45mm$。

这时,应由式(8-5)计算混凝土受压高度 x:

$$\gamma_0 N_d e_s = f_{cd} bx \left(h_0 - \frac{x}{2}\right) + f'_{sd} A'_s (h_0 - a'_s)$$

$$1 \times 315 \times 10^3 \times 1035 = 13.8 \times 300x\left(555 - \frac{x}{2}\right) + 330 \times 462 \times (555 - 45)$$

展开整理后得

$$x^2 - 1110x + 119937.391 = 0$$

解得: $\qquad x = 121.3(mm) < \xi_b h_0 = 0.53 \times 555 = 294.2(mm)$

将所得 x 值代入式(8-4),求得受拉钢筋截面面积为

$$A_s = \frac{f_{cd} bx + f'_{sd} A'_s - \gamma_0 N_d}{f_{sd}}$$

$$= \frac{13.8 \times 300 \times 121.3 + 330 \times 462 - 1 \times 315 \times 10^3}{330}$$

$$= 1029.2 (mm^2)$$

选 4Φ20,$A_s = 1256.8mm^2$,布置成一排,所需截面最小宽度为

$$b_{min} = 2 \times 30 + 3 \times 30 + 4 \times 22 = 238(mm) < b = 300mm$$

仍取 $a_s = 45mm$,$h_0 = 555mm$,如图 8-16 所示。

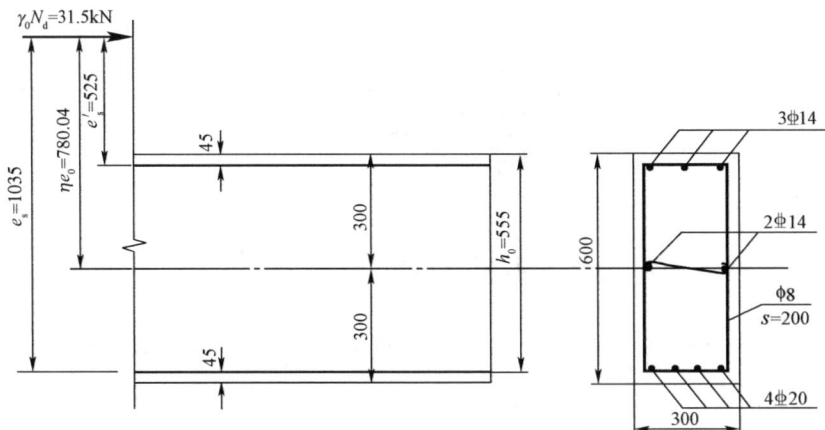

图8-16 偏心受压构件计算简图及配筋(尺寸单位:mm)

(2)稳定验算

因 $l_0/b = 10000/300 = 33.7 > 8$,应对垂直弯矩作用平面进行稳定验算。稳定验算时,不考虑弯矩的作用,由式(7-2)得:

$$N_{du} = 0.9\varphi[f_{cd} bh + f'_{sd}(A_s + A'_s)]$$

按 $l_0/b = 33.3$ 查得 $\varphi = 0.467$,代入上式得:

$$N_{du} = 0.9 \times 0.467 \times [13.8 \times 300 \times 600 + 330 \times (1256.8 + 462)]$$
$$= 1282.4(kN) > \gamma_0 N_d = 315kN$$

计算结果表明,垂直弯矩作用平面的稳定性满足要求。

(3)承载力复核

按实际配筋情况进行承载力复核时,应由截面上所有力对轴向力作用点的力矩之和等于 0 的平衡条件,即式(8-6),确定混凝土受压区高度 x:

$$f_{cd}bx\left(e_s - h_0 + \frac{x}{2}\right) = f_{sd}A_s e_s - f'_{sd}A'_s e'_s$$

$$13.8 \times 300x\left(1035 - 555 + \frac{x}{2}\right) = 330 \times 1256.8 \times 1035 - 330 \times 462 \times 525$$

展开整理后得:

$$x^2 + 960x - 168704.6 = 0$$

解得

$$x = 151.7(mm) \begin{cases} < \xi_b h_0 = 0.53 \times 555 = 294.15(mm) \\ > 2a'_s = 2 \times 45 = 90(mm) \end{cases}$$

将所得 x 值代入式(8-3)得

$$N_{du} = f_{cd}bx + f'_{sd}A'_s - f_{sd}A_s$$
$$= 13.8 \times 300 \times 151.7 + 330 \times 462 - 330 \times 1256.8$$
$$= 365.7(kN) > \gamma_0 N_d = 315kN$$

计算结果表明,结构的承载力是足够的。

例 8-3 有一现浇的钢筋混凝土偏心受压构件,计算长度 $l_0 = 2.5m$,截面尺寸为 $b = 250mm$、$h = 500mm$,承受的轴向力设计值 $N_d = 1400kN$,弯矩设计值 $M_d = 140kN \cdot m$,结构所处的环境为 Ⅱ 类-冻融环境,设计使用年限为 50 年;重要性系数 $\gamma_0 = 1$。拟采用 C30 混凝土,$f_{cd} = 13.8MPa$,纵向钢筋拟采用 HRB400 钢筋,$f'_{sd} = 330MPa$,$E_s = 2.0 \times 10^5 MPa$,$\xi_b = 0.53$。试选择钢筋,并复核承载力。

解: 因 $l_0/h = 2500/500 = 5$,故可不考虑附加偏心增大系数 η 的影响。假设 $a_s = a'_s = 40mm$,$h_0 = h - a_s = 500 - 40 = 460(mm)$。计算偏心距为:

$$e_0 = \frac{M_d}{N_d} = \frac{140}{1400} \times 10^3 = 100(mm)$$

$$e_s = \eta e_0 + h_0 - \frac{h}{2} = 100 + 460 - \frac{500}{2} = 310(mm)$$

$$e'_s = \eta e_0 - \frac{h}{2} + a'_s = 100 - \frac{500}{2} + 40 = -110(mm)$$

(1)配筋设计

$\eta e_0/h_0 = 100/460 = 0.217 < 0.3$,偏心距较小,先按小偏心受压构件设计。

首先按构造要求,确定受拉边(或受压较小边)钢筋截面面积,取 $A_s \geq 0.002bh = 0.002 \times 250 \times 500 = 250(mm^2)$,选取 3 Φ 12,$A_s = 339mm^2$。

然后,由式(8-6)求混凝土受压区高度 x。

式中,σ_s 按式(8-8)计算,对 C50 及以下混凝土,$\varepsilon_{cu}=0.0033$,$\beta=0.8$;HRB400 钢筋弹性模量 $E_s=2\times10^5$MPa;$h_0=460$mm,代入后得

$$\sigma_s = \varepsilon_{cu}E_s\left(\frac{\beta}{x/h_0}-1\right) = 0.0033\times2\times10^5\times\left(\frac{0.8}{x/460}-1\right) = 660\times\left(\frac{368}{x}-1\right)$$

将上式和有关数据代入式(8-6),可得

$$1400\times10^3\times(-110) = -13.8\times250x\left(\frac{x}{2}-40\right)+660\times\left(\frac{368}{x}-1\right)\times339\times(460-40)$$

展开整理后得

$$x^3-80x^2-34751.33x-20064845=0$$

采用逐次渐近法求解一元三次方程得:$x=347$mm$>\xi_b h_0=0.53\times460=243.8$(mm),说明按小偏心受压构件计算是正确的。

受拉边或受压较小边的钢筋应力为

$$\sigma_s = \varepsilon_{cu}E_s\left(\frac{\beta}{x/h_0}-1\right) = 660\times\left(\frac{368}{x}-1\right) = 660\times\left(\frac{368}{347}-1\right) = 39.9(\text{MPa})\quad(\text{拉应力})$$

由式(8-4),求得受压较大边钢筋截面面积为

$$A'_s = \frac{\gamma_0 N_d - f_{cd}bx + \sigma_s A_s}{f'_{sd}}$$

$$= \frac{1\times1400\times10^3 - 13.8\times250\times347 + 39.9\times339.3}{330}$$

$$= 655.7(\text{mm}^2)$$

选取 4 $\underline{\Phi}$ 16,$A'_s=804$mm^2,$a'_s=30+16/2=38$(mm),取 $a'_s=40$mm,钢筋按一排布置,所需截面最小宽度 $b_{min}=2\times30+4\times16+3\times30=214(mm)<b=250$mm。

受压较小边钢筋已选取 3 $\underline{\Phi}$ 12,$A_s=339$mm^2,仍取 $a_s=40$mm,$h_0=460$mm。实际的计算偏心距为

$$e_0 = 100\text{mm}$$

$$e_s = 310\text{mm}$$

$$e'_s = e_0 - h/2 + a'_s = 100 - 500/2 + 40 = -110(\text{mm})$$

(2)稳定验算

对垂直弯矩作用平面进行稳定验算,由式(7-2)得

$$N_{du} = 0.9\varphi[f_{cd}bh + f'_{sd}(A_s+A'_s)]$$

由 $l_0/b=2500/250=10$,查表得 $\varphi=0.98$,代入上式得:

$$N_{du} = 0.9\times0.98\times[13.8\times250\times500+330\times(339+804)]$$

$$= 1854(\text{kN})>\gamma_0 N_d = 1400\text{kN}$$

计算结果表明,垂直弯矩作用平面的稳定性满足要求(图 8-17)。

(3)承载力复核

由平衡条件式(8-7)确定受压区高度 x,可得

$$f_{cd}bx\left(e_s-h_0+\frac{x}{2}\right) = \sigma_s A_s e_s - f'_{sd}A'_s e'_s$$

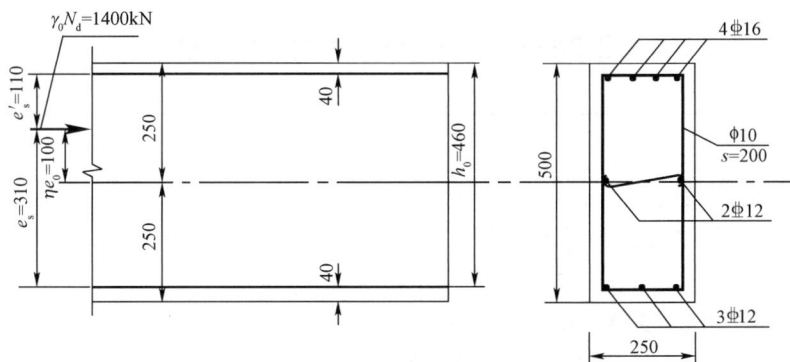

图 8-17　偏心受压构件计算简图及配筋(尺寸单位:mm)

将 $\sigma_s = \varepsilon_{cu} E_s \left(\dfrac{\beta}{x/h_0} - 1 \right) = 600 \times \left(\dfrac{368}{x} - 1 \right)$ 和有关数据代入上式:

$$13.8 \times 250x \left(310 - 460 + \frac{x}{2} \right) = 600 \times \left(\frac{368}{x} - 1 \right) \times 339 \times 310 - 330 \times 804 \times (- 110)$$

展开整理后得

$$x^3 - 300x^2 + 23316.56x - 14809766.4 = 0$$

解一元三次方程得 $x = 353\text{mm} > \xi_b h_0 = 0.53 \times 460 = 243.8(\text{mm})$,属于小偏心受压构件。

受压较小边钢筋应力为

$$\sigma_s = \varepsilon_{cu} E_s \left(\frac{\beta}{x/h_0} - 1 \right) = 660 \times \left(\frac{368}{353} - 1 \right) = 28.04(\text{MPa})(\text{拉应力})$$

将所得 x 和 σ_s 值代入式(8-4)得

$$\begin{aligned}
N_{du} &= f_{cd}bx + f'_{sd}A'_s - \sigma_s A_s \\
&= 13.8 \times 250 \times 353 + 330 \times 804 - 28.04 \times 339 \\
&= 1473.7(\text{kN}) > \gamma_0 N_d = 1400\text{kN}
\end{aligned}$$

计算结果表明,承载力是足够的。

此外,对于轴向力作用于 A_s 和 A'_s 之间的小偏心受压构件,为了防止离轴向力较远一侧混凝土先压坏,应尚满足式(8-11)的限制条件:

$$\gamma_0 N_d e'_s \leqslant f_{cd}bh \left(h'_0 - \frac{h}{2} \right) + f'_{sd}A_s(h_0 - a'_s)$$

式中,$h'_0 = h - a'_s = 500 - 40 = 460(\text{mm})$,$e'_s = 110\text{mm}$,代入上式后得

$$1.0 \times 1400 \times 10^3 \times 110 \leqslant 13.8 \times 250 \times 500 \times \left(460 - \frac{500}{2} \right) + 330 \times 339 \times (460 - 40)$$

$$154 \times 10^6 (\text{N} \cdot \text{mm}) \leqslant 409.2 \times 10^6 \text{N} \cdot \text{mm}$$

满足要求。

课题三　矩形截面对称配筋

素养点：
①遵守行业规范、标准，提升分析问题解决问题的能力；
②秉持"诚实守信"的工作态度，弘扬"精益求精"的工匠精神。
知识点：
①截面设计和承载力复核的基本思路；
②能进行正截面配筋计算和承载力复核。
技能点：
能按照对称配筋要求，正确运用公式，完成矩形截面偏心受压构件的截面选择、配筋计算和承载力复核。

在桥梁结构中，常由于作用（荷载）位置不同，在截面中产生方向相反的弯矩，当其绝对值相差不大时，为使构造简单、施工方便，可采用对称配筋方案。装配式柱为了保证安装不出错，有时也采用对称配筋。

对称配筋是指截面的两侧配有相同等级和数量的钢筋。

一、截面设计

已知截面尺寸 b、h（通常是根据经验或以往类似的设计资料确定），轴向力设计值 N_d，弯矩设计值 M_d，混凝土及钢筋的强度等级，构件计算长度 l_0。求钢筋截面面积 A_s（$=A_s'$）。

（1）大、小偏心受压构件的判别

首先假定是大偏心受压，由于是对称配筋，$A_s=A_s'$，$f_{sd}'=f_{sd}=\sigma_s$，由式（8-4）得

$$\gamma_0 N_d = f_{cd}bx$$

将 $x=\xi h_0$ 代入上式，得

$$\xi = \frac{\gamma_0 N_d}{f_{cd}bh_0} \tag{8-23}$$

当 $\xi \leqslant \xi_b$ 时，截面为大偏心受压；当 $\xi > \xi_b$ 时，截面为小偏心受压。

（2）大偏心受压构件的计算

当 $x=\xi h_0 \geqslant 2a_s'$ 时，直接利用式（8-5）得：

$$A_s = A_s' = \frac{\gamma_0 N_d e_s - f_{cd}bh_0^2(1-0.5\xi)\xi}{f_{sd}'(h_0-a_s')} \tag{8-24}$$

当 $x=\xi h_0 < 2a_s'$ 时，首先按式（8-10）求得：

$$A_s = \frac{\gamma_0 N_d e_s'}{f_{sd}(h_0-a_s')} \tag{8-25}$$

（3）小偏心受压构件的计算

对称配筋小偏心受压构件，由于 $A_s=A_s'$，即使在全截面受压情况下，也不会出现远离偏心

压力作用点一侧混凝土先破坏的情况。

首先应计算截面受压区高度 x，《公桥规》建议矩形截面对称配筋的小偏心受压构件截面相对受压区高度 ξ 按式(8-26)计算。

$$\xi = \frac{N - f_{cd}bh_0\xi_b}{\dfrac{Ne_s - 0.43f_{cd}bh_0^2}{(\beta - \xi_b)(h_0 - a_s')} + f_{cd}bh_0} + \xi_b \tag{8-26}$$

式中 β 为截面受压区矩形应力图高度与实际受压区高度的比值，取值详见表 3-1。

求得 ξ 的值后，由式(8-24)可求得所需的钢筋截面面积。

二、承载力复核

对称配筋时的承载力复核计算过程与非对称配筋情况相同，由于假定 $A_s = A_s'$，因而不可能出现轴向力作用点远离边缘破坏的情形。

例 8-4 有一装配式钢筋混凝土柱，计算长度 $l_0 = 2.5 \mathrm{m}$，截面尺寸为 $250\mathrm{mm} \times 500\mathrm{mm}$。承受的轴向力设计值 $N_d = 1500\mathrm{kN}$，双向变号弯矩设计值 $M_d = 137.7\mathrm{kN \cdot m}$，结构所处的环境为 I 类-一般环境(设计使用年限为 50 年)，重要性系数 $\gamma_0 = 1.0$。拟采用 C30 混凝土，$f_{cd} = 13.8\mathrm{MPa}$；HPB300 钢筋，$f_{sd} = f_{sd}' = 250\mathrm{MPa}$，$\xi_b = 0.58$，$E_s = 2.1 \times 10^5 \mathrm{MPa}$。试按对称配筋原则选择钢筋，并复核承载力。

解： 因 $l_0/h = 2500/500 = 5$，故可不考虑附加偏心增大系数的影响，即 $\eta = 1$。查表 8-1，$\beta = 0.8$；假设箍筋采用 φ10，受力主筋采用 φ20。则 $a_s = a_s' = 20 + 10 + \dfrac{20}{2} = 40(\mathrm{mm})$，则 $h_0 = h - a_s = 500 - 40 = 460(\mathrm{mm})$。

计算偏心距：$e_0 = M_d/N_d = (137.7/1500) \times 10^3 = 91.8(\mathrm{mm})$

$$e_s = \eta e_0 + h_0 - \frac{h}{2} = 91.8 + 460 - \frac{500}{2} = 301.8(\mathrm{mm})$$

$$e_s' = \eta e_0 - \frac{h}{2} + a_s' = 91.8 - \frac{500}{2} + 40 = -118.2(\mathrm{mm})$$

(1)配筋设计

先按式(8-23)判别大小偏心：

$$\xi = \frac{\gamma_0 N_d}{f_{cd}bh_0} = \frac{1 \times 1500 \times 1000}{13.8 \times 250 \times 460} = 0.95 > \xi_b = 0.58$$

可按小偏心受压构件计算，将

$$\sigma_s = \varepsilon_{cu}E_s\left(\frac{\beta}{x/h} - 1\right) = 0.0033 \times 2.1 \times 10^5 \times \left(\frac{0.8 \times 460}{x} - 1\right) = 693 \times \left(\frac{368}{x} - 1\right)$$

将 σ_s 代入式(8-4)

$$\gamma_0 N_d = f_{cd}bx + f_{sd}'A_s' - \sigma_s A_s$$

并取 $A_s = A_s'$，得

$$\gamma_0 N_d = f_{cd}bx + \left[f_{sd}' - 693 \times \left(\frac{368}{x} - 1\right)\right]A_s'$$

所以

$$A_s = A_s' = \frac{\gamma_0 N_d - f_{cd}bx}{f_{sd}' - 693 \times \left(\frac{368}{x} - 1\right)}$$

$$= \frac{1500 \times 10^3 - 13.8 \times 250x}{250 - 693 \times \left(\frac{368}{x} - 1\right)} = \frac{1500 \times 10^3 x - 3450x^2}{943x - 255024}$$

将上式及相关参数代入式(8-5)

$$\gamma_0 N_d e_s = f_{cd}bx\left(h_0 - \frac{x}{2}\right) + f_{sd}'A_s'(h_0 - a_s')$$

得

$$1500 \times 10^3 \times 301.8 = 13.8 \times 250x\left(460 - \frac{x}{2}\right) + 250 \times \left(\frac{1500 \times 10^3 x - 3450}{943x - 255024}\right) \times (460 - 40)$$

展开整理后得

$$x^3 - 967.7x^2 + 414415.4x - 709726066 = 0$$

解一元三次方程得:$x = 365\text{mm} > \xi_b h_0 = 0.58 \times 460 = 266.8(\text{mm})$

说明按小偏心受压构件计算是正确的。

受拉边或受压较小边的钢筋应力为

$$\sigma_s = \varepsilon_{cu}E_s\left(\frac{\beta}{x/h_0} - 1\right) = 693 \times \left(\frac{368}{365} - 1\right) = 5.7(\text{MPa}) \quad (\text{拉应力})$$

所需钢筋截面面积为

$$A_s = A_s' = \frac{\gamma_0 N_d - f_{cd}bx}{f_{sd} - \sigma_s} = \frac{1500 \times 10^3 - 13.8 \times 250 \times 358.2}{250 - 5.7} = 985.5(\text{mm}^2)$$

选取 $4\phi18$,$A_s = A_s' = 1018\text{mm}^2$,钢筋布置成一排,所需截面最小宽度 $b_{min} = 2(c_{min} + d_{箍筋}) + 4d_{主筋} + 3c = 2 \times (20 + 10) + 4 \times 18 + 3 \times 30 = 222(\text{mm}) < 250\text{mm}$,$a_s = a_s' = 30 + 18/2 = 39(\text{mm})$,$h_0 = 500 - 39 = 461(\text{mm})$(图8-18)。

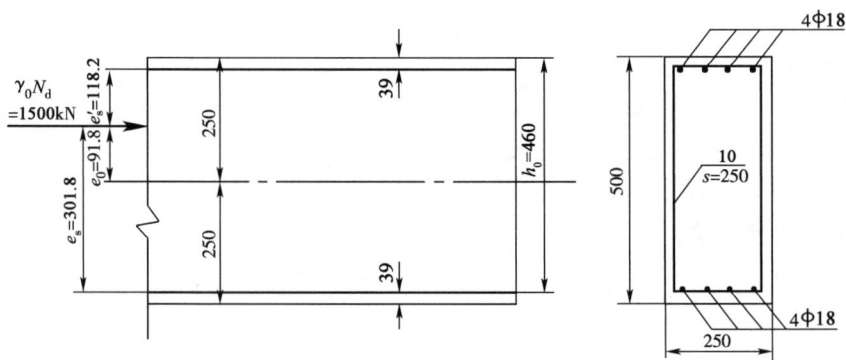

图8-18　偏心受压构件计算简图及配筋(尺寸单位:mm)

(2)稳定验算

因 $l_0/b = 2500/250 = 10 > 8$,故应对垂直弯矩作用平面进行稳定验算,由式(7-2)得

$$N_{du} = 0.9\varphi(f_{cd}bh + 2f_{sd}'A_s')$$

按 $l_0/b = 10$ 查得 $\varphi = 0.98$,代入上式得

$$N_{du} = 0.9 \times 0.98 \times (13.8 \times 250 \times 500 + 2 \times 250 \times 1018)$$

$$= 1970.4 \times 10^3 (N) = 1970.4 kN > \gamma_0 N_d = 1500 kN$$

满足稳定要求。

（3）承载力复核

由式（8-7）确定混凝土受压区高度,得

$$f_{cd}bx\left(e_s - h_0 + \frac{x}{2}\right) = \sigma_s A_s e_s - f'_{sd}A'_s e'_s$$

将 $\sigma_s = \varepsilon_{cu}E_s\left(\dfrac{\beta}{x/h} - 1\right) = 693 \times \left(\dfrac{368}{x} - 1\right)$ 和有关数据代入上式,得

$$13.8 \times 250x\left(301.8 - 461 + \frac{x}{2}\right)$$

$$= 693 \times \left(\frac{368.8}{x} - 1\right) \times 1018 \times 301.8 - 250 \times 1018 \times (-118.2)$$

展开整理后得

$$x^3 - 318.4x^2 + 105988.5x - 45519979.8 = 0$$

解一元三次方程得: $x = 367.3mm > \xi_b h_0 = 0.58 \times 461 = 267.38(mm)$

受拉边或受压较小边钢筋应力为

$$\sigma_s = \varepsilon_{cu}E_s\left(\frac{\beta}{x/h_0} - 1\right) = 693 \times \left(\frac{368.8}{367.3} - 1\right) = 2.8(MPa) \quad （拉应力）$$

将所得 x 和 σ_s 值代入式（8-5）得

$$N_{du} = f_{cd}bx + f'_{sd}A'_s - \sigma_s A_s$$

$$= 13.8 \times 250 \times 367.3 + 250 \times 1018 - 4.2 \times 1018$$

$$= 1518.8(kN) > \gamma_0 N_d = 1500 kN$$

计算结果表明,结构的承载力是足够的。

§8-4 圆形截面偏心受压构件

素养点:

①遵守行业规范、标准,提升分析问题解决问题的能力;

②秉持"诚实守信"的工作态度,弘扬"精益求精"的工匠精神。

知识点:

①圆形截面偏心受压构件的构造要求;

②圆形截面偏心受压构件承载力计算基本公式的应用。

技能点:

能运用公式,完成圆形截面偏心受压构件的配筋计算和承载力复核。

一、构造要求

在桥梁结构中,圆形截面主要应用于桥梁墩(台)身及基础工程中,例如圆形柱式桥墩、钻孔灌注桩基础等。桥梁墩柱及钻孔灌注桩作为桥梁结构的主要受力构件,其质量关系重大。尤其钻孔灌注桩多为隐蔽工程,其设计和施工更要发扬"规范严谨"的工作作风和"精益求精"的工匠精神。

圆形截面偏心受压构件的纵向受力钢筋通常沿圆周均匀布置。钢筋的构造要求可参考前面讲的有关圆形轴心受压构件的规范要求。

对于一般钢筋混凝土圆形截面偏心受压柱,纵向钢筋的直径不宜小于12mm,保护层厚度不小于30~40mm。桥梁工程中采用的钻孔灌注桩,直径不小于800mm,桩内纵向受力钢筋的直径不宜小于14mm,根数不宜少于8根,钢筋间净距不宜小于80mm,混凝土保护层厚度不小于60~75mm;箍筋间距为200~400mm。对于直径较大的桩,为了加强钢筋骨架的刚度,可在钢筋骨架上每隔2~3m,设置一道直径为14~18mm的加劲箍筋。

二、正截面承载力计算的基本公式

《公桥规》规定:当截面内纵向普通钢筋数量不少于8根时,沿周边均匀配置纵向钢筋的圆形截面钢筋混凝土偏心受压构件(图8-19),其正截面抗压承载力计算应符合下列规定:

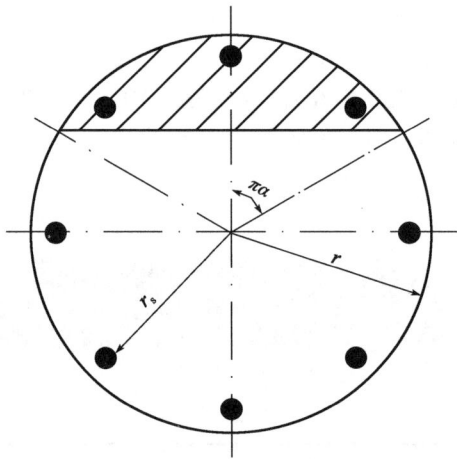

图8-19 沿周边均匀配筋的圆形截面

$$\gamma_0 N_d \leq N_{ud} = \alpha f_{cd} A \left(1 - \frac{\sin 2\pi\alpha}{2\pi\alpha}\right) + (\alpha - \alpha_t) f_{sd} A_s \tag{8-27}$$

$$\gamma_0 N_d \eta e_0 \leq M_{ud} = \frac{2}{3} f_{cd} A r \frac{\sin^3 \pi\alpha}{\pi} + f_{sd} A_s r_s \frac{\sin\pi\alpha + \sin\pi\alpha_t}{\pi} \tag{8-28}$$

$$\alpha_t = 1.25 - 2\alpha \tag{8-29}$$

式中:A——圆形截面面积;

A_s——全部纵向普通钢筋截面面积;

N_{ud}、M_{ud}——正截面抗压、抗弯承载力设计值；

  r——圆形截面的半径；

  r_s——纵向普通钢筋重心所在圆周的半径；

  e_0——轴向力对截面重心的偏心距；

  α——对应于受压区混凝土截面面积的圆心角（rad）与 2π 的比值；

  α_t——纵向受拉普通钢筋截面面积与全部纵向普通钢筋截面面积的比值，当 α 大于 0.625时，取 α_t 为 0。

当混凝土强度等级在 C30 ~ C50 之间、纵向钢筋配筋率在 0.5% ~4% 之间时，沿周边均匀配置纵向钢筋的圆形截面钢筋混凝土偏心受压构件，其正截面抗压承载力计算应符合下列要求：

$$\gamma_0 N_d \leqslant n_u A f_{cd} \tag{8-30}$$

式中：γ_0——结构重要性系数；

  N_d——构件轴向压力的设计值；

  n_u——构件相对抗压承载力，按表 8-2 确定；

  A——构件截面面积；

  f_{cd}——混凝土抗压强度设计值。

三、计算方法

1. 截面设计

已知截面半径 r，计算长度 l_0，材料强度等级、轴向力和弯矩设计值 N_d、M_d，结构重要性系数 γ_0，求此圆截面需配置多少纵向受力钢筋？

可直接采用公式 $\gamma_0 N_d \leqslant N_{ud} = \alpha f_{cd} A \left(1 - \dfrac{\sin 2\pi\alpha}{2\pi\alpha}\right) + (\alpha - \alpha_t) f_{sd} A_s$ 或 $\gamma_0 N_d \eta e_0 \leqslant M_{ud} = \dfrac{2}{3} f_{cd} A r \dfrac{\sin^3 \pi\alpha}{\pi} + f_{sd} A_s r_s \dfrac{\sin \pi\alpha + \sin \pi\alpha_t}{\pi}$ 是无法求出 A_s 的，一般可采用试算法进行计算。

试算步骤如下：

（1）根据已知条件选定钢筋净保护层厚度 c。

（2）计算偏心距 $e_0 = \dfrac{M_d}{N_d}$，判断是否需要考虑偏心距增大系数 η。

若长细比 $\dfrac{l_0}{2r} > 5$，应考虑偏心距增大系数：

$$\eta = 1 + \dfrac{1}{1300\dfrac{e_0}{h_0}} \left(\dfrac{l_0}{h}\right)^2 \zeta_1 \zeta_2$$

$$\zeta_1 = 0.2 + 2.7\dfrac{e_0}{h_0} \leqslant 1.0$$

$$\zeta_2 = 1.15 - 0.01 \frac{l_0}{h} \leqslant 1.0$$

(3)计算 $\eta \frac{e_0}{r}$ 和 $\rho A \frac{f_{sd}}{f_{cd}}$($A$ 为圆形截面面积)。

(4)查表 8-2,得出 $\rho \frac{f_{sd}}{f_{cd}}$(可采用内插法)。

(5)计算出 ρ。

(6)计算纵向受力钢筋的截面面积,并配筋。

$$A_s = \rho A$$

钢筋根数 $$n = \frac{A_s}{A_{s1}}$$

式中:A_{s1}——单根直径为 d 的钢筋的截面面积。

2.截面复核

已知截面半径 r,计算长度 l_0,材料强度等级,轴向力和弯矩设计值 N_d、M_d,结构所处环境、设计使用年限和重要性系数 γ_0,纵向受力钢筋的截面面积 A_s,进行构件承载力复核。

计算步骤如下:

(1)计算 $\rho = A_s/A$(配筋率需在 0.5% ~4% 之间)。

(2)计算 $e_0 = M_d/N_d$。

(3)计算长细比 $\frac{l_0}{2r}$,判定是否考虑偏心距增大系数。若需要,计算偏心距增大系数 η。

(4)由 $\eta \frac{e_0}{r}$ 和 $\rho \frac{f_{sd}}{f_{cd}}$,查表 8-2 得出 n_u。

(5)计算 $n_u A f_{cd}$,并判断是否满足 $n_u A f_{cd} \geqslant \gamma_0 N_d$。

例 8-5　已知圆柱直径为 1200mm,计算长度为 8.0m,作用在圆柱截面上的轴向力和弯矩设计值分别是 11000kN 和 2200kN·m。结构所处的环境为 Ⅲ 类环境,设计使用年限为 50 年,结构重要性系数 $\gamma_0 = 1$,圆柱采用 C30 混凝土和 HRB400 钢筋,则此圆柱需配置多少纵向受力钢筋?

解:(1)根据构造要求,先选取钢筋净保护层厚度 $c = 60$mm,纵向受力钢筋的直径 $d = 28$mm。则纵筋中心至截面中心的距离 γ_s 为:

$$r_s = r - \left(c + \frac{d}{2}\right) = 600 - \left(60 + \frac{28}{2}\right) = 526(\text{mm})$$

计算偏心距:

$$e_0 = \frac{M_d}{N_d} = \frac{2200 \times 10^6}{11000 \times 10^3} = 200(\text{mm})$$

圆形截面钢筋混凝土偏心受压构件正截面相对抗压承载力 n_u

表8-2

$\eta\dfrac{e_0}{r}$ $\backslash$ $\rho\dfrac{f_{sd}}{f_{cd}}$	0.06	0.09	0.12	0.15	0.18	0.21	0.24	0.27	0.30	0.40	0.50	0.60	0.70	0.80	0.90	1.00	1.10	1.20
0.01	1.0487	1.0783	1.1079	1.1375	1.1671	1.1968	1.2264	1.2561	1.2857	1.3846	1.4835	1.5824	1.6813	1.7802	1.8791	1.9780	2.0769	2.1758
0.05	1.0031	1.0316	1.0601	1.0885	1.1169	1.1454	1.1738	1.2022	1.2306	1.3254	1.4201	1.5148	1.6095	1.7042	1.7989	1.8937	1.9884	2.0831
0.10	0.9438	0.9711	0.9984	1.0257	1.0529	1.0802	1.1074	1.1345	1.1617	1.2521	1.3423	1.4325	1.5226	1.6127	1.7027	1.7927	1.8826	1.9726
0.15	0.8827	0.9090	0.9352	0.9614	0.9875	1.0136	1.0396	1.0656	1.0916	1.1781	1.2643	1.3503	1.4362	1.5220	1.6077	1.6934	1.7790	1.8646
0.20	0.8206	0.8458	0.8709	0.8960	0.9210	0.9460	0.9709	0.9958	1.0206	1.1033	1.1856	1.2677	1.3496	1.4313	1.5130	1.5945	1.6760	1.7574
0.25	0.7589	0.7829	0.8067	0.8302	0.8540	0.8778	0.9016	0.9254	0.9491	1.0279	1.1063	1.1845	1.2625	1.3404	1.4180	1.4956	1.5731	1.6504
0.30	0.7003	0.7247	0.7486	0.7721	0.7953	0.8181	0.8408	0.8632	0.8855	0.9590	1.0316	1.1036	1.1752	1.2491	1.3228	1.3964	1.4699	1.5433
0.35	0.6432	0.6684	0.6928	0.7165	0.7397	0.7625	0.7849	0.8070	0.8290	0.9008	0.9712	1.0408	1.1097	1.1783	1.2465	1.3145	1.3824	1.4500
0.40	0.5878	0.6142	0.6393	0.6635	0.6869	0.7097	0.7320	0.7540	0.7757	0.8461	0.9147	0.9822	1.0489	1.1150	1.1807	1.2461	1.3113	1.3762
0.45	0.5346	0.5624	0.5884	0.6132	0.6369	0.6599	0.6822	0.7041	0.7255	0.7949	0.8619	0.9275	0.9921	1.0561	1.1195	1.1825	1.2452	1.3077
0.50	0.4839	0.5133	0.5403	0.5657	0.5898	0.6130	0.6354	0.6573	0.6786	0.7470	0.8126	0.8765	0.9393	1.0012	1.0625	1.1233	1.1838	1.2441
0.55	0.4359	0.4670	0.4951	0.5212	0.5458	0.5692	0.5917	0.6135	0.6347	0.7022	0.7666	0.8289	0.8899	0.9500	1.0094	1.0682	1.1266	1.1848
0.60	0.3910	0.4238	0.4530	0.4798	0.5047	0.5283	0.5509	0.5727	0.5938	0.6605	0.7237	0.7846	0.8440	0.9023	0.9598	1.0168	1.0733	1.1295
0.65	0.3495	0.3840	0.4141	0.4414	0.4667	0.4905	0.5131	0.5348	0.5558	0.6217	0.6837	0.7432	0.8011	0.8578	0.9136	0.9689	1.0236	1.0779
0.70	0.3116	0.3475	0.3784	0.4062	0.4317	0.4556	0.4782	0.4998	0.5206	0.5857	0.6466	0.7047	0.7611	0.8163	0.8705	0.9241	0.9771	1.0297
0.75	0.2773	0.3143	0.3459	0.3739	0.3996	0.4235	0.4460	0.4674	0.4881	0.5523	0.6120	0.6689	0.7239	0.7776	0.8303	0.8823	0.9337	0.9847
0.80	0.2468	0.2845	0.3164	0.3446	0.3702	0.3940	0.4164	0.4377	0.4581	0.5214	0.5799	0.6356	0.6892	0.7415	0.7927	0.8432	0.8931	0.9426
0.85	0.2199	0.2579	0.2899	0.3180	0.3436	0.3672	0.3893	0.4104	0.4305	0.4928	0.5502	0.6045	0.6569	0.7078	0.7577	0.8067	0.8552	0.9032

续上表

$\eta\dfrac{e_0}{r}$ \\ $\rho\dfrac{f_{sd}}{f_{cd}}$	0.06	0.09	0.12	0.15	0.18	0.21	0.24	0.27	0.30	0.40	0.50	0.60	0.70	0.80	0.90	1.00	1.10	1.20
0.90	0.1963	0.2343	0.2661	0.2940	0.3193	0.3427	0.3646	0.3853	0.4051	0.4663	0.5225	0.5757	0.6267	0.6763	0.7249	0.7726	0.8197	0.8663
0.95	0.1759	0.2134	0.2448	0.2724	0.2974	0.3204	0.3420	0.3624	0.3818	0.4419	0.4969	0.5488	0.5986	0.6470	0.6942	0.7406	0.7864	0.8317
1.00	0.1582	0.1950	0.2259	0.2530	0.2775	0.3001	0.3213	0.3413	0.3604	0.4193	0.4731	0.5238	0.5724	0.6195	0.6655	0.7107	0.7553	0.7993
1.10	0.1299	0.1646	0.1939	0.2198	0.2433	0.2649	0.2852	0.3044	0.3227	0.3791	0.4305	0.4789	0.5251	0.5699	0.6136	0.6564	0.6986	0.7402
1.20	0.1087	0.1410	0.1685	0.1929	0.2152	0.2358	0.2551	0.2734	0.2909	0.3446	0.3937	0.4398	0.4838	0.5264	0.5679	0.6086	0.6486	0.6881
1.30	0.0927	0.1224	0.1481	0.1710	0.1920	0.2115	0.2299	0.2472	0.2639	0.3150	0.3618	0.4057	0.4476	0.4882	0.5276	0.5663	0.6043	0.6418
1.40	0.0804	0.1077	0.1316	0.1531	0.1728	0.1912	0.2086	0.2250	0.2408	0.2895	0.3340	0.3759	0.4158	0.4544	0.4920	0.5288	0.5649	0.6006
1.50	0.0708	0.0959	0.1180	0.1381	0.1567	0.1741	0.1905	0.2061	0.2210	0.2673	0.3097	0.3496	0.3877	0.4245	0.4603	0.4954	0.5298	0.5638
1.60	0.0630	0.0862	0.1068	0.1256	0.1431	0.1595	0.1750	0.1897	0.2039	0.2479	0.2884	0.3264	0.3628	0.3979	0.4321	0.4655	0.4984	0.5309
1.70	0.0567	0.0782	0.0974	0.1150	0.1315	0.1469	0.1616	0.1756	0.1891	0.2310	0.2695	0.3058	0.3405	0.3741	0.4068	0.4387	0.4702	0.5012
1.80	0.0515	0.0714	0.0894	0.1060	0.1215	0.1361	0.1500	0.1633	0.1761	0.2160	0.2528	0.2875	0.3207	0.3528	0.3840	0.4146	0.4447	0.4743
1.90	0.0472	0.0657	0.0826	0.0982	0.1128	0.1266	0.1398	0.1525	0.1646	0.2027	0.2378	0.2710	0.3028	0.3335	0.3635	0.3928	0.4216	0.4500
2.00	0.0435	0.0608	0.0767	0.0914	0.1052	0.1183	0.1309	0.1429	0.1545	0.1908	0.2244	0.2562	0.2867	0.3162	0.3449	0.3730	0.4007	0.4279
2.50	0.0311	0.0441	0.0562	0.0676	0.0784	0.0888	0.0987	0.1083	0.1176	0.1470	0.1744	0.2005	0.2255	0.2498	0.2735	0.2968	0.3197	0.3422
3.00	0.0241	0.0345	0.0442	0.0535	0.0623	0.0707	0.0789	0.0869	0.0946	0.1191	0.1421	0.1640	0.1852	0.2057	0.2258	0.2456	0.2650	0.2841
3.50	0.0197	0.0283	0.0364	0.0441	0.0516	0.0587	0.0657	0.0724	0.0790	0.0999	0.1196	0.1385	0.1568	0.1746	0.1919	0.2090	0.2258	0.2425
4.00	0.0166	0.0240	0.0309	0.0376	0.0440	0.0502	0.0562	0.0620	0.0677	0.0859	0.1032	0.1198	0.1358	0.1514	0.1667	0.1818	0.1966	0.2112
4.50	0.0144	0.0208	0.0269	0.0327	0.0383	0.0437	0.0490	0.0542	0.0592	0.0754	0.0907	0.1054	0.1197	0.1336	0.1473	0.1607	0.1740	0.1870

续上表

$\eta \dfrac{e_0}{r}$	$\rho \dfrac{f_{sd}}{f_{cd}}$																	
	0.06	0.09	0.12	0.15	0.18	0.21	0.24	0.27	0.30	0.40	0.50	0.60	0.70	0.80	0.90	1.00	1.10	1.20
5.00	0.0127	0.0183	0.0237	0.0289	0.0339	0.0388	0.0435	0.0481	0.0526	0.0671	0.0809	0.0941	0.1070	0.1195	0.1319	0.1440	0.1559	0.1677
5.50	0.0113	0.0164	0.0213	0.0259	0.0304	0.0348	0.0391	0.0433	0.0474	0.0605	0.0729	0.0850	0.0967	0.1081	0.1193	0.1304	0.1412	0.1520
6.00	0.0102	0.0149	0.0193	0.0235	0.0276	0.0316	0.0355	0.0393	0.0430	0.0550	0.0664	0.0775	0.0882	0.0987	0.1089	0.1191	0.1291	0.1390
6.50	0.0093	0.0136	0.0176	0.0215	0.0252	0.0289	0.0325	0.0360	0.0394	0.0504	0.0610	0.0711	0.0810	0.0907	0.1002	0.1096	0.1188	0.1280
7.00	0.0086	0.0125	0.0162	0.0198	0.0233	0.0266	0.0300	0.0332	0.0364	0.0466	0.0563	0.0658	0.0750	0.0840	0.0928	0.1015	0.1101	0.1186
7.50	0.0080	0.0116	0.0150	0.0183	0.0216	0.0247	0.0278	0.0308	0.0338	0.0433	0.0524	0.0612	0.0697	0.0781	0.0864	0.0945	0.1025	0.1104
8.00	0.0074	0.0108	0.0140	0.0171	0.0201	0.0230	0.0259	0.0287	0.0315	0.0404	0.0489	0.0572	0.0652	0.0730	0.0808	0.0884	0.0959	0.1034
8.50	0.0069	0.0101	0.0131	0.0160	0.0188	0.0216	0.0243	0.0269	0.0295	0.0379	0.0459	0.0536	0.0612	0.0686	0.0759	0.0830	0.0901	0.0971
9.00	0.0065	0.0094	0.0123	0.0150	0.0177	0.0203	0.0228	0.0253	0.0278	0.0356	0.0432	0.0505	0.0577	0.0646	0.0715	0.0783	0.0850	0.0916
9.50	0.0061	0.0089	0.0116	0.0142	0.0167	0.0191	0.0215	0.0239	0.0262	0.0337	0.0408	0.0477	0.0545	0.0611	0.0676	0.0740	0.0804	0.0867
10.00	0.0058	0.0084	0.0110	0.0134	0.0158	0.0181	0.0204	0.0226	0.0248	0.0319	0.0387	0.0453	0.0517	0.0580	0.0641	0.0702	0.0763	0.0822

注：e_0——轴向力对截面重心的偏心距；

r——圆形截面的半径；

η——偏心受压构件轴向力偏心距增大系数；

ρ——沿周边均匀配置的纵向钢筋的配筋率；

f_{sd}——纵向钢筋抗拉强度设计值；

f_{cd}——混凝土抗压强度设计值。

（2）计算柱的长细比 $l_0/(2r) = 8 \times 10^3/1200 = 6.67 > 5$，需考虑偏心距增大系数 η。

$$h_0 = r + r_s = 600 + 526 = 1126(\text{mm}) \quad h = 2r = 1200\text{mm}$$

$$\zeta_1 = 0.2 + 2.7\frac{e_0}{h_0} = 0.2 + 2.7 \times \frac{200}{1126} = 0.68 < 1, \text{取} \zeta_1 = 0.68$$

$$\zeta_2 = 1.15 - 0.01\frac{l_0}{h} = 1.15 - 0.01 \times 6.67 = 1.08 > 1, \text{取} \zeta_2 = 1$$

则

$$\eta = 1 + \frac{1}{1300\frac{e_0}{h_0}}\left(\frac{l_0}{h}\right)^2 \zeta_1\zeta_2 = 1 + \frac{1}{1300 \times \frac{200}{1126}} \times \left(\frac{8000}{1200}\right)^2 \times 0.68 \times 1 = 1.13$$

（3）计算 $\eta\dfrac{e_0}{r} = 1.13 \times \dfrac{200}{600} = 0.38$。

（4）计算 $n_u = \dfrac{\gamma_0 N_d}{A f_{cd}} = \dfrac{1 \times 11000 \times 10^3}{\pi \times \dfrac{1200^2}{4} \times 13.8} = 0.7052$。

（5）查表 8-2 并采用内插法分别得出：

$$n_{u1} = 0.6869 + \frac{0.4 - 0.38}{0.4 - 0.35} \times (0.7397 - 0.6869) = 0.7079$$

$$n_{u2} = 0.6635 + \frac{0.4 - 0.38}{0.4 - 0.35} \times (0.7165 - 0.6635) = 0.6847$$

$$\rho\frac{f_{sd}}{f_{cd}} = 0.15 + \frac{0.7051 - 0.6847}{0.7079 - 0.6847} \times (0.18 - 0.15) = 0.154$$

则

$$\rho = 0.154 \times \frac{13.8}{330} = 0.64(\%)$$

（6）计算 A_s。

$$A_s = 0.64 \times 10^{-2} \times \pi \times \frac{1200^2}{4} = 7279.8(\text{mm}^2)$$

选用 $\underline{\Phi}28$，$A_{s1} = 615.8\text{mm}^2$，则 $n = \dfrac{7279.8}{615.8} \approx 12$。

可配置 12$\underline{\Phi}$28。

【课后练习】

一、填空题

1. 偏心受压构件正截面破坏有_____和_____破坏两种形态。当纵向压力 N 的相对偏心距 e_0/h_0 较大，且 A_s 不过多时发生_____破坏，也称_____。其特征为_____，而后受压区边缘混凝土_____，受压钢筋应力_____。

2. 小偏心受压破坏特征是受压区混凝土_____，压应力较大一侧钢筋_____，而另一侧钢筋受拉_____或者受压_____。

3. 界限破坏指受拉钢筋_____的同时_____刚好达到极限压应变,此时受压区混凝土相对高度为_____。

4. 偏心受压长柱计算中,因侧向挠曲而引起的附加弯矩是通过_____来加以考虑的。

5. 钢筋混凝土偏心受压构件正截面承载力计算时,当_____为大偏心受压破坏;当_____为小偏心受压破坏。

6. 钢筋混凝土偏心受压构件的破坏特征有_____和_____。对于长柱、短柱和细长柱来说,短柱和长柱属于_____;细长柱属于_____。

7. 上承式桁架的_____、刚架的_____、桩柱式墩的_____、桩基础的_____等,均为偏心受压构件,在承受作用时,截面上同时存在_____和_____。

8. 钢筋混凝土偏心受压构件按长细比可以分为_____、_____和_____。

9. 桥梁工程中的钻孔灌注桩,对于直径较大的桩,为了加强钢筋骨架的刚度,在钢筋骨架上每隔_____m,设置一道_____。

10. 形成受拉破坏的条件是受压构件的_____且_____数量不多,即为大偏心受压构件。形成受压破坏的条件是_____或_____数量过多,即为小偏心受压构件。

11. 在钢筋混凝土偏心受压构件中,布置有_____和_____。

12. 矩形截面偏心受压构件,通常是将纵向钢筋布置在_____,数量需_____确定。对于圆形截面偏心受压构件,纵向钢筋则采用_____的方式。

二、选择题

1. 钢筋混凝土大偏压构件的破坏特征是(　　)。
   A. 远离纵向力作用一侧的钢筋拉屈,随后另一侧钢筋压屈,混凝土亦压碎
   B. 靠近纵向力作用一侧的钢筋拉屈,随后另一侧钢筋压屈,混凝土亦压碎
   C. 靠近纵向力作用一侧的钢筋和混凝土应力不定,而另一侧受拉钢筋拉屈
   D. 远离纵向力作用一侧的钢筋和混凝土应力不定,而另一侧受拉钢筋拉屈

2. 对于对称配筋的钢筋混凝土受压柱,大小偏心受压构件的判断条件是(　　)。
   A. $\eta e_0 < 0.3 h_0$ 时,为大偏心受压构件　　　B. $\xi > \xi_b$ 时,为大偏心受压构件
   C. $\xi \leqslant \xi_b$ 为大偏心受压构件　　　　　D. $\eta e_0 \geqslant 0.3 h_0$ 时,为大偏心受压构件

3. 在进行钢筋混凝土矩形截面大偏压构件截面设计时,若 $x < 2a_s'$,受拉钢筋的计算截面面积 A_s 的求法是(　　)。
   A. 对受压钢筋合力点取矩求得,即按 $x = 2a_s'$ 计算
   B. 按 $x = 2a_s'$ 计算,再按 $A_s' = 0$ 计算,两者取小值
   C. 按 $x = \xi_b h_0$ 计算　　D. 按最小配筋率及构造要求确定

4. 钢筋混凝土矩形截面对称配筋柱,下列说法错误的是(　　)。
   A. 对大偏心受压,当轴向压力值不变时,弯矩值越大,所需纵向钢筋越多
   B. 对大偏心受压,当弯矩 M 值不变时,轴向压力 N 值越大,所需纵向钢筋越多
   C. 对小偏心受压,当轴向压力 N 值不变时,弯矩 M 值越大,所需纵向钢筋越多
   D. 对小偏心受压,当弯矩 M 值不变时,轴向压力 N 值越大,所需纵向钢筋越多

5.《公桥规》规定,当矩形截面偏心受压构件的长细比 $l_0/h($)时,可以取 $\eta=1$。

    A. ≤ 8 B. ≤ 17.5 C. ≤ 5 D. ≤ 6

6. 有一种偏压构件(不对称配筋),计算得 $A_s = -462\text{mm}^2$,则( )。

    A. A_s 按 -462mm^2 配置   B. A_s 按受拉钢筋最小配筋率配置

    C. A_s 按受压钢筋最小配筋率配置   D. A_s 可以不配置

7. 钢筋混凝土偏心受压构件,其大小偏心受压的根本区别是( )。

    A. 截面破坏时,受拉钢筋是否屈服   B. 截面破坏时,受压钢筋是否屈服

    C. 偏心距的大小   D. 受压一侧混凝土是否达到极限压应变值

8. 偏压构件的抗弯承载力( )。

    A. 随着轴向力的增加而增加   B. 随着轴向力的减少而增加

    C. 小偏心受压时随着轴向力的增加而增加   D. 大偏心受压时随着轴向力的增加而增加

9. 影响钢筋混凝土受压构件稳定系数值的最主要因素是( )。

    A. 配筋率   B. 混凝土强度   C. 钢筋强度   D. 构件的长细比

10. 对于小偏心受压破坏特征,下列表述不正确的是( )。

    A. 远离力一侧钢筋受拉未屈服,近力一侧钢筋受压屈服,混凝土压碎

    B. 远离力一侧钢筋受拉屈服,近力一侧钢筋受压屈服,混凝土压碎

    C. 远离力一侧钢筋受压未屈服,近力一侧钢筋受压屈服,混凝土压碎

    D. 偏心距较大,但远离力一侧钢筋 A_s 较多且受拉而未屈服,近力一侧钢筋受压屈服,

        混凝土压碎

三、判断题

1. 当轴向拉力 N 作用于 A_s 合力点及 A_s' 合力点以内时,发生小偏心受拉破坏。   (   )

2. 钢筋混凝土大小偏心受压构件破坏的共同特征是:破坏时受压区混凝土均压碎,受压区钢筋均达到屈服强度值。   (   )

3. 钢筋混凝土大偏心受压构件承载力计算时,若验算时 $x < 2a_s'$,则说明受压区(即靠近纵向压力的一侧)钢筋在构件中不能充分利用。   (   )

4. 对于对称配筋的钢筋混凝土受压柱,大小偏心受压构件的判断条件是:$\eta e_0 > 0.3h_0$ 时一定为大偏心受压构件。   (   )

5. 钢筋混凝土大偏压构件的破坏特征是远离纵向力作用一侧的钢筋拉屈,随后另一侧钢筋压屈,混凝土亦压碎。   (   )

6. 偏压构件设计时,当出现 $\eta e_0 > 0.3h_0$,且 $\xi \leq \xi_b$ 的情况,按大偏心受压计算。当 $\eta e_0 > 0.3h_0$,且 $\xi > \xi_b$,则应按小偏心受压计算。   (   )

7. 大偏压构件比小偏压构件更节省材料。   (   )

8. 小偏心受压构件偏心距一定小。   (   )

9. 在偏压构件中对称配筋主要是为了使受力更合理。   (   )

四、简答题

1. 什么是偏心受压构件?

2. 钢筋混凝土偏心受压构件的截面形式有哪些?

3. 偏心受压构件的破坏形态有哪两种?它们的破坏特征各是什么?

4. 大偏心受压构件和小偏心受压构件的区别是什么？

5. 大、小偏心受压的界线条件是什么？

6. 偏心受压构件在进行正截面承载力计算时，为什么偏心距要乘以增大系数？是否所有的偏心受压构件都要考虑此系数？

7. 偏心受压构件正截面承载力计算需采用哪些基本假定？

8. 画出矩形截面偏心受压构件的计算图式。

9. 什么是对称配筋和非对称配筋？

10. 什么情况下可采用对称配筋？

11. 你知道因设计失误而导致坍塌的桥梁有哪些？说说你的感悟。

五、计算题

1. 已知一矩形截面柱，截面为 $400\text{mm} \times 600\text{mm}$，计算长度 $l_0 = 4\text{m}$，$N_d = 1550\text{kN}$，$M_d = 235\text{kN} \cdot \text{m}$，C30 混凝土，钢筋等级为 HRB400，试对构件进行配筋，并复核承载力。

2. 偏心受压柱的截面尺寸为 $300\text{mm} \times 400\text{mm}$，计算长度 $l_0 = 4\text{m}$，C30 混凝土和 HRB400 钢筋，纵向力设计值 $N_d = 191\text{kN}$，弯矩设计值 $M_d = 129\text{kN} \cdot \text{m}$，试对截面进行配筋并进行承载力复核。

3. 已知矩形截面偏心受压柱，截面尺寸为 $b \times h = 400\text{mm} \times 600\text{mm}$，计算长度 $l_0 = 6\text{m}$，C30 混凝土，HRB400 纵向钢筋，$N_d = 271\text{kN}$，$M_d = 131\text{kN} \cdot \text{m}$，试对截面进行配筋并进行承载力复核。

4. 已知矩形截面偏心受压柱，截面尺寸为 $b \times h = 400\text{mm} \times 600\text{mm}$，计算长度 $l_0 = 4.5\text{m}$，C30 混凝土，HRB400 纵向钢筋，$N_d = 1520\text{kN}$，$M_d = 197.6\text{kN} \cdot \text{m}$，对称配筋。求所需纵向钢筋截面面积。

5. 矩形截面偏心受压构件尺寸为 $b \times h = 250\text{mm} \times 300\text{mm}$，计算长度 $l_0 = 2.2\text{m}$，C30 混凝土，HRB400 纵向钢筋，$N_d = 130\text{kN}$，$M_d = \pm 61.2\text{kN} \cdot \text{m}$，试对截面进行对称配筋并进行承载力复核。

6. 已知某拱桥的拱肋截面尺寸为 $b \times h = 600\text{mm} \times 900\text{mm}$，计算长度 $l_0 = 16.58\text{m}$，C30 混凝土，$N_d = 3100\text{kN}$，相应的 $M_d = \pm 61.2\text{kN} \cdot \text{m}$，若采用 HRB400 纵向钢筋，试对截面进行对称配筋并进行承载力复核。

7. 有一圆形截面偏心受压柱，直径 1000mm，柱高 8m，两端固结，C30 混凝土，沿圆周均布 20⊕28 纵向钢筋 HRB400；箍筋为 HPB300，直径为 10mm 螺旋筋，间距 $s_k = 200\text{mm}$，$\xi = 0.7$，结构所处的环境为Ⅲ类（设计年限 50 年），求该柱所承受的最大计算纵向力。

8. 已知钻孔灌注桩直径 $d = 1.2\text{m}$，计算长度 $l_0 = 8\text{m}$，承受纵向力 $N_d = 4360\text{kN}$，弯矩 $M_d = 1665.5\text{kN} \cdot \text{m}$，采用 C30 混凝土和 HRB400 钢筋，$a_s = 60\text{mm}$，结构所处的环境为Ⅲ类（设计年限 50 年），求所需纵向钢筋的截面面积。

[注：习题中未加特殊说明，结构所处的环境均为Ⅱ类-冻融环境（设计年限 50 年），安全等级取二级]

单元九
UNIT NINE

预应力混凝土结构的基本概念及材料

§9-1　概述

素养点：
①科学探索精神，辩证思维逻辑素养；
②文化自信、民族自豪感。

知识点：
①预应力混凝土结构的特点；
②加筋混凝土的分类。

技能点：
①能描述预应力混凝土结构的基本原理；
②会区分加筋混凝土的三种类型。

　　普通的钢筋混凝土结构在使用上具有许多优点，是桥梁结构的主要形式之一。但是它也有很多的缺点，主要是混凝土的抗拉强度过低、拉伸极限应变太小，导致混凝土很容易开裂。这样，不仅使构件刚度下降，而且不能将构件应用于不允许开裂的结构中，同时，也无法充分利用高强度材料。当作用增加时，只有通过增加钢筋混凝土构件的截面尺寸，或者增加钢筋用量的方法来控制裂缝和变形。这样做不仅使构件自重增加，而且不经济。要使钢筋混凝土结构得到进一步的发展，就必须克服混凝土抗拉强度低这一缺点。

　　我国在预应力混凝土领域取得了突破性成就，形成了从理论创新到工程应用的全产业链优势：在理论层面建立了国际领先的设计标准体系；在重大工程中实现世界级突破，如苏通大桥、港珠澳大桥的超大跨度预应力技术、上海中心大厦的核心筒抗震体系;在材料与工艺突破方面引领行业变革,研发高强材料(C80 混凝土、1860MPa 钢绞线)、智能张拉系统和装配式工艺;同时深度融合绿色化与数字化,通过 BIM 协同设计和再生材料应用,树立可持续发展典范。这些创新成果不仅赋能国内超级工程建设,更通过"一带一路"走向世界,展现了我国在该领域的技术主导权和国际影响力。

一、预应力混凝土结构的基本原理

下面通过一个例子,说明混凝土预加应力的原理。

图 9-1 为一根由 C25 混凝土制作的素混凝土梁,跨径 $L = 4$m,截面尺寸为 200mm × 300mm,截面模量 $W = 200 \times 300^2/6 = 3 \times 10^6 (\text{mm}^3)$,在 $q = 15$kN/m 的均布荷载作用下的跨中弯矩为 $M = ql^2/8 = 15 \times 4^2/8 = 30 (\text{kN} \cdot \text{m})$。跨中截面上产生的最大应力为:

$$\sigma = M/W = \pm 30 \times 10^6/(3000 \times 10^3) = \pm 10 (\text{MPa})$$

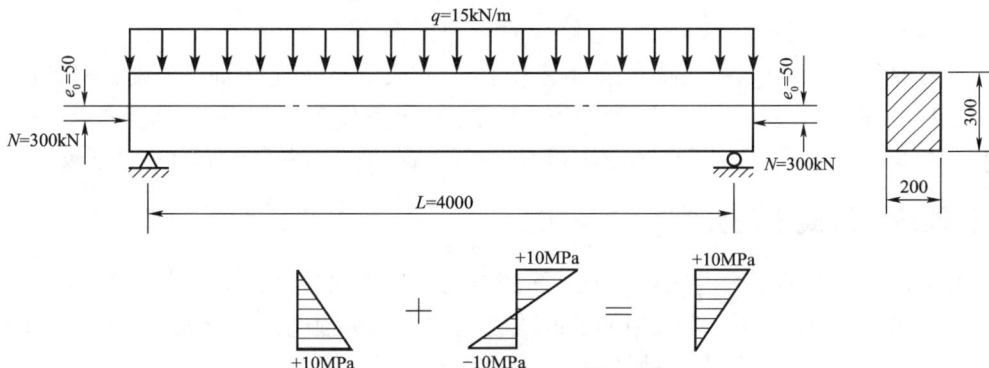

图 9-1 预应力混凝土梁的受力情况(尺寸单位:mm)

对于 C25 混凝土来说,抗压强度设计值 $f_{cd} = 11.5$MPa,而抗拉强度设计值 $f_{td} = 1.23$MPa,所以,C25 混凝土承受 10MPa 的压应力是没有问题的。但若承担 10MPa 的拉应力,则是根本不可能的。实际上,这样一根素混凝土梁在 $q = 15$kN/m 的均布荷载作用下早已断裂。

如果在梁端加一对偏心距 $e_0 = 50$mm,纵向力 $N = 300$kN 的预加力,在此预加力作用下,梁跨中截面上、下边缘混凝土所受到的预应力为

$$\sigma = \frac{N}{A} \mp \frac{Ne_0}{W} = \frac{300 \times 10^3}{200 \times 300} \mp \frac{300 \times 10^3 \times 50}{3000 \times 10^3} = \begin{matrix} 0 \\ +10 \end{matrix} (\text{MPa})$$

这样,在梁的下缘预先储备了 10MPa 的压应力,用以抵抗外荷载作用下的拉应力。在外加作用和预加纵向力的共同作用下,截面上、下边缘应力为

$$\sigma_{\min}^{\max} = \frac{N}{A} \mp \frac{Ne_0}{W} \pm \frac{M}{W} = \begin{matrix} 0 \\ +10 \end{matrix} + \begin{matrix} +10 \\ -10 \end{matrix} = \begin{matrix} +10 \\ 0 \end{matrix} (\text{MPa})$$

显然,这样的梁承受 $q = 15$kN/m 的均布荷载是没问题的,而且整个截面始终处于受压工作状态。从理论上讲,没有拉应力,也就不会出现裂缝。

二、预应力混凝土结构的特点

图 9-2 为两根梁的作用(荷载)-挠度曲线对比图。这两根梁混凝土的强度等级、跨度、截面尺寸和配筋量均相同,但一根已施加预应力,另一根为普通钢筋混凝土梁。由图中试验曲线

可以看出,预应力梁的开裂作用(荷载)大于钢筋混凝土梁的开裂作用(荷载)。同时,在承受作用(荷载)P时,前者并未开裂,且前者的挠度小于后者的挠度。

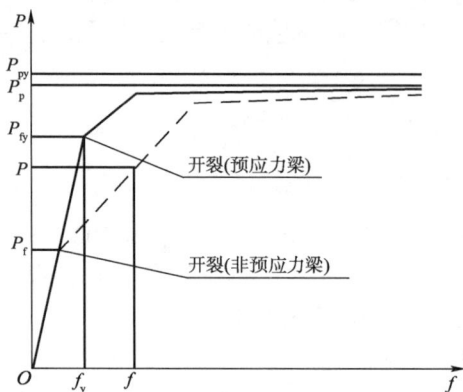

图9-2 梁的荷载(P)-挠度(f)曲线对比图

由此可见,施加预应力能提高构件的抗裂能力和刚度。对构件施加预应力,大大推迟了裂缝的出现。由于构件可不出现裂缝或使裂缝推迟出现,因而提高了构件的刚度,增加了结构的耐久性。同时,可以节省材料,减小自重。预应力混凝土必须采用高强度材料,因而可以减少钢筋用量和构件截面尺寸,使自重减轻,利于预应力混凝土构件建造大跨度承重结构。预应力的施加还可以减小梁的竖向剪力和主拉应力。预应力混凝土梁的曲线钢筋(束),可使梁内支座附近的竖向剪力减小。此外,还可以增加结构的耐疲劳性能,保证结构质量,安全可靠。

预应力混凝土也存在着一些缺点,如工艺较复杂,对质量要求高,因而需要配备一支技术较熟练的专业队伍。制造预应力混凝土构件需要较多的张拉设备及具有一定加工精度要求的锚具。同时,预应力反拱不易控制。对于跨径小、构件数量少的工程,预应力混凝土结构的成本较高。

三、预应力混凝土的分类

我国通常把混凝土结构内配有受力纵筋的结构总称为加筋混凝土结构系列。

根据我国工程界的习惯,将采用加筋的混凝土结构按其预应力度分成全预应力混凝土、部分预应力混凝土和钢筋混凝土三种结构。

1. 预应力度的定义

《公桥规》将预应力度(λ)定义为

$$\lambda = \frac{\sigma_{pc}}{\sigma_{st}} \tag{9-1}$$

式中:σ_{pc}——扣除全部预应力损失后的预加力在构件抗裂边缘产生的预压应力;

σ_{st}——由作用(荷载)频遇组合产生的构件抗裂边缘的法向应力。

对于预应力混凝土受弯构件,预应力度也可定义为:由预应力大小确定的消压弯矩 M_0 与按作用(荷载)频遇组合计算的弯矩值 M_s 的比值,即:

$$\lambda = \frac{M_0}{M_s} \tag{9-2}$$

式中:M_0——消压弯矩,也就是消除构件控制截面受拉区边缘混凝土的预压应力,使其恰好为零的弯矩;

M_s——按频遇组合计算的弯矩值;

λ——预应力度。

2. 加筋混凝土结构的分类

(1)全预应力混凝土:$\lambda \geqslant 1$,此类构件在作用频遇组合下控制正截面受拉边缘不允许出现拉应力。

（2）部分预应力混凝土：$0 < \lambda < 1$，此类构件在作用频遇组合下正截面受拉边缘可出现拉应力；当拉应力不超过规定限值时，为 A 类预应力混凝土构件；当拉应力超过规定限值时，为 B 类预应力混凝土构件。

（3）钢筋混凝土：$\lambda = 0$，无预加应力。

§9-2 部分预应力混凝土

素养点：
科学探索精神，岗位责任意识、安全意识，"严谨认真"的工作态度。
知识点：
①部分预应力混凝土结构的概念；
②部分预应力混凝土结构的受力特征。
技能点：
能简述部分预应力混凝土结构优缺点。

一、部分预应力混凝土结构的基本概念

预应力混凝土结构，早期都是按全预应力混凝土来设计的。根据当时的认识，认为施加预应力的目的只是用混凝土承受的预压应力来抵消外加作用（荷载）引起的混凝土的拉应力，混凝土不受拉，就不会出现裂缝。这种在承受全部外加作用（荷载）时必须保持全截面受压的设计，通常称为全预应力混凝土设计。"零应力"或"无拉应力"则是全预应力混凝土设计的基本准则。

全预应力混凝土结构虽有刚度大、抗疲劳、防渗漏等优点，但是在工程实践中也发现一些严重缺点，例如：结构构件的反拱过大，在恒载小、活载大、预加力大，且长期承受持续作用（荷载）时，梁的反拱会不断增大，影响行车顺适；当预加力过大时，锚下混凝土横向拉应变超出极限拉应变，易出现沿预应力钢筋纵向不能恢复的水平裂缝。

部分预应力混凝土结构是针对全预应力混凝土在理论和实践中存在的这些问题，近二十多年发展起来的一种新的预应力混凝土结构。如我国杭州湾大桥的非通航孔桥就采用部分预应力混凝土箱梁，通过"预应力 + 普通钢筋"协同受力，兼顾抗裂性与延性，从而适应海洋腐蚀环境。部分预应力混凝土结构是介于全预应力混凝土结构和普通钢筋混凝土结构之间的预应力混凝土结构。即这种构件按正常使用极限状态设计时，对作用（荷载）频遇组合，容许其截面受拉边缘出现拉应力或出现裂缝。部分预应力混凝土结构，一般采用预应力钢筋和非预应力钢筋混合钢筋，不仅能充分发挥预应力钢筋的作用，同时也能充分发挥非预应力钢筋的作用，从而节约了预应力钢筋，进一步改善了预应力混凝土使用性能。此外，它还促进了预应力混凝土结构设计思想的发展，使设计人员可以根据结构使用要求来选择适当的预应力度，进行

合理的结构设计。

二、部分预应力混凝土结构的受力特征

为了理解部分预应力混凝土梁的工作性能,需要观察不同预应力程度条件下梁的作用(荷载)-挠度曲线。图9-3中①、②、③分别表示具有相同正截面承载力 M_u 的全预应力、部分预应力和普通钢筋混凝土梁的弯矩-挠度关系曲线示意图。

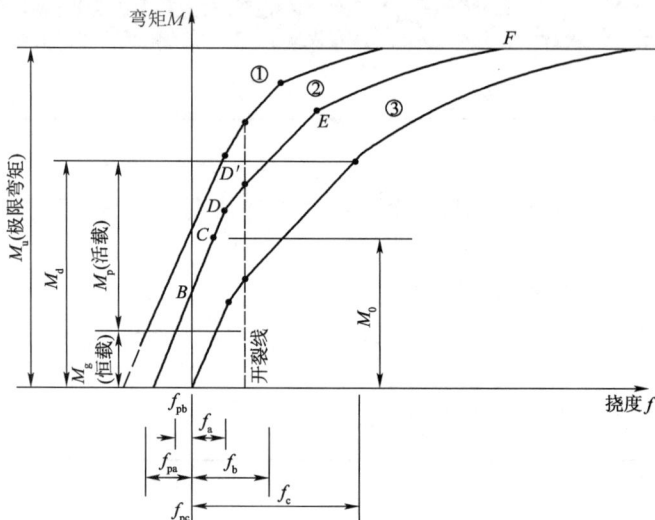

图9-3 不同受力状态下的弯矩-挠度关系曲线

从图中可以看出,部分预应力混凝土梁的受力特征介于全预应力混凝土梁和普通钢筋混凝土梁之间。在作用(荷载)较小时,部分预应力混凝土梁(曲线②)受力特征与全预应力混凝土梁(曲线①)相似;在自重与有效预加力 N_p(扣除相应阶段的预应力损失)作用下,它具有反拱度 f_{pb},但其值较全预应力混凝土梁的反拱度 f_{pa} 小;当作用(荷载)增加,弯矩 M 达到 B 点时,表示外加作用使梁产生的下挠度与预应力反拱度相等,两者正好相互抵消,这时梁的挠度为零,但此时受拉区边缘混凝土的应力并不为零。

当作用(荷载)继续增加,达到曲线②的 C 点时,外加作用(荷载)产生的梁底混凝土拉应力正好与梁底有效预应力互相抵消,使梁底受拉边缘的混凝土应力为零,此时相应的外加作用(荷载)弯矩 M_0,就称为消压弯矩。

截面下边缘消压后,如继续加载至 D 点,混凝土的边缘拉应力达到极限抗拉强度。随着外加作用(荷载)增加,受拉区混凝土就进入塑性阶段,构件的刚度下降,达到 D' 点时表示构件即将出现裂缝,此时相应的弯矩称为预应力混凝土构件的抗裂弯矩 M_{pr}。显然,$M_{pr} - M_0$ 就相当于相应的钢筋混凝土构件的截面抗裂弯矩 M_{cr},即 $M_{cr} = M_{pr} - M_0$。

从 D' 点开始,外加作用(荷载)加大,裂缝开展,刚度继续下降,挠度增加速度加快。E 点以后,裂缝进一步扩展,刚度进一步下降,挠度增加速度更快,直到 F 点,构件达到承载能力极限状态而破坏。

三、部分预应力混凝土结构的优缺点

部分预应力混凝土结构的优点可以归纳如下:

（1）部分预应力改善了构件的使用性能，如减小或避免梁纵向和横向的裂缝；减小了构件弹性和徐变变形引起的反拱度，以保证桥面行车顺畅。

（2）节省高强度预应力钢材，简化施工工艺，降低工程造价。部分预应力构件预应力度较低，在保证构件极限承载力的条件下，可以用普通钢筋来代替一部分预应力钢筋承受破坏极限状态时的外加作用（荷载），也可以用强度（品种）较低的钢筋来代替高强度钢丝，或者减少高强度预应力钢丝束的数量，这样，对构件的设计、施工、使用以及经济方面都会具有好处。

（3）提高构件的延性。与全预应力混凝土相比，由于配置了非预应力钢筋，所以部分预应力混凝土受弯构件破坏时所呈现的延性较全预应力混凝土好，提高了结构在承受反复作用时能量耗散能力，因而使结构有利于抗震、抗爆。

（4）可以合理地控制裂缝。与钢筋混凝土相比，部分预应力混凝土梁由于具有适量的预应力，其挠度与裂缝宽度均比较小，尤其是作用（荷载）最不利效应组合卸载后的恢复性能较好，裂缝能很快闭合。因为作用（荷载）最不利效应组合出现概率极小，即使是允许开裂的 B 类构件，在正常使用状态下，其裂缝实际上也是经常闭合的。所以部分预应力混凝土构件的综合使用性能一般都比钢筋混凝土构件好。

部分预应力混凝土的缺点是：与全预应力混凝土相比，其抗裂性略低，刚度较小，设计计算略为复杂；与钢筋混凝土相比，所需的预应力工艺复杂。

总之，由于部分预应力混凝土本身所具有的特点，使之能够获得良好的综合使用性能，克服了全预应力混凝土结构由于长期处于高压应力状态下，预应力反拱度大，破坏时呈现脆性等弊病。部分预应力混凝土结构由于预加应力较小，因此预加应力产生的横向拉应变也小，减小了沿预应力钢筋方向出现纵向裂缝的可能性，有利于提高预应力结构使用的耐久性。

四、非预应力钢筋的作用

在部分预应力混凝土结构中通常配置有非预应力钢筋，预应力钢筋可以平衡一部分作用（荷载），提高抗裂度，减少挠度；非预应力钢筋则可以改善裂缝的分布，增加极限承载力和提高破坏时的延性。同时，非预应力钢筋还可以配置在结构中难以配置预应力钢筋的部分。部分预应力混凝土结构中配置的非预应力钢筋，一般都采用中等强度的变形钢筋，这种钢筋对分散裂缝的分布、限制裂缝宽度以及提高破坏时的延性更为有效。

根据非预应力钢筋在结构中功能的不同，大致可分为以下三种：

（1）用非预应力钢筋来加强应力传递时梁的承载力，如图 9-4 所示。这类非预应力钢筋主要在梁施加预应力时发挥作用，按照非预应力钢筋在梁中位置的不同，承担施加预应力时可能出现的拉应力，或预压受拉区过高的预压应力。

（2）第二种非预应力钢筋用来承受临时作用（荷载），或者意外作用（荷载），这些作用（荷载）可能在施工阶段出现。

（3）第三种是用非预应力钢筋来改善梁的结构性能以及提高梁的承载能力。这类非预应力钢筋在正常使用状态与承载能力极限状态都发挥重要作用，它有利于分散裂缝分布，限制裂缝宽度，并能增加梁的抗弯承载力和提高破坏时的延性。在悬臂梁和连续梁的尖峰弯矩区配制这类非预应力钢筋起的作用会更显著（图 9-5）。

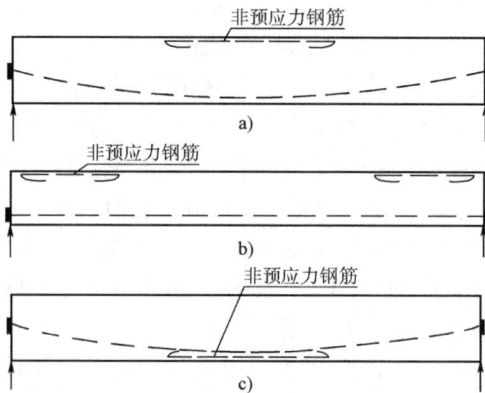

图 9-4　用非预应力钢筋加强应力传递时梁的承载力

a)在跨中承受预应力引起的拉力；b)在跨端承受预应力引起的拉力；c)承受预应力引起的应力

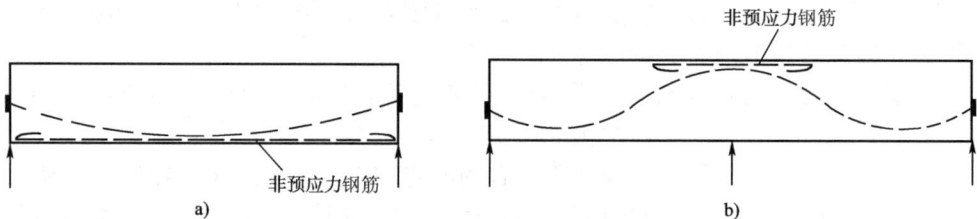

图 9-5　用非预应力钢筋来改善梁的结构性能及提高强度

a)改善裂缝分布及提高强度；b)在连续梁的负弯矩区设置非预应力钢筋

§9-3　预加应力的方法与设备

素养点：
安全意识、创新意识、岗位责任意识。

知识点：
①预加应力的方法；
②锚具与千斤顶的类型。

技能点：
能简单描述先张法和后张法的特点及所使用的夹具锚具、千斤顶等。

一、预加应力的主要方法

1.先张法

先张法，即先张拉钢筋，后浇筑构件混凝土的方法，如图 9-6 所示。先在张拉台座上按设计规定的拉力张拉筋束,并用锚具临时锚固,再浇筑构件混凝土,待混凝土达到要求强度(一般不低于强度设计值的75%)后,放张(即将临时锚固松开或将筋束剪断),让筋束的回缩力通过筋束与混凝土间的黏结作用传递给混凝土,使混凝土获得预压应力。

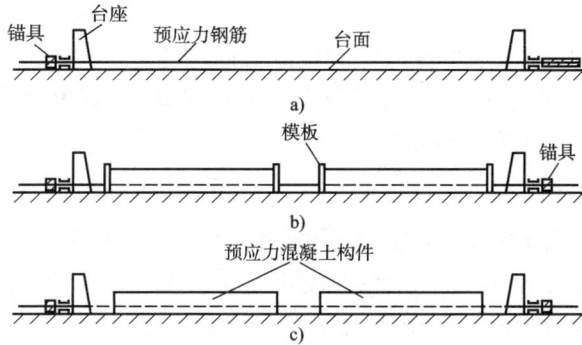

图9-6 先张法施工工序

先张法所用的预应力筋束,一般为高强度钢丝、钢绞线和直径较小的冷拉钢筋等,不专设永久锚具,借助钢筋束与混凝土的黏结力,以获得较好的自锚性能。

先张法施工工序简单,筋束靠黏结力自锚,不必耗费特制的锚具,临时固定所用的锚具可以重复使用,一般称为工具式锚具或夹具。在大批量生产时,先张法构件比较经济,质量也比较稳定。但先张法一般仅适合于直线配筋的中小型构件。大型构件因需配合弯矩与剪力沿梁长度的分布而采用曲线配筋,这将使施工设备和工艺复杂化,且需配备庞大的张拉台座,同时构件尺寸大,起重、运输也不方便,故不宜采用。

2. 后张法

后张法,是先浇筑构件混凝土,待混凝土结硬后,再张拉筋束的方法,如图9-7所示。先浇筑构件混凝土,并在其中预留穿束孔道(或设套管),待混凝土达到要求强度后,将筋束穿入预留孔道内,将千斤顶支承于混凝土构件端部,张拉筋束,使构件也同时受到反力压缩。待张拉到控制拉力后,即用特制的锚具将筋束锚固于混凝土构件上,使混凝土获得并保持其预压应力。最后,在预留孔道内压注水泥浆,以保护筋束不致锈蚀,并使筋束与混凝土黏结成为整体。故亦称这种做法的预应力混凝土为有黏结预应力混凝土。

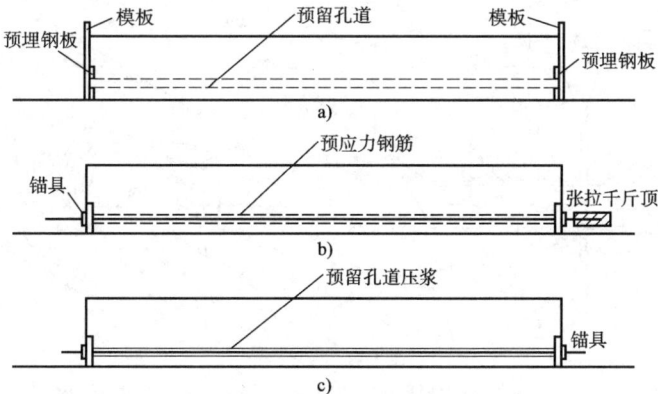

图9-7 后张法施工工序

由上可知,施工工艺不同,施加预应力的方法也不同。后张法是靠工作锚具来传递和保持预加应力的;先张法则是靠黏结力来传递并保持预加应力的。

二、夹具和锚具

夹具和锚具是在制作预应力构件时锚固预应力钢筋的工具。一般将构件制成后能够重复使用的称为夹具;永远锚在构件上,与构件联成一体共同受力,不再取下的称为锚具。为了简化起见,有时也将夹具和锚具统称为锚具。

1. 对锚具的要求

无论是先张法所用的临时夹具,还是后张法所用的永久性工作锚具,都是保证预应力混凝土施工安全、结构可靠的技术关键性设备。因此,在设计、制造或选择锚具时,应注意满足下列要求:受力安全可靠;预应力损失要小;构造简单、紧凑、制作方便,用钢量少;张拉锚固方便迅速,设备简单。

2. 锚具的分类

锚具的形式繁多,按其传力锚固的受力原理,可分为:

(1)依靠摩阻力锚固的锚具。如楔形锚、锥形锚和用于锚固钢绞线的 JM 锚具等,都是借张拉筋束的回缩或千斤顶顶压,带动锥销或夹片将筋束楔紧于锥孔中而锚固的。

(2)依靠承压锚固的锚具。如镦头锚、钢筋螺纹锚等,是利用钢丝的镦粗头或钢筋螺纹承压进行锚固的。

(3)依靠黏结力锚固的锚具。如先张法的筋束锚固,以及后张法固定端的钢绞线压花锚具等,都是利用筋束与混凝土之间的黏结力进行锚固的。

对于不同形式的锚具,往往需要有专门的张拉设备配套使用。因此,在设计施工中,锚具与张拉设备的选择,应同时考虑。

3. 目前桥梁结构中几种常用的锚具

(1)锥形锚

锥形锚(又称弗式锚)主要用于钢丝束的锚固。它由锚圈和锚塞(又称锥销)两个部分组成。

锥形锚是通过张拉钢束时顶压锚塞,把预应力钢丝楔紧在锚圈与锚塞之间,借助摩阻力锚固的(图 9-8)。

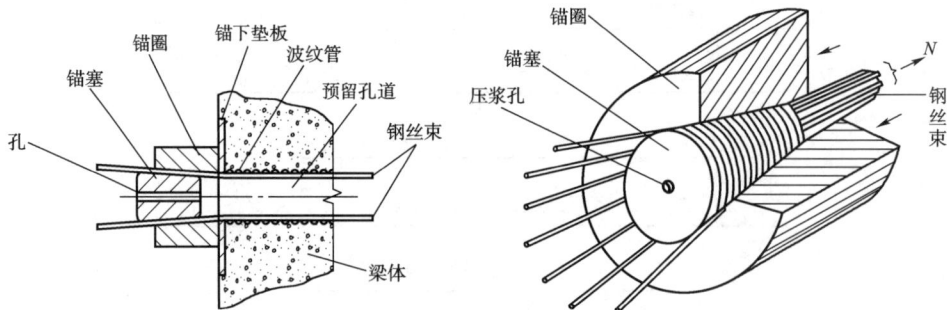

图 9-8　锥形锚具

目前在桥梁中常用的锥形锚,有锚固 18 ϕ^s5mm 钢丝束和锚固 24 ϕ^s5mm 钢丝束两种,并配合使用 600kN 双作用千斤顶或 Y285 型三作用千斤顶张拉。

锥形锚的优点是:锚固方便,锚具面积小,便于在梁体上分散布置。但锚固时钢丝的回缩量较大,预应力损失较其他锚具大。同时,它不能重复张拉和接长,使筋束设计长度受到千斤顶行程的限制。为防止受振松动,必须及时给预留孔道压浆。

(2)镦头锚

镦头锚主要用于锚固钢丝束,也可锚固直径在 14mm 以下的钢筋束。钢丝的根数和锚具尺寸依设计张拉力的大小选定(图 9-9)。我国镦头锚由同济大学桥梁研究室首先研制成功,目前有锚固 12~133 根ϕ^s5mm 和 12~84 根ϕ^s7mm 两种锚具系列,配套的镦头机有 LD-10 型和 LD-20 型两种形式。

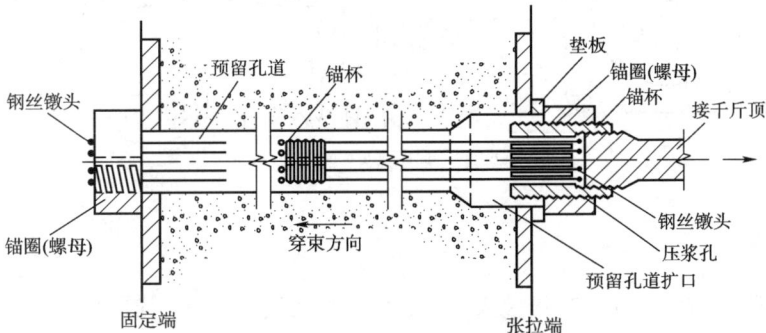

图 9-9　镦头锚工作示意图

镦头锚适于锚固直线式配筋束,对于较缓和的曲线筋束也可采用。目前斜拉桥中锚固斜拉索的高振幅锚具——HIAM 式冷铸镦头锚,因锚杯内填入了环氧树脂、锌粉和钢球的混合料,具有较好的抗疲劳性能。

(3)钢筋螺纹锚具

当采用高强粗钢筋作为预应力筋束时,可采用螺纹锚具固定。即利用粗钢筋两端的螺纹,在钢筋张拉后直接拧上螺母进行锚固,钢筋的回缩力由螺母经支承垫板承压传递给梁体而获得预应力(图 9-10)。

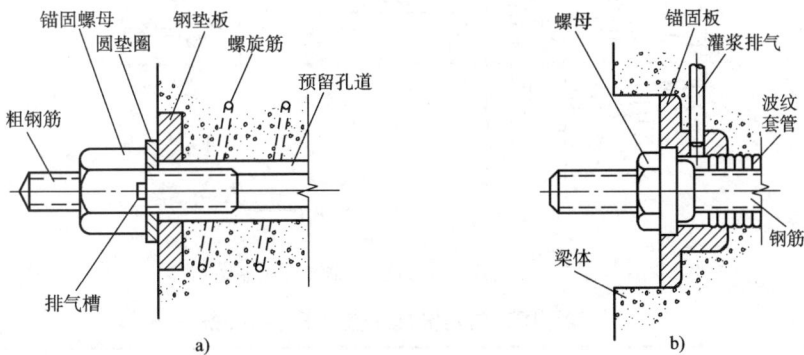

图 9-10　钢筋螺纹锚具

螺纹锚具,受力明确,锚固可靠;构造简单,施工方便;预应力损失小,在短构件中也可使用,并能重复张拉、放松或拆卸;还可简便地采用套筒接长。

(4)夹片锚具

夹片锚具体系主要作为锚固钢绞线筋束之用。由于钢绞线与周围接触的面积小,且强度高,硬度大,故对其锚具性能要求很高。JM 锚是我国 20 世纪 60 年代研制的钢绞线夹片锚具。后来又先后研制出了 XM 锚具、QM 锚具、YM 锚具及 OVM 锚具系列等。图 9-11 为 YM-15 锚具。这些锚具体系都经过严格检测、鉴定后定型,锚固性能均达到国际预应力混凝土协会(FIP)标准,并已广泛地应用于桥梁、水利、房屋等各种土建结构工程中。

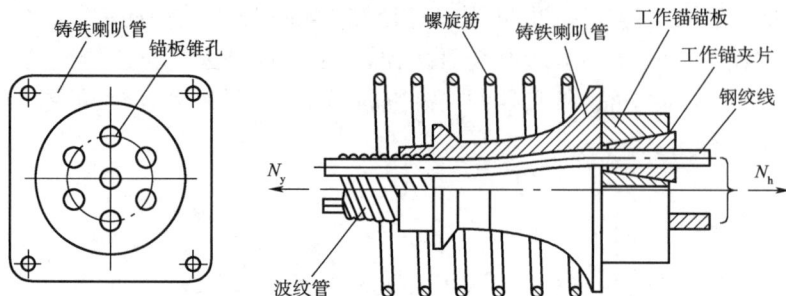

图 9-11　夹片锚具配套示意图

三、千斤顶

各种锚具都必须配置相应的张拉设备,才能顺利地进行张拉、锚固。与夹片式锚具配套的张拉设备,是一种大直径的穿心单作用千斤顶(图 9-12)。它常与夹片锚具配套研制。其他各种锚具也都有各自适用的张拉千斤顶,表 9-1 所列为我国国产锚具常用的千斤顶设备,由于篇幅有限,表中未将各千斤顶列全,需要时请查阅各生产厂家的产品目录。

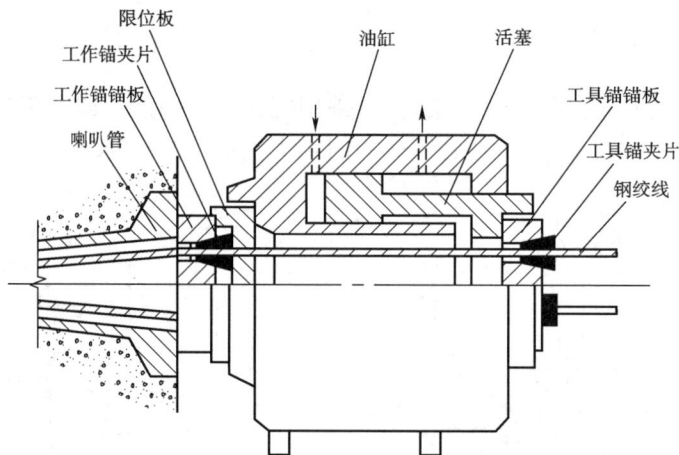

图 9-12　夹片锚具张拉千斤顶安装示意图

与我国国产常用锚具配套的千斤顶设备　　　　　表 9-1

锚具型号	千斤顶型号	张拉力 (kN)	张拉行程 (mm)	穿心孔径 (mm)	外形尺寸 (mm)	特点
LM 锚具 (螺纹锚)	YG60 YG60A	600	150 200	55	$\phi195 \times 765$	亦适用于配有专门锚具的钢丝束与钢绞线束

续上表

锚具型号	千斤顶型号	张拉力 （kN）	张拉行程 （mm）	穿心孔径 （mm）	外形尺寸 （mm）	特点
镦头锚	YC200	2000	400	104	φ320×1520	
JM 锚具	YCL120	1200	300	75	φ250×1250	
BM 锚具 （扁锚）或单根 钢绞线张拉	QYC230 YCQ25 YC200D YCL22	238 250 255 220	150~200 150~200 200 100	18 18 31 25	φ160×565 φ110×400 φ116×387 φ100×500	属前卡式,将工具锚移至 前端靠近工作锚
XM 锚具	YCD1 200 YCD2 000 （或 YCW、 YCT）	1450 2200	180 180	128 160	φ315×489 φ398×489	前端设顶压器,夹片属顶 压锚固
QM 锚具	YCQ100 YCQ200 （YCL、 YCW 等）	1000 2000	150 150	90 130	φ258×440 φ340×458	前端设限位板,夹片属无 顶压自锚
OVM 锚具	YCW100 YCW150 YCW250 （或 YCT）	100 1500 2500	150 150 150	90 130 140	φ250×480 φ310×510 φ380×491	前端设限位板,夹片属无 顶压自锚

☞ **知识链接**

预加应力的其他设备

按照施工工艺的要求,施加预加应力尚需有以下一些设备或配件:

1. 制孔器

预制后张法构件时,需预留预应力钢筋的孔道。目前,我国桥梁构件预留孔道所用的制孔器主要有两种:抽拔橡胶管与螺旋金属波纹管。

(1)抽拔橡胶管。在钢丝网胶管内事先穿入钢筋(称为芯棒),再将胶管(连同芯棒一起)放入模板内,待浇筑完混凝土且其强度达到要求后,抽去芯棒,再拔出胶管,则形成预留孔道。

(2)螺旋金属波纹管(简称波纹管)。在浇筑混凝土之前,将波纹管按筋束设计位置,绑扎在与箍筋焊接在一起的钢筋托架上,再浇筑混凝土,结硬后即可形成穿束的孔道。使用波纹管制孔的穿束方法,有先穿法与后穿法两种。先穿法即在浇筑混凝土之前将筋束穿入波纹管中,绑扎就位后再浇筑混凝土;后穿法即浇筑混凝土成孔之后再穿筋束。这种金属波纹管,是用薄钢带经卷管机压波后卷成,其质量轻,纵向弯曲性能好,径向刚度较大,连接方便,与混凝土黏结良好,与筋束的摩阻系数小,是后张预应力混凝土构件一种较理想的制孔器。

2. 穿索(束)机

在桥梁悬臂施工和尺寸较大的构件制作中,一般都采用后穿法穿束。对于大跨径桥梁,有的筋束很长,人工穿束十分困难,故采用穿索(束)机。

穿索(束)机有两种类型:一是液压式,二是电动式。桥梁中多用前者。它一般采用单根钢绞线穿入,穿束时应在钢绞线前端套一子弹形帽子,以减小穿束阻力。

3. 水泥浆及压浆机

(1)水泥浆

在后张法预应力混凝土构件中,筋束张拉锚固后必须给预留孔道压注水泥浆,以免钢筋锈蚀,并使筋束与梁体混凝土结合为一整体。为保证孔道内水泥浆密实,应严格控制水灰比,一般以 0.40 ~ 0.45 为宜。如加入适量的减水剂(如加入占水泥质量 0.25% 的木质素磺酸钙等),则水灰比可降至 0.35。所用水泥不应低于 42.5 级,水泥浆的强度不应低于构件混凝土强度等级的 80%,且不低于 30MPa。

(2)压浆机

压浆机是孔道灌浆的主要设备,它主要由灰浆搅拌桶、储浆桶和压送灰浆的灰浆泵以及供水系统组成。压浆机的最大工作压力可达约 1.50MPa(15 个大气压),可压送的最大水平距离为 150m,最大竖直高度为 40m。

4. 张拉台座

采用先张法生产预应力混凝土构件时,需设置用作张拉和临时锚固筋束的张拉台座。因台座需要承受张拉筋束的巨大回缩力,设计时应保证它具有足够的强度、刚度和稳定性。批量生产时,有条件的应尽量设计成长线式台座,以提高生产效率。张拉台座的台面,即预制构件的底模,有的构件厂已采用了预应力混凝土滑动台面,可防止在使用过程中台面开裂,提高产品质量。

§9-4　预应力混凝土结构的材料

素养点:
科学探索精神,岗位责任意识、安全意识,"严谨认真"的工作态度。

知识点:
预应力混凝土结构对所用钢材和混凝土的要求。

技能点:
能根据计算结果和规范要求,选择合理的混凝土和预应力钢筋等材料。

预应力混凝土结构应尽量采用高强度材料,这是与普通钢筋混凝土结构的不同点之一。

1. 钢材

用于预应力混凝土结构中的钢材有钢筋、钢丝、钢绞线三大类。工程上对于预应力钢材有下列要求：

（1）在混凝土中建立的预应力取决于预应力钢筋张拉应力的大小。张拉应力越大，构件的抗裂性能就越好。但为了防止张拉钢筋时所建立的应力因预应力损失而丧失殆尽，要求预应力钢材有很高的强度。

（2）在先张法中预应力钢筋与混凝土之间必须有较高的黏着自锚强度，以防止钢筋在混凝土中滑移。

（3）预应力钢材要有足够的塑性和良好的加工性能。所谓良好的加工性能，是指焊接性能良好及采用镦头锚具时钢筋头部经过镦粗后不影响原有的力学性能。

（4）应力松弛损失要低。钢材的应力随时间增长而降低的现象称为松弛（也叫徐舒）。由于预应力混凝土结构中预应力钢筋张拉完成后长度基本保持不变，应力松弛是对预应力钢筋性能的一个主要影响因素。应力松弛值的大小因钢材的种类而异，并随着应力的增加和作用（荷载）持续时间的增长而增加。为满足此要求，可对钢筋进行超张拉，或采用消除应力钢丝、钢绞线。

目前，常用的预应力钢筋有下列几种：

（1）预应力螺纹钢筋（ϕ^T）

专用于中、小型构件或竖、横向预应力钢筋。其级别有 JL785、JL930、JL1080 三种；直径一般为 18mm、25mm、32mm、40mm、50mm。要求 10h 松弛率不大于 1.5%。

（2）消除应力钢丝

用于预应力混凝土构件中的钢丝有消除应力的螺旋肋钢丝（ϕ^H）和光面钢丝（ϕ^P）两种。

（3）钢绞线

钢绞线是把多根平行的高强度钢丝围绕一根中心芯丝用绞盘绞捻成束而形成。常用的钢绞线有 7 ϕ^s4 和 7 ϕ^s5 两种。

预应力钢筋的强度设计值、强度标准值见表 1-5a）、表 1-5b）。

2. 混凝土

为了充分发挥高强度钢筋的抗拉性能，预应力混凝土结构也要相应地采用强度等级高的混凝土。《公桥规》规定：预应力混凝土构件所采用的混凝土强度等级不应低于 C40。

用于预应力混凝土结构中的混凝土，不仅要求强度高，而且要求有很高的早期强度，以便能早日施加预应力，从而提高构件的生产效率和设备的利用率。此外，为了减少预应力损失，还要求混凝土具有较小的收缩值和徐变值。工程实践证明，采用干硬性混凝土、施工中注意水泥品种选择、适当选用早强剂和加强养护是配制高等级、低收缩率混凝土的必要措施。

目前，我国在预应力混凝土结构材料领域已形成了全球领先的自主创新体系：在高强材料方面，成功研发 C150 级超高强混凝土和 2000MPa 级钢绞线，打破国际技术垄断；在功能性材料领域，首创光纤传感钢绞线、石墨烯防腐涂层等智能材料，实现结构健康实时监测；在绿色低碳方面也取得重要进展，开发出碱激发胶凝材料和 70% 再生集料构件，推动行业可持续发展；

同时还突破了 3D 打印梯度混凝土和 UHPC 超高性能混凝土等新型结构材料技术。这些创新成果支撑了港珠澳大桥、白鹤滩水电站、成都天府国际机场 T2 航站楼等国家重大工程建设,并形成了 12 项国家标准,使我国从材料进口国跃升为技术输出国,展现了全产业链的创新能力。

【课后练习】

一、填空题

1. 施加预应力的方法主要分为_____法和_____法两类,其中必须用到张拉台座的是_____法。

2. 混凝土构件按预应力度可分为:$\lambda \geq 1$ 时,为_____;$1 > \lambda > 0$ 时,为_____;$\lambda = 0$ 时,为_____。

3. 锚具的形式繁多,按其传力锚固的受力原理,可分为_____的锚具、_____的锚具,_____的锚具。

4. 我国桥梁构件预留孔道所用的制孔器主要有两种,分别是_____和_____。

二、单选题

1. 《公桥规》规定,预应力混凝土构件的混凝土强度等级不应低于( )。
   A. C20　　　　　　B. C30　　　　　　C. C40　　　　　　D. C50

2. 下面关于预应力混凝土结构优点的说法错误的是( )。
   A. 提高了构件的抗裂度　　　　　　B. 提高了构件的刚度
   C. 提高了构件的耐疲劳性能　　　　D. 工艺简单,不需要专门的设备

3. 下列表示全预应力混凝土结构的是( )。
   A. $\lambda \geq 1$　　　　B. $\lambda \leq 1$　　　　C. $\lambda = 0$　　　　D. 以上说法都不对

4. 由预应力大小确定的消压弯矩与外荷载产生的弯矩的比值称为( )。
   A. 预应力度　　　B. 弯矩比　　　C. 预应力差　　　D. 弯矩差

5. 施加预加应力的方法中,靠黏结力来传递并保持预加应力的方法是( )。
   A. 一端张拉法　　B. 两端张拉法　　C. 后张法　　D. 先张法

6. 先张法施工时,下列哪种设备是必需的( )。
   A. 永久性锚具　　B. 张拉台座　　C. 制孔器　　D. 压浆机

7. 全预应力混凝土构件在作用频遇组合下控制正截面受拉边缘( )。
   A. 允许出现拉应力　　　　　　B. 不允许出现拉应力
   C. 不出现压应力　　　　　　　D. 允许出现压应力

8. 部分预应力混凝土结构构件在作用频遇组合下正截面受拉边缘可出现拉应力,当拉应力不超过规定限值时,为( )预应力混凝土构件。
   A. A 类　　　　B. B 类　　　　C. 全部　　　　D. 无

三、多选题

1. 根据张拉钢筋与浇筑混凝土次序的先后,施加预应力的方法主要有( )。
   A. 先张法　　B. 后张法　　C. 预制法　　D. 加固法

2. 预应力混凝土结构对锚具有下列哪些要求?(　　)

    A. 受力安全可靠　　　　　　　　　B. 构造简单、制作方便,用钢量少

    C. 预应力损失要小　　　　　　　　D. 张拉锚固方便迅速,设备简单

3. 工程中常用的预应力钢筋包括下列哪些?(　　)

    A. 预应力螺纹钢筋　　　　　　　　B. 消除应力钢丝

    C. HPB300 钢筋　　　　　　　　　D. 钢绞线

4. 后张法施工的最后应在预留孔道内压注水泥浆,其主要目的是(　　)。

    A. 增加梁的自重　　　　　　　　　B. 保护筋束不致锈蚀

    C. 使筋束与混凝土黏结成为整体　　D. 做成无黏结预应力混凝土梁

四、判断题

1. 预应力混凝土结构减小了构件的抗裂度和刚度。　　　　　　　　　　　(　　)

2. 加筋混凝土结构的预应力度 $\lambda \geqslant 1$ 时,其为部分预应力混凝土结构。　(　　)

3. 加筋混凝土结构的预应力度 $\lambda = 0$ 时,其为钢筋混凝土结构。　　　　(　　)

4. 后张法是靠工作锚具来传递和保持预加应力的。　　　　　　　　　　　(　　)

5. 全预应力混凝土结构沿预应力筋方向的正截面会出现拉应力。　　　　　(　　)

6. 预应力混凝土构件的混凝土应不低于 C20。　　　　　　　　　　　　　(　　)

7. 先张法就是先浇筑混凝土、后张拉钢筋的方法。　　　　　　　　　　　(　　)

8. 后张法施工时一定需要永久锚具和张拉台座。　　　　　　　　　　　　(　　)

9. 钢筋混凝土结构就是部分预应力混凝土 B 类结构。　　　　　　　　　　(　　)

五、简答题

1. 什么是预应力混凝土结构? 与普通钢筋混凝土相比,它有何特点?

2. 什么是加筋混凝土结构? 我国通常按什么标准进行划分? 分成哪些类型?

3. 什么是预应力度?

4. 什么是部分预应力混凝土结构? 部分预应力混凝土 A 类和 B 类构件有何区别?

5. 简述部分预应力混凝土结构的受力特征。

6. 非预应力筋在部分预应力混凝土结构中有何作用?

7. 预加应力的方法有哪些? 它们有何区别?

8. 预应力混凝土结构对锚具有哪些要求?

9. 你知道港珠澳大桥都使用了哪些建筑材料? 它使用的混凝土与普通混凝土有什么不同?

单元十
UNIT TEN
预应力混凝土受弯构件
按承载力极限状态设计计算

§10-1 概述

素养点:
①遵守行业规范、标准,提升分析问题解决问题的能力;
②秉持"科学严谨"的工作态度,弘扬"精益求精"的工匠精神。

知识点:
①预应力混凝土受弯构件在各阶段承受的作用(荷载);
②预应力混凝土受弯构件在使用阶段的受力特点。

技能点:
能简单描述预应力混凝土受弯构件从预加应力到最后破坏的三个阶段的界限和分别承受的作用(荷载)。

预应力混凝土受弯构件,从预加应力到承受外加作用(荷载),直至最后破坏,主要可分为三个阶段,即施工阶段、使用阶段和破坏阶段。

一、施工阶段

预应力混凝土构件在制作、运输和安装的过程中,将承受不同的作用(荷载)。

本阶段预应力混凝土构件在预应力作用下,全截面参与工作,材料一般处于弹性工作阶段,可根据《公桥规》的要求进行设计计算。根据构件受力条件不同,该阶段又可分为预加应力阶段和运输、安装阶段两个阶段。

1. 预加应力阶段

此阶段是指从预加应力开始,至预加应力结束(即传力锚固)为止。它所承受的作用(荷载)主要是偏心预压力(即预加应力的合力)N_y;对于简支梁,由于 N_y 的偏心作用,构件将产生向上的反拱,形成以梁两端为支点的简支梁,因此梁的自重恒载 G_1 在施加预应力的同时也一起参加作用,如图10-1所示。

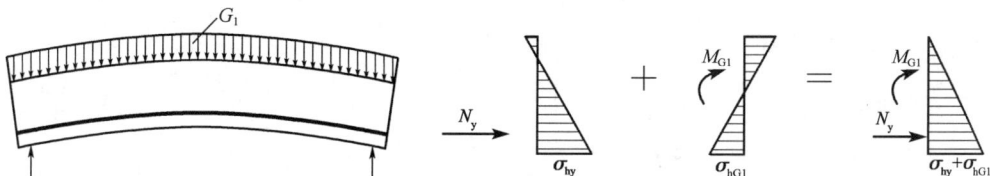

图10-1　预应力梁使用及破坏阶段的截面应力图

本阶段的设计计算要求是:①控制受弯构件控制截面上、下缘混凝土的最大拉应力和压应力,以及主应力均不超出《公桥规》的规定值;②控制预应力钢筋的最大张拉应力;③保证锚具下混凝土局部抗压承载力应大于实际承受的压力,并有足够的安全度,以保证梁体不出现水平和纵向裂缝。

本阶段由于各种因素影响,预应力钢筋中的预拉应力将产生部分损失,通常把扣除应力损失的预应力钢筋中实际存余的应力称为有效预应力。

2. 运输、安装阶段

此阶段,混凝土梁所承受的作用(荷载)仍是预加力 N_y 和梁的自身恒载。但由于引起预应力损失的因素相继增多,因此混凝土梁所承受的作用比预加应力阶段小;同时,根据《公桥规》的规定,梁的自身恒载应计入 1.20 或 0.85 的动力系数。

二、使用阶段

这一阶段是指桥梁建成通车后的整个使用阶段,构件除承受偏心预加力 N_y 和梁的自身恒载 G_1 外,还要承受桥面铺装、人行道、栏杆等后加二期恒载 G_2 和车辆、人群等活载 P,如图10-2所示。

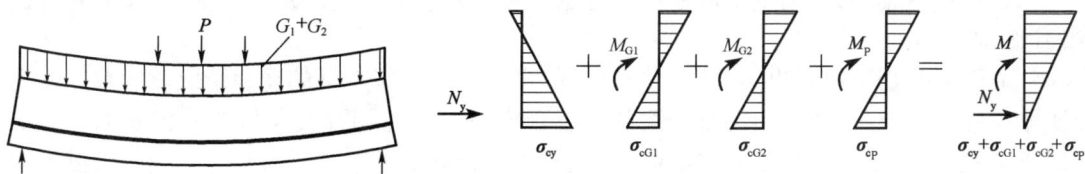

图10-2　预应力梁应力组合示意图

本阶段,各项预应力损失将相继全部完成,最后在预应力钢筋中建立相对不变的预拉应力,并将此称为永存预应力 σ_{pe}。显然,永存预应力要小于施工阶段的有效预应力。

根据构件受力后的特征,本阶段又可分为如下几种受力状态:

1. 加载至受拉边缘混凝土预压应力为零

构件在永存预加力 N_p(即永存预应力 σ_{pe} 的合力)作用下,其下边缘混凝土的有效预压应力为 σ_{pc}(图10-3)。当构件加载至某一特定作用(荷载),在控制截面上所产生的弯矩为 M_0

时,其下边缘混凝土的预压应力 σ_{pc} 恰被抵消为零,则有

$$\sigma_{pc} - (M_0/W_0) = 0 \tag{10-1}$$

或

$$M_0 = \sigma_{pc}W_0 \tag{10-2}$$

式中:M_0——由外加作用(恒载和活载)引起、恰好使受拉边缘混凝土应力为零的弯矩(也称消压弯矩),如图 10-3b)所示;

σ_{pc}——由永存预加力 N_p 在梁下边缘混凝土上产生的有效预压应力;

W_0——换算截面对受拉边的弹性抵抗矩。

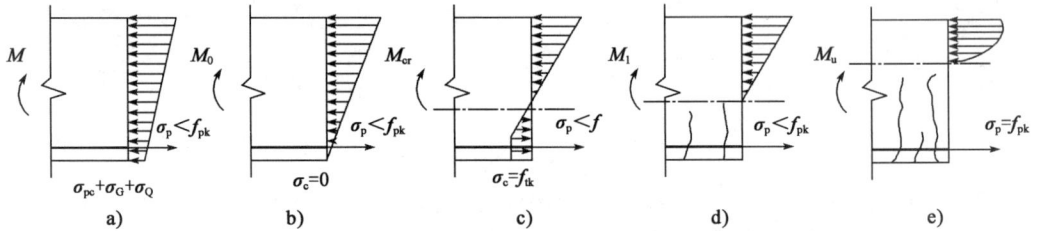

图 10-3　预应力梁第一受力阶段

a)使用荷载作用于梁;b)消压状态的应力;c)裂缝即将出现时的截面应力;d)带裂缝工作时截面应力;e)截面破坏时的截面应力

但是,受弯构件在消压弯矩 M_0 和永存预加力 N_p 的共同作用下,只有下边缘纤维的混凝土应力为零(消压),而截面上其他点的应力都不为零(不消压)。

2.加载至受拉区裂缝即将出现

当构件在消压状态后继续加载,并使受拉区混凝土应力达到抗拉强度标准值 f_{tk} 时,称为裂缝即将出现状态,如图 10-3c)所示,这时作用(荷载)产生的弯矩称为开裂弯矩 M_{cr}。

如果把受拉区边缘混凝土应力从零增加到应力为 f_{tk} 所需的外弯矩用 $M_{cr,c}$[图 10-3d)]表示,则 M_{cr} 为 M_0 与 $M_{cr,c}$ 之和,即

$$M_{cr} = M_0 + M_{cr,c} \tag{10-3}$$

式中:M_{cr}——相当于同截面钢筋混凝土梁的抗裂弯矩。

3.带裂缝工作

随着荷载继续增大,则主梁截面下缘开始开裂,裂缝向截面上缘延伸,梁进入带裂缝工作阶段[图 10-3d)]。

从上面的分析可以看出:在消压状态出现后,预应力混凝土梁的受力情况就和普通钢筋混凝土梁一样了。但是,预应力混凝土梁的抗裂弯矩 M_{cr} 要比同截面、同材料的普通钢筋混凝土梁的抗裂弯矩 $M_{cr,c}$ 大一个消压弯矩 M_0,这说明预应力混凝土梁在承受外加作用时可以大大推迟裂缝的出现,即提高了梁的抗裂性能。

三、破坏阶段

对于只在受拉区配置预应力钢筋的适筋梁,在承受作用时,随着荷载的增加,预加应力损失殆尽,受拉区全部钢筋(预应力钢筋和非预应力钢筋)先达到屈服强度,裂缝迅速向上延伸,而后受压区混凝土被压碎,构件随即破坏。破坏时,截面的应力状态与钢筋混凝土受弯构件相似[图 10-3e)],此处不再赘述。

§10-2 预加力的计算与预应力损失的计算

素养点:

①遵守行业规范、标准,提升分析问题解决问题的能力;

②秉持"科学严谨"的工作态度,弘扬"精益求精"的工匠精神。

知识点:

①张拉控制应力的概念及取值;

②预应力损失的类型及组合;

③预应力损失的基本计算;

④有效预应力的概念及计算。

技能点:

①会确定张拉控制应力;

②能选择合理的公式进行各类预应力损失计算。

设计预应力混凝土受弯构件时,需要事先根据承受外加作用(荷载)的情况,估计设计中所需的钢筋预应力的大小。由于施工因素、材料性能和环境条件等的影响,钢筋中的预拉应力将会逐渐减小,这种减小的应力称为预应力损失。设计中所需的钢筋预应力值,应是扣除相应阶段的预应力损失后,钢筋中实际存在的预应力(即有效预应力 σ_{pe})值。如果将钢筋初始张拉阶段的预应力(一般称为张拉控制应力)记作 σ_{con},相应的应力损失值记作 σ_l,则它们与有效预应力 σ_{pe} 之间的关系为

$$\sigma_{pe} = \sigma_{con} - \sigma_l \tag{10-4}$$

由此可以看出:要确定张拉控制应力 σ_{con},除了需要根据承受外加作用(荷载)的情况事先估算有效预应力 σ_{pe} 外,还需要估算出各项预应力损失值。

一、张拉控制应力 σ_{con}

张拉控制应力 σ_{con} 是指预应力钢筋锚固前张拉钢筋的千斤顶所显示的总拉力除以预应力钢筋截面面积所求得的钢筋应力值。对于有锚圈口摩阻损失的锚具,σ_{con} 应为扣除锚圈口摩擦损失后的锚下拉应力值,故《公桥规》特别指出,σ_{con} 为张拉钢筋的锚下控制应力。

张拉控制应力的取值大小,直接影响预应力混凝土构件的性能。如果张拉控制应力取值过低,则预应力钢筋在经历各种损失后,对混凝土产生的预压应力过小,不能有效地提高预应力混凝土构件的抗裂性能和刚度。但张拉控制应力也不宜取值太高,若 σ_{con} 过高,构件出现裂缝时的承载

力和破坏时的承载力很接近,意味着构件出现裂缝后不久就丧失其承载力,且事先没有明显的预兆,这是设计时应当避免的。另外,由于张拉的不准确和工艺上有时要求超张拉,且预应力钢筋的实际屈服强度并非每根都相同等因素,如果控制应力 σ_{con} 取值太高,张拉时有可能使钢筋应力达到甚至超过实际屈服点而产生塑性变形,从而可能断裂,这样就达不到预期的预应力效果。为此,《公桥规》指出:预应力混凝土构件中预应力钢筋的张拉控制应力 σ_{con} 应符合下列规定。

(1)预应力钢丝、钢绞线的张拉控制应力值:

体内预应力

$$\sigma_{con} \leqslant 0.75 f_{pk} \tag{10-5a}$$

体外预应力

$$\sigma_{con} \leqslant 0.70 f_{pk} \tag{10-5b}$$

(2)预应力螺纹钢筋的张拉控制应力值:

$$\sigma_{con} \leqslant 0.90 f_{pk} \tag{10-6}$$

式中:f_{pk}——预应力钢筋抗拉强度标准值,可按本书表1-5a)中的规定采用。

当对构件进行超张拉或计入锚圈口摩阻损失时,预应力钢筋最大控制应力值(千斤顶油泵上显示的值)可增加 $0.05 f_{pk}$。

二、钢筋预应力损失的估算

引起预应力损失的原因与施工工艺、材料性能及环境影响等有关,影响因素复杂,一般根据试验数据确定。如无可靠的试验资料,则可按《公桥规》的规定计算。

一般情况下,可主要考虑以下六项预应力损失值。但对于不同锚具、不同施工方法,可能还存在其他应力损失,如锚圈口摩阻损失等,应根据具体情况逐项考虑其影响。

1.预应力钢筋与管道壁之间的摩擦引起的应力损失 σ_{l1}

在后张法中,由于张拉时预应力钢筋与管道壁之间接触而产生摩阻力,该摩阻力与作用力的方向相反,因此,钢筋中的实际应力较张拉端拉力计中的读数要小,即造成预应力钢筋中的应力损失 σ_{l1}。

σ_{l1} 可按式(10-7)计算:

$$\sigma_{l1} = \sigma_{con} \left[1 - e^{-(\mu\theta + kx)} \right] \tag{10-7}$$

式中:σ_{con}——张拉钢筋时锚下的控制应力;

μ——钢筋与管道壁间的摩阻系数,按表10-1采用;

θ——从张拉端至计算截面曲线管道部分切线的夹角(rad),如图10-4所示;

k——管道每米局部偏差对摩擦的影响系数,按表10-1采用;

x——从张拉端至计算截面的曲线管道长度(m),可近似地以其在构件纵轴上的投影长度代替,如图10-4所示。

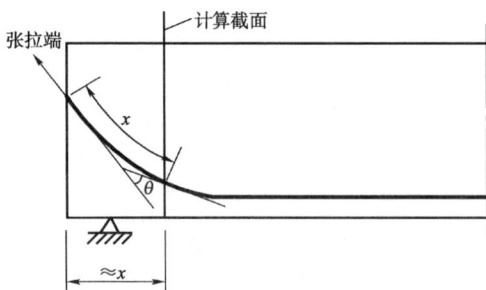

图10-4 计算 σ_{l1} 所取用的 θ 与 x 值

系数 k 和 μ 值 表 10-1

预应力钢筋类型	管道种类	k	μ	
			钢绞线、钢丝束	预应力螺纹钢筋
体内预应力钢筋	预埋金属波纹管	0.0015	0.20～0.25	0.50
	预埋塑料波纹管	0.0015	0.15～0.20	—
	预埋铁皮管	0.0030	0.35	0.40
	预埋钢管	0.0010	0.25	—
	抽芯成型	0.0015	0.55	0.60
体外预应力钢筋	钢管	0	0.20～0.30*（0.08～0.10）	—
	高密度聚乙烯管	0	0.12～0.15（0.08～0.10）	—

注:体外预应力钢绞线与管道壁之间摩擦引起的预应力损失仅计转向装置和锚固装置管道段,系数 k 和 μ 宜根据实测数据确定,当无可靠实测数据时,系数 k 和 μ 按照表 10-1 取值。

　　*对于系数 μ,无黏结钢绞线取括号内数值,光面钢绞线取括号外数值。

　　为了减少摩擦损失,采用两端张拉的方式,但锚具变形损失也会相应增加,且增加了张拉工作量。故究竟采用一端张拉还是两端张拉,需视构件长度和张拉设备而定。

　　另外,还可以采用超张拉,其工艺如下:

　　(1)对于夹片式等具有自锚性能的锚具,如钢绞线束、钢丝束

　　低松弛力筋　　　　　$0 \rightarrow$ 初应力 $\rightarrow \sigma_{con}$(持荷 5min 锚固)

　　(2)其他锚具

　　①钢绞线束　　　$0 \rightarrow$ 初应力 $\rightarrow 1.05\sigma_{con}$(持荷 5min)$\rightarrow \sigma_{con}$(锚固)

　　②钢丝束　　　　$0 \rightarrow$ 初应力 $\rightarrow 1.05\sigma_{con}$(持荷 5min)$\rightarrow 0 \rightarrow \sigma_{con}$(锚固)

　　(3)螺母锚固锚具

　　螺纹钢筋　　　$0 \rightarrow$ 初应力 $\rightarrow \sigma_{con}$(持荷 5min 锚固)$\rightarrow 0 \rightarrow \sigma_{con}$(锚固)

　　例 10-1　某后张预应力混凝土变截面简支 T 形截面梁。主梁采用 C50 混凝土,配置了三束预应力钢筋(每束 $6\phi^s 15.2$ 低松弛钢绞线),夹片式锚具,采用 TD 双作用千斤顶在两端同时张拉,预埋金属波纹管成孔,孔洞直径 $d = 70mm$。主梁跨中、支点和 $L/4$ 截面的几何特性见表 10-2,全部预应力钢筋截面面积 $A_p = 2502mm^2$。当混凝土达到设计强度后,分批张拉各预应力钢绞线,两端张拉。先张拉预应力钢绞线束 N1,再同时张拉 N2 和 N3(预应力钢筋布置如图 10-5 所示)。各钢束锚固点到支点中线的水平距离分别为:钢束 N1: $d_1 = 156mm$;钢束 N2: $d_2 = 256mm$;钢束 N3: $d_3 = 312mm$。张拉控制应力为 $\sigma_{con} = 0.75 f_{pk} = 0.75 \times 1860 = 1395(MPa)$。试计算梁 $L/4$ 截面处预应力钢筋与管道间摩擦引起的预应力损失 σ_{l1}。

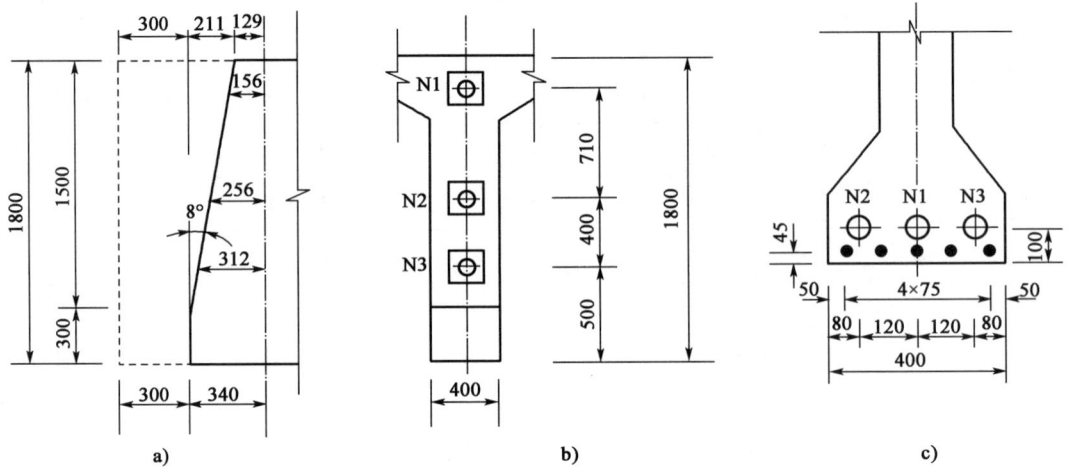

图 10-5 端部及跨中预应力钢筋布置图(尺寸单位:mm)

a)预制梁端部;b)钢束在端部的锚固位置;c)跨中截面钢束及非预应力钢筋布置图

截面几何特性表   表 10-2

项目	跨中截面	$L/4$ 截面	支点处截面
N1 钢束从张拉端至计算截面曲线管道部分切线的夹角 θ 值(rad)	0.1396	0	0
N2 钢束从张拉端至计算截面曲线管道部分切线的夹角 θ 值(rad)	0.2120	0.1276	0
N3 钢束从张拉端至计算截面曲线管道部分切线的夹角 θ 值(rad)	0.2120	0.2120	0
净截面面积 A_n (mm²)	798.557×10^3	798.557×10^3	1050.557×10^3
净截面对自身重心轴的惯性矩 I_n (mm⁴)	278.963×10^9	282.834×10^9	341.727×10^9
净截面重心轴距主梁上边缘距离 y_{nu} (mm)	577	579.3	657.1
预应力钢束重心轴距净截面重心的距离 e_{pn} (mm)	1123	1220.7	1142.9

解: 根据已知条件,张拉控制应力 $\sigma_{con} = 0.75 f_{pk} = 0.75 \times 1860 = 1395$ (MPa)。

由式(10-7):
$$\sigma_{l1} = \sigma_{con} \left[1 - e^{-(\mu\theta + kx)} \right]$$

(1)计算公式中的 x。

钢束 N1: $x_1 = L/4 + d_1 = 28.66/4 + 0.156 = 7.321$ (m)

钢束 N2: $x_2 = L/4 + d_2 = 28.66/4 + 0.256 = 7.421$ (m)

钢束 N3: $x_3 = L/4 + d_3 = 28.66/4 + 0.312 = 7.477$ (m)

(2)查表10-1,得出预应力钢筋与管道壁的摩阻系数 $\mu = 0.25$,管道每米局部偏差对摩擦的影响系数 $k = 0.0015$。

(3)根据已知条件,各钢束从张拉端到 $L/4$ 截面间,曲线管道部分切线的夹角 θ 分别为钢束 N1: $\theta_1 = 0$ (rad),钢束 N2: $\theta_2 = 0.1296$ (rad),钢束 N3 为 $\theta_3 = 0.2120$ (rad)。

(4)计算梁 $L/4$ 截面处各预应力钢筋与管道间摩擦引起的预应力损失 σ_{l1},计算详见表 10-3。

梁 $L/4$ 截面处各预应力钢筋与管道间摩擦引起的预应力损失计算表　　　　表 10-3

钢束编号	θ	$\mu\theta$	$x(\text{m})$	kx	$\beta=1-e^{-(\mu\theta+kx)}$	$\sigma_{con}(\text{MPa})$	$\sigma_{l1}(\text{MPa})$
N1	0	0	7.321	0.011	0.011	1395	15.34
N2	0.1296	0.0324	7.421	0.011	0.043	1395	59.98
N3	0.2120	0.053	7.477	0.011	0.062	1395	86.49
平均值							53.93

梁 $L/4$ 截面处预应力钢筋与管道间摩擦引起的预应力损失 $\sigma_{l1}=53.93\text{MPa}$。

2.锚具变形、钢筋回缩和拼装构件的接缝压缩引起的应力损失 σ_{l2}

在张拉预应力钢筋达到控制应力 σ_{con} 后,将预应力钢筋锚固在台座或构件上。由于锚具、垫板与构件之间的缝隙被压紧,以及预应力钢筋在锚具中的滑动,造成预应力钢筋回缩而产生预应力损失 σ_{l2}。

σ_{l2} 可按式(10-8)计算,即

$$\sigma_{l2}=\frac{\sum\Delta l}{l}E_{p} \tag{10-8}$$

式中:Δl——锚具变形、钢筋回缩和接缝压缩值,按表 10-4 采用;

　　　l——预应力钢筋的长度;

　　　E_{p}——预应力钢筋的弹性模量。

锚具变形、钢筋回缩和接缝压缩值　　　　表 10-4

锚具、接缝类型		$\Delta l(\text{mm})$	锚具、接缝类型	$\Delta l(\text{mm})$
钢丝束的钢制锥形锚具		6	镦头锚具	1
夹片式锚具	有顶压时	4	每块后加垫板的缝隙	2
	无顶压时	6	水泥砂浆接缝	1
带螺母锚具的螺母缝隙		1~3	环氧树脂砂浆接缝	1

注:带螺母锚具采用一次张拉锚固时,Δl 宜取 2~3mm,采用二次张拉锚固时,Δl 可取 1mm。

该项预应力损失在短跨梁中或在钢筋不长的情况下应予以重视。对于分块拼装构件,应尽量减少块数,以减少接缝压缩损失。而锚具变形引起的预应力损失,只需考虑张拉端,这是因为固定端的锚具在张拉钢筋过程中已被挤紧,不会再引起预应力损失。

采用先张法制作预应力混凝土构件时,当将已达到张拉控制应力的预应力钢筋锚固在台座上时,同样会造成这项损失。

3.预应力钢筋与台座之间的温度引起的应力损失 σ_{l3}

采用先张法制作预应力混凝土构件时,张拉钢筋是在常温下进行的。当混凝土采用加热养护时,即形成钢筋与台座之间的温度差。升温时,混凝土尚未结硬,钢筋受热自由伸长,产生温度变形(由于两端的台座埋在地下,基本上不发生变化),造成钢筋变松,引起预应力损失 σ_{l3}。这就是所谓的温差损失。降温时,混凝土已结硬且与钢筋之间产生了黏结作用,又由于

两者具有相近的温度膨胀系数,随温度降低而产生相同的收缩,升温时所产生的应力损失 σ_{l3} 无法恢复。

温差损失的大小与蒸汽养护时的加热温度有关。σ_{l3} 可按式(10-9)计算,即

$$\sigma_{l3} = 2(t_2 - t_1) \tag{10-9}$$

式中:t_1——张拉钢筋时,制造场地的温度(℃);

t_2——混凝土加热养护时,受拉钢筋的最高温度(℃)。

可采用以下措施减少该项损失:

(1)采用两次升温养护。先在常温下养护,或将初次升温与常温的温度差控制在20℃以内,待混凝土强度达到 $7.5 \sim 10\text{MPa}$ 时再逐渐升温至规定的养护温度,此时可认为钢筋与混凝土已黏结成整体,能够一起胀缩而无损失。

(2)在钢模上张拉预应力钢筋或台座与构件共同受热变形,可以不考虑此项损失。

4. 混凝土的弹性压缩引起的应力损失 σ_{l4}

当预应力混凝土构件受到预压应力而产生压缩应变 ε_c 时,则对于已经张拉并锚固于混凝土构件上的预应力钢筋,亦将产生与该钢筋重心水平处混凝土同样的压缩应变 $\varepsilon_p = \varepsilon_c$,因而产生一个预应力损失,称为混凝土弹性压缩损失,以 σ_{l4} 表示。引起应力损失的混凝土弹性压缩量与预加应力的方式有关。

(1)先张法构件

先张法中,构件受压时,预应力钢筋已与混凝土黏结,两者共同变形,由混凝土弹性压缩引起预应力钢筋中的应力损失为

$$\sigma_{l4} = \alpha_{Ep}\sigma_{pc} \tag{10-10}$$

式中:σ_{pc}——在先张预应力构件计算截面的预应力钢筋重心处,由预加力 N_{p0} 产生的混凝土法向应力(MPa),可按下式计算:

$$\sigma_{pc} = \frac{N_{p0}}{A_0} + \frac{N_{p0}e_{p0}^2}{I_0}$$

$$N_{p0} = A_p\sigma_p^*$$

N_{p0}——全部钢筋的预加力(扣除相应阶段的预应力损失);

A_0、I_0——分别为预应力混凝土受弯构件的换算截面面积和换算截面惯性矩;

e_{p0}——预应力钢筋重心至换算截面重心轴的距离;

σ_p^*——张拉锚固前预应力筋中的预应力,$\sigma_p^* = \sigma_{con} - \sigma_{l2} - \sigma_{l3} - 0.5\sigma_{l5}$;

α_{Ep}——预应力钢筋弹性模量与混凝土弹性模量之比。

(2)后张法构件

在后张法预应力混凝土构件中,混凝土的弹性压缩发生在张拉过程中,张拉完毕后,混凝土的弹性压缩也随即完成。故对于一次张拉完成的后张法构件,无须考虑混凝土弹性压缩引起的预应力损失,因为此时混凝土的全部弹性压缩是和钢筋的伸长同时发生的。但是,事实上由于受张拉设备的限制,往往分批张拉锚固预应力钢筋,并且在多数情况下逐束(根)张拉锚固预应力钢筋。这样,当张拉第二批钢筋时,混凝土所产生的弹性压缩会使第一批已张拉锚固的钢筋产生预应力损失。同理,当张拉第三批时,又会使第一、第二批已张拉锚固的钢筋都产生预应力损

失,依此类推。故这种在后张法中的弹性压缩损失又称为分批张拉预应力损失 σ_{l4}。

后张法构件分批张拉时,先张拉的钢筋由张拉后批钢筋所引起的混凝土弹性压缩预应力损失可按下式计算:

$$\sigma_{l4} = \alpha_{Ep} \sum \Delta\sigma_{pc} \tag{10-11a}$$

式中: $\sum \Delta\sigma_{pc}$ ——在计算截面预应力钢筋重心处,由后张拉各批钢筋产生的混凝土法向应力（MPa）。

对于后张法预应力混凝土构件,当同一截面的预应力钢筋逐束张拉时,由混凝土弹性压缩引起的预应力损失,可按下式计算:

$$\sigma_{l4} = \frac{m-1}{2}\alpha_{Ep}\Delta\sigma_{pc} \tag{10-11b}$$

式中: m ——预应力钢筋的束数;

σ_{pc} ——在计算截面的全部预应力钢筋重心处,由张拉一束预应力钢筋产生的混凝土法向应力(MPa),取各束的平均值。

分批张拉时,由于每批钢筋的应力损失不同,实际有效预应力不等。补救方法如下:

①重复张拉先张拉过的预应力钢筋;

②超张拉先张拉的预应力钢筋。

5. 预应力钢筋松弛引起的应力损失 σ_{l5}

钢筋或钢筋束在一定拉力作用下,长度保持不变,则钢筋中的应力将随时间的增长而逐渐降低,这种现象称为钢筋的松弛或应力松弛。钢筋松弛量与钢筋初拉应力、钢筋的品质及作用(荷载)持续时间有关。一般是初期发展最快,第一小时内松弛最大,24h 内可完成 50%,以后渐趋稳定。

由钢筋应力松弛引起的应力损失终极值,可按下列公式计算:

(1)对于预应力螺纹钢筋

一次张拉

$$\sigma_{l5} = 0.05\sigma_{con} \tag{10-12}$$

超张拉

$$\sigma_{l5} = 0.035\sigma_{con} \tag{10-13}$$

(2)对于预应力钢丝、钢绞线

$$\sigma_{l5} = \psi\zeta\left(0.52\frac{\sigma_{pe}}{f_{pk}} - 0.26\right)\sigma_{pe} \tag{10-14}$$

式中: ψ ——张拉系数,一次张拉时, $\psi = 1.0$;超张拉时, $\psi = 0.9$;

ζ ——钢筋松弛系数,Ⅰ级松弛(普通松弛), $\zeta = 1.0$;Ⅱ级松弛(低松弛), $\zeta = 0.3$;

σ_{pe} ——传力锚固时的钢筋应力,对后张法构件, $\sigma_{pe} = \sigma_{con} - \sigma_{l1} - \sigma_{l2} - \sigma_{l4}$;对先张法构件, $\sigma_{pe} = \sigma_{con} - \sigma_{l2}$ 。

对于碳素钢丝、钢绞线,当 $\sigma_{pe}/f_{pk} \leqslant 0.5$ 时,预应力钢筋的应力松弛值可取零。

6. 混凝土收缩和徐变引起的应力损失 σ_{l6}

收缩变形和徐变变形是混凝土固有的特性。由于混凝土的收缩和徐变,预应力混凝土构件缩短,预应力钢筋也随之回缩,因而引起预应力损失。由于收缩与徐变有着密切的联系,许多影响收缩的因素,也同样影响着徐变变形值,故将混凝土的收缩与徐变的影响综合在一起进行计算。此外,在预应力混凝土梁中配制的非预应力钢筋对混凝土的收缩、徐变变形也有一定的影响,计算时应予以考虑。

《公桥规》推荐的收缩、徐变应力损失计算公式如下:

$$\sigma_{l6}(t) = \frac{0.9[E_p \varepsilon_{cs}(t,t_0) + \alpha_{Ep}\sigma_{pc}\phi(t,t_0)]}{1 + 15\rho\rho_{ps}} \tag{10-15a}$$

$$\sigma'_{l6}(t) = \frac{0.9[E_p \varepsilon_{cs}(t,t_0) + \alpha_{Ep}\sigma'_{pc}\phi(t,t_0)]}{1 + 15\rho'\rho'_{ps}} \tag{10-15b}$$

$$\rho = \frac{A_p + A_s}{A}, \quad \rho' = \frac{A'_p + A'_s}{A}$$

$$\rho_{ps} = 1 + \frac{e_{ps}^2}{i^2}, \quad \rho'_{ps} = 1 + \frac{e'^2_{ps}}{i^2}$$

$$e_{ps} = \frac{A_p e_p + A_s e_s}{A_p + A_s}, \quad e'_{ps} = \frac{A'_p e'_p + A'_s e'_s}{A'_p + A'_s}$$

式中:$\sigma_{l6}(t)$、$\sigma'_{l6}(t)$——构件受拉区全部纵向钢筋截面重心处由混凝土收缩、徐变引起的预应力损失;

σ_{pc}、σ'_{pc}——构件受拉区、受压区全部纵向钢筋截面重心处由预应力产生的混凝土法向应力,应按规定计算;此时,预应力损失值仅考虑预应力钢筋锚固时(第一批)的损失,普通钢筋应力 σ_{l6}、σ'_{l6} 应取0;σ_{pc}、σ'_{pc} 值不得大于传力锚固时混凝土立方体抗压强度 f'_{cu} 的0.5倍;当 σ'_{pc} 为拉应力时,应取0;计算 σ_{pc}、σ'_{pc} 时,可根据构件制作情况,考虑自重的影响;

E_p——预应力钢筋的弹性模量;

α_{Ep}——预应力钢筋弹性模量与混凝土弹性模量的比值;

ρ、ρ'——构件受拉区、受压区全部纵向钢筋配筋率;

A——构件毛截面面积,对先张法构件,$A = A_0$;对后张法构件,$A = A_n$,其中,A_0、A_n 分别为换算截面面积和净截面面积;

i——截面回转半径,$i^2 = I/A$,先张法构件取 $I = I_0$,$A = A_0$;后张法构件取 $I = I_n$,$A = A_n$;其中 I_0、I_n 分别为换算截面惯性矩和净截面惯性矩;

e_p、e'_p——构件受拉区、受压区预应力钢筋截面重心至构件截面重心的距离;

e_s、e'_s——构件受拉区、受压区纵向普通钢筋截面重心至构件截面重心的距离;

e_{ps}、e'_{ps}——构件受拉区、受压区预应力钢筋和普通钢筋截面重心至构件截面重心轴的距离;

$\varepsilon_{cs}(t,t_0)$——预应力钢筋传力锚固龄期为 t_0、计算考虑的龄期为 t 时的混凝土收缩应变,其终极值按表10-3取值;

$\phi(t,t_0)$——加载龄期为 t_0、计算龄期为 t 时的徐变系数,其终极值 $\phi(t_u,t_0)$ 可按表10-5取值。

混凝土收缩应变和徐变系数终极值
表 10-5

传力锚固期(d)	40% ≤RH<70%				70% ≤RH<90%			
	理论厚度 h(mm)				理论厚度 h(mm)			
	100	200	300	≥600	100	200	300	≥600
混凝土收缩应变终极值 $\varepsilon_{cs}(t_u,t_0) \times 10^{-3}$								
3～7	0.50	0.45	0.38	0.25	0.30	0.26	0.23	0.15
14	0.43	0.41	0.36	0.24	0.25	0.24	0.21	0.14
28	0.38	0.38	0.34	0.23	0.22	0.22	0.20	0.13
60	0.31	0.34	0.32	0.22	0.18	0.20	0.19	0.12
90	0.27	0.32	0.3	0.21	0.16	0.19	0.18	0.12
混凝土徐变系数终极值 $\phi(t_u,t_0)$								
3	3.78	3.36	3.14	2.79	2.73	2.52	2.39	2.20
7	3.23	2.88	2.68	2.39	2.32	2.15	2.05	1.88
14	2.83	2.51	2.35	2.09	2.04	1.89	1.79	1.65
28	2.48	2.20	2.06	1.83	1.79	1.65	1.58	1.44
60	2.14	1.91	1.78	1.58	1.55	1.43	1.36	1.25
90	1.99	1.76	1.65	1.46	1.44	1.32	1.26	1.15

注:1. 表中 RH 代表桥梁所处环境的年平均相对湿度(%)。

2. 表中理论厚度 $h = 2A/u$,其中 A 为构件截面面积,u 为构件与大气接触的周边长度。当构件为变截面时,A 和 u 均可取其平均值。

3. 本表适用于由一般的硅酸盐类水泥或快硬水泥配制而成的混凝土,对 C50 及以上混凝土,表列数值应乘以 $\sqrt{\dfrac{32.4}{f_{ck}}}$,其中 f_{ck} 为混凝土轴心抗压强度标准值(MPa)。

4. 本表适用于季节性变化的平均温度在 -20 ～ +40℃。

5. 构件的实际传力锚固龄期、加载龄期或理论厚度为表列数值中间值时,收缩应变和徐变系数终极值可按直线内插法取值。

6. 在分阶段施工或结构体系转换中,当需计算阶段收缩应变和徐变系数时,可按《公桥规》附录 C 提供的方法进行。

减少混凝土收缩和徐变引起的应力损失的措施有:

(1)采用高强度水泥,减少水泥用量,降低水灰比,采用干硬性混凝土。

(2)采用级配较好的集料,加强振捣,提高混凝土的密实性。

(3)加强养护,以减少混凝土的收缩。

应当指出:混凝土收缩、徐变引起的预应力损失,与钢筋的松弛应力损失等是相互影响的,目前采用单独计算的方法不够完善。国际预应力混凝土协会(FIP)和我国学者已注意到这一问题。

以上各项预应力损失的估算值,可以作为一般设计的依据。但由于材料、施工条件等的不同,实际的预应力损失值与按上述方法计算的数值会有所出入。为了确保预应力混凝土结构在施工、使用阶段的安全,除加强施工管理外,还应做好应力损失值的实测工作,用所测得的实际应力损失值来调整张拉应力。

三、钢筋的有效预应力计算

1. 预应力损失的组合

上述各项预应力损失并不是同时发生的,其与张拉方式和工作阶段有关。现以损失发生在混凝土受到预压之前还是之后,把预应力损失分为第一批应力损失和第二批应力损失,其应力损失的组合见表10-6。

各阶段预应力损失值的组合 表10-6

预应力损失值的组合	先张法构件	后张法体内预应力混凝土构件
传力锚固时的损失(第一批)σ_{lI}	$\sigma_{l2} + \sigma_{l3} + \sigma_{l4} + 0.5\sigma_{l5}$	$\sigma_{l1} + \sigma_{l2} + \sigma_{l4}$
传力锚固后的损失(第二批)σ_{lII}	$0.5\sigma_{l5} + \sigma_{l6}$	$\sigma_{l5} + \sigma_{l6}$

2. 钢筋的有效预应力

预加应力阶段:

$$\sigma_{peI} = \sigma_{con} - \sigma_{lI} \tag{10-16}$$

使用阶段:

$$\sigma_{peII} = \sigma_{peI} - \sigma_{lII} = \sigma_{con} - \sigma_{lI} - \sigma_{lII} \tag{10-17}$$

以上式中符号意义同前。

§10-3　预应力混凝土受弯构件的承载力计算

素养点:
①遵守行业规范、标准,提升分析问题解决问题的能力;
②秉持"科学严谨"的工作态度,弘扬"精益求精"的工匠精神。

知识点:
①正截面和斜截面承载力的计算图式;
②正截面、斜截面承载力的计算公式及适用条件;
③预应力混凝土简支梁的承载力计算。

技能点:
能运用公式进行预应力混凝土受弯构件(简支梁)正截面和斜截面承载力的计算。

按承载能力极限状态对预应力混凝土受弯构件进行承载力计算,包括正截面承载力计算和斜截面承载力计算两部分内容。

一、正截面抗弯承载力计算

试验表明,预应力混凝土受弯构件破坏时,其正截面的应力状态和普通钢筋混凝土受弯构件类似。在适筋构件破坏的情况下,受拉区混凝土开裂后将退出工作,预应力钢筋及非预应力钢筋分别达到其抗拉强度设计值f_{pd}和f_{sd};受压区混凝土应力达到抗压强度设计值f_{cd},非预应力钢筋达到抗压强度设计值 f'_{sd} ,受压区预应力钢筋由于在施工阶段预先承受了预拉应力,进入使用阶段后,外弯矩增加,其预拉应力将逐渐减小,至构件破坏时,其计算应力 σ'_{pc} 可能仍为拉应力,也可能为压应力,但其值一般都达不到预应力钢筋的抗压强度设计值。

为简化计算,与钢筋混凝土梁一样,假定截面变形以后仍保持平面,不考虑混凝土的抗拉强度,受压区混凝土应力图形采用等效矩形代替实际曲线分布,可根据基本假定绘出计算应力图形(图 10-6),并仿照普通钢筋混凝土受弯构件,按静力平衡条件,计算预应力混凝土受弯构件正截面承载力。

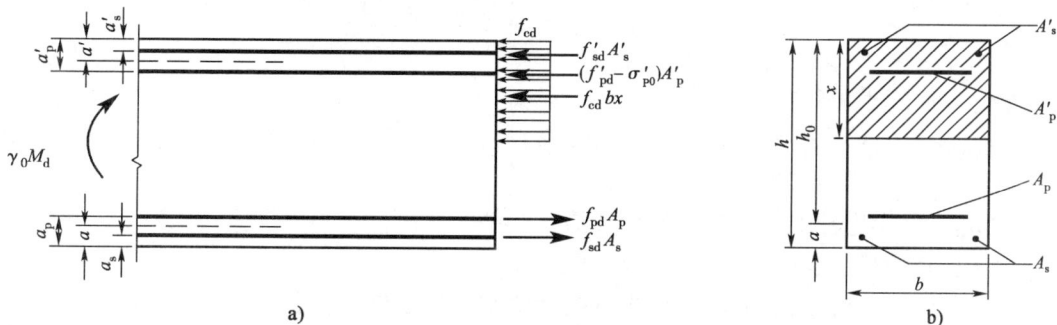

图 10-6　矩形截面预应力混凝土受弯构件正截面承载力计算简图

1. 基本公式

(1)矩形截面构件

配有预应力钢筋和普通钢筋的矩形截面(包括翼缘位于受拉区的 T 形截面)受弯构件,如图 10-6 所示。根据力的平衡条件可得正截面承载力计算公式如下:

$$\gamma_0 M_d = f_{cd}bx\left(h_0 - \frac{x}{2}\right) + f'_{sd}A'_s(h_0 - a'_s) + (f'_{pd} - \sigma'_{p0})A'_p(h_0 - a'_p) \tag{10-18}$$

$$f_{sd}A_s + f_{pd}A_p = f_{cd}bx + f'_{sd}A'_s + (f'_{pd} - \sigma'_{p0})A'_p \tag{10-19}$$

(2)T 形截面

仅采用纵向钢筋的翼缘位于受压区的 T 形或工字形截面受弯构件,其正截面抗弯承载力可按下列规定计算。T 形截面计算简图如图 10-7 所示,对于翼缘位于受压区的 T 形截面受弯构件,和钢筋混凝土梁一样,首先按下列条件判别 T 形截面属于哪一类。

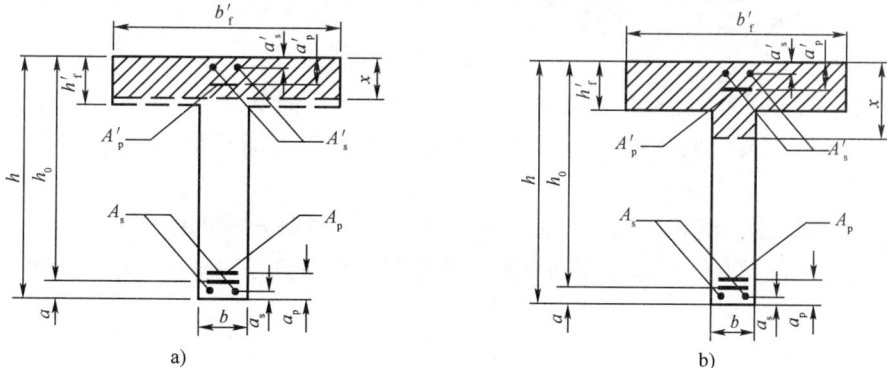

图 10-7　T 形截面受弯构件正截面承载力计算

a) $x \leqslant h'_f$ 按矩形截面计算;b) $x > h'_f$ 按 T 形截面计算

当满足式(10-20)的条件时,称为第一类 T 形截面,如图 10-7a)所示,构件可按宽度为 b'_f 的矩形截面计算。

$$f_{sd}A_s + f_{pd}A_p \leq f_{cd}b'_f h'_f + f'_{sd}A'_s + (f'_{pd} - \sigma'_{p0})A'_p \tag{10-20}$$

当不符合式(10-20)的条件时,表明截面中性轴通过腹板,即为第二类 T 形截面,如图 10-7b)所示。计算时应考虑截面腹板受压混凝土的作用,其正截面抗弯承载能力应按下列公式计算。

由受拉区预应力钢筋和非预应力钢筋合力点的力矩平衡条件,可得:

$$\gamma_0 M_d = f_{cd}\left[bx\left(h_0 - \frac{x}{2}\right) + (b'_f - b)h'_f\left(h_0 - \frac{h'_f}{2}\right)\right] + f'_{sd}A'_s(h_0 - a'_s) +$$
$$(f'_{pd} - \sigma'_{p0})A'_p(h_0 - a'_p) \tag{10-21}$$

由水平方向的平衡条件,得:

$$f_{sd}A_s + f_{pd}A_p = f_{cd}\left[bx + (b'_f - b)h'_f\right] + f'_{sd}A'_s + (f'_{pd} - \sigma'_{p0})A'_p \tag{10-22}$$

上述式中:γ_0——桥梁结构的重要性系数;

$\quad\quad M_d$——作用基本组合的弯矩设计值;

$\quad\quad f_{cd}$——混凝土轴心抗压强度设计值;

$\quad f_{sd}、f'_{sd}$——纵向普通钢筋的抗拉强度设计值和抗压强度设计值;

$\quad\quad h_0$——截面有效高度,$h_0 = h - a$;

$\quad\quad a$——受拉区普通钢筋和预应力钢筋的合力点至受拉区边缘的距离;

$\quad a'_s、a'_p$——受压区普通钢筋合力点、预应力钢筋合力点至受压区边缘的距离;

$\quad\quad \sigma'_{p0}$——受压区预应力钢筋的合力点处混凝土法向应力等于零时预应力钢筋的应力,对先张法构件,$\sigma'_{p0} = \sigma'_{con} - \sigma'_l + \sigma'_{l4}$;对后张法构件,$\sigma'_{p0} = \sigma'_{con} - \sigma'_l + \alpha_{Ep}\sigma'_{pc}$;其中 σ'_{con} 为受压区预应力钢筋的控制应力,σ'_l 为受压区预应力钢筋的全部预应力损失;σ'_{l4} 为先张法构件受压区弹性压缩损失;σ'_{pc} 为受压区预应力钢筋重心处由预加力产生的混凝土法向应力;α_{Ep} 为受压区预应力钢筋弹性模量与混凝土弹性模量的比值;

$\quad\quad h'_f$——T 形或工字形截面受压翼缘高度;

$\quad\quad b'_f$——T 形或工字形截面受压翼缘的有效宽度。

2. 公式适用条件

混凝土受压区高度应符合下列条件:

$$x \leq \xi_b h_0 \tag{10-23}$$

式中:ξ_b——预应力混凝土受弯构件正截面相对界限受压区高度。

当截面受压区配有纵向普通钢筋和预应力钢筋,且预应力钢筋受压,$f'_{pd} - \sigma'_{p0}$ 为正时:

$$x \geq 2a' \tag{10-24}$$

式中:a'——受压区普通钢筋和预应力钢筋的合力点至受压区边缘的距离。

当截面受压区仅配有纵向普通钢筋或配有普通钢筋和预应力钢筋,且预应力钢筋受拉,$f'_{pd} - \sigma'_{p0}$ 为负时:

$$x \geq 2a'_s \tag{10-25}$$

对于第二种 T 形截面,由于 $x > h'_f$,所以 $x \geq 2a'$ 或 $x \geq 2a'_s$ 的限制条件一般均能满足,故可不进行此项验算。

在应用受弯构件受压高度满足 $x \leqslant \xi_b h_0$ 的条件时,可不考虑按正常使用极限状态计算可能增加的纵向受拉钢筋截面面积和按构造要求配置的纵向钢筋截面面积。

若 $x < 2a'_s$,因受压钢筋离中性轴太近,变形不能充分发挥作用,受压钢筋的应力达不到抗压强度设计值。这时,截面所承受的计算弯矩,可由下列近似公式求得:

(1)当受压区配有纵向普通钢筋和预应力钢筋,且预应力钢筋受压时,有:

$$\gamma_0 M_d \leqslant f_{pd} A_p (h - a_p - a') + f_{sd} A_s (h - a_s - a') \tag{10-26}$$

(2)当受压区配有纵向普通钢筋或配有普通钢筋和预应力钢筋,且预应力钢筋受拉时,有:

$$\gamma_0 M_d \leqslant f_{pd} A_p (h - a_p - a') + f_{sd} A_s (h - a_s - a') - (f'_{pd} - \sigma'_{p0}) A'_p (a'_p - a'_s) \tag{10-27}$$

式中:a_s、a_p——受拉区普通钢筋合力点、预应力钢筋合力点至受拉区边缘的距离。

当按式(10-26)或式(10-27)算得的正截面承载力比不考虑非预应力受压钢筋 A'_s 还小时,应按不考虑非预应力受压钢筋计算。

承载力校核与截面选择的步骤与普通钢筋混凝土梁类似。由于篇幅有限,此处不再赘述。

由承载力计算公式[式(10-18)和式(10-21)]可以看出:构件的承载力 M_d 与受拉区钢筋是否施加预应力无关,但对受压区钢筋 A'_s 施加预应力后,钢筋 A'_s 的应力由 f'_{pd} 下降为 $f'_{pd} - \sigma'_{p0}$ 或者变为负值(即拉应力),因而降低了受弯构件的承载力和使用阶段的抗裂度。因此,只有在受压区确实需设置预应力钢筋 A'_p 时,才予以设置。

二、斜截面承载力计算

与钢筋混凝土构件一样,当预应力混凝土受弯构件在正截面承载力有足够保证时,仍有可能沿斜截面破坏(图10-8)。

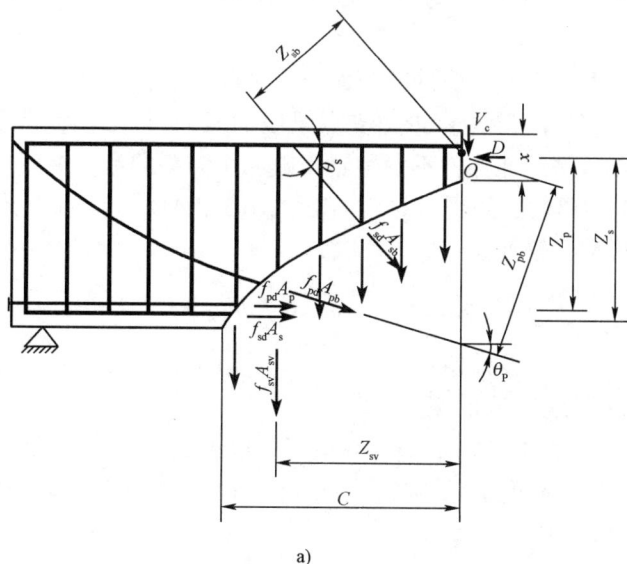

a)

图 10-8

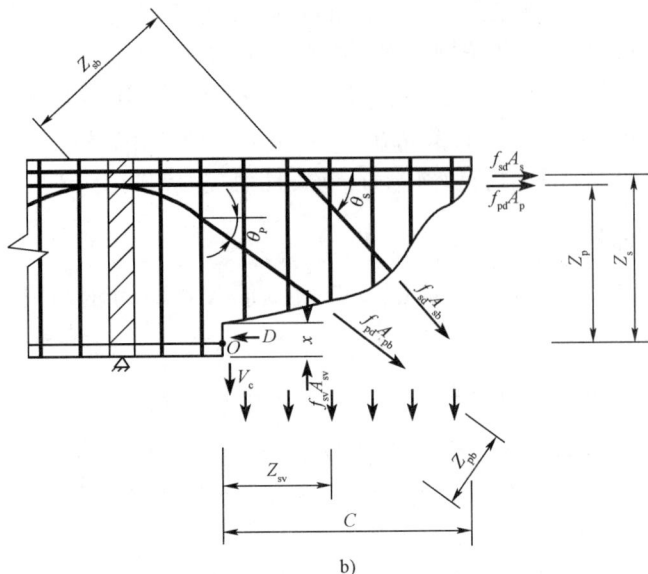

图 10-8　斜截面抗剪承载力计算示意图

a)简支梁和连续梁近边支点梁段;b)连续梁和悬臂梁近中间支点梁段

1. 斜截面抗剪承载力计算

计算预应力混凝土受弯构件的斜截面抗剪承载力时,其计算截面位置可参照钢筋混凝土受弯构件中有关规定处理。对于矩形、T 形和工字形截面的受弯构件,其抗剪截面应符合式(10-28)的要求:

$$\gamma_0 V_d \leqslant 0.51 \times 10^{-3} \sqrt{f_{cu,k}} b h_0 \quad (kN) \tag{10-28}$$

式中:V_d——验算截面处由作用(或荷载)产生的剪力设计值(kN);

b——相应于剪力设计值处的矩形截面宽度(mm)或 T 形和工字形截面腹板宽度(mm);

h_0——相应于剪力组合设计值处的截面有效高度(mm)。

对变高度(承托)连续梁,除验算近边支点梁段的截面尺寸外,尚应验算截面急剧变化处的截面尺寸。式(10-28)是保证构件不发生斜压破坏所需的最小混凝土截面尺寸。

当矩形、T 形和工字形截面的受弯构件符合式(10-29)时,可不进行斜截面抗剪承载力的验算,仅需按构造要求配置箍筋。

$$\gamma_0 V_d \leqslant 0.50 \times 10^{-3} \alpha_2 f_{td} b h_0 \quad (kN) \tag{10-29}$$

式中:f_{td}——混凝土抗拉强度设计值;

α_2——预应力提高系数,取值规定见后。

对于板式受弯构件,式(10-29)右边计算值可乘以 1.25 的提高系数。

矩形、T 形和工字形截面的受弯构件,当配置竖向预应力钢筋、箍筋和弯起钢筋时,其斜截面抗剪承载力应按式(10-30)进行验算:

$$\gamma_0 V_d \leqslant V_{cs} + V_{sb} + V_{pb} \tag{10-30}$$

$$V_{cs} = \alpha_1\alpha_2\alpha_3 0.45 \times 10^{-3}bh_0\sqrt{(2 + 0.6P)}\sqrt{f_{cu,k}}(\rho_{sv}f_{sv} + 0.6\rho_{pv}f_{pv}) \qquad (10\text{-}31)$$

$$V_{sb} = 0.75 \times 10^{-3}f_{sd}\sum A_{sb}\sin\theta_s \qquad (10\text{-}32)$$

$$V_{pb} = 0.75 \times 10^{-3}f_{pd}\sum A_{pb}\sin\theta_p \qquad (10\text{-}33)$$

式中: V_d——斜截面受压端正截面上作用基本组合产生的最大剪力设计值(kN);

V_{cs}——斜截面内混凝土和箍筋共同的抗剪承载力设计值(kN);

V_{sb}——与斜截面相交的普通弯起钢筋抗剪承载力设计值(kN);

V_{pb}——与斜截面相交的体内预应力弯起钢筋抗剪承载力设计值(kN);

α_1——异号弯矩影响系数,计算简支梁和连续梁近边支点梁段的抗剪承载力时, $\alpha_1 = 1.0$; 计算连续梁和悬臂梁近中间支点梁段的抗剪承载力时, $\alpha_1 = 0.9$;

α_2——预应力提高系数,对钢筋混凝土受弯构件, $\alpha_2 = 1.0$;对预应力混凝土受弯构件, $\alpha_2 = 1.25$,但当由钢筋合力引起的截面弯矩与外弯矩的方向相同时,或对于允许出现裂缝的预应力混凝土受弯构, $\alpha_2 = 1.0$;

α_3——受压翼缘的影响系数,对矩形截面, $\alpha_3 = 1.0$;对 T 形和工字形截面, $\alpha_3 = 1.1$;

b——斜截面剪压区对应正截面处的矩形截面宽度(mm),或 T 形和工字形截面腹板宽度(mm);

h_0——截面的有效高度(mm),取斜截面剪压区对应正截面处自纵向受拉钢筋合力点至受压边缘的距离;

P——斜截面内纵向受拉钢筋的配筋百分率, $P = 100\rho$, $\rho = (A_p + A_s)/(bh_0)$,当 $P > 2.5$ 时,取 $P = 2.5$;

$f_{cu,k}$——边长为 150mm 的混凝土立方体抗压强度标准值(MPa);

ρ_{sv} 、 ρ_{pv} ——斜截面内箍筋、竖向预应力钢筋配筋率, $\rho_{sv} = A_{sv}/(S_vb)$, $\rho_{pv} = A_{pv}/(S_pb)$;

f_{sv} 、 f_{pv} ——箍筋、竖向预应力钢筋的抗拉强度设计值(MPa),按表 1-5a、表 1-5b 采用;

A_{sv} 、 A_{pv} ——斜截面内配置在同一截面的箍筋、竖向预应力钢筋的总截面面积(mm²);

S_v 、 S_p ——斜截面内箍筋、竖向预应力钢筋的间距(mm);

A_{sb} 、 A_{pb} ——斜截面内在同一弯起平面的普通弯起钢筋、预应力弯起钢筋的截面面积(mm²);

θ_s 、 θ_p ——普通弯起钢筋、体内预应力弯起钢筋的切线与水平线的夹角,按斜截面剪压区对应正截面处取值。

在计算斜截面抗剪承载力时,其计算截面位置的确定方法与普通钢筋混凝土受弯构件计算斜截面抗剪承载力时计算截面位置的方法相同。以上斜截面抗剪承载力计算公式仅适用于等高度的简支梁。

2. 斜截面抗弯承载力计算

当纵向钢筋较少时,预应力混凝土受弯构件也有可能发生斜截面的弯曲破坏。预应力混凝土受弯构件斜截面抗弯承载力一般同普通混凝土受弯构件一样,可以通过构造措施来加以保证,如果要计算,计算的方法和步骤与钢筋混凝土受弯构件相同,只需要加入预应力钢筋的各项抗弯能力即可。矩形、T 形和工字形截面的受弯构件,其斜截面抗弯承载力应按下列规定进行验算(图 10-8):

$$\gamma_0 M_d \leqslant f_{sd}A_sZ_s + f_{pd}A_pZ_p + \sum f_{sd}A_{sb}Z_{sb} + \sum f_{pd}A_{pb}Z_{pb} + \sum f_{sv}A_{sv}Z_{sv} \qquad (10\text{-}34)$$

式中:M_d——斜截面受压端正截面的最大弯矩组合设计值;

Z_s、Z_p——纵向普通受拉钢筋合力点、纵向预应力受拉钢筋合力点至受压区中心点 O 的距离;

Z_{sb}、Z_{pb}——与斜截面相交的同一弯起平面内普通弯起钢筋合力点、预应力弯起钢筋合力点至受压区中心点 O 的距离;

Z_{sv}——与斜截面相交的同一平面内箍筋合力点至斜截面受压端的水平距离。

计算斜截面抗弯承载力时,其最不利斜截面的位置需选在预应力钢筋数量变少、箍筋截面与间距变化处,以及构件混凝土截面腹板厚度变化处等。但其斜截面的水平投影长度 C(图 10-8b),仍需自下而上,按不同倾斜角度试算确定。最不利的斜截面水平投影长度按式(10-35a)试算确定:

$$\gamma_0 M_d = \sum f_{sd}A_{sb}\sin\theta_s + \sum f_{pd}A_{pb}\sin\theta_p + \sum f_{sv}A_{sv} \qquad (10\text{-}35a)$$

假设最不利斜截面与水平方向的夹角为 α,水平投影长度为 C,则该斜截面上箍筋截面面积为 $\sum A_{sv} = A_{sv} \cdot C/S_v$,代入式(10-35b)可得最不利水平投影长度 C 的表达式为

$$C = \frac{\gamma_0 V_d - \sum f_{pd}A_{pb}\sin\theta_p}{f_{sv} \cdot A_{sv}/S_v} \qquad (10\text{-}35b)$$

式中:V_d——斜截面剪压区正截面上相应于最大弯矩设计值的剪力值;

S_v——箍筋间距(mm);

其余符号意义同前。

水平投影长度 C 确定后,尚应确定剪压区正截面合力作用点的位置 O,以便确定各力臂的长度。

斜截面受压端受压区高度 x,按斜截面内所有力对构件纵向轴投影之和为零的平衡条件求得。

预应力混凝土受弯构件斜截面抗弯承载力计算比较烦琐,也可以与普通钢筋混凝土受弯构件一样,多是用构造措施来加以保证,具体可参照钢筋混凝土梁的有关规定(见单元四)。

例 10-2 某预应力混凝土变截面简支 T 形截面梁桥,其截面尺寸如图 10-9 所示;作用在跨中、$L/4$、变截面和支点处的作用组合效应值见表 10-7;主梁采用 C50 混凝土,配置三束预应力钢筋(每束 6ϕ^s15.2 低松弛钢绞线),预应力钢筋截面面积 $A_p = 2502mm^2$,非预应力钢筋 5 Φ 18,$A_s = 1272mm^2$。箍筋采用 HRB400 双肢,直径 $d = 12mm$。预应力钢束在各截面的位置 a_p 及其倾角 θ_p 值见表 10-8。

梁各截面作用组合效应值 表 10-7

计算截面		作用组合		
		基本组合 1.0×(1.2 恒+1.4 汽+0.75×人)	频遇组合(0.7×汽+0.4 人)	准永久组合(0.4 汽+0.4 人)
跨中截面	M_{max}(kN·m)	5929.9	1092.9	635.8
	V_{max}(kN)	156.3	72.0	41.5
$L/4$ 截面	M_{max}(kN·m)	4491.9	840.7	488.1
	V_{max}(kN)	677.4	203.1	116.9

续上表

计算截面		作用组合		
		基本组合$1.0 \times (1.2$恒$+$ 1.4汽$+0.75 \times$人$)$	频遇组合$(0.7 \times$汽$+$ 0.4人$)$	准永久组合$(0.4$汽$+$ 0.4人$)$
变化点 截面	$M_{\max}(kN \cdot m)$	3109.7	622.2	360.0
	$V_{\max}(kN)$	677.2	156.8	90.7
支点截面	$V_{\max}(kN)$	976.8	231.7	133.8

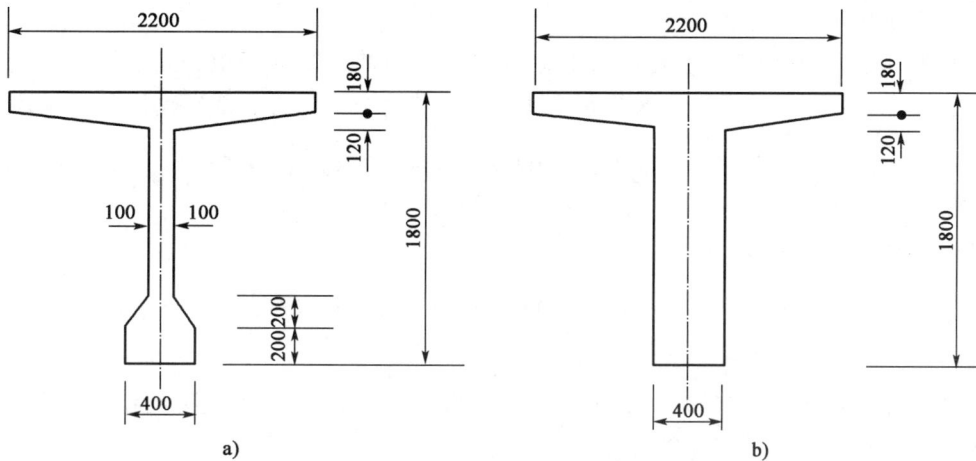

图 10-9 T形截面尺寸图(尺寸单位:mm)

a)跨中截面;b)支点截面

预应力钢束在各截面的位置 a_p 值及其倾角 θ_p　　表 10-8

计算截面	跨中截面			L/4 截面			变化点截面			支点截面		
钢束编号	N1	N2	N3	N1	N2	N3	N1	N2	N3	N1	N2	N3
钢束至 截面 下缘的 距离 a_p (mm)	100			581	102	100	1068	346	100	1588	864	456
钢束倾角 θ_p	0			8	0.705	0	8	7.342	0	8	8	8

试进行该梁正截面承载力和截面变化点斜截面抗剪承载力计算。

解：根据已知条件,预应力钢筋抗拉强度设计值 $f_{pd} = 1260MPa$,非预应力钢筋抗拉强度设计值 $f_{sd} = 330MPa$;C50 混凝土抗压强度设计值 $f_{cd} = 22.4MPa$;箍筋设计强度 $f_{sv} = 330MPa$;受压区 $A'_p = 0$,$A'_s = 0$。

(1)正截面承载力计算

以弯矩最大的跨中截面为计算截面。

①用式(10-20)判断 T 形截面类型

$$f_{sd}A_s + f_{pd}A_p = 330 \times 1272 + 1260 \times 2502 = 3572.28(kN)$$

$$f_{cd}b'_f h'_f + f'_{sd}A'_s + (f'_p - \sigma'_{po})A'_p = 22.4 \times 2200 \times 228 + 0 = 11235.84(kN)$$

$f_{sd}A_s + f_{pd}A_p < f_{cd}b'_f h'_f$,属于第一类 T 形截面。

②计算受压区高度 x

由式(10-22)计算受压区高度 x,即

$$x = \frac{f_{pd}A_p + f_{sd}A_s}{f_{cd}b'_f} = \frac{1260 \times 2502 + 330 \times 1272}{22.4 \times 2200} = 72.5(mm) < h'_f = 180(mm)$$

受压区位于翼缘板内,符合第一类 T 形截面。

③计算截面的有效高度

根据图 10-5c),可知跨中截面的预应力钢筋至底边的距离 $a_p = 100mm$,非预应力钢筋至底边的距离 $a_s = 45mm$,则预应力钢筋和非预应力钢筋的合力作用点至底边的距离 a 为:

$$a = \frac{f_{pd}A_p a_p + f_{sd}A_s a_s}{f_{pd}A_p + f_{sd}A_s} = \frac{1260 \times 2502 \times 100 + 330 \times 1272 \times 45}{1260 \times 2502 + 330 \times 1272} = 93.5(mm)$$

则截面有效高度 h_0 为:

$$h_0 = h - a = 1800 - 93.5 = 1706.5(mm)$$

④计算正截面的承载力

跨中截面的最大弯矩 $M_d = 5929.9kN \cdot m$,因属于第一类 T 形截面,按尺寸为 $b'_f \times h$ 的矩形截面计算正截面承载力。根据公式(10-18)可得:

$$M_u = f_{cd}b'_f x(h_0 - x/2) = 22.4 \times 2200 \times 72.5 \times (1706.5 - 72.5/2)$$

$$= 5967.469 \times 10^6(N \cdot mm) = 5967.469(kN \cdot m) > \gamma_0 M_d$$

$$= 1 \times 5929.9 = 5929.9(kN \cdot m)$$

跨中正截面承载力满足要求。

(2)截面变化点斜截面抗剪承载力计算

根据表 10-10,可知截面变化点的剪力最大值 $V_d = V_{max} = 667.2kN$;

变化点截面尺寸:腹板厚度 $b = 200mm$,预应力钢束重心至截面下缘的距离 $a_p = (1068 + 346 + 100)/3 = 504.7(mm)$,纵向受拉钢筋合力点至截面下缘的距离 a 为

$$a = \frac{f_{pd}A_p a_p + f_{sd}A_s a_s}{f_{pd}A_p + f_{sd}A_s} = \frac{1260 \times 2502 \times 504.7 + 330 \times 1272 \times 45}{1260 \times 2502 + 330 \times 1272} = 450.7(mm)$$

截面有效高度 $h_0 = h - a = 1800 - 450.7 = 1349.3(mm)$

①复核抗剪截面的上、下限值

变化点截面上限值:

$$0.51 \times 10^{-3}\sqrt{f_{cu,k}}bh_0 = 0.51 \times 10^{-3} \times \sqrt{50} \times 200 \times 1349.3$$

$$= 973.18(kN) > \gamma_0 V_d = 1 \times 677.2 = 677.2(kN)$$

截面尺寸满足要求。

下限值:预应力提高系数 $\alpha_2 = 1.25$

$$0.5 \times 10^{-3} \alpha_2 f_{td} b h_0 = 0.5 \times 10^{-3} \times 1.25 \times 1.83 \times 200 \times 1349.3$$
$$= 308.652(\text{kN}) < \gamma_0 V_d = 677.2(\text{kN})$$

需要配置抗剪钢筋。

②计算斜截面抗剪承载力

按公式(10-30)和式(10-31)进行计算斜截面抗剪承载力

$$\gamma_0 V_d \leqslant V_{cs} + V_{sb} + V_{pb}$$

$$V_{cs} = 0.45 \times 10^{-3} \alpha_1 \alpha_2 \alpha_3 b h_0 \sqrt{(2 + 0.6P)\sqrt{f_{cu,k}}(\rho_{sv} f_{sv} + 0.6\rho_{pv} f_{pv})}$$

取 $V_{sb} = 0$, $V_{pb} = 0.75 \times 10^{-3} f_{pd} \sum A_{pb} \sin\theta_p$。

式中：$\alpha_1 = 1.0, \alpha_2 = 1.25, \alpha_3 = 1.1$。

$$p = 100\rho = 100 \times \frac{A_p + A_{pb} + A_s}{b h_0} = 100 \times \frac{2502 + 0 + 1272}{200 \times 1349.3} = 1.399$$

箍筋选用双肢 $d = 12\text{mm}$ 的 HRB400 钢筋，$f_{sv} = 330\text{MPa}$，间距 $s_v = 200\text{mm}$，$A_{sv} = 2 \times 113.1 = 226.2\text{mm}^2$。

$$\rho_{sv} = \frac{A_{sv}}{s_v b} = \frac{226.2}{200 \times 200} = 0.0057$$

变截面点钢束倾角 $\theta_p = (8° + 7.342° + 0°)/3 = 5.114°$

$$V_{cs} = 1 \times 1.25 \times 1.1 \times 0.45 \times 10^{-3} \times 200 \times 1349.3 \times \sqrt{(2 + 0.6 \times 1.399) \times \sqrt{50} \times 0.00566 \times 330}$$
$$= 166.976 \times 6.124 = 1022.527(\text{kN})$$

$$V_{pb} = 0.75 \times 10^{-3} \times 1260 \times 2502 \times \sin 5.114° = 210.756(\text{kN})$$

$$V_{cs} + V_{sb} + V_{pb} = 1022.527 + 0 + 210.756 = 1233.283(\text{kN}) > \gamma_0 V_d$$
$$= 1 \times 677.2 = 677.2(\text{kN})$$

截面变化点处斜截面抗剪承载力满足要求。

§10-4　预应力混凝土受弯构件的应力计算

由于对预应力混凝土构件施加预应力以后截面应力状态较为复杂，各个受力阶段均有其不同受力特点，除了计算构件承载力外，还要计算弹性阶段的构件应力。这些应力包括截面混凝土的法向应力、钢筋的拉应力和斜截面混凝土的主压应力。构件的应力计算实质上是构件的强度计算，是对构件承载力计算的补充。对预应力混凝土简支结构，只计算预应力引起的主效应；对预应力混凝土连续梁等超静定结构，除了主效应之外，尚应计算预应力引起的次效应。应力计算又可分为短暂状况的应力计算和持久状况的应力计算。

课题一　短暂状况的应力计算

> **素养点：**
> ①遵守行业规范、标准，提升分析问题解决问题的能力；
> ②秉持"科学严谨"的工作态度，弘扬"精益求精"的工匠精神。
>
> **知识点：**
> ①应力计算内容；
> ②预加应力阶段，构件运输、吊装阶段的受力特点及应力计算；
> ③了解应力限值的相关规定。
>
> **技能点：**
> 能运用公式进行预应力混凝土受弯构件在施工阶段的正截面和斜截面应力的计算。

预应力混凝土受弯构件按短暂状况计算时，应计算其在施工阶段（制作、运输及安装等）由于预应力作用、构件自重和施工荷载等引起的正截面和斜截面的应力，且不应超过规定的应力限值。对于施工荷载，除有特别规定外，均采用标准值。当有组合时，不考虑荷载组合系数。当采用吊（机）车行驶于桥梁进行构件安装时，应对已安装就位的构件进行验算，吊（机）车作用应乘以 1.15 的荷载系数，但当由吊（机）车产生的效应设计值小于按持久状况承载能力极限状态计算的荷载效应组合设计值时，则可不必验算。

一、预加应力阶段的正应力计算

这一阶段，主要承受偏心的预加力 N_p 和梁一期恒载（自重荷载）G_1，作用效应 M_{G1} 可采用材料力学中偏心受压的公式进行计算。本阶段的受力特点是因预应力损失值最小，所以预加力 N_p 值最大；由于仅有梁的自重作用，所以外荷载最小。对于简支梁来说，其受力最不利截面往往在支点附近，特别是直线配筋的预应力混凝土等截面简支梁，其支点上缘拉应力常常成为计算的控制关键点。

1. 由预加力 N_p 产生的混凝土法向压应力 σ_{pc} 和法向拉应力 σ_{pt}

（1）先张法构件

$$\left.\begin{aligned}\sigma_{pc} &= \frac{N_{p0}}{A_0} + \frac{N_{p0}e_{p0}}{I_0}y_0 \\ \sigma_{pt} &= \frac{N_{p0}}{A_0} - \frac{N_{p0}e_{p0}}{I_0}y_0\end{aligned}\right\} \tag{10-36}$$

式中：N_{p0}——先张法构件的预应力钢筋和普通钢筋的合力[图 10-10a)]：

$$N_{p0} = \sigma_{p0}A_p + \sigma'_{p0}A'_p - \sigma_{l6}A_s - \sigma'_{l6}A'_s \tag{10-37}$$

e_{p0}——先张法构件的预应力钢筋和普通钢筋的合力的偏心距；

$$e_{p0} = \frac{\sigma_{p0}A_p y_p - \sigma'_{p0}A'_p y'_p - \sigma_{l6}A_s y_s + \sigma'_{l6}A'_s y'_s}{N_{p0}} \tag{10-38}$$

σ_{p0}、σ'_{p0}——受拉区、受压区体内预应力钢筋合力点处混凝土法向应力等于零时的预应力钢筋应力，$\sigma_{p0} = \sigma_{con} - \sigma_l + \sigma_{l4}$，$\sigma'_{p0} = \sigma'_{con} - \sigma'_l + \sigma'_{l4}$，其中 σ_{l4}、σ'_{l4} 为受拉区、受压区预应力钢筋由混凝土弹性压缩引起的预应力损失，σ_l、σ'_l 为受拉区、受压区相应阶段预应力损失值；

A_p、A'_p——受拉区、受压区体内预应力钢筋的截面面积；

A_s、A'_s——受拉区、受压区普通钢筋的截面面积；

y_p、y'_p——受拉区、受压区预应力钢筋合力点至换算截面重心轴的距离；

y_s、y'_s——受拉区、受压区普通钢筋重心至换算截面重心轴的距离；

y_0——截面计算纤维处至构件全截面换算截面重心轴的距离；

I_0——构件全截面换算截面惯性矩；

A_0——构件全截面换算截面的面积。

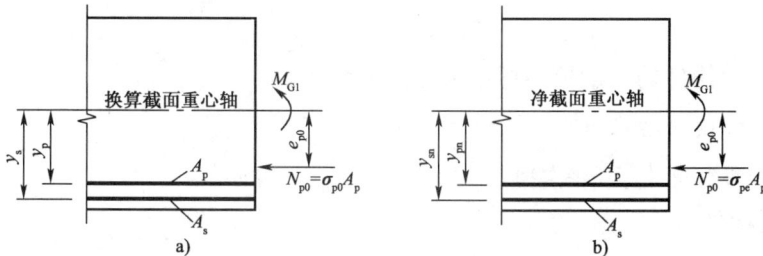

图 10-10　预加应力阶段预应力钢筋和非预应力钢筋合力及其偏心距
a）先张法构件；b）后张法构件

（2）后张法体内预应力混凝土构件

由预加力产生的混凝土法向压应力 σ_{pc} 和拉应力 σ_{pt} 可按式（10-39）计算：

$$\left. \begin{array}{l} \sigma_{pc} = \dfrac{N_p}{A_n} + \dfrac{N_p e_{pn}}{I_n}y_n + \dfrac{M_{p2}}{I_n}y_n \\[3mm] \sigma_{pt} = \dfrac{N_p}{A_n} - \dfrac{N_p e_{pn}}{I_n}y_n - \dfrac{M_{p2}}{I_n}y_n \end{array} \right\} \tag{10-39}$$

式中：N_p——后张法构件体内预应力钢筋和普通钢筋的合力：

$$N_p = \sigma_{pe}A_p + \sigma'_{pe}A'_p - \sigma_{l6}A_s - \sigma'_{l6}A'_s \tag{10-40}$$

M_{p2}——由预加力 N_p 在后张法预应力混凝土连续梁等超静定结构中产生的次弯矩；

σ_{pe}、σ'_{pe}——受拉区、受压区体内预应力钢筋的有效预应力：

$$\sigma'_{pe} = \sigma'_{con} - \sigma'_l$$

$$\sigma_{pe} = \sigma_{con} - \sigma_l$$

σ_l、σ'_l——受拉区、受压区相应阶段的预应力损失值；

σ_{con}、σ'_{con}——受拉区、受压区预应力钢筋的张拉控制应力；

σ_{l6}、σ'_{l6}——受拉区、受压区预应力钢筋在各自合力点处由混凝土收缩和徐变引起的预应力损失值；

e_{pn}——预应力钢筋和普通钢筋的合力偏心距：

$$e_{pn} = \frac{\sigma_{pe}A_p y_{pn} - \sigma'_{pe}A'_p y'_{pn} - \sigma_{l6}A_s y_{sn} + \sigma'_{l6}A'_s y'_{sn}}{N_p} \qquad (10\text{-}41)$$

$y_{sn}、y'_{sn}$——受拉区、受压区普通钢筋重心至净截面重心轴的距离；

$y_{pn}、y'_{pn}$——受拉区、受压区体内预应力钢筋合力点至净截面重心轴的距离；

I_n——构件净截面惯性矩；

A_n——构件净截面的面积，即扣除管道等削弱部分后的混凝土全部截面面积与纵向普通钢筋截面面积换算成混凝土的截面面积之和；对由不同强度等级混凝土组成的截面，应按混凝土弹性模量比值换算成同一强度等级混凝土的截面面积。

2. 由构件一期恒载 G_1 产生的混凝土正应力 σ_{G1}

（1）先张法构件

$$\sigma_{G1} = \pm M_{G1} \cdot \frac{y_0}{I_0} \qquad (10\text{-}42)$$

（2）后张法构件

$$\sigma_{G1} = \pm M_{G1} \cdot \frac{y_n}{I_n} \qquad (10\text{-}43)$$

式中：M_{G1}——受弯构件的一期恒载标准值产生的弯矩。

3. 预加应力阶段的总应力

预加应力阶段截面上、下缘混凝土的正应力（$\sigma^t_{ct}、\sigma^t_{cc}$）如下：

（1）先张法构件

$$\left.\begin{array}{l} \sigma^t_{ct} = \dfrac{N_{p0}}{A_0} - \dfrac{N_{p0}e_{p2}}{W_{0u}} + \dfrac{M_{G1}}{W_{0u}} \\[3mm] \sigma^t_{cc} = \dfrac{N_{p0}}{A_0} + \dfrac{N_{p0}e_{p0}}{W_{0b}} - \dfrac{M_{G1}}{W_{0b}} \end{array}\right\} \qquad (10\text{-}44)$$

（2）后张法构件

$$\left.\begin{array}{l} \sigma^t_{ct} = \dfrac{N_p}{A_n} - \dfrac{N_p e_{pn}}{W_{nu}} + \dfrac{M_{p2}}{W_{nu}} + \dfrac{M_{G1}}{W_{nu}} \\[3mm] \sigma^t_{cc} = \dfrac{N_p}{A_n} + \dfrac{N_p e_{pn}}{W_{nb}} - \dfrac{M_{p2}}{W_{nb}} - \dfrac{M_{G1}}{W_{nb}} \end{array}\right\} \qquad (10\text{-}45)$$

式中：$W_{0u}、W_{0b}$——构件全截面换算截面对混凝土上、下缘的截面抵抗矩；

$W_{nu}、W_{nb}$——构件净截面对混凝土上、下缘的截面抵抗矩；

其余符号意义同前。

二、运输、吊装阶段的正应力计算

此阶段构件的应力计算方法与预加应力阶段相同。需要注意的是，该阶段预加力 N_p 已变小；计算一期恒载作用下产生的弯矩时应考虑计算图式的变化，并考虑动力系数（参见§10-1）。

三、施工阶段混凝土的限制应力

《公桥规》要求，按式（10-44）、式（10-45）算得的混凝土法向应力或由运输、吊装阶段算得的混凝土法向应力应符合下列规定。

1. 混凝土压应力 σ_{cc}^t

本阶段预压应力最大。混凝土的预压应力越高,沿梁轴方向的变形越大,相应引起构件横向拉应变越大;压应力过高将使构件出现过大的上拱度,而且可能产生沿钢筋方向的裂缝;此外,压应力过高,会使受压区混凝土进入非线性徐变阶段。为此,《公桥规》规定,在预应力和构件自重等荷载作用下,预应力混凝土受弯构件截面边缘混凝土的法向压应力应满足:

$$\sigma_{cc}^t \leqslant 0.70 f_{ck}' \quad\quad (10\text{-}46)$$

式中:f_{ck}'——制作、运输、安装各施工阶段的混凝土轴心抗压强度标准值,可按强度标准值表由直线内插得到。

2. 混凝土拉应力 σ_{ct}^t

《公桥规》根据预拉区边缘混凝土的拉应力大小,通过配置规定数量的纵向非预应力钢筋来防止出现裂缝,具体规定为:

(1)当 $\sigma_{ct}^t \leqslant 0.70 f_{tk}'$ 时,预拉区应配置的纵向钢筋配筋率不小于0.2%;

(2)当 $\sigma_{ct}^t = 1.15 f_{tk}'$ 时,预拉区应配置的纵向钢筋配筋率不小于0.4%;

(3)当 $0.70 f_{tk}' < \sigma_{ct}^t < 1.15 f_{tk}'$ 时,预拉区应配置的纵向钢筋配筋率按以上两者通过直线内插取用;

(4)拉应力 σ_{ct}^t 不应超过 $1.15 f_{tk}'$。

上述配筋率为 $\dfrac{A_s' + A_p'}{A}$,先张法构件计入 A_p',后张法构件不计 A_p'。A_p' 为预拉区预应力钢筋截面面积;A_s' 为预拉区普通钢筋截面面积;A 为构件毛截面面积。

课题二　持久状况的应力计算

素养点:

①遵守行业规范、标准,提升分析问题解决问题的能力;

②秉持"科学严谨"的工作态度,弘扬"精益求精"的工匠精神。

知识点:

①持久状况的计算内容及计算特点;

②构件正截面法向应力和斜截面主应力的计算公式;

③应力限值的相关规定。

技能点:

能进行预应力混凝土受弯构件在使用阶段混凝土正截面压应力和斜截面主应力和受拉区钢筋的拉应力的计算。

预应力混凝土受弯构件按持久状况计算内容是,计算使用阶段正(斜)截面混凝土的法向压应力、混凝土主应力和受拉区钢筋的拉应力,并不得超过规定的限值。本阶段的计算特点是:预应力损失已全部完成,有效预应力 σ_{pe} 最小,将其相应的永存预加力效应考虑在内,所有荷载分项系数均取为 1.0。

计算时,应取最不利截面进行控制验算,对于直线配筋等截面简支梁,一般以跨中为最不利控制截面;但对于曲线配筋的等截面或变截面简支梁,则应根据预应力钢筋的弯起和混凝土截面变化的情况,确定其计算控制截面,一般可取跨中、$l/4$、$l/8$ 支点截面和截面变化处的截面进行计算。

一、正截面法向应力计算

在配有非预应力钢筋的预应力混凝土构件中(图 10-11),混凝土的收缩和徐变使非预应力钢筋产生与预压力相反的内力,从而减小了受拉区混凝土的法向预压应力。为简化计算,非预应力钢筋的应力值均近似取混凝土收缩和徐变引起的预应力损失值来计算。

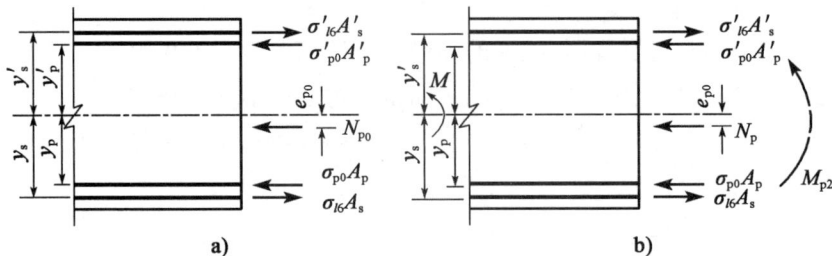

图 10-11 使用阶段预应力钢筋和非预应力钢筋合力及其偏心距
a)先张法构件;b)后张法构件

(一)全预应力混凝土和 A 类预应力混凝土受弯构件

1. 先张法构件

对于先张法构件,使用荷载作用效应仍由钢筋与混凝土共同承受,其截面几何特性也采用换算截面计算。此时,由作用(荷载)标准值和预加力在构件截面上缘产生的混凝土法向压应力为:

$$\sigma_{cu} = \sigma_{pt} + \sigma_{kc} = \left(\frac{N_{p0}}{A_0} - \frac{N_{p0} \cdot e_{p0}}{W_{0u}} \right) + \frac{M_{G1}}{W_{0u}} + \frac{M_{G2}}{W_{0u}} + \frac{M_Q}{W_{0u}} \qquad (10\text{-}47)$$

预应力钢筋中的最大拉应力为:

$$\sigma_{pmax} = \sigma_{pe} + \sigma_p = \sigma_{pe} + \alpha_{Ep} \left(\frac{M_{G1}}{I_0} + \frac{M_{G2}}{I_0} + \frac{M_Q}{I_0} \right) \cdot y_{p0} \qquad (10\text{-}48)$$

式中:σ_{kc} ——作用(或荷载)标准值产生的混凝土法向压应力;

$\quad\quad\sigma_{pe}$ ——预应力钢筋的永存预应力,即 $\sigma_{pe} = \sigma_{con} - \sigma_l$;

$\quad\quad N_{p0}$ ——使用阶段预应力钢筋和非预应力钢筋的合力[图 10-8a)],按式(10-37)计算;

$\quad\quad e_{p0}$ ——预应力钢筋和非预应力钢筋合力作用点至构件换算截面重心轴的距离,按式(10-38)计算;

$\quad\quad W_{0u}$ ——构件混凝土换算截面对截面上缘的抵抗力,$W_{0u} = \dfrac{I_0}{y_0}$;

α_{Ep}——预应力钢筋与混凝土的弹性模量比；

M_{G1}——由构件自重（一期恒载）产生的弯矩；

M_{G2}——由桥面铺装、人行道和护栏等二期恒载标准值产生的弯矩；

M_Q——由可变荷载标准值计算的截面最不利弯矩，汽车荷载考虑冲击系数；

I_0——构件换算截面惯性矩；

y_{p0}——构件换算截面重心至计算预应力钢筋截面形心的距离；

y_0——构件换算截面重心至混凝土受压边缘的距离。

2. 后张法构件

后张法受弯构件在承受二期恒载及可变作用时，一般情况下构件预留孔道均已压浆凝固，认为钢筋与混凝土已成为整体并能有效地共同工作，故二期恒载与活载作用时均按换算截面计算。预加力 N_p 和梁的一期恒载 G_1 作用时，孔道尚未压浆，故其产生的混凝土应力仍按混凝土净截面计算。由作用（或荷载）标准值和预应力在构件截面上缘引起的混凝土压应力（σ_{cu}）为

$$\sigma_{cu} = \sigma_{pc} + \sigma_{kc} = \left(\frac{N_p}{A_0} - \frac{N_p \cdot e_{pn}}{W_{nu}} \right) + \frac{M_{G1}}{W_{nu}} + \frac{M_{G2}}{W_{0u}} + \frac{M_Q}{W_{0u}} \tag{10-49}$$

预应力钢筋中的最大拉应力为

$$\sigma_{pmax} = \sigma_{pe} + \sigma_p = \sigma_{pe} + \alpha_{Ep} \frac{M_{G2} + M_Q}{I_0} y_{0p} \tag{10-50}$$

式中：N_p——预应力钢筋和非预应力钢筋的合力，按式（10-40）计算；

σ_{pe}——受拉区预应力钢筋的有效预应力，$\sigma_{pe} = \sigma_{con} - \sigma_l$；

W_{nu}——构件混凝土净截面对截面上缘的抵抗矩；

e_{pn}——预应力钢筋和普通钢筋的合力偏心距，按式（10-41）计算；

y_{0p}——计算的预应力钢筋重心到换算截面重心轴的距离。

（二）允许开裂的 B 类预应力混凝土受弯构件

由作用标准值产生的混凝土法向压应力和预应力钢筋的应力增量，可按下列公式计算（图 10-12）。

1. 开裂截面混凝土压应力

$$\sigma_{cc} = \frac{N_{p0}}{A_{cr}} + \frac{N_{p0} e_{0N} c}{I_{cr}} \tag{10-51}$$

$$e_{0N} = e_N + c \tag{10-52}$$

$$e_N = \left(\frac{M_k \pm M_{p2}}{N_{p0}} \right) - h_{ps} \tag{10-53}$$

$$h_{ps} = \frac{\sigma_{p0} A_p h_s - \sigma_{l6} A_s h_s + \sigma'_{p0} A'_p a'_p - \sigma'_{l6} A'_s a'_s}{N_{p0}} \tag{10-54}$$

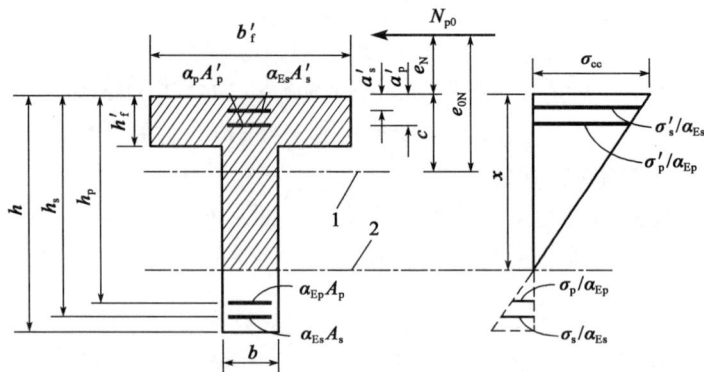

图 10-12　开裂截面的应力

1-开裂截面重心轴;2-开裂截面中性轴

2. 开裂截面预应力钢筋的应力增量

$$\sigma_p = \alpha_{Ep}\left[\frac{N_{p0}}{A_{cr}} - \frac{N_{p0}e_{0N}(h_p - c)}{I_{cr}}\right] \qquad (10\text{-}55)$$

上述式中:N_{p0}——混凝土法向应力等于零时预应力钢筋和普通钢筋的合力,先张法构件和后张法构件均按式(10-37)及《公桥规》第6.4.4条规定计算;

σ_{p0}、σ'_{p0}——构件受拉区、受压区预应力钢筋合力点处混凝土法向应力等于零时预应力钢筋的应力,先张法构件按 $\sigma_{p0} = \sigma_{con} - \sigma_l + \sigma_{l4}$,$\sigma'_{p0} = \sigma'_{con} - \sigma'_l + \sigma'_{l4}$ 计算;后张法构件按 $\sigma_{p0} = \sigma_{con} - \sigma_l + \alpha_{Ep}\sigma_{pc}$,$\sigma'_{p0} = \sigma'_{con} - \sigma'_l + \alpha_{Ep}\sigma'_{pc}$ 计算;

e_{0N}——N_{p0}作用点至开裂截面重心轴的距离;

e_N——N_{p0}作用点至截面受压区边缘的距离,N_{p0}位于截面之外为正,N_{p0}位于截面之内为负;

c——截面受压区边缘至开裂换算截面重心轴的距离;

h_{ps}——预应力钢筋与普通钢筋合力点至截面受压区边缘的距离;

h_p、a'_p——截面受拉区、受压区预应力钢筋合力点至截面受压区边缘的距离;

h_s、a'_s——截面受拉区、受压区普通钢筋合力点至截面受压区边缘的距离;

A_{cr}——开裂截面换算截面面积;

I_{cr}——开裂截面换算截面惯性矩。

说明:

(1)在式(10-54)中,当 $A'_p = 0$ 时,式中的 σ'_{l6} 应取为零。

(2)在式(10-53)中,当 M_{p2} 与 M_k 的方向相同时取正号,相反时取负号。

(3)按式(10-55)计算的值应为负值,表示钢筋为拉应力。

(4)当截面受拉区设置多层预应力钢筋时,可仅计算最外层钢筋的拉应力增量,此时,式(10-55)中的 h_p 应为最外层钢筋重心至截面受压区边缘的距离。

(5)预应力混凝土受弯构件开裂截面的中性轴位置(受压区高度)可按《公桥规》附录J求得。

二、混凝土斜截面主应力计算

预应力混凝土受弯构件在斜截面开裂前,基本上处于弹性工作状态,预应力混凝土受弯构件由作用(荷载)标准值和预加力产生的混凝土主拉应力 σ_{tp} 和主压应力 σ_{cp},可按下列公式计算,即

$$\left.\begin{array}{c}\sigma_{tp}\\\sigma_{cp}\end{array}\right\} = \frac{\sigma_{cx} + \sigma_{cy}}{2} \mp \sqrt{\left(\frac{\sigma_{cx} - \sigma_{cy}}{2}\right) + \tau^2} \tag{10-56}$$

(1)σ_{cx} 是在计算的主应力点上,由预加力和作用标准值产生的混凝土法向正应力;先张法预应力混凝土受弯构件可按(10-57)计算,后张法预应力混凝土受弯构件可按(10-58)计算,即

$$\sigma_{cx} = \frac{N_{p0}}{A_0} - \frac{N_{P0}e_{p0}}{I_0}y_0 + \frac{M_{G1} + M_{G2} + M_Q}{I_0}y_0 \tag{10-57}$$

$$\sigma_{cx} = \frac{N_p}{A_n} - \frac{N_p e_{pn}}{I_n}y_n + \frac{M_{G1}}{I_n}y_n + \frac{M_{G2} + M_Q}{I_0}y_0 \tag{10-58}$$

式中:y_0、y_n——计算主应力点至换算截面、净截面重心轴的距离,利用式(10-57)、式(10-58)计算时,当主应力点位于重心轴之上时,取为正,反之取为负;

I_0、I_n——换算截面惯性矩、净截面惯性矩;

其余符号意义同前。

(2)σ_{cy} 是在计算的主应力点上的混凝土竖向应力。其计算应采用竖向预应力等于汽车荷载产生的混凝土竖向应力标准值。对于工程上常见的配置竖向预应力钢筋的预应力混凝土箱梁,仅由竖向预应力钢筋的预加力产生的混凝土竖向压应力可按下式计算,即

$$\sigma_{cy,pv} = 0.6\frac{n\sigma'_{pe}A_{pv}}{bs_p} \tag{10-59}$$

式中:σ'_{pe}——竖向预应力钢筋扣除全部预应力损失后的有效预应力;

A_{pv}——单肢竖向预应力钢筋的截面面积;

s_p——竖向预应力钢筋的间距;

n——同一截面竖向钢筋的肢数。

(3)τ 是在计算主应力点,按作用(荷载)标准值计算的剪力产生的混凝土剪应力,当计算截面作用有扭矩时,尚应考虑由扭矩引起的剪应力。对于等高度梁截面上任意一点在作用(或荷载)标准值计算的剪应力 τ 为:

先张法构件

$$\tau = \frac{V_{G1}S_0}{bI_0} + \frac{(V_{G2} + V_Q)S_0}{bI_0} \tag{10-60a}$$

后张法构件

$$\tau = \frac{V_{G1}S_n}{bI_n} + \frac{(V_{G2} + V_Q)S_0}{bI_0} - \frac{\sum \sigma''_{pe}A_{pb}\sin\theta_p \cdot S_n}{bI_n} \tag{10-60b}$$

式中：V_{G1}、V_{G2}——分别为一期恒载和二期恒载作用标准值引起的剪力；

$\quad\quad V_{Q}$——可变作用（荷载）标准值引起的剪力，对于简支梁，$V_{Q} = V_{Q1} + V_{Q2}$；

V_{Q1}、V_{Q2}——分别为汽车荷载标准值（计入冲击系数）和人群荷载标准值引起的剪力；

$\quad\quad \tau$——在计算主应力点，由预应力弯起钢筋的预加力和按作用频遇组合计算的剪力 V_s 产生的混凝土剪应力；当计算截面作用有扭矩时，尚应计入由扭矩引起的剪应力；

$\quad\quad \sigma''_{pe}$——纵向预应力弯起钢筋扣除全部预应力损失后的有效预应力；

S_0、S_n——计算主应力点以上（或以下）部分换算截面面积对换算截面重心轴、净截面面积对净截面重心轴的面积矩；

$\quad\quad \theta_p$——计算截面上预应力弯起钢筋的切线与构件纵轴线的夹角（图 10-13）；

$\quad\quad b$——计算主应力点处构件腹板的宽度；

$\quad\quad A_{pb}$——计算截面上同一弯起平面内预应力弯起钢筋的截面面积。

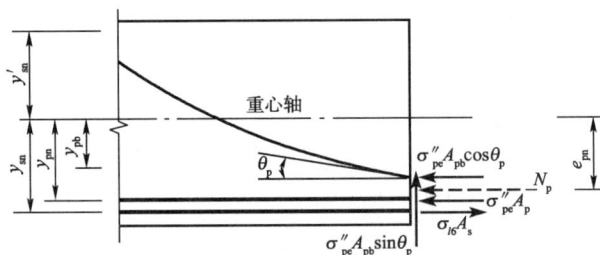

图 10-13　剪力计算图

以上公式中均取压应力为正，拉应力为负。对连续梁等超静定结构，应计入预应力、温度作用等引起的次效应。对变高预应力混凝土连续梁，计算由作用（荷载）引起的剪应力时，应计算截面上弯矩和轴向力产生的附加剪应力。

三、持久状况的钢筋和混凝土的应力限值

对于按全预应力混凝土和 A 类部分预应力混凝土设计的受弯构件，《公桥规》中对持久状况应力计算的极限规定如下。

1. 使用阶段预应力混凝土受弯构件正截面混凝土的最大压应力

未开裂构件

$$\sigma_{kc} + \sigma_{pt} \leq 0.50 f_{ck} \tag{10-61a}$$

允许开裂构件

$$\sigma_{cc} \leq 0.50 f_{ck} \tag{10-61b}$$

式中：σ_{kc}——作用（荷载）标准值产生的混凝土法向压应力；

$\quad\quad \sigma_{pt}$——由预加力产生的混凝土法向拉应力，先张法构件按式（10-36）计算，后张法构件按式（10-39）计算；

$\quad\quad f_{ck}$——混凝土轴心抗压强度标准值。

2. 使用阶段受拉区预应力钢筋的最大拉应力

（1）对钢绞线、钢丝

未开裂构件

允许开裂构件

$$\left.\begin{array}{c} \sigma_{pe} + \sigma_p \\ \sigma_{p0} + \sigma_p \end{array}\right\} \leqslant 0.65f_{pk} \qquad (10\text{-}62)$$

（2）预应力螺纹钢筋

未开裂构件

允许开裂构件

$$\left.\begin{array}{c} \sigma_{pe} + \sigma_p \\ \sigma_{p0} + \sigma_p \end{array}\right\} \leqslant 0.75f_{pk} \qquad (10\text{-}63)$$

式中：σ_{pe}——全预应力混凝土和 A 类预应力混凝土受弯构件，受拉区预应力钢筋扣除全部预应力损失后的有效预应力；

σ_p——作用（荷载）标准值产生的预应力钢筋应力增量；

f_{pk}——预应力钢筋抗拉强度标准值。

预应力混凝土受弯构件受拉区的非预应力钢筋，其作用阶段的应力很小，可不必验算。

3. 使用阶段预应力混凝土受弯构件混凝土主应力限值

混凝土的主压应力应满足：

$$\sigma_{cp} \leqslant 0.6f_{ck} \qquad (10\text{-}64)$$

对计算所得的混凝土主拉应力 σ_{tp}，作为对构件斜截面抗剪计算的补充，按下列规定设置箍筋：

在 $\sigma_{tp} \leqslant 0.5f_{tk}$ 的区段，箍筋可仅按构造要求设置；

在 $\sigma_{tp} > 0.5f_{tk}$ 的区段，箍筋的间距 S_v，可按下式计算：

$$S_v = \frac{f_{sk}A_{sv}}{\sigma_{tp}b} \qquad (10\text{-}65)$$

式中：f_{sk}——混凝土轴心抗拉强度标准值；

A_{sv}——同一截面内箍筋的总截面面积；

b——矩形截面宽度、T 形或工字形截面的腹板宽度。

当按上式计算的箍筋用量少于按斜截面抗剪承载力计算的箍筋用量时，构件箍筋按抗剪承载力计算要求配置。

§10-5　端部锚固区计算

素养点：

①遵守行业规范、标准，提升分析问题解决问题的能力；

②秉持"科学严谨"的工作态度，弘扬"精益求精"的工匠精神。

知识点：

①先张法预应力钢筋传递长度与锚固长度的确定原理；

②后张法构件锚下局部承压的验算。

技能点：

①会确定先张法预应力钢筋传递长度与锚固长度；

②能进行后张法预应力混凝土构件锚下承压验算。

一、先张法预应力钢筋传递长度与锚固长度计算

1. 预应力钢筋的传递长度

对预应力钢筋端部无锚固措施的先张预应力混凝土构件[图 10-14a)],预应力是依靠钢筋和混凝土之间的黏结力,以及由于放松预应力钢筋,钢筋回缩、直径变粗对混凝土挤压所产生的摩擦力来锚固和传递的,但是这种传递过程不能在构件端部集中地突然完成,而必须经过一定的传递长度。钢筋从应力为零的端面到应力为 σ_{pe} 的这一长度 l_{tr} 称为预应力钢筋的传递长度。

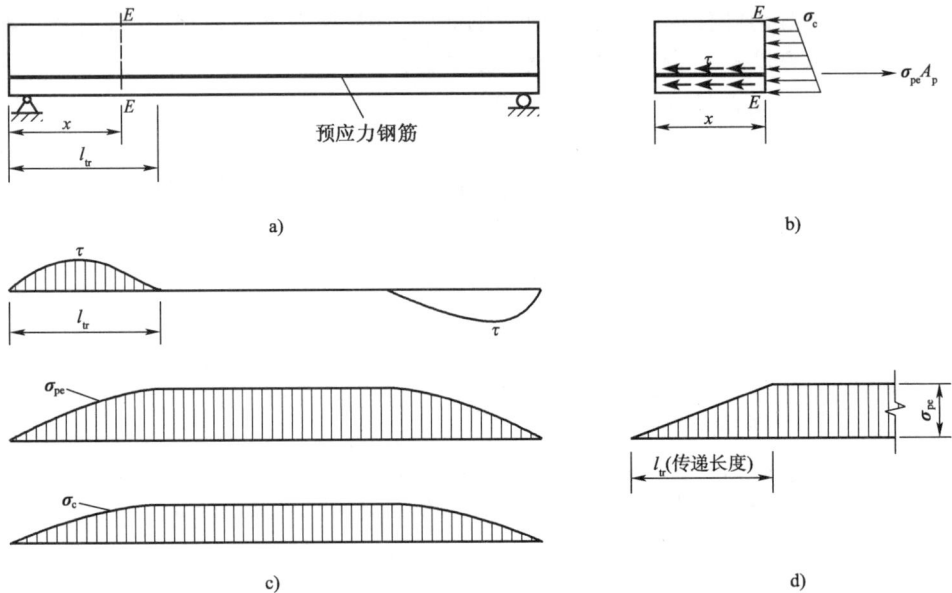

图 10-14   预应力的传递

a) 端部无锚固措施的先张法梁;b) 微段 x 钢筋表面黏结力 τ 及截面 $E\text{-}E$ 的应力分布;c) 黏结力 τ、钢筋应力 σ_{pe} 及预压应力 σ_c 沿构件长度的分布;d) 传递长度 l_{tr} 范围内预应力值的变化

现试取构件端部长度为 x 的一小段预应力钢筋为脱离体[图 10-14b)],在放松钢筋后,其右端作用着 $\sigma_{pe}A_p$,其左端为自由端,显然 $\sigma_{pe}A_p$ 由分布在钢筋表面的黏结力所平衡。由于长度 x 不大,则所能平衡的预拉力 $\sigma_{pe}A_p$ 也是有限的。但随着长度 x 的增加,可平衡的预拉应力亦增大,当微段 x 达到一定长度 l_{tr} 时,钢筋表面的黏结力就能平衡钢筋中的全部预应力。若用 τ_n 表示长度 l_{tr} 范围内黏结应力的平均值,则 $\tau_n \pi d_p = \sigma_{pe}A_p$。长度 l_{tr} 就称为预应力钢筋传递长度。

在预应力钢筋的传递长度以内,预应力钢筋拉应力从其端部开始,由零按曲线规律逐渐增加至 σ_{pe},混凝土预压应力 σ_c 亦按同样规律变化。在构件中段,预应力(σ_{pe} 或 σ_c)为常数,黏结应力 π 为零[图 10-14c)]。

由于在预应力钢筋传递长度内的预应力值较小,对先张法预应力混凝土构件端部进行截面应力验算时,发现该处所承受的剪力往往很大,故在进行主拉应力验算时,应考虑钢筋在其传递长度 l_{tr} 范围内实际应力值的变化,也就是要考虑混凝土在该传递长度 l_{tr} 范围内预压应力

值的变化,不能取用构件中段的应力值。为简化计算,《公桥规》规定:对先张法预应力混凝土构件端部区段进行正截面、斜截面抗裂验算时,预应力传递长度 l_{tr} 范围内预应力钢筋的实际应力值,在构件端部取为零,在预应力传递长度末端取有效预应力值 σ_{pe},两点之间按直线变化取值[图 10-14d)]。预应力钢筋的预应力传递长度 l_{tr} 按表 10-9 采用。

预应力钢筋的预应力传递长度 l_{tr}(mm)　　　　表 10-9

预应力钢筋种类		混凝土强度等级			
		C40	C45	C50	≥C55
钢绞线	1×7,$\sigma_{pe} = 1000$MPa	$67d$	$64d$	$60d$	$58d$
螺旋肋钢丝,$\sigma_{pe} = 1000$MPa		$58d$	$56d$	$53d$	$51d$

注:1. 预应力传递长度应根据预应力钢筋放松时混凝土立方体抗压强度 f'_{cu} 确定,当 f'_{cu} 在表列混凝土强度等级之间时,预应力传递长度按直线内插取用。

　　2. 当预应力钢筋的有效预应力值 σ_{pe} 与表值不同时,其预应力传递长度应根据表值按比例增减。

　　3. 当采用骤然放松预应力钢筋的施工工艺时,l_{tr} 应从离构件末端 $0.25l_{tr}$ 处开始计算。

　　4. d 为预应力钢筋的公称直径。

2. 预应力钢筋的锚固长度

先张预应力混凝土构件是靠黏着力来锚固钢筋的,因此,其端部必须有一个锚固长度。当预应力钢筋达到极限强度时,保证预应力钢筋不被拔出所需的长度(钢筋从应力为零的端面至钢筋应力为 f_{pd} 的截面间的长度)即为锚固长度 l_a。在计算先张预应力混凝土构件端部锚固区的正截面和斜截面的抗弯强度时,必须注意到在锚固长度内预应力钢筋的强度不能充分发挥,其抗拉强度小于 f_{pd},而且是变化的,如图 10-15 所示。《公桥规》规定:计算先张法预应力混凝土构件端部锚固区的正截面和斜截面抗弯承载力时,锚固区内预应力钢筋的抗拉强度设计值在锚固起点处取为零,在锚固终点处取为 f_{pd},两点之间按直线内插法取值。

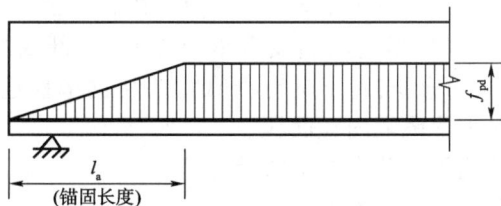

图 10-15　锚固长度 l_a 范围内钢筋强度设计值变化图

预应力钢筋的锚固长度 l_a 按表 10-10 取用。

预应力钢筋锚固长度 l_a(mm)　　　　表 10-10

预应力钢筋种类		混凝土强度等级					
		C40	C45	C50	C55	C60	≥C65
钢绞线	1×7,$f_{pd} = 1260$MPa	$130d$	$125d$	$120d$	$115d$	$110d$	$105d$
螺旋肋钢丝,$f_{pd} = 1200$MPa		$95d$	$90d$	$85d$	$83d$	$80d$	$80d$

注:1. 当采用骤然放松预应力钢筋的施工工艺时,锚固长度应从离构件末端 $0.25l_{tr}$ 处开始,l_{tr} 为预应力钢筋的预应力传递长度,按表 10-9 采用。

　　2. 当预应力钢筋的抗拉强度设计值 f_{pd} 与表值不同时,其锚固长度应根据表值按强度比例增减。

　　3. d 为预应力钢筋直径。

二、后张构件锚下局部承压验算

1. 端部锚固区的受力分析

在构件端部或其他布置锚具的地方,巨大的预加压力 N_p 将通过锚具及其下面积不大的垫板传递给混凝土。要将这一集中预加力均匀地传递到梁体的整个截面,需要一个过渡区段才能完成。实验和理论研究表明,这一过渡区段长度约等于构件的高度 h,因此又常把等于构件高度 h 的这一过渡区段称为端块。端块的受力情况比较复杂,它不仅存在不均匀的纵向应力,而且存在剪应力和由力矩引起的横向拉、压应力。因此,对于后张法预应力混凝土构件,需计算锚下局部抗压承载力和进行局部承压区的抗裂计算,以防止在横向拉应力作用下出现裂缝。

2. 后张法预应力混凝土构件锚下承压验算

(1)后张法构件锚头局部受压区的截面尺寸应满足下列要求:

$$\gamma_0 F_{ld} \leqslant 1.3 \eta_s \beta f_{cd} A_{ln} \tag{10-66}$$

式中:F_{ld}——局部受压面积上的局部压力设计值,对后张法构件的锚头局部受压区,应取 1.2 倍张拉时的最大压力;

f_{cd}——混凝土轴心抗压强度设计值,对后张法预应力混凝土构件,应根据张拉时混凝土立方体抗压强度 f'_{cu} 值按表 1-1 的规定以直线内插求得;

η_s——混凝土局部承压修正系数,混凝土强度等级为 C50 及以下时,取 $\eta_s = 1.0$;混凝土强度等级为 C50 ~ C80 时,取 $\eta_s = 1.0 \sim 0.76$,中间按直线内插取值;

β——混凝土局部承压强度提高系数,$\beta = \sqrt{\dfrac{A_b}{A_l}}$。

A_b——局部承压时的计算底面积,可按图 10-16 确定;

A_{ln}、A_l——混凝土局部受压面积,当局部受压面积有孔洞时,A_{ln} 为扣除孔洞后的面积,A_l 为不扣除孔洞的面积;当受压面设有钢垫板时,局部受压面积应计入在垫板中按 45° 刚性角扩大的面积;对于具有喇叭管并与钢垫板连成整体的锚具,A_{ln} 可取垫板面积扣除喇叭管尾端内孔面积。

(2)锚下局部承压区的抗压承载力按下式计算:

$$\gamma_0 F_{ld} \leqslant 0.9(\eta_s \beta f_{cd} + k\rho_v \beta_{cor} f_{sd}) A_{ln} \tag{10-67}$$

式中:β_{cor}——配置间接钢筋时局部抗压承载力提高系数,当 $A_{cor} > A_b$ 时,应取 $A_{cor} = A_b$;

$\beta_{cor} = \sqrt{A_{cor}/A_l}$;

A_{cor}——方格网或螺旋形间接钢筋内表面范围内的混凝土核心面积,其重心应与 A_l 的重心相重合,计算时按同心、对称原则取值;

k——间接钢筋影响系数,混凝土强度等级为 C50 及以下时,取 $k = 2.0$;混凝土强度等级为 C50 ~ C80 时,取 $k = 2.0 \sim 1.70$;中间值按直线内插求得;

ρ_v——间接钢筋体积配筋率(核心面积 A_{cor} 范围内单位混凝土体积所含间接钢筋的体积),按下列公式计算:

方格网[图 10-17a)]

$$\rho_v = \frac{n_1 A_{s1} l_1 + n_2 A_{s2} l_2}{A_{cor} \cdot s} \tag{10-68}$$

此时,在钢筋网两个方向的钢筋截面面积相差不应大于 50%;

螺旋筋[图 10-17b)]

$$\rho_v = \frac{4A_{ss1}}{d_{cor} \cdot s} \tag{10-69}$$

$n_1 \backslash A_{s1}$——方格网沿 l_1 方向的钢筋根数、单根钢筋的截面面积;

$n_2 \backslash A_{s2}$——方格网沿 l_2 方向的钢筋根数、单根钢筋的截面面积;

A_{ss1}——单根螺旋形间接钢筋的截面面积;

d_{cor}——螺旋形间接钢筋内表面范围内混凝土核心面积的直径;

s——方格网或螺旋形间接钢筋的层距。

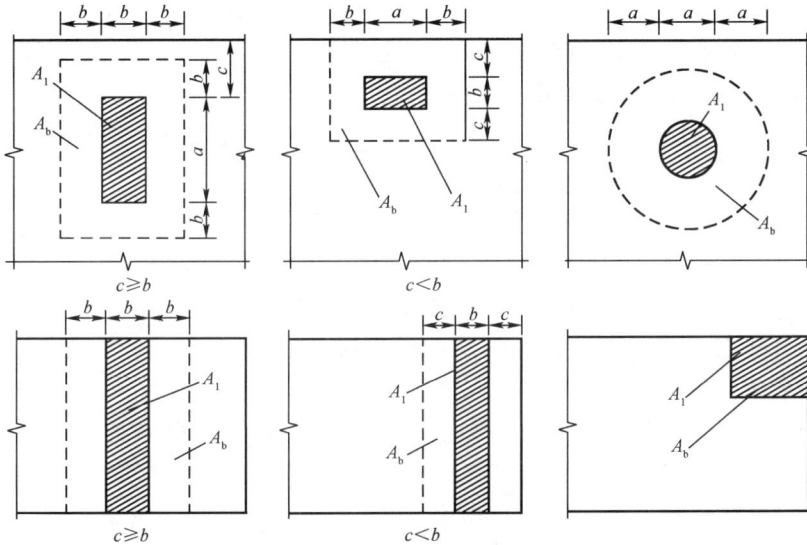

图 10-16　局部承压时计算底面积 A_b 的示意图

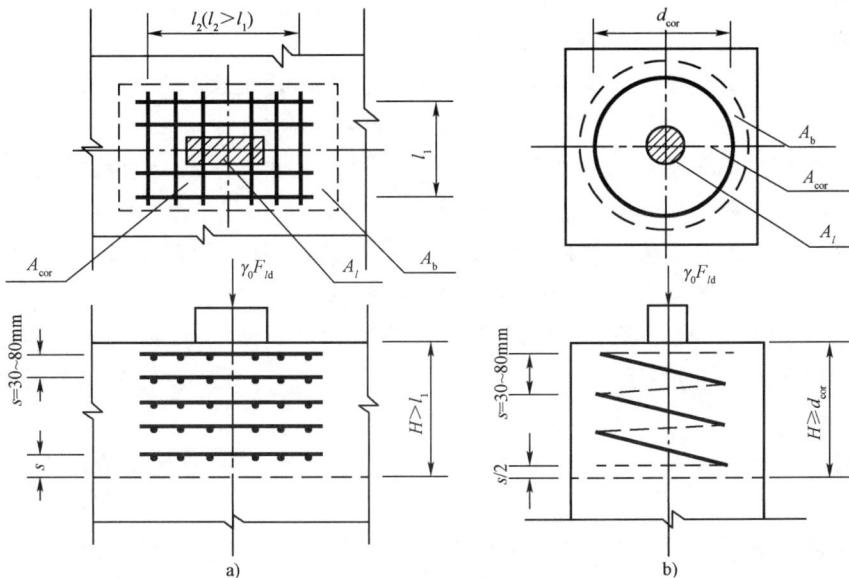

图 10-17　局部承压的配筋

在后张预应力混凝土构件中,除局部区的锚下抗压承载力满足要求外,还应进行总体区各受拉部位的抗拉承载力验算(需要拉压杆模型计算,此处不做赘述)。

在锚具下面应采用带喇叭管的锚垫板。锚垫板下应设间接钢筋,其体积配筋率 ρ_r [式(10-68)]不应小于 0.5%;并结合规范规定的构造要求,配置封闭式箍筋。

【课后练习】

一、填空题

1. 预应力混凝土受弯构件,从预加应力到承受外加作用(荷载),直至最后破坏,主要可分为_____、_____和_____三个阶段。

2. 预应力混凝土构件的预加应力阶段是指从_____开始,至预加应力结束(即_____)为止。它所承受的作用主要是_____,也就是_____。

3. 预应力钢筋中的预拉应力将产生_____,通常把扣除_____的预应力钢筋中_____的应力,称为_____。

4. 预应力混凝土梁在运输、安装阶段,梁的自身恒载应计入_____或_____的动力系数。

5. 由_____引起、恰好使受拉边缘混凝土应力为零的弯矩称为_____。

6. 当对构件进行_____或计入锚圈口摩阻损失时,预应力钢筋最大控制应力值(千斤顶油泵上显示的值)可增加_____。

7. 引起预应力损失的原因与_____、_____及_____等有关,影响因素复杂,一般根据_____确定。

8. 钢筋松弛量与钢筋_____、钢筋的_____持续时间有关。一般是_____松弛最大,_____内可完成50%,_____。

9. 预加应力阶段的钢筋有效预应力为_____;使用阶段的有效预应力为_____。

10. 预应力混凝土受弯构件按短暂状况计算时,当采用起重机(车)行驶于桥梁进行构件安装时,应对_____的构件进行验算,起重机(车)作用应乘以_____的荷载系数,但当由起重机(车)产生的效应设计值_____按持久状况承载能力极限状态计算的荷载效应组合设计值时,则可不必验算。

11. 预应力混凝土受弯构件按持久状况计算的内容是,计算使用阶段正(斜)截面混凝土的_____、混凝土_____和受拉区钢筋的_____。

12. 后张预应力混凝土构件,在锚具下面应采用_____的锚垫板。锚垫板下应设_____,其体积配筋率 ρ_v [式(10-68)]不应小于_____;并结合规范规定的构造要求,配置_____。

13. 钢筋从应力为_____的端面到应力为_____的这一长度称为预应力钢筋的传递长度。

14. 在预应力钢筋的传递长度以内,预应力钢筋_____从其端部开始,由零按曲线规律逐渐_____,混凝土_____亦按同样规律变化。

15.《公桥规》规定：计算先张法预应力混凝土构件端部锚固区的正截面和斜截面抗弯承载力时，锚固起点处预应力钢筋的_____取为零，在锚固终点处取为_____，两点之间按_____取值。

16.后张法预应力混凝土构件，需计算_____承压承载力和局部承压区的_____，以防止在_____的作用下出现裂缝。

17.在构件端部或其他布置锚具的地方，受力情况比较复杂，它不仅存在着不均匀的_____，而且存在着_____和由力矩引起的_____。

二、选择题

1.预应力混凝土构件在施工阶段，截面材料一般处于( )工作阶段。

    A.弹塑性   B.弹性   C.塑性

2.预应力混凝土简支梁，在施加预应力时，( )也同时一起参加作用。

    A.汽车荷载 Q_1 B.人群荷载 Q_2 C.梁的自重 G_1 D.以上三种荷载

3.预应力混凝土梁在使用阶段，除承受外，还要承受( )

    A.桥面铺装、人行道、栏杆等二期恒载   B.偏心预加力 N_y

    C.梁的自身恒载 G_1 D.车辆、人群等活载

4.预应力混凝土梁在试用阶段的永存预应力( )施工阶段的有效预应力。

    A.小于   B.大于   C.等于   D.以上三项都不对

5.《公桥规》规定预应力螺纹钢筋的张拉控制应力值 σ_{con}( )。

    A.$\leq 0.70f_{pk}$ B.$\leq 0.75f_{pk}$ C.$\leq 0.80f_{pk}$ D.$\leq 0.90f_{pk}$

6.一般情况下，后张法预应力混凝土构件主要考虑以下( )预应力损失值。

    A.预应力钢筋与管道壁之间的摩擦引起的应力损失 σ_{l1}

    B.锚具变形、钢筋回缩和拼装构件的接缝压缩引起的应力损失 σ_{l2}

    C.预应力钢筋与台座之间的温度差引起的应力损失 σ_{l3}

    D.混凝土的弹性压缩引起的应力损失 σ_{l4}

    E.预应力钢筋松弛引起的应力损失 σ_{l5}

    F.混凝土收缩和徐变引起的应力损失 σ_{l6}

7.在后张法预应力混凝土构件中，混凝土的弹性压缩发生在( )中。

    A.张拉过程   B.锚固过程   C.使用过程   D.所有过程

8.预应力混凝土受弯构件按短暂状况计算时，施工荷载除有特别规定外，均采用( )。

    A.频遇值   B.准永久值   C.标准值   D.组合值

9.《桥规》规定，在预应力和构件自重等荷载作用下，预应力混凝土受弯构件截面边缘混凝土的法向压应力满足 σ_{cc}^t( )。

    A.$\geq 0.70f_{ck}'$ B.$\leq 0.70f_{ck}'$ C.$\geq 0.75f_{ck}'$ D.$\leq 0.75f_{ck}'$

10.先张法预应力混凝土构件端部所承受的( )很大。

    A.扭矩   B.弯矩   C.拉力   D.剪力

11.先张预应力混凝土构件是靠( )来锚固钢筋的。

    A.正应力   B.剪应力   C.黏着力   D.主拉应力

12.某先张预应力混凝土空心板桥，混凝土为 C45，螺旋肋钢筋的有效预应力为 893MPa，

其预应力传递长度为(　　　)d。

　　　A. 50　　　　　　　B. 51　　　　　　　C. 53　　　　　　　D. 56

三、判断题

1. 预应力混凝土构件在施工阶段根据构件受力条件不同,可分为预加应力阶段、运输阶段、安装阶段三个阶段。（　　）

2. 在预应力混凝土简支梁上施加预应力时会产生向上的反拱。（　　）

3. 预应力混凝土梁在运输、安装阶段的预应力与预加应力阶段相同。（　　）

4. 预应力损失在使用阶段将相继全部完成,最后在预应力钢筋中建立相对不变的预拉应力,即永存预应力。（　　）

5. 加载至受拉边缘混凝土预压应力为零时,截面上所有点的应力都为零。（　　）

6. 钢筋预应力损失共有六种。（　　）

7. 预应力混凝土受弯构件按持久状况计算,使用阶段的计算特点是:所有荷载分项系数均取0.9。（　　）

8. 使用阶段预应力混凝土受弯构件混凝土的主压应力应≤$0.6f_{ck}$。（　　）

9. 使用阶段预应力混凝土受弯构件,当计算所得的混凝土主拉应力 $\sigma_{tp} > 0.5f_{tk}$ 的区段,可按构造要求配置箍筋即可。（　　）

10. 《公桥规》规定:对先张法预应力混凝土构件端部区段进行正截面、斜截面抗裂验算时,预应力传递长度 l_{tr} 范围内预应力钢筋的实际应力值,在构件端部取为零,在预应力传递长度末端取有效预应力值 σ_{pe},两点之间按直线变化取值。（　　）

11. 后张法构件锚头局部受压区的截面尺寸应满足 $\gamma_0 F_{ld} > 1.3\eta_s \beta f_{cd} A_{ln}$。（　　）

四、简答题

1. 简述预应力混凝土构件在预加应力阶段的设计计算要求。

2. 什么是张拉控制应力?

3. 减少混凝土收缩和徐变引起的应力损失的措施有哪些?

4. 简述预应力损失的组合。

5. 预加应力阶段的受力特点是什么?

6. 预应力混凝土受弯构件在施工阶段如何防止出现裂缝?

7. 什么是预应力钢筋的锚固长度?

8. 港珠澳大桥由哪三个主体部分组成? 你觉得可能影响港珠澳大桥顺利完工的因素是哪些?

五、计算题

已知某预应力混凝土梁桥计算截面如图10-18所示。计算跨径 $L = 29.14\text{m}$,采用C50混凝土,混凝土弹性模量 $E_c = 3.45 \times 10^4 \text{MPa}$;预应力钢筋采用高强钢丝,弹性模量 $E_p = 2.05 \times 10^5 \text{MPa}$,每束高强钢丝束为24$\phi^P$5,预留管道直径为50mm,张拉控制应力 $\sigma_{con} = 1327.5\text{MPa}$,此计算截面处钢束的平均应力损失:第一批损失为 $\sigma_{lI} = 205.7\text{MPa}$,第二批损失为 $\sigma_{lII} = 189.6\text{MPa}$。该梁为 A 类部分预应力混凝土构件,作用在该截面处的结构自重弯矩为1168.6kN·m。试完成:

(1)计算此预应力混凝土梁截面孔道压浆前的净截面几何特特征值。

（2）验算预加应力阶段该截面的正应力。

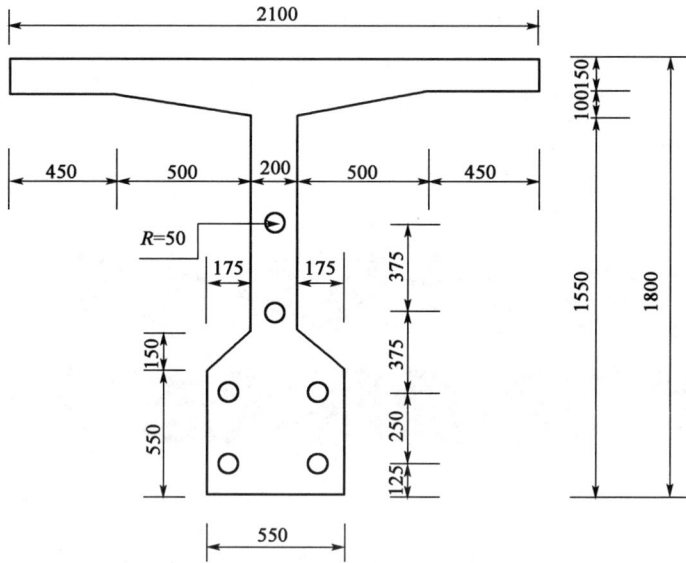

图 10-18　计算截面示意图（尺寸单位：mm）

单元十一
UNIT ELEVEN

预应力混凝土受弯构件
按正常使用极限状态设计计算

§11-1　预应力混凝土受弯构件的抗裂验算

素养点：
①遵守行业规范、标准，提升分析问题解决问题的能力；
②秉持"科学严谨"的工作态度，弘扬"精益求精"的工匠精神。

知识点：
①抗裂验算的内容；
②正截面、斜截面抗裂性验算的公式；
③混凝土正应力、主应力的限值规定。

技能点：
能应用公式进行预应力混凝土受弯构件正截面和斜截面抗裂性验算。

预应力混凝土受弯构件的抗裂性验算都是以构件混凝土拉应力是否超过规定的限值来表示的，属于结构正常使用极限状态计算的范畴。《公桥规》规定，对于全预应力混凝土和 A 类部分预应力混凝土构件，必须进行正截面抗裂性验算和斜截面抗裂性验算；对于 B 类部分预应力混凝土构件，必须进行斜截面抗裂性验算。

一、正截面抗裂性验算

预应力混凝土受弯构件正截面抗裂性验算按作用(荷载)频遇组合和准永久组合两种情

况进行。

1. 按作用(荷载)频遇组合计算构件边缘混凝土的正应力

作用(或荷载)频遇组合是永久作用标准值与主导可变作用频遇值、伴随可变作用的准永久值的组合。

(1)预加力作用下受弯构件抗裂验算边缘混凝土的预压应力 σ_{pc},对先张法构件和后张法构件,其计算式分别为:

先张法构件

$$\sigma_{pc} = \frac{N_{p0}}{A_0} + \frac{N_{p0}e_{p0}}{W_0} \tag{11-1}$$

后张法构件

$$\sigma_{pc} = \frac{N_p}{A_n} + \frac{N_p e_{pn}}{W_n} \tag{11-2}$$

式(11-1)和式(11-2)中各符号的意义分别参见式(10-47)和式(10-49)。

对于连续梁等超静定预应力结构,还需考虑预加应力扣除相应阶段预应力损失后在结构中产生的次弯矩,M_{p2} 与 $\sigma_{pc}A_p y_{pn}$ 的弯矩方向相同时取正号,相反时取负号;y_{pn} 为受拉区预应力钢筋合力点至净截面重心的距离。

(2)由作用(或荷载)频遇组合产生的构件抗裂验算边缘混凝土法向拉应力 σ_{st},先张法构件和后张法构件的计算式分别为:

先张法构件

$$\sigma_{st} = \frac{M_s}{W} = \frac{M_{G1} + M_{G2} + M_{Qs}}{W_0} \tag{11-3}$$

后张法构件

$$\sigma_{st} = \frac{M_s}{W} = \frac{M_{G1}}{W_n} + \frac{M_{G2} + M_{Qs}}{W_0} \tag{11-4}$$

式中:σ_{st}——按作用(或荷载)频遇组合计算的构件抗裂边缘混凝土法向拉应力;

M_s——按作用(荷载)频遇组合计算的弯矩设计值;

M_{Qs}——按作用(荷载)频遇组合计算的可变荷载弯矩设计值;对于简支梁

$$M_{Qs} = \psi_{q1}M_{Q1} + \psi_{q2}M_{Q2} = 0.7M_{Q1} + 0.4M_{Q2} \tag{11-5}$$

ψ_{q1}、ψ_{q2}——分别为汽车荷载频遇值系数和人群荷载准永久值系数;

M_{G1}——由构件自重(一期恒载)产生的弯矩值;

M_{G2}——由桥面铺装、人行道和护栏等附加自重(二期恒载)产生的弯矩值;

M_{Q1}、M_{Q2}——由汽车荷载(不计冲击系数)和人群荷载标准值计算的弯矩值;

W_0、W_n——构件换算截面和净截面对抗裂验算边缘的弹性抵抗矩。

2. 按作用(荷载)准永久组合计算构件边缘混凝土的正应力

作用准永久组合中考虑的可变作用仅为直接施加于桥上的汽车、人群等荷载,不考虑间接施加于桥上的其他作用。作用准永久组合是永久作用标准值和可变作用准永久值相组合。按准永久组合计算预应力混凝土构件边缘混凝土的正应力 σ_{lt},与按频遇组合的计算基本一致。

(1)预加力作用时,对于先张法和后张法构件,受弯构件抗裂验算边缘混凝土的预压应力

σ_{pc} 分别按式(11-1)和式(11-2)计算。

(2)由作用(荷载)准永久组合计算的构件抗裂验算边缘混凝土的法向拉应力 σ_{lt},对先张法构件和后张法构件,计算式分别为:

先张法构件

$$\sigma_{lt} = \frac{M_l}{W} = \frac{M_{G1} + M_{G2} + M_{Ql}}{W_0} \tag{11-6}$$

后张法构件

$$\sigma_{lt} = \frac{M_l}{W} = \frac{M_{G1}}{W_n} + \frac{M_{G2} + M_{Ql}}{W_0} \tag{11-7}$$

式中:M_l——按作用(荷载)准永久组合计算的弯矩值;

M_{Ql}——按作用(荷载)准永久组合计算的可变作用弯矩值,仅考虑汽车、人群等直接作用于构件的荷载产生的弯矩值,可按下式计算:

$$M_{Ql} = \psi_{q1} M_{Q1} + \psi_{q2} M_{Q2} = 0.4 M_{Q1} + 0.4 M_{Q2} \tag{11-8}$$

ψ_{q1}、ψ_{q2}——作用准永久组合中的汽车荷载和人群荷载的准永久值系数;

其余符号意义同前。

3. 混凝土正应力的限值

正截面抗裂应对构件正截面混凝土的拉应力进行验算,并应符合下列要求:

(1)全预应力混凝土构件在作用频遇组合下:

预制构件

$$\sigma_{st} - 0.85 \sigma_{pc} \leq 0 \tag{11-9a}$$

分段浇筑或砂浆接缝的纵向分块构件

$$\sigma_{st} - 0.80 \sigma_{pc} \leq 0 \tag{11-9b}$$

(2)A类部分预应力混凝土构件在作用频遇组合下:

$$\sigma_{st} - \sigma_{pc} \leq 0.7 f_{tk} \tag{11-10a}$$

在作用准永久组合下:

$$\sigma_{lt} - \sigma_{pc} \leq 0 \tag{11-10b}$$

式中:f_{tk}——混凝土轴心抗拉强度标准值;

其余符号意义同前。

(3)B类预应力混凝土受弯构件在结构自重作用下控制截面受拉边缘不得消压。

二、斜截面抗裂性验算

大多数情况下,梁的弯曲裂缝在使用阶段是可以闭合的,而预应力混凝土梁的腹板出现斜裂缝却是不能自动闭合的。因此,对梁的斜裂缝控制应更严格。无论是对全预应力混凝土还是对部分预应力混凝土受弯构件,都要进行斜截面抗裂验算。

预应力混凝土梁斜截面的抗裂性验算是通过梁体混凝土主拉应力验算来控制的。在跨径方向,主应力验算应选择在剪力与弯矩均较大的最不利区段截面进行,且应选择计算截面重心处和宽度剧烈变化处作为计算点进行验算。斜截面抗裂性验算时,只需验算在作用(荷载)频遇组合下的混凝土主拉应力。

1. 作用(荷载)频遇组合下的混凝土主拉应力的计算

预应力混凝土受弯构件由作用(荷载)频遇组合和预加力产生的混凝土主拉应力 σ_{tp} 计算式为

$$\sigma_{tp} = \frac{\sigma_{cx} + \sigma_{cy}}{2} - \sqrt{\left(\frac{\sigma_{cx} + \sigma_{cy}}{2}\right)^2 + \tau^2} \tag{11-11}$$

式中的正应力 σ_{cx}、σ_{cy} 和剪应力 τ 的计算方法见式(10-57)~式(10-60)。具体计算的有关说明如下。

(1) σ_{cx} 是在计算的主应力点上,由预加力和作用频遇组合计算的弯矩 M_s 产生的法向应力。

$\sigma_{cx} = \sigma_{pc} + M_s y_0/I_0$,式中 σ_{pc} 在计算主应力点上,由扣除的全部预应力损失后纵向预加力产生的混凝土法向预压应力,按式(11-1)、式(11-2)计算,但等号右端第二项 $N_{p0}e_0/W_0$ 或 $N_p e_{pn}/W_n$ 分别以 $N_{p0}e_0y_0/I_0$ 或 $N_p e_{pn}y_n/I_n$ 取代,其中 y_0 或 y_n 分别为计算主应力点至换算截面重心轴或净截面重心轴的距离。

(2) σ_{cy} 是在计算的主应力点上的混凝土竖向压应力。

σ_{cy} 的计算应采用竖向预应力等与汽车荷载产生的竖向压应力的频遇值。

由竖向预应力钢筋的预加力产生的混凝土竖向压应力计算式见式(10-59)。

(3) τ 是在计算的主应力点上,由预应力弯起钢筋的预加力和按作用(荷载)频遇组合计算的剪力 V_s 产生的混凝土剪应力,当计算截面有扭矩作用时,还应计入由扭矩引起的剪应力。

计算剪应力 τ 时,仍采用式(10-60),但式中的标准值组合的剪力计算值 V_{Qk} 应改为可变作用(荷载)频遇组合的剪力计算值 V_{Qs},对于简支梁

$$V_{Qs} = \psi_{f1}V_{Q1} + \psi_{q2}V_{Q2} = 0.7V_{Q1} + 0.4V_{Q2} \tag{11-12}$$

式中:ψ_{f1}、ψ_{q2}——分别为汽车荷载频遇值系数和人群荷载准永久值系数;

V_{Q1}、V_{Q2}——分别为汽车荷载(不计冲击系数)和人群荷载标准值计算的剪力值。

2. 混凝土主拉应力限值

验算混凝土主拉应力的目的是防止产生自受弯构件腹板中间的斜裂缝,并要求其至少应具有与正截面同样的抗裂安全度。当计算的混凝土主拉应力不符合下列规定时,则应修改构件截面尺寸。

(1)全预应力混凝土构件,在作用(荷载)频遇组合下:

预制构件

$$\sigma_{tp} \leqslant 0.6f_{tk} \tag{11-13}$$

现场浇筑(包括预制拼装)构件

$$\sigma_{tp} \leqslant 0.4f_{tk} \tag{11-14}$$

(2)A 类和 B 类预应力混凝土构件,在作用(荷载)频遇组合下:

预制构件

$$\sigma_{tp} \leqslant 0.7f_{tk} \tag{11-15}$$

现场浇筑(包括预制拼装)构件

$$\sigma_{tp} \leqslant 0.5f_{tk} \tag{11-16}$$

式中:f_{tk}——混凝土轴心抗拉强度标准值。

对比应力验算和抗裂验算可以发现,全预应力混凝土及 A 类部分预应力混凝土构件的抗裂验算与持久状况应力验算的计算方法相同,只是所采用的作用(荷载)代表值及作用组合系

数不同,截面应力限值不同。应力验算是计算作用(荷载)标准值(汽车荷载考虑冲击系数)作用下的截面应力,对混凝土法向压应力、受拉区钢筋拉应力及混凝土主压应力规定限值;抗裂验算是计算在作用(荷载)频遇组合及准永久组合(汽车荷载不计冲击系数)作用下的构件截面应力,对构件截面混凝土法向拉应力、主拉应力规定限值。

例 11-1　某后张法 A 类部分预应力混凝土简支梁 T 形梁,梁的标准跨径30m,计算跨径28.90m,主梁跨中截面形式及尺寸如图11-1所示。主梁采用 C50 混凝土,弹性模量 $E_c = 3.45 \times 10^4$ MPa,抗拉强度标准值 $f_{tk} = 2.65$ MPa;预应力钢筋采用 $3 - 7\phi^s 15.2$ 钢绞线,截面面积 $A_p = 2919$ mm²,弹性模量 $E_p = 1.95 \times 10^5$ MPa,张拉控制应力 $\sigma_{con} = 1395$ MPa,非预应力受拉钢筋布置 5⌀25 钢筋,$A_s = 2454$ mm²,弹性模量 $E_s = 2.0 \times 10^5$ MPa。预埋铁皮波纹管孔道直径70mm,两端张拉。计算跨中截面预应力损失 $\sigma_{l1} = 85.94$ MPa,$\sigma_{l2} = 155.04$ MPa,$\sigma_{l6} = 114.25$ MPa。第一期恒载作用标准值产生的弯矩值 $M_{G1k} = 2440.13$ kN·m,第二期恒载作用标准值产生的弯矩值 $M_{G2k} = 1370.0$ kN·m;汽车荷载标准值产生的剪力弯矩 $M_{Q1k} = 2261.79$ kN·m(计入冲击系数 $\mu = 0.211$),人群荷载标准值产生的弯矩值 $M_{Q2k} = 355.0$ kN·m。已计算出跨中净截面面积 $A_n = 865.232 \times 10^3$ mm²,净截面惯性矩 $I_n = 424.468 \times 10^9$ mm⁴,净截面重心轴距下边缘距离 $y_{nx} = 1296.6$ mm,净截面对下边缘的弹性抵抗矩 $W_n = 327.363 \times 10^6$ mm³;换算截面面积 $A_0 = 881.345 \times 10^3$ mm²,换算截面惯性矩 $I_0 = 459.403 \times 10^9$ mm⁴,换算截面重心轴距下边缘距离 $y_{0x} = 1262.5$ mm,换算截面对下缘的弹性抵抗矩 $W_0 = 363.875 \times 10^6$ mm³。试进行持久状况跨中正截面抗裂性验算。

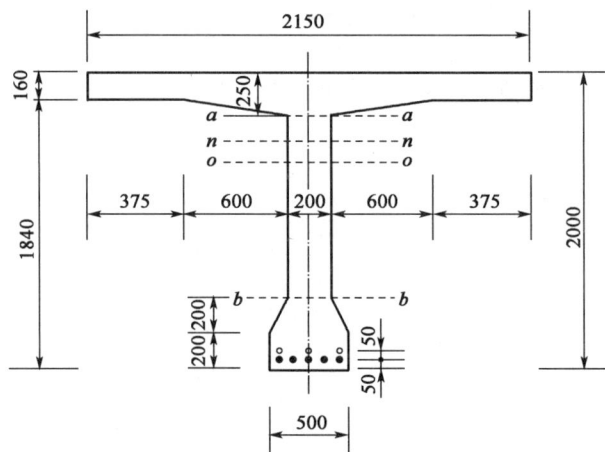

图 11-1　跨中截面示意图(单位尺寸:mm)

注:图中 $n - n$ 为净截面重心轴,$o - o$ 为换算截面重心轴。

解:根据《公桥规》规定,A 类部分预应力混凝土受弯构件的正截面抗裂性验算应同时满足作用频遇组合下和准永久组合下的验算要求。取预应力混凝土简支梁跨中截面的下边缘(受拉边缘)进行正截面抗裂性验算。

1)作用频遇组合下的正截面抗裂性验算

(1)计算预加力产生的跨中截面下边缘的混凝土预压应力

跨中截面有效预加力 N_{pII} 为:

$$N_{p\text{II}} = \sigma_{p\text{II}} A_p - \sigma_{l6} A_s = 1154.02 \times 2919 - 114.25 \times 2454$$
$$= 3088.21(\text{kN})$$

$$e_{pn} = \frac{\sigma_{p\text{II}} A_p y_{pn} - \sigma_{l6} A_s y_{sn}}{\sigma_{p\text{II}} A_p - \sigma_{l6} A_s}$$

$$= \frac{1154.02 \times 2919 \times 1196.6 - 114.25 \times 2454 \times 1246.6}{1154.02 \times 2919 - 114.25 \times 2454}$$

$$= 1192.1(\text{mm})$$

预加力产生的跨中截面下边缘混凝土法向压应力为：

$$\sigma_{pc} = \frac{N_{p\text{II}}}{A_n} + \frac{N_{p\text{II}} e_{pn}}{W_n}$$

$$= \frac{3088.21 \times 10^3}{865.232 \times 10^3} + \frac{3088.21 \times 10^3 \times 1192.1}{327.363 \times 10^6}$$

$$= 3.57 + 11.25 = 14.82(\text{MPa})$$

（2）计算作用频遇组合的弯矩值在跨中截面下边缘产生的混凝土法向拉应力

可变作用频遇组合的弯矩值 M_{Qs} 为：

$$M_{Qs} = \psi_{f1} \left(\frac{M_{Q1k}}{1+\mu} \right) + \psi_{q2} M_{Q2k}$$

$$= 0.7 \times \left(\frac{2261.79}{1+0.211} \right) + 0.4 \times 355.0$$

$$= 1449.39(\text{kN} \cdot \text{m})$$

作用频遇组合的弯矩值在跨中截面下边缘产生的混凝土法向拉应力为：

$$\sigma_{st} = \frac{M_s}{W} = \frac{M_{G1k}}{W_n} + \frac{M_{G2k} + M_{Qs}}{W_0}$$

$$= \frac{2440.13 \times 10^6}{327.363 \times 10^6} + \frac{1370.0 \times 10^6 + 1449.39 \times 10^6}{363.875 \times 10^6}$$

$$= 7.45 + 7.75 = 15.20(\text{MPa})$$

（3）正截面抗裂性验算

《公桥规》规定，对于 A 类部分预应力混凝土构件，作用频遇组合作用下的混凝土拉应力应满足

$$\sigma_{st} - \sigma_{pc} \leqslant 0.7 f_{tk}$$

$\sigma_{st} - \sigma_{pc} = 15.20 - 14.82 = 0.38(\text{MPa}) < 0.7 f_{tk} = 0.7 \times 2.65 = 1.86(\text{MPa})$，计算结果满足《公桥规》A 类部分预应力混凝土构件按作用的频遇组合计算的抗裂要求。

2）作用准永久组合下的正截面抗裂性验算

（1）计算作用准永久组合下的弯矩值在跨中截面下边缘产生的混凝土的法向拉应力

可变作用准永久组合下的弯矩值 M_{Ql} 为：

$$M_{Ql} = \psi_{q1}\left(\frac{M_{Q1k}}{1+\mu}\right) + \psi_{q2}M_{Q2k}$$

$$= 0.4 \times \left(\frac{2261.79}{1+0.211}\right) + 0.4 \times 355.0$$

$$= 889.08(\text{kN} \cdot \text{m})$$

作用准永久组合下的弯矩值在跨中截面下边缘产生的混凝土的法向拉应力为：

$$\sigma_{lt} = \frac{M_l}{W} = \frac{M_{G1k}}{W_n} + \frac{M_{G2k} + M_{Ql}}{W_0}$$

$$= \frac{2440.13 \times 10^6}{327.363 \times 10^6} + \frac{1370.0 \times 10^6 + 889.08 \times 10^6}{363.875 \times 10^6}$$

$$= 7.45 + 6.21 = 13.66(\text{MPa})$$

（2）正截面抗裂性验算

《公桥规》规定，A 类部分预应力混凝土构件还必须满足作用准永久组合的抗裂要求，即

$$\sigma_{lt} - \sigma_{pc} \leq 0$$

$\sigma_{lt} - \sigma_{pc} = 13.66 - 14.82 = -1.16(\text{MPa}) < 0$，计算结果满足《公桥规》中 A 类部分预应力混凝土构件按作用准永久组合计算的抗裂要求。

例 11-2 某后张法 A 类部分预应力混凝土简支梁 T 形梁已知条件与例 11-1 相同，跨中截面恒载作用标准值产生的剪力值 $V_{G1k} = V_{G2k} = 0\text{kN}$，汽车荷载标准值产生的剪力值 $V_{Q1k} = 131.77\text{kN}$（计入冲击系数 $\mu = 0.211$），人群荷载标准值产生的剪力值 $V_{Q2k} = 8.04\text{kN}$。试进行持久状况跨中截面上梗肋（见图 11-1 中 a-a）处的斜截面抗裂性验算。

解： 斜截面抗裂验算应取剪力和弯矩均较大的最不利区段截面进行，本题取预应力混凝土简支梁跨中截面上梗肋 a-a 处的斜截面抗裂性验算。实际设计中，应根据需要增加验算截面，另外，除验算截面上梗肋 a-a 处的主拉应力外，还要验算截面下梗肋 b-b 处、换算截面重心轴 o-o 处的主拉应力。说明 a-a、b-b、o-o 见图 11-1。

（1）主拉应力计算

① 计算上梗肋 a-a 处主应力点处混凝土剪应力

可变作用频遇组合的剪力值 V_{Qs} 为：

$$V_{Qs} = \psi_{f1}\frac{V_{Q1k}}{1+\mu} + \psi_{q2}V_{Q2k} = 0.7 \times \frac{131.77}{1+0.211} + 0.4 \times 8.04 = 79.38(\text{kN})$$

上梗肋 a-a 以外的面积对换算截面重心轴的静矩 S_0 为：

$$S_0 = 2150 \times 160 \times (737.5 - 80) + 600 \times 90 \times (737.5 - 190) = 255.745 \times 10^6(\text{mm}^3)$$

上梗肋 a-a 处主应力点处混凝土剪应力为：

$$\tau = \frac{V_{Qs}S_0}{bI_0} = \frac{79.38 \times 10^3 \times 255.745 \times 10^6}{200 \times 459.403 \times 10^9} = 0.22(\text{MPa})$$

② 计算上梗肋 a-a 处主应力点处混凝土正应力

可变作用频遇组合的弯矩值 M_{Qs} 为：

$$M_{Qs} = \psi_{f1}\left(\frac{M_{Q1k}}{1+\mu}\right) + \psi_{q2}M_{Q2k} = 0.7\left(\frac{M_{Q1k}}{1+\mu}\right) + 0.4M_{Q2k}$$

$$= 0.7 \times \left(\frac{2261.79}{1.211} \right) + 0.4 \times 355.0$$

$$= 1449.39 (\mathrm{kN \cdot m})$$

上梗肋 a-a 主应力点处混凝土正应力为：

$$\sigma_{cx} = \frac{N_{pII}}{A_n} - \frac{N_{pII} e_{pn} y_{na}}{I_n} + \frac{M_{G1k} y_{na}}{I_n} + \frac{(M_{G2k} + M_{Qs}) y_{0a}}{I_0}$$

$$= \frac{3088.21 \times 10^3}{856.232 \times 10^3} - \frac{3088.21 \times 10^3 \times 1192.1 \times (703.4 - 250)}{424.468 \times 10^9} +$$

$$\frac{2240.13 \times 10^6 \times (703.4 - 250)}{424.468 \times 10^9} + \frac{(1370.0 + 1449.39) \times 10^6 \times (737.5 - 250)}{459.403 \times 10^9}$$

$$= 3.61 - 3.93 + 2.39 + 2.99 = 5.06 (\mathrm{MPa})$$

③计算上梗肋 a-a 处主应力点混凝土主拉应力

$$\sigma_{tp} = \frac{\sigma_{cx} + \sigma_{cy}}{2} - \sqrt{\left(\frac{\sigma_{cx} - \sigma_{cy}}{2} \right)^2 + \tau^2}$$

$$= \frac{5.06}{2} - \sqrt{\left(\frac{5.06}{2} \right)^2 + 0.22^2}$$

$$= -0.01 (\mathrm{MPa})$$

（2）主拉应力的限值

《公桥规》规定，A 类预应力混凝土预制构件，斜截面混凝土主拉应力应满足

$$\sigma_{tp} \leq 0.7 f_{tk}$$

$\sigma_{tp} = 0.01 \mathrm{MPa} < 0.7 f_{tk} = 0.7 \times 2.65 = 1.86 (\mathrm{MPa})$，计算结果显示，表面混凝土主拉应力值小于限值，所以，跨中截面上梗肋 a-a 处满足作用频遇组合作用下的斜截面抗裂验算要求。

§11-2 预应力混凝土受弯构件的挠度（变形）计算

素养点：

①遵守行业规范、标准，提升分析问题解决问题的能力；

②秉持"科学严谨"的工作态度，弘扬"精益求精"的工匠精神。

知识点：

①掌握预应力混凝土受弯构件的挠度组成；

②掌握挠度计算及限值；

③预拱度的设置。

技能点：

能应用公式进行预应力混凝土受弯构件的挠度计算和确定预拱度的大小。

　　预应力钢筋混凝土构件的材料一般都是高强材料，故其截面尺寸较普通钢筋混凝土构件小，而且预应力钢筋混凝土结构所使用的跨径范围也较大，因此，设计中应注意预应力钢筋混凝土梁的挠度验算，以避免构件因挠度过大而影响桥梁的正常使用。

　　预应力钢筋混凝土受弯构件的挠度是由偏心预加力引起的上挠度（又称反拱度）和外加作用（恒载和活载）所产生的下挠度两部分所组成。由于这两部分挠度方向相反，可以互相抵消一部分，所以预应力混凝土受弯构件的总挠度值一般是很小的。但总挠度值的大小并不能反映结构的刚度大小，因此，用总挠度值控制预应力混凝土的变形是没有意义的。

　　预应力混凝土受弯构件变形的精确计算，应同时考虑混凝土的收缩、徐变、弹性模量等随时间而变化的影响，计算时常需借助于计算机。但对于简支梁等，采用以下实用的计算方法所得到的变形计算结果已能满足要求。

一、预加力引起的上挠度

　　预应力混凝土受弯构件的向上反拱变形又称反拱，是由于预加力 N_p 作用引起的，它与竖向作用（荷载）引起的挠度方向相反，故又称为反挠度或反拱度。预应力反拱度的计算，常用的近似计算方法是利用换算截面，将预应力钢筋的合力当作外力，根据给定的抗弯刚度，按结构力学的方法计算。预应力混凝土简支梁跨中最大的向上挠度，可用结构力学的方法按刚度 $E_c I_0$ 进行计算，并乘以长期增长系数。

　　计算使用阶段预加力反拱值时，预应力钢筋的预加力应扣除全部预应力损失，长期增长系数取用2.0。以后张法简支梁为例，其值为：

$$f_p = -2 \int_0^l \frac{M_{p1} \overline{M}_x}{E_0 I_0} dx \tag{11-17}$$

式中：M_{p1}——由永存预加力 N_{p1}（永存预应力的合力）在任意截面 x 处所引起的弯矩值；

　　　$\overline{M}_x$——跨中作用单位力时在任意截面 x 处所产生的弯矩值；

　　　E_0——施加预应力时的混凝土弹性模量，可由试验确定；

　　　I_0——构件的换算截面惯性矩。

二、使用荷载作用下产生的挠度

　　在使用荷载作用下，预应力混凝土受弯构件的挠度，同样可近似地按结构力学的方法进行计算。构件刚度取值分开裂前与开裂后两种情况考虑。

　　全预应力混凝土构件，部分预应力混凝土 A 类构件，及 $M_s < M_{cr}$ 时的部分预应力混凝土 B 类构件，$B_0 = 0.95 E_c I_0$。作用（荷载）频遇组合计算的弯矩值所引起的等高度简支梁、悬臂梁的挠度计算表达式为：

$$f_M = \frac{\alpha M_s l^2}{0.95 E_c I_0} \tag{11-18}$$

　　允许开裂的部分预应力混凝土 B 类构件在 $(M_s - M_{cr})$ 作用下，取 $B_{cr} = E_c I_{cr}$。作用（荷载）频遇组合计算的弯矩值所引起的等高度简支梁、悬臂梁的挠度计算表达式为：

$$f_M = \frac{\alpha l^2}{E_c} \left(\frac{M_{cr}}{0.95 I_0} + \frac{M_s - M_{cr}}{I_{cr}} \right) \tag{11-19}$$

式中:l——梁的计算跨径;

α——挠度系数,与弯矩图的形状和支座的约束条件有关(表11-1);

M_{cr}——构件截面的开裂弯矩,按公式 $M_{cr} = (\sigma_{pc} + \gamma f_{tk})W_0$ 计算;

γ——受拉区混凝土塑性系数,$\gamma = \dfrac{2S_0}{W_0}$;

S_0——全截面换算截面重心轴以上(或以下)部分面积对重心轴的面积矩;

σ_{pc}——扣除全部预应力损失后的预应力钢筋和普通钢筋合力 N_{p0} 在构件抗裂边缘产生的混凝土预压应力;

W_0——换算截面抗裂验算边缘的弹性抵抗矩;

M_s——按作用频遇组合计算的弯矩;对于全预应力混凝土结构和在承受外加作用时允许受拉区混凝土出现拉应力,但 A 类部分预应力混凝土结构不允许出现裂缝,即 $M_s \leqslant M_{cr}$;对于承受外加作用时,B 类部分预应力混凝土结构允许出现裂缝,即 $M_s > M_{cr}$;

I_0——全截面换算截面惯性矩;

I_{cr}——开裂截面换算截面惯性矩。

梁的最大弯矩 M_{max} 和跨中(或悬臂端)挠度系数 α 的表达式表　　　　表 11-1

荷载图式	弯矩图和最大弯矩 M_{max}	挠度系数 α
		$\dfrac{ql^2}{8}$　$\dfrac{5}{48}$
	$\dfrac{\beta^2(2-\beta)^2 ql^2}{8}$	$\beta \leqslant \dfrac{1}{2}$ 时:$\dfrac{3-2\beta}{12(2-\beta)^2}$ $\beta > \dfrac{1}{2}$ 时:$\dfrac{4\beta^4 - 10\beta^3 + 9\beta^2 - 2\beta + 0.25}{12\beta^2(\beta-2)^2}$
	$\dfrac{ql^2}{15.625}$	$\dfrac{5}{48}$
	$F\beta(1-\beta)l$	$\beta \geqslant \dfrac{1}{2}$ 时:$\dfrac{4\beta^2 - 8\beta + 1}{-48\beta}$
	$F\beta l$	$\dfrac{\beta(3-\beta)}{6}$
	$\dfrac{q\beta^2 l^2}{2}$	$\dfrac{\beta(4-\beta)}{12}$

三、预应力混凝土受弯构件的总挠度

1.作用(荷载)频遇组合下的总挠度 f_s

$$f_s = f_p + f_M \tag{11-20}$$

式中:f_p——永存预加力 N_{Pe} 所产生的上挠度,按式(11-17)计算;

f_M——由作用（荷载）频遇组合计算的弯矩所引起的挠度值,按式（11-18）或式（11-19）计算。

$$f_M = f_{G1} + f_{G2} + f_{Qs} \qquad (11\text{-}21)$$

f_{G1}、f_{G2}——分别为梁受结构自重 G_1 和附加自重 G_2 作用而产生的挠度值,计算时可不考虑后张预应力管道削弱对 M_{G1} 引起的挠度的影响,近似采用 I_0;

f_{Qs}——按作用（荷载）频遇组合计算的可变作用弯矩值所产生的挠度值,对简支梁,有

$$f_{Qs} = \psi_{f1} f_{Q1} + \psi_{q2} f_{Q2} = 0.7 f_{Q1} + 0.4 f_{Q2} \qquad (11\text{-}22)$$

式中:ψ_{f1}、ψ_{q2}——分别为汽车荷载频遇值系数和人群荷载准永久系数;

f_{Q1}、f_{Q2}——分别为按汽车荷载标准值（不计冲击系数）和人群荷载标准值产生的弯矩计算的构件挠度值。

2. 作用（荷载）频遇组合作用下并考虑长期效应影响的挠度值 f_l

预应力混凝土受弯构件随时间的增长,由于受压区混凝土的徐变、钢筋平均应变增大、受压区与受拉区混凝土收缩不一致导致构件曲率增大以及混凝土弹性模量变化等原因,使得构件挠度增加。因此,受弯构件必须考虑荷载长期作用的影响。在公路桥梁设计上采用挠度增长系数 η_θ 来考虑,即对频遇组合计算的挠度值乘以系数 η_θ 来得到考虑荷载长期效应影响的挠度值 f_l,即

$$f_l = \eta_\theta \cdot f_M \qquad (11\text{-}23)$$

式中:η_θ——挠度长期增长系数,采用 C40 以下混凝土时,$\eta_\theta = 1.6$,采用 C40 ~ C80 混凝土时,$\eta_\theta = 1.45 \sim 1.35$,中间强度等级可按直线内插取用。

3. 挠度的限值

预应力混凝土受弯构件按上述计算的长期挠度值,由汽车荷载（不计冲击力）和人群荷载频遇组合在梁式桥主梁产生的最大挠度值不应超过计算跨径 L 的 $1/600$,在梁式桥主梁悬臂端产生的最大挠度值不应超过悬臂长度 L_1 的 $1/300$,即

$$\eta_\theta (f_M - f_G) < L/600 \quad 或 \quad L_1/300 \qquad (11\text{-}24)$$

式中:f_G——结构自重和恒载产生的挠度;

其他各符号的意义同前。

四、预拱度的设置

由于存在构件的反拱值 f_p,预应力混凝土简支梁一般可不设置预拱度,但当梁的跨径大,或对下缘混凝土预压应力不是很大的构件（例如部分预应力混凝土构件）,有时会因为恒载的长期作用产生过大的挠度。故《公桥规》规定:

(1)当预加应力产生的长期反拱值 f_p 大于按荷载频遇组合计算的长期挠度 f_l 时,可不设预拱度,即当 $f_l - f_p < 0$ 时,可不设预拱度。

(2)当预加应力的长期反拱值 f_p 小于按荷载频遇组合计算的长期挠度值 f_l 时,应设预拱度,即当 $f_l - f_p > 0$,应设预拱度 Δ,其最大值为 $\Delta = f_l - f_p$。

设置预拱度时,应按预应力混凝土受弯构件最大的预拱度值沿顺桥向做成平顺曲线。

对自重相对于活载较小的预应力混凝土受弯构件,应考虑预加应力反拱值过大可能造成的不利影响,必要时采取反预拱或设计和施工上的其他措施,避免桥面隆起直至开裂破坏。

预应力混凝土受弯构件需计算施工阶段的变形,宜采用有限元方法计算,应根据各施工阶段结构各单元加载龄期 t_{0i} 和计算龄期 t_i,按《公桥规》附录 C 计算各阶段结构收缩、徐变变形增量并累加得到各个阶段结构各个部位的变形值。

例 11-3 某后张法 A 类部分预应力混凝土简支梁 T 形梁,已知条件与例 11-1 相同,请完成:

(1)试求使用阶段的挠度值,并判断是否满足限值要求。

(2)判断是否需要设置预拱度,如需设置预拱度,预拱度值是多少?

解:根据《公桥规》规定,预应力混凝土受弯构件挠度(变形)计算根据给定的抗弯刚度,采用结构力学的方法计算,并按规定进行变形(挠度)验算,判断是否需要设置预拱度。取预应力混凝土简支梁跨中截面进行挠度验算。

(1)使用阶段的挠度值

先进行频遇组合作用下主梁挠度验算。根据《公桥规》的有关规定,简支梁在使用荷载作用下挠度计算式为

$$f_M = \frac{\alpha M_s l^2}{0.95 E_c I_0}$$

①可变作用频遇值作用引起的挠度值

将可变作用看成均布荷载作用在主梁上,则主梁跨中挠度系数查表 11-1 可知 $\alpha = \dfrac{5}{48}$,可变作用频遇组合的弯矩值为:

$$M_s = \psi_{f1}\left(\frac{M_{Q1k}}{1+\mu}\right) + \psi_{q2}M_{Q2k} = 0.7 \times \left(\frac{2261.79}{1.211}\right) + 0.4 \times 355.0 = 1449.39(\text{kN} \cdot \text{m})$$

由可变作用频遇组合的弯矩值引起简支梁跨中截面的挠度为:

$$f_{Qs} = \frac{5}{48} \times \frac{1449.39 \times 10^6 \times 28900^2}{0.95 \times 3.45 \times 10^4 \times 459.403 \times 10^9} = 8.4(\text{mm})$$

长期效应影响下的挠度值增大系数 $\eta_\theta = 1.55 - 50/400 \approx 1.43$

$$f_{Ql} = \eta_\theta \times f_{Qs} = 1.43 \times 8.4 = 12.0(\text{mm}) < \frac{L}{600} = \frac{28900}{600} = 48.2(\text{mm})$$

满足挠度限值要求。

②考虑长期效应影响的结构自重(包括附加结构自重)引起的挠度值

$$f_{Gl} = \eta_\theta(f_{G1} + f_{G2}) = 1.43 \times \frac{5}{48} \times \frac{(2440.13 + 1370.0) \times 10^6 \times 28900^2}{0.95 \times 3.45 \times 10^4 \times 459.403 \times 10^9} = 31.5(\text{mm})$$

③考虑长期效应影响的预加力引起的上拱值

根据计算可知,跨中截面的有效预加力 $N_{p\text{II}} = 3088.21\text{kN}$,合力偏心距 $e_{pn} = 1192.1\text{mm}$,永存预加力在跨中截面引起的弯矩值 $M_{p1} = 3681.46 \times 10^6(\text{N} \cdot \text{mm})$,则考虑长期效应影响的预加力引起的上拱值为:

$$f_p = -2\int_0^L \frac{M_{p1}\overline{M}_x}{E_c I_0}dx = -2 \times \frac{M_{p1}L^2}{8 \times E_c I_0} = -2 \times \frac{3681.46 \times 10^6 \times 28900^2}{8 \times 3.45 \times 10^4 \times 459.403 \times 10^9} = -48.5(\text{mm})$$

梁在使用阶段考虑长期效应影响的总挠度值为：

$$f = f_M + f_p = (f_{Ql} + f_{Gl}) + f_p = (12.0 + 31.5) - 48.5 = 43.5 - 48.5 = -5.0(\text{mm})$$

（2）预拱度的设置

上述计算可知，由于预加力产生的长期上拱值 $f_p = 48.5\text{mm}$ 大于按作用频遇组合计算的长期挠度值 $f_l = 43.5\text{mm}$，所以，不需设置预拱度。

§11-3 部分预应力混凝土 B 类构件的裂缝宽度计算

素养点：

①遵守行业规范、标准，提升分析问题解决问题的能力；

②秉持"科学严谨"的工作态度，弘扬"精益求精"的工匠精神。

知识点：

了解裂缝宽度的计算公式。

技能点：

能应用公式进行部分预应力混凝土（B 类）受弯构件的裂缝计算。

部分预应力混凝土 B 类构件在正常使用阶段允许出现裂缝。因此，控制裂缝宽度是部分预应力混凝土 B 类构件设计中的一项重要内容。

1. 裂缝宽度计算

国内外关于部分预应力混凝土 B 类构件裂缝宽度计算的公式很多，但是由于裂缝问题的复杂性，这些公式都带有很大的经验成分，计算结果相差很大。

《公桥规》推荐的部分预应力混凝土 B 类构件裂缝宽度计算公式与钢筋混凝土裂缝宽度计算公式有相同的形式，即

$$W_{cr} = C_1 C_2 C_3 \frac{\sigma_{ss}}{E_s} \left(\frac{c+d}{0.36 + 1.7\rho_{te}} \right) \tag{11-25}$$

$$\sigma_{ss} = \frac{M_s - N_{p0}(z - e_p)}{(A_p + A_s)z} \tag{11-26}$$

$$z = \left[0.87 - 0.12(1 - \gamma'_f) \left(\frac{h_0}{e} \right)^2 \right] h_0 \tag{11-27}$$

$$\gamma'_f = \frac{(b'_f - b) h'_f}{bh_0} \tag{11-28}$$

$$e = e_p + \frac{M_s}{N_{p0}} \qquad (11\text{-}29)$$

上述式中：M_s——按作用（荷载）频遇组合计算的弯矩值；

      N_{p0}——混凝土法向应力为零时纵向预应力筋和普通钢筋的合力，对先张法构件，可按公式（10-37）计算；对后张法构件，应按公式（10-40）计算；

      z——受拉区纵向预应力钢筋和普通钢筋合力作用点至截面受压区合力作用点的距离；

      γ_f'——受压翼缘截面面积与肋板有效截面面积的比值；

      b_f'、h_f'——受压翼缘的宽度和厚度，当 $h_f' > 0.2h_0$ 时，取 $h_f' = 0.2h_0$；

      e_p——混凝土法向应力等于零时，纵向预应力钢筋和普通钢筋合力 N_{p0} 作用点至受拉区纵向预应力钢筋和普通钢筋合力作用点的距离。

应当指出，对于超静定 B 类部分压应力混凝土受弯构件，在计算 σ_{ss} 时，尚应考虑由于预加力 N_p 产生的次弯矩 M_{p2} 的影响。故式（11-26）和式（11-29）应改写为

$$\sigma_{ss} = \frac{M_s \pm M_{p2} - N_{p0}(z - e_p)}{(A_p + A_s)z} \qquad (11\text{-}30)$$

$$e = e_p + \frac{M_s \pm M_{p2}}{N_{p0}} \qquad (11\text{-}31)$$

式中：M_{p2}——预加力 N_p 在后张法预应力混凝土连续梁等超静定结构中产生的次弯矩。

在公式（11-30）、式（11-31）中，当 M_{p2} 与 M_s 的作用方向相同时取正号，相反时取负号。

2. 裂缝宽度限值

《公桥规》规定，部分预应力混凝土 B 类构件，其计算的特征裂缝宽度不应超过表 11-2 的规定。

部分预应力混凝土 B 类构件裂缝宽度限值　　　　　　　　　　　表 11-2

环境类别	最大裂缝宽度限值（mm）	
	采用预应力螺纹钢筋的 B 类预应力混凝土构件	采用钢丝或钢绞线的 B 类预应力混凝土构件
Ⅰ类-一般环境	0.20	0.10
Ⅱ类-冻融环境	0.20	0.10
Ⅲ类-近海或海洋氯化物环境	0.15	0.10
Ⅳ类-除冰盐等其他氯化物环境	0.15	0.10
Ⅴ类-盐结晶环境	0.10	禁止使用
Ⅵ类-化学腐蚀环境	0.15	0.10
Ⅶ类-磨蚀环境	0.20	0.10

【课后练习】

一、填空题

1. 预应力混凝土构件的抗裂性验算都是以构件混凝土_____是否超过规定限值来表

示的。

2.《公桥规》规定,对全预应力混凝土和 A 类部分预应力混凝土结构必须进行_____、_____两部分抗裂性验算。

3.《公桥规》规定,对 B 类部分预应力混凝土结构必须进行_____抗裂性验算。

4.《公桥规》规定,预应力混凝土受弯构件正截面抗裂性验算按作用的_____和_____两种组合情况进行。

5.《公桥规》规定,预应力混凝土梁的斜截面抗裂性验算是通过梁体混凝土_____验算来实现的。

6.预应力混凝土梁的斜截面主拉应力不符合规定限值时,则应该_____以满足斜截面抗裂性要求。

7.预应力混凝土受弯构件的挠度(变形)是由_____和_____两部分组成。由于这两部分的挠度方向相反,可以相互抵消一部分,所以预应力混凝土受弯构件的总挠度一般是很小的。

8.根据《公桥规》规定,在预加力的作用下,预应力混凝土受弯构件上拱值可以根据给定的刚度 $B_p = $ _____,采用结构力学的方法计算,并乘以长期增长系数 $\eta_{\theta,p} = $ _____。在计算作用(荷载)频遇组合下的挠度值,对全预应力混凝土和 A 类部分预应力混凝土构件,抗弯刚度 $B_0 = $ _____。

9.《公桥规》规定,当预加力产生的长期上拱值_____按荷载频遇组合计算的长期挠度时,可不设预拱度。反之,应设预拱度,其值大小按_____采用。

10.《公桥规》规定,允许开裂的 B 类部分预应力混凝土构件的抗弯刚度按作用的频遇组合计算的弯矩值 M_s 分段采用,在开裂弯矩 M_{cr} 作用下抗弯刚度 $B_0 = $ _____,在弯矩 $M_s - M_{cr}$ 作用下抗弯刚度 $B_{cr} = $ _____。

二、选择题

1.预应力混凝土抗裂性验算属于结构(　　)计算的范畴。

　A.承载能力极限状态　　　　　　　　B.正常使用极限状态

　C.安全性　　　　　　　　　　　　　D.适用性

2.预应力混凝土受弯构件正截面抗裂性验算采用作用(荷载)(　　)和频遇组合组合两种情况进行。

　A.基本组合　　　　　　　　　　　　B.准永久组合

　C.标准值组合　　　　　　　　　　　D.设计值组合

3.预应力混凝土受弯构件斜截面抗裂性验算只需采用作用(荷载)(　　)进行。

　A.基本组合　　　　B.频遇组合　　　　C.标准值组合　　　　D.准永久组合

4.预加力作用下后张法预应力混凝土构件抗裂验算边缘混凝土的预压应力 $\sigma_{pc} = $(　　)。

　A. $\dfrac{N_{p0}}{A_0} + \dfrac{N_{p0}e_{p0}}{W_0}$　　　B. $\dfrac{N_{p0}}{A_0} - \dfrac{N_{p0}e_{p0}}{W_0}$　　　C. $\dfrac{N_p}{A_n} + \dfrac{N_p e_{pn}}{W_n}$　　　D. $\dfrac{N_p}{A_n} - \dfrac{N_p e_{pn}}{W_n}$

5.预加力作用下先张法预应力混凝土构件抗裂验算边缘混凝土的预压应力 $\sigma_{pc} = $(　　)。

　A. $\dfrac{N_{p0}}{A_0} + \dfrac{N_{p0}e_{p0}}{W_0}$　　　　　　　　　　　B. $\dfrac{N_{p0}}{A_0} - \dfrac{N_{p0}e_{p0}}{W_0}$

C. $\dfrac{N_p}{A_n} + \dfrac{N_p e_{pn}}{W_n}$　　　　　　　　　　　　D. $\dfrac{N_p}{A_n} - \dfrac{N_p e_{pn}}{W_n}$

6. 由作用(荷载)频遇组合产生的后张法预应力混凝土受弯构件抗裂验算,边缘混凝土的法向拉应力 $\sigma_{st} = ($ 　　$)$。

A. $\dfrac{M_{G1} + M_{G2} + M_{QS}}{W_0}$　　　　　　　　B. $\dfrac{M_{G1} + M_{G2} + M_{QS}}{W_n}$

C. $\dfrac{M_{G1}}{W_n} + \dfrac{M_{G2} + M_{QS}}{W_0}$　　　　　D. $\dfrac{M_{G1}}{W_0} + \dfrac{M_{G2} + M_{QS}}{W_n}$

7. 由作用(荷载)频遇组合产生的先张法预应力混凝土受弯构件抗裂验算,边缘混凝土的法向拉应力 $\sigma_{st} = ($ 　　$)$。

A. $\dfrac{M_{G1} + M_{G2} + M_{QS}}{W_0}$　　　　　　　　B. $\dfrac{M_{G1} + M_{G2} + M_{QS}}{W_n}$

C. $\dfrac{M_{G1}}{W_n} + \dfrac{M_{G2} + M_{QS}}{W_0}$　　　　　D. $\dfrac{M_{G1}}{W_0} + \dfrac{M_{G2} + M_{QS}}{W_n}$

8. 在作用(荷载)频遇组合下,为满足 A 类部分预应力混凝土构件正截面抗裂要求,混凝土的法向拉应力应符合下列(　　)要求。

A. $\sigma_{st} - 0.85\sigma_{pc} \leq 0$　　　　　　　　　　B. $\sigma_{st} - 0.80\sigma_{pc} \leq 0$

C. $\sigma_{st} - \sigma_{pc} \leq 0.7 f_{tk}$　　　　　　　　　　D. $\sigma_{st} - \sigma_{pc} \leq 0$

9. 预应力混凝土受弯构件斜截面抗裂性验算是通过对梁体混凝土(　　)验算来实现的。

A. 主压应力　　　　B. 剪应力　　　　C. 主拉应力　　　　D. 正应力

10. 在作用(荷载)频遇组合作用下,为满足 A 类部分预应力混凝土预制构件斜截面抗裂要求,计算的混凝土的主拉应力应符合下列(　　)要求。

A. $\sigma_{tp} \leq 0.4 f_{tk}$　　　　B. $\sigma_{tp} \leq 0.5 f_{tk}$　　　　C. $\sigma_{tp} \leq 0.6 f_{tk}$　　　　D. $\sigma_{tp} \leq 0.7 f_{tk}$

11. 不需进行预应力混凝土正截面抗裂性验算的构件是(　　)。

A. 全预应力混凝土构件　　　　　　　　B. 部分预应力混凝土 A 类构件

C. 部分预应力混凝土 B 类构件

12. 由汽车荷载(不计冲击力)和人群荷载频遇组合作用并考虑长期效应影响的预应力混凝土简支梁(计算跨径 L)最大竖向挠度的计算值应小于(　　)。

A. $\dfrac{1}{1600}L$　　　　B. $\dfrac{1}{600}L$　　　　C. $\dfrac{1}{400}L$　　　　D. $\dfrac{1}{300}L$

13. 某预应力混凝土简支梁计算跨径 $L = 19.5m$,验算跨中挠度时,其容许值为(　　)。

A. 12.2mm　　　　B. 65.0mm　　　　C. 32.5mm　　　　D. 24.4mm

14. 减小受弯构件挠度的最有效的措施是(　　)。

A. 增加梁截面宽度　　　　　　　　　　B. 选用直径较粗的钢筋

C. 提高混凝土的强度等级　　　　　　　D. 增加梁的截面高度

15. 对预应力混凝土受弯构件而言,当预加应力的长期反拱值 f_p 小于按荷载频遇组合计算的长期挠度值 f_l 时应设预拱度,即当 $f_l - f_p > 0$,应设预拱度 Δ,其最大值 $\Delta_{max} = ($ 　　$)$。

A. $\dfrac{1}{2}(f_l + f_p)$　　　B. $f_l + f_p$　　　C. $f_p + \dfrac{1}{2}f_l$　　　D. $f_l - f_p$

三、判断题

1. 预应力混凝土受弯构件截面应力验算是满足承载能力极限状态的要求。　　　　（　　）

2. 预应力混凝土受弯构件截面抗裂性验算是满足正常使用极限状态的要求。　　（　　）

3. 预应力混凝土构件进行截面抗裂性验算时,可变作用(荷载)的代表值采用频遇值和准永久值,进行截面应力验算时,采用作用(荷载)的标准值。　　　　　　　　　　（　　）

4. 全预应力混凝土构件和部分预应力混凝土构件均应进行正截面抗裂性验算。　（　　）

5. 预应力混凝土受弯构件进行截面应力验算时,汽车荷载效应不计入冲击系数,进行截面抗裂性验算时汽车荷载效应计入冲击系数。　　　　　　　　　　　　　　（　　）

6. 预应力混凝土受弯构件进行正截面抗裂验算时,验算截面边缘混凝土的法向拉应力。
　　　　　　　　　　　　　　　　　　　　　　　　　　　　　　　　　　　　（　　）

7. 预应力钢筋混凝土能有效提高混凝土构件的抗裂性,因此非预应力钢筋的配置对结构的抗裂性无关紧要。　　　　　　　　　　　　　　　　　　　　　　　　　　（　　）

8. 预应力混凝土受弯构件进行斜截面抗裂验算,应选在弯矩和剪力值均较大的区段截面,验算截面重心处和宽度突变处混凝土的主压应力。　　　　　　　　　　　　　（　　）

9. 预应力混凝土构件抗裂验算与应力验算都是计算薄弱截面处混凝土的应力,不同的是,应力验算主要计算的是压应力,抗裂验算主要计算的是拉应力。　　　　　　（　　）

10. 预应力混凝土受弯构件设置预拱度的目的是为了使结构线形美观。　　　　（　　）

11. 预应力混凝土简支梁,按作用(荷载)频遇组合的弯矩值计算的最大挠度值不超过计算跨径的1/300。　　　　　　　　　　　　　　　　　　　　　　　　　　　（　　）

12. 预应力混凝土受弯构件的变形计算,均采用作用的频遇组合并考虑长期效应的影响,按《公桥规》给定的抗弯刚度,采用结构力学的方法计算。　　　　　　　　　（　　）

13. 钢筋混凝土受弯构件和预应力混凝土受弯构件设置预拱度的条件是相同的,只是计算方法不同。　　　　　　　　　　　　　　　　　　　　　　　　　　　　　（　　）

四、简答题

1. 预应力混凝土受弯构件在使用阶段,钢筋和混凝土的应力应各自满足什么条件?

2. 预应力混凝土受弯构件是否必须进行抗裂性验算? 为什么?

3. 预应力混凝土受弯构件正截面抗裂性验算是按哪种作用效应组合进行的? 其混凝土的正应力应满足什么条件?

4. 为什么预应力混凝土受弯构件必须进行斜截面抗裂验算? 主要验算什么内容? 其目的是什么?

5. 预应力混凝土受弯构件的挠度由哪几部分组成?

6. 写出预应力混凝土受弯构件在作用(荷载)频遇组合下弯矩值作用时的挠度计算公式,并解释各字母的含义。

7. 随着时间的增长,预应力混凝土受弯构件的挠度值为什么会增大? 设计计算时,是如何考虑这种影响的?

8. 与钢筋混凝土受弯构件的挠度(变形)计算相比较,预应力混凝土受弯构件的挠度(变形)计算以及预拱度设置上有哪些不同?

9. 港珠澳大桥是如何控制裂缝的? 这个新技术对你有什么启示?

五、计算题

1. 某后张法全预应力混凝土简支 T 形梁,标准跨径 20m,计算跨径 19.0m,跨中截面形式和尺寸如图 11-2 所示。采用 C50 混凝土,$E_c = 3.45 \times 10^4 MPa$,布置 $3 - 6\phi^s 15.2$ 预应力钢绞线,截面面积 $A_p = 2502\ mm^2$,$f_{pk} = 1860MPa$,$f_{pd} = 1260MPa$,弹性模量 $E_p = 1.95 \times 10^5 MPa$,张拉控制应力 $\sigma_{con} = 1395MPa$,预埋铁皮波纹管孔道直径 70mm,两端张拉。跨中截面承受结构自重产生的弯矩 $M_{G1k} = 912.7kN \cdot m$,结构附加自重弯矩 $M_{G2k} = 549.6kN \cdot m$,汽车荷载产生的弯矩 $M_{Q1k} = 898.88kN \cdot m$(计入冲击系数 $\mu = 0.335$),人群荷载产生的弯矩 $M_{Q2k} = 87.36kN \cdot m$。安全等级二级。各项应力损失值如下:$\sigma_{l1} = 40.86MPa$,$\sigma_{l2} = 0MPa$,$\sigma_{l4} = 74.72MPa$,$\sigma_{l5} = 37.50MPa$,$\sigma_{l6} = 88.01MPa$。

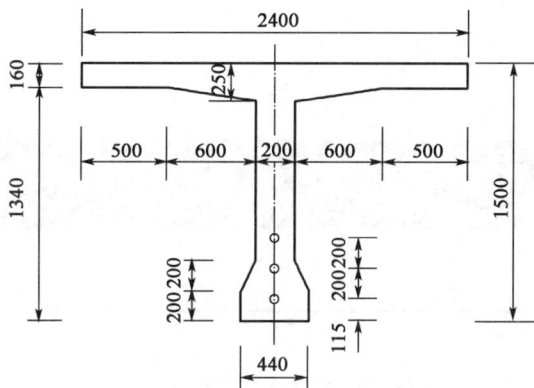

图 11-2　跨中截面示意图(单位尺寸:mm)

要求:

(1)计算跨中净截面和换算截面的几何特性。

(2)进行跨中正截面抗弯承载力验算。

(3)混凝土达到设计强度的 90% 时进行预应力钢筋张拉锚固。试进行预加力阶段跨中截面下边缘的混凝土正应力验算。

(4)试进行持久状况跨中截面上边缘的混凝土正应力验算。

(5)试进行跨中正截面下边缘混凝土抗裂性验算。

2. 全预应力混凝土简支空心板,计算跨径 $L = 9.7m$,跨中截面承受结构自重产生的弯矩 $M_{G1k} = 85.7kN \cdot m$,$M_{G2k} = 125.0kN \cdot m$,汽车荷载产生的弯矩 $M_{Q1k} = 114.0kN \cdot m$(已计入冲击系数 $\mu = 0.265$)。先张法施工,C50 混凝土,$E_c = 3.45 \times 10^4 MPa$,预应力钢筋为 $3 - 4\phi^s 15.2$ 钢绞线,$A_p = 1668\ mm^2$,传力锚固时预加力引起的弯矩 $M_p = 278.4kN \cdot m$,传力锚固时混凝土的强度为设计强度的 80%。换算截面几何特性:$A_0 = 478400\ mm^2$,$I_0 = 21990.97 \times 10^6\ mm^4$,换算截面重心轴距截面下边缘距离 $y_{x0} = 314mm$,换算截面重心轴距预应力钢筋重心距离 $e_{p0} = 274mm$;预应力损失:$\sigma_{l1} = 418MPa$(没有计入 σ_{l4}),$\sigma_{l2} = 209.2MPa$。要求:

(1)判断使用阶段的挠度值是否满足限值要求。

(2)判断是否需要设置预拱度,如需设置,预拱度值是多少?

单元十二
UNIT TWELVE

预应力混凝土简支梁设计

§12-1　预应力混凝土受弯构件的基本构造

素养点：

①遵守行业规范、标准,提升分析问题解决问题的能力;

②秉持"科学严谨"的工作态度,弘扬"精益求精"的工匠精神。

知识点：

①束界的计算;

②预应力钢筋的弯起点、弯起曲线、弯起角的确定;

③预应力钢筋间的距离及混凝土保护层的厚度。

技能点：

能按照规范要求选择受弯构件截面形式、布置预应力钢筋和非预应力钢筋。

　　预应力混凝土结构构件的构造,除应满足普通钢筋混凝土结构的有关规定外,视其自身特点,并根据预应力钢筋张拉工艺、锚固措施、预应力钢筋种类的不同而有所不同。混凝土结构的构造问题关系到构件设计能否实现,所以必须高度重视。

　　预应力混凝土梁的形式有很多种,它们的具体构造在桥梁工程中详细介绍,在此仅对其常用的形式及钢筋布置做简要介绍。

一、常用的截面形式

　　预应力混凝土受弯构件,通常选用的截面形式如图 12-1 所示。

1.预应力混凝土空心板

预应力空心板如图 12-1a)所示,空心板的开孔形式有圆形、端部圆形、矩形、侧面和底面直线而顶部拱形等。构件质量较小。跨径 8~20m 的空心板多采用直线配筋长线台先张法施工,多用于中、小跨径简支桥梁,大跨径空心板也有采用后张法施工的,并且筋束从有黏结预应力向无黏结预应力发展。简支预应力混凝土空心板桥标准跨径不宜大于 20m,连续板桥的标准跨径不宜大于 25mm。

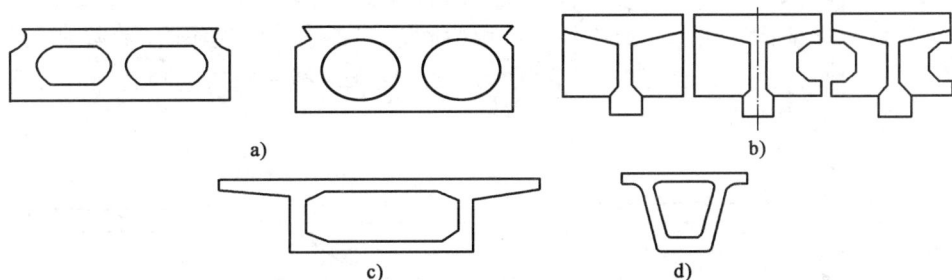

图 12-1 预应力钢筋混凝土简支梁的截面形式

2.预应力混凝土 T 形截面梁

预应力混凝土 T 形梁如图 12-1b)所示,这是我国桥梁工程中最常用的预应力混凝土简支梁的截面形式。装配式预应力混凝土 T 梁桥的跨径不大于 50m,高跨比 h/l 一般为(1/15~1/25),上翼缘宽度一般为(1.6~2.4)m 或更宽。T 形梁腹板主要是承受剪应力和主应力。由于预应力混凝土梁中剪力很小,故腹板都做得较薄。从构造方面来说,腹板厚度必须满足布置预留孔道的要求,故腹板厚度不应小于 160mm。在梁下缘的布筋区,为了布置钢筋的需要,常将腹板厚度加厚而成为"马蹄"形,马蹄厚度为腹板厚度的(2~4)倍,利于布置预应力钢筋和承受巨大的预压力。梁的两端长度各约等于 1 倍梁高的范围内,腹板加厚到与"马蹄"同宽,以满足布置锚具和局部承压的要求。

3.预应力混凝土箱形截面梁

预应力混凝土箱形截面梁如图 12-1c)所示。其抗扭刚度比一般开口截面大得多,顶板和底板能提供承受正、负弯矩较大的混凝土受压区,梁上的作用(荷载)分布比较均匀,箱壁一般做得较薄,材料利用合理,自重较轻,跨越能力大,适用于大跨径桥梁。

箱形截面梁顶板与腹板相连处应设置承托;底板与腹板相连处应设倒角,必要时也可设置承托。箱形截面梁顶、底板的中部厚度,不应小于板净跨径的 1/30,且不应小于 200mm。

目前我国公路桥常用的预制预应力混凝土小箱梁如图 12-1d)所示,按 A 类部分预应力混凝土设计,采用后张法施工,用于先简支后连续的结构体系。标准跨径有 20m、25m、30m、35m 和 40m。

二、预应力钢筋的布置

1.束界

由于作用(荷载)在简支梁跨中截面产生的弯矩最大,为了抵抗该弯矩,应使预应力筋合力点距该截面重心尽可能远(即使筋束合力的偏心距尽可能大)。但在其他截面作用(荷载)

弯矩较小,如果预应力筋束合力大小和作用点位置不变,则可能在混凝土上缘产生拉应力。全预应力混凝土受弯构件的上、下缘是不允许出现拉应力的。

合理的确定预加力 N_p 的位置(一般即近似为预应力筋束截面重心位置)是很重要的。根据全预应力混凝土构件要求使其上、下缘混凝土不出现拉应力的原则,可以按照在最小外作用(荷载)(例如只有构件自重)时和最不利外加作用(荷载)(即自重、后加恒载和活载)时的两种情况,分别确定 N_p 在各个截面上偏心距的极限值 e_p。由此可以绘出如图 12-2 所示的两条 e_p 的限值线 E_1 和 E_2。只要 N_p(也即近似为预应力钢筋截面的重心)的位置落在由 E_1 和 E_2 所围成的区域内,就能保证构件在承受最小外加作用(荷载)和最不利外加作用(荷载)时,其上、下缘混凝土均不会出现拉应力。因此,我们把由 E_1 和 E_2 两条曲线所围成的限制预应力钢筋的布置范围称之为束界(或索界)。

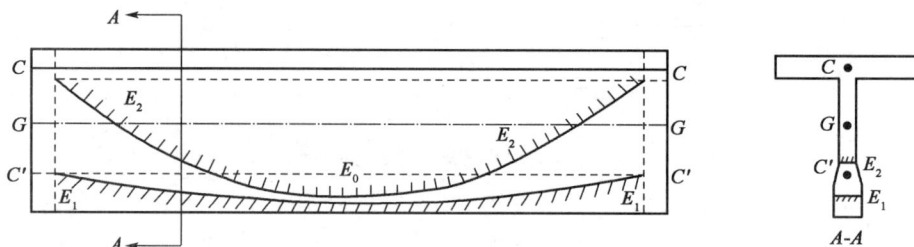

图 12-2　全预应力混凝土简支梁的束界图

根据上述原则,按下列方法可以容易地绘制全预应力混凝土等截面简支梁的束界。为方便计算,两种情况均近似采用全截面的几何特性。

在预加应力阶段,保证梁的上缘混凝土不出现拉应力的条件是:

$$\sigma_c = \frac{N_{pI}}{A_c} - \frac{N_{pI}e_{p1}}{W'_c} + \frac{M_{G1}}{W'_c} \geq 0$$

由此可得出

$$e_{p1} \leq E_1 = K_{c0} + \frac{M_{G1}}{N_{p1}} \tag{12-1}$$

式中: e_{p1}——预加力的合力偏心距,设在构件截面重心轴以下为正,反之为负;

K_{c0}——混凝土截面下核心距,其值为 $K_{c0} = W'_c / A_c$;

W'_c——全截面对上边缘的弹性抵抗矩;

M_{G1}——构件自重产生的弯矩;

N_{p1}——传力锚固时的预加力的合力。

同理,在作用(或荷载)的频遇组合计算的弯矩值作用下,构件下缘不出现拉应力的条件为:

$$\sigma_c = \frac{N_{pII}}{A_c} + \frac{N_{pII}e_{p2}}{W_c} - \frac{M_{G1} + M_{G2} + M_{Qs}}{W_c} \geq 0$$

求得预加力合力偏心距 e_{p2} 为

$$e_{p2} \geq E_2 = \frac{M_{G1} + M_{G2} + M_{Qs}}{\alpha N_{pI}} - K'_{c0} \tag{12-2}$$

式中: M_{G2}——后期恒载引起的弯矩值;

M_{Qs}——可变作用频遇组合的弯矩值；

α——使用阶段的永存预加力 $N_{pⅡ}$ 和传力锚固时的有效预加力 N_{pl} 之比值，可近似取 $\alpha = 0.8$；

K'_{c0}——混凝土截面上核心距，其值为 $K'_{c0} = W_c/A_c$，W_c 为混凝土全截面对下边缘的弹性抵抗矩。

由式(12-1)、式(12-2)可以看出：e_{pl}、e_{p2} 分别具有与弯矩 M_{G1} 和弯矩 $M_{G1} + M_{G2} + M_{Qs}$ 相似的变化规律，都可视为沿跨径变化的抛物线，其限值 E_1 和 E_2 分别称为束界的上限和下限，曲线 E_1、E_2 之间的区域就是束界范围。由此可知，筋束重心位置（即 e_p）所应遵循的条件为：

$$\frac{M_{G1} + M_{G2} + M_{Qs}}{\alpha N_{pⅠ}} - K'_{c0} \leqslant e_p \leqslant K_{c0} + \frac{M_{G1}}{N_{pⅠ}} \qquad (12\text{-}3)$$

只要预应力钢筋重心线的偏心距 e_p 满足式(12-3)的要求，就可以保证构件在预加应力和使用阶段，其上、下缘混凝土都不会出现拉应力。这对于检验筋束是否配置得当，无疑是一个简便而直观的方法。

显然，对于允许出现拉应力或允许出现裂缝的部分预应力混凝土构件，只要根据构件上、下缘混凝土拉应力（包括名义拉应力）的不同限制值进行相应的验算，则其束界同样不难确定。其图与图12-2相似，不过束界范围要大些。

2. 预应力钢筋的布置原则

预应力钢筋布置，应使其重心线不超出束界范围。因此，大部分预应力钢筋将在趋向支点时须逐步弯起，只有这样，才能保证构件无论是在施工阶段，还是在使用阶段，其任意截面上、下缘混凝土的法向应力都不致超过规定的限制值。同时，构件端部范围逐步弯起的预应力钢筋将产生预剪力，这对抵消支点附近较大的剪力也是非常有利的。而且从构造上说，预应力钢筋束的弯起，可使锚固点分散，使梁端部承受的集中力也相应分散，这对改善锚固区的局部承压条件是有利的。

总之，预应力钢筋的布置与结构体受力系、构造形式、施工方法等都有密切关系。

3. 预应力钢筋束弯起角度

预应力钢筋束弯起角度，应与所承受的剪力变化规律相配合，并考虑减少曲线预应力钢筋张拉时摩阻应力损失，同时应满足构造要求。从受力角度来说，预应力钢筋束弯起后所产生的预剪力，应能抵消全部恒载剪力和部分活载剪力，以使构件在无活载时，钢筋束中所剩余的预剪力绝对值不致过大，一般弯起角度 θ_p 不宜大于20°，对于弯出梁顶锚固的钢束，θ_p 值往往超出此值，常常在20°~30°之间。弯起角度较大的预应力钢筋，宜采取措施减小预应力摩阻损失。

从构造上来说，预应力钢筋弯起，可使锚固点分散，有利于锚具布置，改善梁端部锚固区的受力。

4. 预应力钢筋弯起的曲线线形

目前预应力钢筋弯起线形有圆弧线、抛物线或悬链线三种形式。公路桥梁中多采用圆弧线。《公桥规》规定，后张法预应力混凝土构件的曲线形预应力钢筋的曲线半径应符合下列规定：

（1）钢丝束、钢绞线束的钢丝直径等于或小于5mm时，曲线半径不宜小于4m；钢丝直径大于5mm时，曲线半径不宜小于6m。

(2)预应力螺纹钢筋的直径等于或小于 25mm 时,曲线半径不宜小于 12m;直径大于 25mm 时,曲线半径不宜小于 15m。

(3)后张法预应力混凝土构件的曲线形钢丝束、钢绞线束的锚下最小直线段长度宜取 0.8 ~ 1.50m。

对于具有特殊用途的预应力钢筋,应采用相应的特殊措施,不受此限制。

5. 预应力钢筋弯起点的确定

预应力钢筋的弯起点,应从兼顾正截面抗弯、斜截面抗剪和斜截面抗弯三个方面的受力要求来考虑,同时兼顾构件预应力钢筋在横断面的布置及梁端锚固位置。

(1)满足正截面抗弯承载力要求

由于预应力钢筋弯起后,其重心线将往上移,使偏心距 e_p 变小,即预加力弯矩 M_p 将变小;且重心上移,截面的有效高度减小。因此,预应力钢筋弯起首先应满足正截面的抗弯承载力要求。

(2)满足斜截面抗剪承载力要求

预应力钢筋弯起可以提供一部分抵抗外加作用(荷载)产生的剪力的预剪力 V_p。但实际上,受弯构件跨中部分的腹板部分混凝土已足够承受外加作用(荷载)产生的剪力,因此一般根据经验,在跨径的三分点到四分点之间开始弯起。

(3)满足斜截面抗弯承载力要求

要求弯起后斜截面上的抗弯承载力不小于斜截面顶端所在正截面的抗弯承载力,一般采用构造措施来满足斜截面抗弯承载力要求。

此外,预应力钢筋弯起还应考虑构件横断面尺寸的变化,如梁端附近腹板加宽及马蹄加高等因素需要考虑预应力钢筋的平面弯曲、分散锚固点等构造要求。

三、预应力钢筋间的距离及混凝土保护层的厚度

1. 先张法构件

先张法预应力混凝土构件宜以钢绞线、螺旋肋钢丝作为预应力钢筋,以保证钢筋与混凝土之间有可靠的黏结力。当采用光面钢丝作为预应力钢筋时,应采取适当措施,保证钢丝在混凝土中可靠锚固。

先张法构件中,预应力钢筋或锚具之间的净距与保护层厚度,应根据预应力钢筋布置、浇筑混凝土、施加预应力及钢筋锚固等要求确定,并应符合下列规定:

(1)在先张法预应力混凝土构件中,预应力钢绞线之间的净距不应小于其公称直径的 1.5 倍,对 1×7(七股)钢绞线不应小于 25mm;预应力钢丝间净距不应小于 15mm。

(2)先张法预应力混凝土构件中,对于单根预应力钢筋,其端部应设置长度不小于 150mm 的螺旋筋;对于多根预应力钢筋,在构件端部 10 倍预应力钢筋直径范围内,应设置 3 ~ 5 片钢筋网。

(3)先张法构件中预应力钢筋的保护层厚度取钢筋外缘至混凝土表面的距离,不应小于钢筋公称直径,且应符合表 2-3 的规定。

2. 后张法构件

后张法构件中,预应力钢筋或锚具之间的净距与保护层,应根据预应力钢筋布置、浇筑混凝土、施加预应力及钢筋锚固等要求确定,并应符合下列规定。

(1)后张法预应力混凝土构件(包括连续梁和连续刚构边跨现浇段)的部分预应力钢筋,应在靠近端部支座区段横向对称弯起,尽可能沿梁端面均匀布置,同时沿纵向可将梁腹板加宽。在梁端部附近,设置间距较密的纵向钢筋和箍筋,并符合 T 形梁和箱形梁对纵向钢筋和箍筋的要求。

(2)后张法构件中预应力钢筋的混凝土保护层厚度取管道外缘至混凝土表面的距离,不应小于管道直径的 1/2,且应符合前面单元二表 2-3 的规定。

(3)后张法预应力混凝土构件的端部锚固区,在锚具下面应设置具有喇叭管的锚垫板。锚垫板下应设间接钢筋,其体积配筋率 ρ_v 不应小于 0.5%。

(4)外形呈曲线形且布置有曲线预应力钢筋的构件。

如图 12-3 所示,其曲线管道平面内、外的最小混凝土保护层厚度,应根据施加预应力时曲线预应力钢筋的张拉力,按下列公式计算。

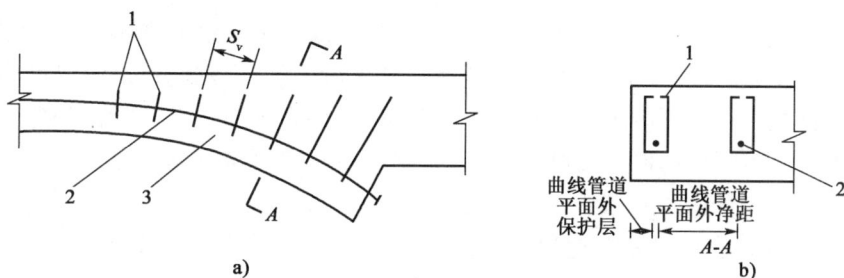

图 12-3　预应力钢筋曲线管道保护层示意图
1-箍筋;2-预应力钢筋;3-曲线管道平面内保护层

① 曲线平面内向心方向最小混凝土保护层厚度。

$$C_{in} \geqslant \frac{P_d}{0.266r\sqrt{f'_{cu}}} - \frac{d_s}{2} \tag{12-4}$$

$$r = \frac{l}{2}\left(\frac{1}{4\beta} + \beta\right) \tag{12-5}$$

式中:C_{in}——曲线平面内最小混凝土保护层厚度(mm);

　　P_d——预应力钢筋的张拉力设计值(N),可取扣除锚圈口摩擦、钢筋回缩及计算截面处管道摩擦损失后的张拉力乘以 1.2;

　　r——凹面圆曲线管道半径(mm);

　　f'_{cu}——预应力钢筋张拉时,边长为 150mm 立方体混凝土抗压强度(MPa);

　　d_s——管道外缘直径(mm);

　　l——曲线弦长(图 12-4);

　　β——曲线矢高 f 与弦长 l 之比。

当按式(12-4)计算的保护层厚度较大时,也可按直线管

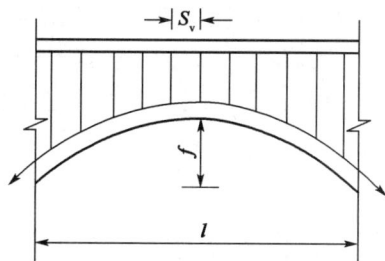

图 12-4　曲线梁

道设置最小保护层厚度,但应在管道曲线段弯曲平面内设置箍筋。箍筋单肢的截面面积可按下列公式计算:

$$A_{sv1} \geqslant \frac{P_d S_v}{2rf_{sv}} \qquad (12\text{-}6)$$

式中:A_{sv1}——箍筋单肢截面面积(mm^2);

$\quad S_v$——箍筋间距(mm);

$\quad f_{sv}$——箍筋抗拉强度设计值(MPa)。

②曲线平面外最小混凝土保护层厚度。

$$C_{out} \geqslant \frac{P_d}{0.266\pi r \sqrt{f'_{cu}}} - \frac{d_s}{2} \qquad (12\text{-}7)$$

式中:C_{out}——曲线平面外最小混凝土保护层厚度。

其余符号意义同上。

当按上述公式计算的保护层厚度小于各类环境下直线管道的保护层厚度时,应取相应环境条件下直线管道的保护层厚度。

(5)预应力钢筋管道的设置

后张法预应力钢筋管道之间应有足够的净距,保证混凝土浇筑的密实性,同时防止孔道之间串孔,也利于端部锚具的分散布置;从横断面布置来看,预应力钢筋管道应尽可能靠拢,以减小截面尺寸,减小自重,且预应力钢筋重心尽量靠下,以提高截面效率,节约钢材。

后张法预应力混凝土构件,其预应力钢筋管道的设置应符合下列规定:

①由钢管或橡胶管抽芯成型的直线管道,其净距不应小于40mm,且不宜小于管道直径的0.6倍;对于预埋金属或塑料波纹管和铁皮管,在竖直方向可将两管道叠置。

②曲线形预应力钢筋管道在曲线平面内相邻管道间的最小净距(图12-5)应按式(12-4)计算,其中 P_d 和 r 分别为相邻两管道曲线半径较大的一根预应力钢筋的张拉力设计值和曲线半径,C_{in} 为相邻两曲线管道外缘在曲线平面内的净距。

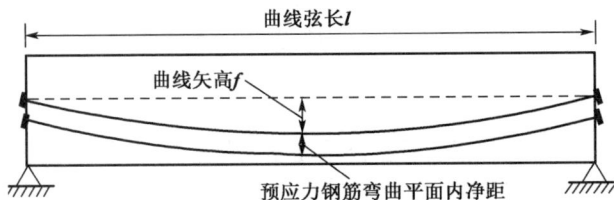

图12-5 曲线预应力钢筋弯曲平面内净距

当上述计算结果小于其相应直线管道净距时,应取用直线管道外缘间最小净距。

曲线形预应力钢筋管道在曲线平面外相邻外缘间的最小净距(图12-3),应按式(12-7)计算,其中 C_{out} 为相邻两曲线管道外缘在曲线平面外的净距。

③管道内径的截面面积不应小于预应力钢筋截面面积的2倍。

④按计算需要设置预拱度时,预留管道也应同时起拱。

四、非预应力筋布置

在预应力混凝土受弯构件中,除了预应力钢筋外,还需要配置各种形式的非预应力钢筋,如图 12-6 所示。

1. 箍筋

箍筋与弯起钢筋束同为预应力混凝土梁的腹筋，与混凝土一起共同承担着外加作用（荷载）产生的剪力，按抗剪要求来确定箍筋数量；另一方面，箍筋还应符合下列构造要求：

（1）预应力混凝土 T 形、工字形截面梁和箱形截面梁腹板内应分别设置直径不小于 10mm 和 12mm 的箍筋，且应采用带肋钢筋，间距不应大于 200mm；自支座中心起长度不小于一倍梁高范围内，应采用闭合式箍筋，间距不应大于 120mm。

图 12-6 预应力混凝土 T 形梁的配筋（横断面）

（2）在 T 形、工字形截面梁下部的马蹄内，应另设直径不小于 8mm 的闭合式箍筋，间距不应大于 200mm。此外，马蹄内尚应设直径不小于 12mm 的定位钢筋。

（3）对有曲线形的梁腹，近凹面的纵向受拉钢筋应用箍筋固定（图 12-4），箍筋间距不应大于所箍主钢筋直径的 10 倍，箍筋直径不应小于 8mm。

2. 其他辅助钢筋（图 12-6）

在预应力混凝土梁中，除了主要受力钢筋外，还需设置一些辅助钢筋，以满足构造要求。

（1）架立钢筋与定位钢筋：架立钢筋用以支承箍筋、固定箍筋间距、构成钢筋骨架。定位钢筋主要用于固定预应力管道位置，常做成井字形。

（2）水平纵向钢筋：一般采用小直径钢筋，沿腹板两侧紧贴箍筋布置。

（3）局部加强钢筋：在集中力作用处（如锚具底面），需布置钢筋网或螺旋筋进行局部加固，以加强局部抗压和抗剪强度。

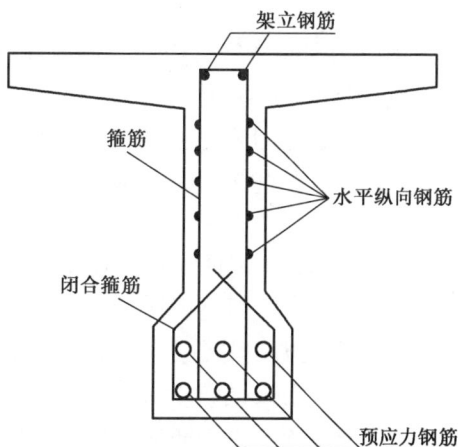

§12-2 预应力混凝土简支梁设计计算示例

素养点：
①遵守行业规范、标准，提升分析问题解决问题的能力；
②秉持"科学严谨"的工作态度，弘扬"精益求精"的工匠精神。
知识点：
预应力混凝土简支梁设计计算的内容。
技能点：
能进行预应力混凝土简支梁的设计计算。

　　预应力混凝土受弯构件的设计计算步骤和钢筋混凝土受弯构件相类似。预应力混凝土梁截面设计计算的主要内容和步骤如下:

　　(1)根据使用要求,参照已有设计图纸等相关资料,初步选定构件截面形式并拟定相应截面尺寸;或者直接对弯矩最大截面,根据抗弯承载力要求,初步拟定截面尺寸,选择材料规格。

　　(2)根据结构可能出现的作用(荷载)组合,计算控制截面最大设计内力(弯矩和剪力)。

　　(3)根据正截面抗裂性、正截面抗弯承载力要求和初步拟定的截面尺寸,估算预应力钢筋和非预应力受力钢筋数量,并进行合理布置。

　　(4)计算主梁截面几何特性。

　　(5)确定预应力钢筋的张拉控制应力,计算预应力损失及各阶段相应的有效预应力。

　　(6)进行正截面及斜截面承载能力计算。

　　(7)进行施工阶段和使用阶段的应力验算。

　　(8)进行正截面和斜截面的抗裂性验算。

　　(9)主梁变形(挠度)计算。

　　(10)进行梁端部局部承压与传力锚固的设计计算。

　　(11)绘制施工图。

　　例 12-1　某预应力混凝土简支空心板桥,其标准跨径为 16m,计算跨径为 15.5 m,采用先张法施工,空心板截面形式和尺寸如图 12-7 所示,混凝土强度等级为 C55,预应力钢筋采用 $6\phi^T25$(单控) 预应力螺纹钢筋,$A_p = 2945.4$ mm^2,张拉控制应力 $\sigma_{con} = 650$MPa;普通受拉钢筋采用 HRBF400 级 $4\Phi^F22$ 钢筋,$A_s = 1520.4$mm^2;板在 50m 台座上生产,预应力钢筋一端固定,一端张拉,采用一次张拉施工程序,并用螺丝端杆锚具锚固于台座,蒸汽养护。预应力钢筋与台座温差 $\Delta t = 20℃$。箍筋采用 HPB300 钢筋,直径 10mm。预应力钢筋待混凝土强度达到强度设计值90%后放松,加载龄期 $t = 10$d,板的使用环境为 I 类,相对湿度为 75%,设计使用年限为 100 年,安全等级为二级。空心板截面作用效应标准值见表 12-1。

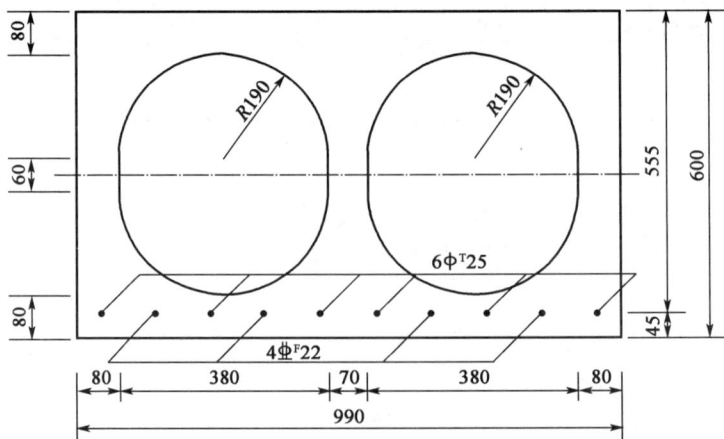

图 12-7　空心板截面形式(尺寸单位:mm)

空心板作用效应标准值　　　　　　　　　　　　　　　　　表 12-1

荷载类别	跨中截面		支点截面	
	$M(\text{kN} \cdot \text{m})$	$V(\text{kN})$	$M(\text{kN} \cdot \text{m})$	$V(\text{kN})$
结构自重标准值	147.7	0	0	38.1
附加结构自重标准值 G_2	180.9	0	0	46.7
汽车荷载标准值	171.8	33.5	0	100.2

注:表中汽车荷载效应标准值已计入冲击系数 $1 + \mu = 1.3$。

要求按 A 类部分预应力混凝土构件进行以下计算:

(1)验算板的承载能力;

(2)验算板在施工阶段和使用阶段的应力;

(3)抗裂性验算;

(4)变形计算。

解:1. 材料的力学性能

根据题目所给的材料,查阅相关规范和标准,可得材料的性能指标如下。

C55 混凝土: $f_{ck} = 35.5\text{MPa}, f_{tk} = 2.74\text{MPa}, f_{cd} = 24.4\text{MPa}, f_{td} = 1.89\text{m}, E_c = 3.55 \times 10^4 \text{MPa}$。

预应力螺纹钢筋 $6\Phi^{\text{T}}25$(单控): $f_{pk} = 785\text{MPa}, f_{pd} = 650\text{MPa}, E_p = 2.0 \times 10^5 \text{ MPa}, A_p = 2945.4\text{mm}^2$。

普通受力钢筋 $4\Phi^{\text{F}}22$: $f_{sk} = 400\text{MPa}; f_{sd} = 330\text{MPa}; E_s = 2.0 \times 10^5 \text{MPa}; A_s = 1520.4\text{mm}^2$。

箍筋采用 3 肢直径 10mm 的 HPB300 级钢筋: $f_{sd} = 250\text{MPa}, E_s = 2.1 \times 10^5 \text{MPa}$。

预应力钢筋与混凝土的弹性模量比值:

$$\alpha_{Ep} = \frac{E_p}{E_c} = \frac{2.0 \times 10^5}{3.55 \times 10^4} = 5.63$$

普通受力钢筋与混凝土的弹性模量比值:

$$\alpha_{Es} = \frac{E_s}{E_c} = \frac{2.0 \times 10^5}{3.55 \times 10^4} = 5.63$$

2. 跨中截面的换算截面几何特值

由图 12-7 可知,箍筋保护层的厚度为:

$C = 45 - (10 + 28.4/2) = 20.8(\text{mm}) \begin{cases} > C_{\min} = 20\text{mm} \\ > d = 10\text{mm} \end{cases}$,满足混凝土最小净保护层厚度的要求;预应力钢筋、普通受力钢筋的保护层厚度为:

$C = 45 - 28.4/2 = 30.8(\text{mm}) \begin{cases} > C_{\min} = 20\text{mm} \\ > d = 25\text{mm} \end{cases}$,满足混凝土最小净保护层厚度的要求。

注:上式计算中 20mm 为箍筋最小混凝土保护层厚度,按表 2-3 取用;10mm 为箍筋直径;28.4mm 为直径 25mm 预应力螺纹钢筋外直径。

1)换算截面面积

混凝土净截面面积:

$$A_n = 990 \times 600 - 2 \times (\pi \times 190^2 + 380 \times 60) = 321692(\text{mm}^2)$$

换算截面面积：

$$A_0 = A_n + (\alpha_{Ep} - 1)A_p + (\alpha_{Es} - 1)A_s$$
$$= 321692 + (5.63 - 1) \times (2945.4 + 1520.4)$$
$$= 342368.65(\text{mm}^2)$$

2）换算截面重心的位置

换算截面重心至截面中心的距离 c_0：

$$c_0 = \frac{Ax_0 + (\alpha_{Ep} - 1)A_p\left(\dfrac{h}{2} - a_p\right) + (\alpha_{Es} - 1)A_s\left(\dfrac{h}{2} - a_s\right)}{A_0}$$

$$= \frac{0 + (5.63 - 1) \times (2945.4 + 1520.4) \times \left(\dfrac{600}{2} - 45\right)}{342368.65}$$

$$= 15.4(\text{mm})$$

换算截面重心至板下边缘的距离：

$$y_{0x} = \frac{h}{2} - c_0 = \frac{600}{2} - 15.4 = 284.6(\text{mm})$$

换算截面重心至板上边缘的距离：

$$y_{0c} = h - y_{0x} = 600 - 284.6 = 315.4(\text{mm})$$

预应力钢筋和普通受力钢筋截面重心至换算截面重心的距离：

$$y_p = y_s = y_{0x} - a_p = 284.6 - 45 = 239.6(\text{mm})$$

3）换算截面惯性矩

净截面对其重心轴的惯性矩：

$$I_n = \frac{1}{12}bh^3 - 4 \times \left[\left(\frac{\pi}{128} - \frac{1}{18\pi}\right)(2r)^4 + \frac{1}{2}\pi \times r^2 \times \left(\frac{4r}{3\pi} + 30\right)^2\right] - 2 \times \frac{1}{12} \times (2r) \times 60^3$$

$$= \frac{1}{12} \times 990 \times 600^3 - 4 \times \left[0.1098 \times 190^4 + \frac{1}{2}\pi \times 190^2 \times (0.4244 \times 190 + 30)^2\right] -$$

$$2 \times \frac{1}{12} \times 380 \times 60^3$$

$$= 14.46 \times 10^9(\text{mm}^4)$$

换算截面对其重心轴(中性轴)的惯性矩：

$$I_0 = I_n + Ac_0^2 + (\alpha_{Ep} - 1)A_p y_p^2 + (\alpha_{Es} - 1)A_s y_s^2$$
$$= 14.46 \times 10^9 + 321692 \times 15.4^2 + (5.63 - 1) \times (2945.4 + 1520.4) \times 239.6^2$$
$$= 15.72 \times 10^9(\text{mm}^4)$$

4）换算截面抵抗矩

对板截面上边缘：

$$W_{0c} = \frac{I_0}{y_{0c}} = \frac{15.72 \times 10^9}{315.4} = 49.84 \times 10^6(\text{mm}^3)$$

对板截面下边缘：

$$W_{0x} = \frac{I_0}{y_{0x}} = \frac{15.72 \times 10^9}{284.6} = 55.24 \times 10^6(\text{mm}^3)$$

对预应力钢筋和普通受力钢筋重心：

因 $y_p = y_s = 239.6$mm

$$W_{0p} = W_{0s} = \frac{I_0}{y_p} = \frac{15.72 \times 10^9}{239.6} = 65.61 \times 10^6 (\text{mm}^3)$$

5）换算截面重心轴以上（或以下）部分对其重心轴的静矩

$$S_0 = \frac{1}{2}by_{0c}^2 - 2 \times \left[\frac{1}{2}\pi \times r^2 \times \left(\frac{4r}{3\pi} + 45.4\right) + \frac{1}{2}(2r) \times 45.4^2\right]$$

$$= \frac{1}{2} \times 990 \times 315.4^2 - 2 \times \left(\frac{1}{2}\pi \times 190^2 \times (0.4244 \times 190 + 45.4) + \frac{1}{2} \times 380 \times 45.4^2\right)$$

$$= 34.17 \times 10^6 (\text{mm}^3)$$

3. 验算板的正截面和斜截面承载力

1）正截面抗弯承载力计算

根据空心板净截面面积（$A = 321692$mm^2）、惯性矩（$I = 14.46 \times 10^9$mm^4）和截面形心位置不变的原则，把空心板截面变换成等效的工字形截面，如图 12-8 所示。

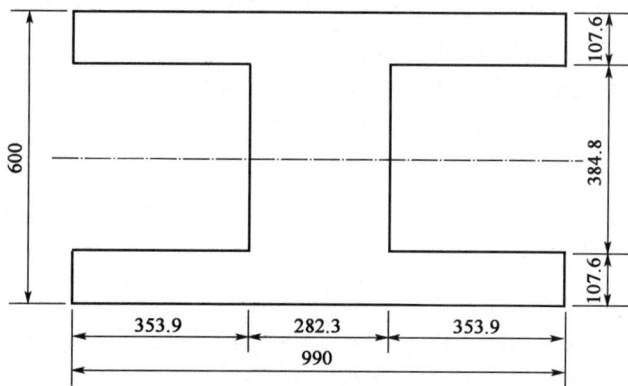

图 12-8　等效工字形截面（尺寸单位：mm）

设工字形梁腹板宽度为 b，上、下翼缘厚度为 $h_f'(= h_f)$，则工字形截面面积：

$$A = 990 \times 600 - (990 - b)(600 - 2h_f') = 321692 (\text{mm}^2)$$

惯性矩：

$$I = \frac{1}{12} \times 990 \times 600^3 - \frac{1}{12} \times (990 - b)(600 - 2h_f')^3 = 14.46 \times 10^9 (\text{mm}^4)$$

以上两式联立解得：

$$\begin{cases} b = 282.3 (\text{mm}) \\ h_f' = h_f = 107.6 (\text{mm}) \end{cases}$$

因

$$f_{cd}b_f'h_f' = 24.4 \times 990 \times 107.6 = 2599185.6 (\text{N})$$

$$f_{pd}A_p + f_{sd}A_s = 650 \times 2945.4 + 330 \times 1520.4 = 2416242 (\text{N})$$

$(f_{pd}A_p + f_{sd}A_s) < f_{cd}b_f'h_f'$ 属于第一类 T 形截面。

故该截面可按宽度 $b = 990$mm，高度 $h = 600$mm 的单筋矩形截面计算。$a_p = a_s = 45$mm，

$$h_0 = h - a_s = 600 - 45 = 555 \, (\text{mm})$$

由 $\sum H = 0$，得：$f_{pd} A_p + f_{sd} A_s = f_{cd} b'_f x$。

则有：

$$x = \frac{f_{pd} A_p + f_{sd} A_s}{f_{cd} b'_f} = \frac{650 \times 2945.4 + 330 \times 1520.4}{24.4 \times 990}$$

$$= 100.0 \, (\text{mm}) \begin{cases} < h'_f = 107.6 \, (\text{mm}) \\ < \xi_b h_0 = 0.38 \times 555 = 210.9 \, (\text{mm}) \end{cases}$$

则空心板跨中正截面抗弯承载力为

$$M_u = (f_{pd} A_p + f_{sd} A_s) \times \left(h_0 - \frac{x}{2} \right)$$

$$= (650 \times 2945.4 + 330 \times 1520.4) \times \left(555 - \frac{100.0}{2} \right)$$

$$= 1220.2 \, (\text{kN} \cdot \text{m})$$

空心板跨中截面基本组合的弯矩设计值为

$$\gamma_0 M_d = 1.0 \times [1.2 \times (147.7 + 180.9) + 1.4 \times 171.8]$$

$$= 634.8 \, (\text{kN} \cdot \text{m})$$

因为 $\gamma_0 M_d = 634.8 \, (\text{kN} \cdot \text{m}) < M_u = 1220.2 \, (\text{kN} \cdot \text{m})$，所以空心板跨中截面抗弯承载力满足要求。

2）斜截面承载力计算

取距支座中心 1/2 处为斜截面抗剪承载力验算截面，在进行斜截面抗剪承载力计算时仍取 $b = 282.3 \text{mm}$。

空心板支点截面所承受的剪力基本组合设计值：

$$\gamma_0 V_{d0} = 1 \times [1.2 \times (38.1 + 46.7) + 1.4 \times 100.2] = 242.04 \, (\text{kN})$$

空心板跨中截面所承受的剪力基本组合设计值：

$$\gamma_0 V_{dL/2} = 1 \times 1.4 \times 33.5 = 46.9 \, (\text{kN})$$

（1）检查截面尺寸

本设计无钢筋跨间弯起，故距支座中心处截面的有效高度 $h_0 = 555 \text{mm}$。

$$(0.51 \times 10^{-3}) \sqrt{f_{cu,k}} b h_0 = (0.51 \times 10^{-3}) \times \sqrt{55} \times 282.3 \times 555$$

$$= 592.6 \, (\text{kN}) > \gamma_0 V_{d0} = 242.04 \, (\text{kN})$$

这表明空心板的截面尺寸符合设计要求。

（2）检查是否需要根据计算配置箍筋

$$1.25 \times (0.5 \times 10^{-3}) \alpha_2 f_{td} b h_0 = 1.25 \times (0.5 \times 10^{-3}) \times 1.25 \times 1.89 \times 282.3 \times 555$$

$$= 231.3 \, (\text{kN}) \begin{cases} < \gamma_0 V_{d,0} = 242.08 \, (\text{kN}) \\ > \gamma_0 V_{d,L/2} = 46.9 \, (\text{kN}) \end{cases}$$

上式中的第一项 1.25 是板式受弯构件承载力的提高系数。α_2 为预应力提高系数，对于预应力混凝土受弯构件，$\alpha_2 = 1.25$。

上式表明空心板板应在板跨中间某一段区段按计算配置箍筋，其余区段按构造要求配置箍筋。

（3）斜截面抗剪承载力计算

本设计选用 3 肢直径 10mm 的 HPB300 级钢筋，设计箍筋间距 $S_v = 200$mm，箍筋总截面积 $A_{sv} = na_{sv} = 3 \times 78.5 = 235.5（\text{mm}^2）$。

斜截面内箍筋的配筋率 ρ_{sv}

$$\rho_{sv} = \frac{A_{sv}}{bS_v} = \frac{235.5}{282.3 \times 200} = 0.42\% ，$$

斜截面内纵筋的配筋率 p

$$p = 100\rho = 100 \times \frac{2945.4 + 1520.4}{282.3 \times 555} = 2.85 > 2.5，取 p = 2.5$$

距支座中心 1/2 处斜截面抗剪承载力 V_u

$$V_u = (0.45 \times 10^{-3})\alpha_1\alpha_2\alpha_3 bh_0\sqrt{(2 + 0.6p)\sqrt{f_{cu \cdot k}}\rho_{sv} \cdot f_{sv}}$$

$$= 0.45 \times 10^{-3} \times 1 \times 1.25 \times 1.1 \times 282.3 \times 555 \times \sqrt{(2 + 0.6 \times 2.5) \times \sqrt{55} \times 0.0042 \times 250}$$

$$= 506.1（\text{kN}） > \gamma_0 V_{d,h/2} = 234.53（\text{kN}）$$

上式 $\gamma_0 V_{d,h/2} = 234.53$kN 是根据剪力包络图计算出距支座中心 1/2 截面处的剪力设计值。根据《公桥规》要求，还应计算空心板其他位置处斜截面抗剪承载力截面。

从以上计算可以看出，空心板的正截面抗弯承载力和斜截面抗剪承载力满足要求。

4. 施工阶段和使用阶段的应力验算

1）张拉控制应力和预应力损失的计算

（1）张拉控制应力 σ_{con}

预应力钢筋为预应力螺纹钢筋，张拉控制应力采用

$$\sigma_{con} = 650\text{MPa} < 0.85f_{pk} = 0.85 \times 785 = 667.25（\text{MPa}）$$

符合《公桥规》第 6.1.4 条第 2 款的规定。

（2）预应力损失 σ_l

①锚具变形等引起的预应力损失 σ_{l2}

预应力钢筋利用张拉台座长线张拉，钢筋计算长度为 50m，预应力钢筋锚固采用螺丝端杆锚具，采用一次张拉施工程序，其变形值 $\sum \Delta l = 2$mm，则：

$$\sigma_{l2} = \frac{\sum \Delta l}{l}E_p = \frac{2}{50000} \times 2 \times 10^5 = 8.0（\text{MPa}）$$

②预应力钢筋与台座之间的温差引起的预应力损失 σ_{l3}

预应力钢筋与张拉台座间的温差 $t_2 - t_1 = 20（℃）$

$$\sigma_{l3} = 2(t_2 - t_1) = 2 \times 20 = 40.0（\text{MPa}）$$

③混凝土的弹性压缩引起的应力损失 σ_{l4}

$$\sigma_{l4} = \alpha_{Ep}\sigma_{pc}$$

$$\sigma_{pc} = \frac{N_{p0}}{A_0} + \frac{N_{p0}e_{p0}^2}{I_0}$$

$$N_{p0} = A_p\sigma_p^*$$

$$\sigma_p^* = \sigma_{con} - \sigma_{l2} - \sigma_{l3} - 0.5\sigma_{l5} = 650 - 8.0 - 40.0 - 0.5 \times 32.5 = 585.75（\text{MPa}）$$

上式中"σ_{l5}"请看下文的计算。

$$N_{p0} = A_p \sigma_p^* = 2945.4 \times 585.75 = 1725.27(\text{kN})$$

$$\sigma_{pc} = \frac{1725.27 \times 10^3}{342368.65} + \frac{1725.27 \times 10^3 \times 239.6^2}{15.72 \times 10^9} = 11.34(\text{MPa})$$

$$\sigma_{l4} = \alpha_{Es}\sigma_{pc} = 5.63 \times 11.42 = 63.84(\text{MPa})$$

④预应力钢筋应力松弛引起的预应力损失 σ_{l5}

预应力钢筋采用一次张拉施工程序,预应力钢筋应力松弛引起的预应力损失 σ_{l5},即

$$\sigma_{l5} = 0.05\sigma_{con} = 0.05 \times 650 = 32.5(\text{MPa})$$

⑤混凝土收缩和徐变引起的预应力损失 σ_{l6}

构件处于相对湿度75%的环境,受荷时混凝土龄期为10d,板的全截面面积 $A = 321692\text{mm}^2$,与大气接触的周长为:

$$u = 2 \times (990 + 600) + 4\pi \times 190 + 4 \times 60 = 5806.4(\text{mm})$$

构件理论厚度:$h = 2A_0/u = 2 \times 321692/5806.4 = 110.8(\text{mm})$。

查表10-3,并通过内插算得:

$$\phi(t_u, t_0) = 2.18; \varepsilon_{cs}(t_u, t_0) = 0.28 \times 10^{-3}$$

$$\rho = \frac{A_p + A_s}{A_0} = \frac{2945.4 + 1520.4}{342368.65} = 0.013$$

$$e_{ps}^2 = 239.6^2 = 57408.16(\text{mm}^2)$$

$$i^2 = \frac{I_0}{A_0} = \frac{15.72 \times 10^9}{342368.65} = 45915.42(\text{mm}^2)$$

$$\rho_{ps} = 1 + \frac{e_{ps}^2}{i^2} = 1 + \frac{57408.16}{45915.42} = 2.25$$

预应力钢筋从张拉台座上放松时,预应力钢筋对板的偏心压力 $N_{p0} = 1725.27\text{kN}$,预应力钢筋截面重心处由预压力 N_{p0} 产生的混凝土法向压应力 $\sigma_{pc} = 11.34\text{MPa}$。说明:$N_{p0}$、$\sigma_{pc}$ 的计算式可参看上文。

则混凝土收缩和徐变引起预应力钢筋的预应力损失 σ_{l6},即

$$\sigma_{l6} = \frac{0.9[E_p\varepsilon_{cs}(t_u, t_0) + \alpha_{Ep}\sigma_{pc}\varphi(t_u, t_0)]}{1 + 15\rho\rho_{ps}}$$

$$= \frac{0.9[2 \times 10^5 \times 0.28 \times 10^{-3} + 5.63 \times 11.34 \times 2.18]}{1 + 15 \times 0.013 \times 2.25}$$

$$= 122.1(\text{MPa})$$

计算各阶段的预应力钢筋的应力损失值组合如下:

第一批预应力损失值为:

$$\sigma_{lI} = \sigma_{l2} + \sigma_{l3} + \sigma_{l4} + 0.5\sigma_{l5} = 8.0 + 40.0 + 63.84 + 0.5 \times 32.5 = 128.09(\text{MPa})$$

第二批预应力损失值为:

$$\sigma_{lII} = 0.5\sigma_{l5} + \sigma_{l6} = 0.5 \times 32.5 + 122.1 = 138.35(\text{MPa})$$

预应力钢筋预应力损失值总和为:

$$\sigma_l = \sigma_{lI} + \sigma_{lII} = 128.09 + 138.35 = 266.44(\text{MPa})$$

2)施工阶段和使用阶段的应力验算

(1)正应力验算

①施工阶段正应力验算

施工阶段施加预应力时,跨中截面预应力钢筋的有效预加力 $N_{p0} = 1725.27\text{kN}$,施工阶段的弯矩值 $M_k = 147.7(\text{kN}\cdot\text{m})$

跨中截面下边缘(预压区)压应力:

$$\sigma_{cc}^t = \frac{N_{p0}}{A_0} + \frac{N_{p0}y_p}{W_{0x}} - \frac{M_k}{W_{0x}}$$

$$= \frac{1727.25 \times 10^3}{342368.65} + \frac{1725.27 \times 10^3 \times 239.6}{55.24 \times 10^6} - \frac{147.7 \times 10^6}{55.24 \times 10^6}$$

$$= 9.85(\text{MPa}) < 0.7f_{ck}' = 0.7 \times 32.12 = 22.48(\text{MPa})$$

[上式中的 $f_{ck}' = 32.12(\text{MPa})$ 为 $0.90f_{cu\cdot k} = 0.90 \times 55 = 49.5(\text{MPa})$ 所对应的混凝土抗压强度的标准值]

跨中截面上边缘(预拉区)拉应力:

$$\sigma_{ct}^t = \frac{N_{p0}}{A_0} - \frac{N_{p0}y_p}{W_{0s}} + \frac{M_k}{W_{0s}}$$

$$= \frac{1725.27 \times 10^3}{342368.65} - \frac{1725.27 \times 10^3 \times 239.6}{49.84 \times 10^6} + \frac{147.7 \times 10^6}{49.84 \times 10^6}$$

$$= -0.291(\text{MPa})(\text{负值为拉应力})$$

$$\sigma_{ct}^t = 0.291(\text{MPa}) < 0.7f_{tk}' = 0.7 \times 2.64 = 1.85(\text{MPa})$$

[上式中的 $f_{tk}' = 2.64\text{MPa}$ 为 $0.90f_{cu\cdot k} = 0.90 \times 55 = 49.5(\text{MPa})$ 所对应的混凝土抗拉强度的标准值]

支点截面或运输、安装阶段的吊点截面应力验算,其方法与此相同,但注意计算图式、预加力和截面几何特征等的变化情况。

按《公桥规》规定:当 $\sigma_{ct}^t \le 0.70f_{tk}'$ 时,预拉区应配置 $\rho \ge 0.2\%$ 的纵向非预应力钢筋,且直径不宜大于 14mm。拟采用 9Φ14HRB400 带肋钢筋,$A_s' = 1385.1(\text{mm}^2)$。

$$\rho = \frac{A_s'}{A} = \frac{1385.1}{321692} = 0.43\% > 0.4\%$$

满足要求。

②使用阶段正应力验算

以跨中截面为例。

本阶段预应力钢筋的有效预应力 σ_{p0} 为:

$$\sigma_{p0} = \sigma_{con} - \sigma_l + \sigma_{l4} = 650 - 266.44 + 63.84 = 447.4(\text{MPa})$$

有效预加力 N_{p0} 为:

$$N_{p0} = \sigma_{p0} \cdot A_p - \sigma_{l6} \cdot A_s = 447.4 \times 2945.4 - 122.1 \times 1520.4 = 1132.13(\text{kN})$$

预加力在受压区(上缘)产生的混凝土法向拉应力 σ_{pt} 为:

$$\sigma_{pt} = \frac{N_{p0}}{A_0} - \frac{N_{p0}y_p}{W_{0s}}$$

$$= \frac{1132.13 \times 10^3}{342368.65} - \frac{1132.13 \times 10^3 \times 239.6}{49.84 \times 10^6}$$

$$= -2.14(\text{MPa})$$

在使用阶段,板除了承受偏心预压力 N_{p0}、板自重弯矩 M_{G1k} 外,尚有后期恒载弯矩 M_{G2k} 和汽车荷载产生的弯矩 M_{Q1k}。作用标准值组合的弯矩值 M_k 为:

$$M_k = M_{G1k} + M_{G2k} + M_{Q1k}$$

$$= 147.7 + 180.9 + 171.8$$

$$= 500.4(\text{kN} \cdot \text{m})$$

作用标准值组合的弯矩值在受压区(上缘)产生混凝土法向压应力 σ_{kc} 为:

$$\sigma_{kc} = \frac{M_k}{W_{0s}} = \frac{500.4 \times 10^6}{49.84 \times 10^6} = 10.04(\text{MPa})$$

作用标准值组合的弯矩值在受拉区(下缘)产生的混凝土法向拉应力 σ_{kt} 为:

$$\sigma_{kt} = \frac{M_k}{W_{0x}} = \frac{500.4 \times 10^6}{55.24 \times 10^6} = 9.06(\text{MPa})$$

受压区混凝土的最大压应力为:

$$\sigma_{kc} + \sigma_{pt} = 10.04 - 2.49 = 7.90(\text{MPa}) < 0.5f_{ck} = 0.5 \times 35.5 = 17.75(\text{MPa})$$

故板跨中截面上边缘混凝土压应力验算满足要求。

作用标准值组合的弯矩值在预应力钢筋中产生的拉应力 σ_p 为:

$$\sigma_p = \alpha_{Ep}\sigma_{kt} = 5.63 \times 9.06 = 51.0(\text{MPa})$$

预应力钢筋内的永存预应力 σ_{pe} 为:

$$\sigma_{pe} = \sigma_{con} - \sigma_l = 650 - 266.44 = 383.56(\text{MPa})$$

使用阶段预应力钢筋的最大拉应力 σ_{pmax} 为:

$$\sigma_{pmax} = \sigma_{pe} + \sigma_p = 383.56 + 51.0 = 434.56(\text{MPa}) < 0.75f_{pk}$$

$$= 0.75 \times 785 = 588.75(\text{MPa})$$

故预应力钢筋的最大拉应力计算值满足要求。

(2)主应力验算

以跨中截面换算截面重心轴处主应力为例

因为无竖向预应力钢筋,则 $\sigma_{cy} = 0$,则有:

$$\begin{cases} \text{主拉应力 } \sigma_{tp} \\ \text{主压应力 } \sigma_{cp} \end{cases} = \frac{\sigma_{cx}}{2} \mp \sqrt{\left(\frac{\sigma_{cx}}{2}\right)^2 + \tau^2}$$

上式中 σ_{cx} 为计算的换算截面中性轴(重心轴)处主应力点的法向正应力。在中性轴处,作用标准值组合的弯矩值 M_k 产生的正应力 $\sigma_{kc} = 0$,预加力产生的正应力 σ_{pc} 计算如下:

$$\sigma_{pc} = \frac{N_{p0}}{A_0} = \frac{1132.13 \times 10^3}{342368.65} = 3.31(\text{MPa})$$

$$\sigma_{cx} = \sigma_{pc} = 3.31(MPa)$$

在使用阶段,板跨中截面承受偏心预压力 N_{p0} 和汽车荷载产生的剪力 V_{Q1k}。作用标准值组合的剪力值 V_k 为:

$$V_k = V_{G1k} + V_{G2k} + V_{Q1k} = 0 + 0 + 33.5 = 33.5(kN)$$

$$\tau = \frac{V_k S_0}{b I_0} = \frac{33.5 \times 10^3 \times 34.17 \times 10^6}{282.3 \times 15.72 \times 10^9} = 0.26(MPa)$$

$$\sigma_{tp} = \frac{3.31}{2} - \sqrt{\left(\frac{3.31}{2}\right)^2 + 0.26^2} = -0.02(MPa) \quad (负为拉应力)$$

$$\sigma_{cp} = \frac{3.31}{2} + \sqrt{\left(\frac{3.31}{2}\right)^2 + 0.26^2} = 3.33(MPa) \quad (正为压应力)$$

$$\sigma_{cp} = 3.33MPa < 0.6 f_{ck} = 0.6 \times 35.5 = 21.3(MPa)$$

计算主压应力值小于限值,满足要求。

$$\sigma_{tp} = 0.02MPa < 0.5 f_{tk} = 0.5 \times 2.74 = 1.37(MPa)$$

计算主拉应力值小于限值,根据《公桥规》的要求,仅按构造布置箍筋。

5. 抗裂性验算

1) 作用(或荷载)频遇组合作用下正截面抗裂验算

正截面抗裂性验算取跨中截面进行。

①作用(或荷载)产生的抗裂边缘的混凝土法向拉应力的计算

按作用(或荷载)频遇组合计算的弯矩值 M_s 与剪力值 V_s 分别为:

$$M_s = M_{G1k} + M_{G2k} + \psi_{f1} \frac{M_{Q1k}}{1+\mu} = 147.7 + 180.9 + 0.7 \times \frac{171.8}{1.3} = 421.11(kN \cdot m)$$

$$V_s = \psi_{f1} \frac{V_{Q1k}}{1+\mu} = 0.7 \times \frac{33.5}{1.3} = 18.04(kN)$$

按作用(荷载)准永久组合计算的弯矩值 M_l 为:

$$M_l = M_{G1k} + M_{G2k} + \psi_{q1} \frac{M_{Q1k}}{1+\mu} = 147.7 + 180.9 + 0.4 \times \frac{171.8}{1.3} = 381.46(kN \cdot m)$$

跨中截面下边缘混凝土的法向拉应力为:

$$\sigma_{st} = \frac{M_s}{W_{0x}} = \frac{421.11 \times 10^6}{55.24 \times 10^6} = 7.62(MPa)$$

$$\sigma_{lt} = \frac{M_l}{W_{0x}} = \frac{381.46 \times 10^6}{55.24 \times 10^6} = 6.91(MPa)$$

②预加力作用下在构件跨中截面下边缘产生的混凝土预压应力 σ_{pc}:

$$\sigma_{pc} = \frac{N_{p0}}{A_0} + \frac{N_{p0} \cdot e_{p0}}{W_{0x}}$$

其中：
$$N_{p0} = \sigma_{p0}A_p - \sigma_{l6}A_s = (\sigma_{con} - \sigma_l + \sigma_{l4})A_p - \sigma_{l6}A_s$$
$$= (650 - 266.44 + 63.84)2945.4 - 122.1 \times 1520.4$$
$$= 1132.13(kN)$$

则
$$\sigma_{pc} = \frac{1132.13 \times 10^3}{342368.65} + \frac{1132.13 \times 10^3 \times 239.6}{55.24 \times 10^6} = 8.22(MPa)$$

③正截面混凝土抗裂验算

对于 A 类部分预应力混凝土构件，《公桥规》规定，在作用频遇组合作用下混凝土的拉应力满足

$$\sigma_{st} - \sigma_{pc} \leqslant 0.7f_{tk}$$

由以上计算可知 $\sigma_{st} - \sigma_{pc} = 7.62 - 8.22 = -0.60(MPa)$（压应力），说明跨中截面在作用频遇组合作用下没有消压，满足 A 类部分预应力混凝土构件在作用频遇组合作用下的抗裂要求。

同时，《公桥规》规定，对于 A 类部分预应力混凝土构件还要满足作用准永久组合作用下的抗裂要求，即

$$\sigma_{lt} - \sigma_{pc} \leqslant 0$$

由以上计算可知 $\sigma_{lt} - \sigma_{pc} = 6.91 - 8.22 = -1.31(MPa) < 0$（压应力），说明跨中截面在作用准永久组合作用下没有消压，满足 A 类部分预应力混凝土构件在作用准永久组合作用下的抗裂要求。

2）作用（或荷载）频遇组合作用下斜截面抗裂验算

斜截面抗裂性验算应取剪力和弯矩均较大的最不利区段截面进行，本次取跨中截面换算截面中性轴（重心轴）处的主应力计算。

①剪应力计算

由作用（或荷载）频遇组合计算的剪应力

$$\tau = \frac{V_sS_0}{bI_0} = \frac{18.04 \times 10^3 \times 34.17 \times 10^6}{282.3 \times 15.72 \times 10^9} = 0.14(MPa)$$

②正应力计算

$$\sigma_{cx} = \sigma_{pc} + \frac{M_s}{I_0}y_0 = 8.22 + 0 = 8.22(MPa)$$

③主拉应力计算

$$\sigma_{tp} = \frac{8.22}{2} - \sqrt{\left(\frac{8.22}{2}\right)^2 + 0.14^2} = -0.002(MPa) \quad （拉应力）$$

④主拉应力的限值

$$\sigma_{tp} = 0.002MPa < 0.7f_{tk} = 0.7 \times 2.74 = 1.92(MPa)$$

满足斜截面的抗裂要求。

6. 变形计算

1）使用阶段的挠度计算

使用阶段的挠度按频遇组合计算，并考虑挠度长期影响系数 η_θ，对于 C55 混凝土，$\eta_\theta = 1.41$，刚度 $B_0 = 0.95E_cI_0$，其中 $E_c = 3.55 \times 10^4 MPa$，$I_0 = 15.72 \times 10^9 mm^4$。

则：$B_0 = 0.95E_cI_0 = 0.95 \times 3.55 \times 10^4 \times 15.72 \times 10^9 = 53.02 \times 10^{13}(N \cdot mm^2)$

荷载频遇组合作用下的挠度值,按等效均布荷载作用情况计算:

$$f_M = \frac{5}{48} \times \frac{L^2 \times M_s}{B_0} = \frac{5}{48} \times \frac{(15.5 \times 10^3)^2 \times 421.11 \times 10^6}{53.02 \times 10^{13}} = 19.88(\text{mm})$$

考虑长期效应影响的挠度:

$$f_l = \eta_\theta f_M = 1.41 \times 21.19 = 28.03(\text{mm})$$

自重产生的挠度值亦按等效均布荷载作用情况计算:

$$f_G = \frac{5}{48} \times \frac{L^2 \times M_{GK}}{B_0}$$

式中:$M_{GK} = 147.7 + 180.9 = 328.6(\text{kN} \cdot \text{m}) = 328.6 \times 10^6 \text{N} \cdot \text{mm}$

$$f_G = \frac{5}{48} \times \frac{(15.5 \times 10^3)^2 \times 328.6 \times 10^6}{53.02 \times 10^{13}} = 15.51(\text{mm})$$

消除自重产生的挠度,并考虑长期效应影响后,使用阶段可变作用引起的挠度值为:

$$f_Q = \eta_\theta(f_M - f_G) = 1.41 \times (19.88 - 15.51)$$

$$= 6.16(\text{mm}) < \frac{L}{600} = \frac{15500}{600} = 25.83(\text{mm})$$

计算结果表明,使用阶段的挠度值满足规范要求。

2)预加力引起的反拱度计算和预拱度的设置

预加力引起的跨中长期挠度值为:

$$f_p = -\eta_\theta \cdot \int_0^l \frac{M_{p1} \overline{M_x}}{E_c I_0} \cdot dx$$

对于等截面梁,可不必进行上式的积分计算,其变形值由图乘法确定,在预加力作用下,跨中截面的反拱可按下式计算:

$$f_p = -2 \frac{2\omega_{M1/2} \cdot M_{p1}}{E_c I_0}$$

$$\omega_{M1/2} = \frac{1}{2} \times \frac{L}{2} \times \frac{L}{4} = \frac{L^2}{16} = \frac{15.5^2 \times 10^6}{16} = 15.02 \times 10^6(\text{mm}^2)$$

M_{p1} 为半跨范围 M_1 图重心(距支点 $L/3$ 处)所对应的预加力引起的弯矩图的纵坐标:

$$M_{p1} = N_{p1} \cdot e_p$$

N_{p1} 为有效预加力:

$$N_{p0} = \sigma_{p0} A_p - \sigma_{l6} A_s = (\sigma_{con} - \sigma_l + \sigma_{l4}) A_p - \sigma_{l6} A_s$$
$$= (650 - 266.44 + 63.84)2945.4 - 122.1 \times 1520.4$$
$$= 1132.13(\text{kN})$$

e_p 为距支点 $L/3$ 处的预应力钢筋偏心距,由于全跨范围内无弯起钢筋,故 $e_p = 239.6\text{mm}$。

$$M_{p1} = N_{p1} \cdot e_p = 1132.13 \times 10^3 \times 239.6 = 271.26(\text{kN} \cdot \text{m})$$

则由预加力产生的跨中反拱度为:

$$f_p = -2 \times \frac{2 \times 15.02 \times 10^6 \times 271.26 \times 10^6}{3.55 \times 10^4 \times 15.72 \times 10^9} = -29.20(\text{mm})$$

将预加力引起的反拱度与按荷载频遇组合计算的长期挠度值 $f_l = 29.20(\text{mm})$ 相比较,可知:

$$f_p = 29.20\text{mm} > f_l = 28.03\text{mm}$$

预加力产生的长期反拱度值大于按荷载频遇组合计算的长期挠度值,可不设预拱度。

【课后练习】

一、填空题

1. 预应力混凝土受弯构件常用的截面形式有_____、_____、_____等多种形式。

2. 预应力钢筋弯起既要与所承受剪力变化规律相配合,同时满足锚固点分散,又要减少张拉曲线预应力钢筋的应力损失,一般弯起角度不宜大于_____。

3. 预应力钢筋弯起的曲线形式可采用_____、_____、_____三种形式。公路桥梁中多采用_____。

4. 根据《公桥规》规定,预应力混凝土 T 形、工字形截面梁和箱形截面梁腹板内应分别设置直径不小于 10mm 和 12mm 的箍筋,且应采用带肋钢筋,间距不应大于_____;自支座中心起长度不小于一倍梁高范围内,应采用闭合式箍筋,间距不应大于_____。

5. 预应力钢筋曲线管道曲线平面内管道保护层最小厚度计算式_____。

6. 预应力钢筋曲线管道曲线平面外管道保护层最小厚度计算式_____。

7. 预应力混凝土构件,在集中力作用处(如锚具底面),需要布置局部加强钢筋(_____或_____)进行局部加强,以加强局部抗压和抗剪承载力。

8. 后张法预应力混凝土构件的端部锚固区,在锚具下面应设置采用具有喇叭管的锚垫板,锚垫板下应设间接钢筋,其体积配筋率 ρ_v 不应小于_____。

9. 根据《公桥规》规定,后张法预应力混凝土构件的曲线形预应力钢丝束、钢绞线束的钢丝直径不大于 5mm 时,曲线半径不宜小于_____;钢丝直径大于 5mm 时,曲线半径不宜小于_____。

10. 根据《公桥规》规定,后张法预应力混凝土构件的曲线形预应力螺纹钢筋的直径不大于 25mm 时,曲线半径不宜小于_____;直径大于 25mm 时,曲线半径不宜小于_____。

11. 先张法预应力混凝土构件中,构件端部需采取加强措施。对于单根预应力钢筋,其端部应设置长度不小于_____螺旋筋;对于多根预应力钢筋,在构件端部 10 倍预应力钢筋直径范围内,应设置_____钢筋网片。

二、选择题

1. 全预应力钢筋布置时,其束界是依据以下原则确定的,在预加应力阶段保证梁的上缘混凝土不出现(　　)确定束界上限值,在作用(荷载)频遇组合的弯矩值作用下保证构件混凝土下缘不出现(　　)确定束界下限值。

  A. 拉应力　压应力   B. 压应力　压应力

  C. 压应力　拉应力   D. 拉应力　拉应力

2. 在预应力混凝土梁的设计中,应保证(　　　)落在束界内。

  A. 全部预应力钢束的重心   B. 全部钢束

  C. 全部直线形钢束   D. 全部曲线形钢束

3. 《公桥规》规定,部分预应力混凝土受弯构件中受拉普通钢筋的截面面积不应小于(　　　)。

A.$0.002bh_0$ B.$0.003bh_0$ C.$0.004bh_0$ D.$0.005bh_0$

4.《公桥规》规定,配置有预应力钢筋的钢筋管道,其内径的截面面积不应小于预应力钢筋截面面积的( )。

    A.1 倍   B.1.5 倍   C.2 倍   D.2/3 倍

5.《公桥规》规定,先张法构件中预应力钢绞线之间的净距不应小于其直径的( ),对 1×7 钢绞线不应小于25mm;预应力钢丝之间净距不应小于15mm。

    A.1 倍   B.1.5 倍   C.2 倍   D.3 倍

6.箍筋与弯起钢筋束同为预应力混凝土梁的腹筋,与混凝土一起共同承担着外加作用产生的剪力。除按抗剪要求确定箍筋数量外,还应符合构造要求。《公桥规》规定,预应力混凝土 T 形、工字形截面梁和箱形截面梁腹板内应分别设置直径不小于10mm 和12mm 的箍筋,且应采用带肋钢筋,间距不应大于200mm;自支座中心起长度不小于一倍梁高范围内,应采用( ),间距不应大于120mm。

    A.复合箍筋   B.开口箍筋   C.闭口箍筋   D.双肢箍筋

7.曲线形预应力钢筋管道在曲线平面内相邻管道间的最小净距按下列条件确定。( )

    A.相邻管道净距不小于40mm,且不小于管道直径的0.6 倍

    B.采用公式 $C_{in} \geq \dfrac{P_d}{0.266r \sqrt{f'_{cu}}} - \dfrac{d_s}{2}$ 计算

    C.综合考虑,取 A、B 两情况的最小值

    D.综合考虑,取 A、B 两情况的最大值

8.曲线形预应力钢筋管道在曲线平面外相邻管道间的最小净距按下列条件确定。( )

    A.相邻管道净距不小于40mm,且不小于管道直径的0.6 倍

    B.采用公式 $C_{out} \geq \dfrac{P_d}{0.266\pi r \sqrt{f'_{cu}}} - \dfrac{d_s}{2}$ 计算

    C.采用公式 $C_{in} \geq \dfrac{P_d}{0.266r \sqrt{f'_{cu}}} - \dfrac{d_s}{2}$ 计算

    D.综合考虑,取 A、B、C 三种情况的最大值

9.预应力钢筋弯起的角度,从减少曲线预应力钢筋张拉时的摩阻应力损失出发,弯起的角度不宜大于( )。

    A.10°   B.15°   C.20°   D.25°

10.预应力钢筋弯起的曲线可采用圆曲线、抛物线或悬链线三种形式。公路桥梁中多采用的是( )。

    A.圆曲线   B.抛物线   C.悬链线

三、判断题

1.不同截面尺寸和设计荷载的预应力混凝土梁,束界是不相同的。 ( )

2.相同截面尺寸和设计荷载的全预应力混凝土梁和部分预应力混凝土梁,束界是相同的。

                                                                       ( )

3.部分预应力混凝土梁的束界图与全预应力混凝土梁的束界图相比较,两图形相似,部分预应力混凝土梁的束界图范围比全预应力混凝土梁的束界图的范围要小些。 ( )

4. 预应力钢筋弯起的角度越大越好。 （　　）

5. 预应力混凝土构件计算需要设置预拱度时,预留管道也应同时起拱。 （　　）

6. 预应力钢筋曲线管道曲线平面内管道保护层按公式计算的最小厚度较大时,可按直线管道要求设置最小保护层厚度,但应在管道曲线平面内设置箍筋。 （　　）

7. 预应力直线形钢筋管道和曲线形钢筋管道混凝土最小保护层的厚度相同。 （　　）

8. 预应力曲线形钢筋管道平面内、外混凝土最小保护层的厚度相同。 （　　）

9. 曲线形预应力钢筋管道在曲线平面内相邻管道间的最小净距按式 $C_{in} \geqslant \dfrac{P_d}{0.266r\sqrt{f'_{cu}}} - \dfrac{d_s}{2}$

计算,其中 P_d 和 r 分别为相邻两曲线管道中曲线半径较小的一根预应力钢筋的张拉力设计值和曲线半径。 （　　）

10. 预应力混凝土受弯构件设计计算,先根据拟定的截面尺寸,再根据正截面抗弯承载力(全预应力混凝土或 A 类部分预应力混凝土)估算预应力钢筋数量。 （　　）

11. A 类部分预应力混凝土受弯构件设计计算,一般先根据拟定的截面尺寸和正截面抗裂性要求,估算预应力钢筋数量,然后根据正截面抗弯承载力要求确定非预应力钢筋数量。（　　）

四、简答题

1. 预应力混凝土受弯构件常用的截面形式有哪些?

2. 什么是束界? 确定它的目的是什么?

3. 如何合理地确定预加力 N_p 的位置?

4. 为什么大部分后张法预应力钢筋在趋向支点时要逐步弯起?

5. 预应力钢筋弯起的曲线可采用哪些线形?《公桥规》对后张法预应力混凝土构件的曲线形预应力钢筋的曲线半径有哪些规定?

6. 先张法构件中,预应力钢筋间的净距及混凝土保护层的厚度如何确定? 有何要求?

7. 对外形呈曲线形且布置有曲线预应力钢筋的构件,其曲线平面内、外管道的最小混凝土保护层厚度如何确定?

8. 在先张法和后张法构件中,预应力钢筋端部应采用哪些局部加强措施?

9. 预应力混凝土构件中为什么还要设置非预应力筋? 非预应力筋的形式有哪些?

10. 杭州湾跨海大桥使用的混凝土有什么要求? 如果你有机会参与大桥的设计工作,你觉得自己需要做哪些准备工作?

五、计算题

某后张法预应力混凝土简支 T 形梁桥,主梁间距 2.5m,标准跨径为 20.0m,计算跨径为 19.0m,T 形梁跨中截面形式和尺寸如图 12-9 所示。跨中截面承受自重弯矩标准值 $M_{G1k} = 1085.26$ kN·m,附加结构自重弯矩标准值 $M_{G2k} = 650.75$ kN·m,汽车荷载产生的弯矩标准值 $M_{Q1k} = 1827.22$ kN·m(已计入冲击系数 $\mu = 1.172$)。梁体采用 C50 混凝土,预应力钢筋采用标准型低松弛钢绞线(1×7 标准型),普通受拉钢筋采用 HRB400 钢筋,箍筋采用直径 10mm 的 HPB300 钢筋,预应力孔道采用直径为 70mm 的预埋金属波纹管成孔,采用 OVM 夹片锚。预应力钢筋采用双作用千斤顶两端张拉,混凝土到达设计强度等级的 90% 时采用两端张拉施工程序。加载龄期 $t = 10$d,梁的使用环境为 I 类,相对湿度为 75%,设计使用年限为 100 年,安全等级二级。按部分预应力混凝土 A 类构件设计。

求:(1)计算预应力钢筋截面积。

(2)计算普通钢筋截面积。

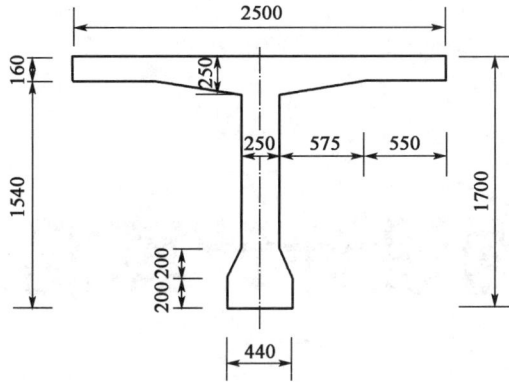

图 12-9　跨中截面示意图(尺寸单位:mm)

单元十三
UNIT THIRTEEN
圬工结构设计计算简介

§13-1　概述

素养点：
创新意识，民族自豪感，主人翁精神。

知识点：
①圬工结构的概念；
②块材的类型及要求；
③砂浆的作用和类型；
④砌体的类型。

技能点：
①能描述块材、砂浆和砌体的类型；
②能简单描述砂浆的作用。

　　圬工桥梁是我国古桥的主要形式，也创造了举世瞩目的工程奇迹，以赵州桥（世界现存最古老敞肩石拱桥）、泉州洛阳桥（首创"筏形基础"与生物固基技术）和卢沟桥（精妙联拱结构与石雕艺术）为代表，展现了多项世界领先的创新：首创敞肩拱结构比欧洲早1200余年，发明糯米灰浆胶结材料强度堪比现代水泥，开创薄墩联拱、尖墩分水等科学设计，并形成从巨型石梁干砌到廊桥复合结构的多样化体系。这些桥梁不仅以精湛工艺实现"千年不倒"的耐久性（如赵州桥仅下沉5cm），更将工程技术与文化艺术完美融合，其生态智慧（如种蛎固基法）和抗震理念至今仍为现代工程提供启示，成为中华文明在土木工程领域的杰出见证。

一、概念

采用胶结材料(砂浆、小石子混凝土等)将石料等块材连接成整体的结构物,称为石结构。《工桥规》中对由预制或整体浇筑的素混凝土、片石混凝土构成的结构物,称为混凝土结构。以上两种结构通常称为坼工结构。由于坼工材料(石料、混凝土等)的力学特点是抗压强度大,抗拉、抗剪性能较差,因此,坼工结构在工程中常用作以承压为主的结构构件,如拱桥的拱圈,涵洞、桥梁的重力式墩台,扩大基础及重力式挡土墙等。

坼工结构常以砌体的形式出现。砌体是由不同尺寸和形状的石料及混凝土预制块通过砂浆等胶凝材料按一定的砌筑规则砌成,并满足构件设计尺寸和形状要求的受力整体。砌体中所使用的一定规格(尺寸、形状、强度等级等)的石料及混凝土预制块称为块材。

石结构及混凝土结构之所以能够在桥涵工程和其他建筑工程中得到广泛的应用,重要的原因是其本身具有以下优点:

(1)原材料分布广,易于就地取材,价格低廉。

(2)耐久性、耐腐蚀、耐污染等性能较好,材料性能比较稳定,维修养护工作量小。

(3)与钢筋混凝土结构相比,可节约水泥、钢材和木材。

(4)施工不需要特殊的设备,施工简便,并可以连续施工。

(5)具有较强的抗冲击性能和超载性能。

石结构及混凝土结构也存在一些明显的缺点,限制了其应用范围,例如:

(1)因砌体的强度较低,故构件截面尺寸大,造成自重很大。

(2)砌体工作相当繁重,操作主要依靠手工方式,机械化程度低,施工周期长。

(3)砌体是靠砂浆的黏结作用将块材形成整体,砂浆和块材间的黏结力相对较弱,抗拉、抗弯、抗剪强度很低,抗震能力也差,同时砌体属于一种松散结构,经长期振动后易产生裂缝。

二、坼工结构的材料

(一)石料

常用的天然石料主要有花岗岩、石灰岩等,工程上依据石料的开采方法、形状、尺寸和表面粗糙程度的不同,分为下列几种:

(1)细料石。厚度为 200~300mm 的石材,宽度为厚度的 1.0~1.5 倍,长度为厚度的 2.5~4.0 倍,表面凹陷深度不大于 10mm,外形方正的六面体。

(2)半细料石。表面凹陷深度不大于 15mm,其他同细料石。

(3)粗料石。表面凹陷深度不大于 20mm,其他同细料石。

(4)块石。厚度为 200~300mm 的石材,形状大致方正,宽度为厚度的 1.0~1.5 倍,长度为厚度的 1.5~3.0 倍。

(5)片石。厚度不小于 150mm 的石材,砌筑时敲去其尖锐凸出部分,平稳放置,可用小石块填塞空隙。

桥涵中所用石材强度等级有 MU120、MU100、MU80、MU60、MU50、MU40、MU30,石材强度设计值见表 13-1。石材的强度等级,应用边长为 70mm 的含水饱和立方体试件的抗压强度表示。试件也可采用表 13-2 所列边长尺寸的立方体,对其试验结果乘以相应的换算系数后作为石材的强度。

石材强度设计值（MPa）   表 13-1

强度等级	MU120	MU100	MU80	MU60	MU50	MU40	MU30
轴心抗压 f_{cd}	31.78	26.49	21.19	15.89	13.24	10.59	7.95
弯曲抗拉 f_{tmd}	2.18	1.82	1.45	1.09	0.91	0.73	0.55

石材试件强度的换算系数   表 13-2

立方体试件边长（mm）	200	150	100	70	50
换算系数	1.43	1.28	1.14	1.00	0.86

石料多为就地取材,因而常用于山区及其附近城市。上述石料分类所耗加工量依次递减,以同样强度等级砂浆砌筑的五种石料,其砌体抗压极限强度也依次递减。砌体表面美观程度也是如此。所以,石料选择应根据当地情况、施工工期和美观要求确定,并满足下列要求：

（1）累年最冷月平均气温等于或低于 – 10℃的地区,所用的石材抗冻性指标,应符合表 13-3的规定。

石材抗冻性指标   表 13-3

结构物部位	大、中桥	小桥及涵洞
镶面或表面石材	50	25

注：1. 抗冻性指标,系指材料在含水饱和状态下经过 – 15℃的冻结与 20℃融化的循环次数。试验后的材料应无明显损伤（裂缝、脱层）,其强度不应低于试验前的 0.75 倍。

2. 根据以往实践经验证明材料确有足够抗冻性能者,可不做抗冻试验。

（2）石材应具有耐风化和抗侵蚀性。用于浸水或气候潮湿地区的受力结构的石材,软化系数（指石材在含水饱和状态下与干燥状态下试块极限抗压强度的比值）不应低于 0.8。

（二）混凝土

混凝土预制块是根据使用及施工要求预先设计成一定形状及尺寸后浇制而成,其尺寸要求不低于粗料石,且其表面应较为平整。混凝土预制块形状、尺寸统一,砌体表面整齐美观;尺寸较黏土砖大,可以提高抗压强度,节省砌缝砂浆,减少劳动量,加快施工进度;混凝土块可提前预制,使其收缩尽早消失,避免构件开裂;采用混凝土预制块,可节省石料的开采加工工作;对于形状复杂的材料,难以用石料加工时,更显混凝土预制块的优越性。

整体浇筑的素混凝土结构因结构内缩应力很大,受力不利,且浇筑时需消耗大量木材,工期长,花费劳动力多,质量也难控制,故较少采用。

桥涵工程中的大体积混凝土结构,如墩身、台身等,常采用片石混凝土结构,它是在混凝土中分层加入含量不超过混凝土体积 20% 的片石,片石强度等级不低于表 13-1 规定的石材最低强度等级,且不应低于混凝土强度等级。片石混凝土各项强度、弹性模量和剪变模量可按同强度等级的混凝土采用。

小石子混凝土是由胶凝材料（水泥）、粗集料（细卵石或碎石，粒径不大于20mm）、细粒料（砂）和水拌制而成。小石子混凝土比相同砂浆砌筑的片石、块石砌体抗压极限强度高10%～30%，可以节约水泥和砂，在一定条件下是一种水泥砂浆的代用品。

混凝土强度设计值按表13-4取用。

混凝土强度设计值（MPa） 表13-4

强度等级	C40	C35	C30	C25	C20	C15
轴心抗压 f_{cd}	15.64	13.69	11.73	9.78	7.82	5.87
弯曲抗拉 f_{tmd}	1.24	1.14	1.04	0.92	0.80	0.66
直接抗剪 f_{vd}	2.48	2.28	2.09	1.85	1.59	1.32

（三）砂浆

砂浆是由胶结料（水泥、石灰和黏土等）、粒料（砂）及水拌制而成。砂浆在砌体中的作用是将砌体内的块材连接成整体，并可抹平块材表面而促使应力分布较为均匀。此外，砂浆填满块材间的缝隙，也提高了砌体的保温性和抗冻性。

砂浆按其胶结料的不同可分为：①水泥砂浆；②混合砂浆（如水泥石灰砂浆、水泥黏土砂浆等）；③非水泥砂浆。由于混合砂浆和非水泥砂浆的强度较低，使用性能较差，故桥涵工程中大多采用水泥砂浆。但在缺乏水泥地区，可依结构物的部位以及重要程度有选择性地使用石灰水泥砂浆。

砂浆的物理力学性能指标是指砂浆的强度、和易性和保水性。

砂浆的强度等级用M××表示，是指边长为70.7mm的砂浆立方体试块经28d的标准养护，按统一的标准试验方法测得的极限抗压强度表示，单位为MPa。有M5、M7.5、M10、M15、M20等级别。

砂浆的和易性是指砂浆在自身与外力的作用下的流动性性能，实际上反映了砂浆的可塑性。和易性用锥体沉入砂浆中的深度测定，锥体的沉入程度根据砂浆的用途加以规定。和易性好的砂浆不但操作方便，能提高劳动生产率，而且可以使砂浆缝饱满、均匀、密实，使砌体具有良好的质量。对于多孔及干燥的砖石，需要和易性较好的砂浆；对于潮湿及密实的砖石，和易性要求较低。

砂浆的保水性是指砂浆在运输和砌筑过程中保持其水分的能力，它直接影响砌体的砌筑质量。在砌筑时，块材将吸收一部分水分，当吸收的水分在一定范围内时，对于砌缝中的砂浆强度和密度是有良好影响的。但是，如果砂浆的保水性很差，新铺在块材面上的砂浆水分很快散失或被块材吸收，则使砂浆难以抹平，因而降低砌体的质量，同时砂浆因失去过多水分而不能进行正常的硬化作用，从而大大降低砌体的强度。因此在砌筑砌体前，对吸水性较大的干燥块材，必须洒水湿润其表面。砂浆的保水性用分层度表示。测定砂浆的和易性后，将砂浆静置30min后再测其沉入度，前后两次沉入度之差即为砂浆的分层度，一般为10～20mm。

当提高水泥砂浆的强度时，其抗渗性有所提高，但和易性及保水性却有所下降。当砂浆中掺入塑化剂后，不但可以增加砂浆的和易性，提高砌筑劳动生产率，还可提高砂浆的保水性，以保证砌筑质量。至于塑性掺和料的数量，要视砂浆的强度、水泥的强度等级以及砂的粒度而定。当砂浆所需强度较小而水泥强度等级较高时,所用可塑性掺和料则可能多些。但必须注意,如使用过多,反而会增加灰缝中砂浆的横向变形,因而导致砌体强度的降低。

(四)砌体

根据所用块材的不同,常将砌体分成以下几类:

1. 片石砌体

片石应分层砌筑,砌筑时敲击其尖锐凸出部分,并交错排列,互相咬接,竖缝应相互错开,不得贯通;片石应放置平稳,避免过大空隙,并用小石子填塞空隙(不得支垫);砂浆用量不宜超过砌体体积的40%,以防止砂浆的收缩过大,同时也可节省水泥用量。砌缝宽度一般应不大于40mm。宜以2~3层砌块组成一工作层,每一工作层的水平缝应大致找平。

2. 块石砌体

块石应平整,每层石料高度应大致一致,并错缝砌筑。砌缝宽度不宜过宽,否则影响砌体总体强度,而且多耗用水泥。一般水平缝不大于30mm,竖缝不大于40mm。上下层竖缝错开叠距离≥80mm。

3. 粗料石砌体

砌筑前应按石料厚度与砌缝宽度预先计算层数,选好面料。砌筑时面料应安放端正,保证砌缝平直。为保证强度要求和外表整齐、美观,砌缝宽度不大于20mm,并应错缝砌筑,错缝距离不小于100mm。

4. 半细料石砌体

砌缝宽度不大于15mm,错缝砌筑,其他要求同粗料石。

5. 细料石砌体

砌缝宽度不大于10mm,错缝砌筑,其他要求同粗料石。

6. 混凝土预制块砌体

砌筑要求同粗料石砌体。

上述砌体中,除片石砌体外,其余五种砌体统称为规则块石砌体。砌筑时,应遵循砌体的砌筑规则,以保证砌体的整体性和受力性能,使砌体的受力尽可能均匀、合理。如果石材或混凝土预制块排列分布不合理,使各层块材的竖向灰缝重合于几条垂直线上,就会将砌体分割成彼此无联系的几个部分,不仅不能很好地承受外力,也削弱甚至破坏了结构物的整体工作性能。为使砌体构成一个受力整体,砌体中的竖向灰缝应上下错缝,内外搭砌。例如砖砌体的砌筑多采用一顺一丁、梅花丁和三顺一丁砌法(图13-1)。

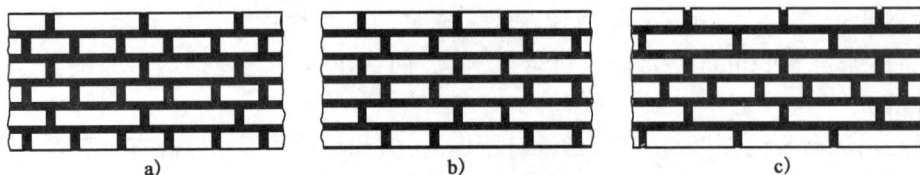

图13-1　砖砌体的砌筑方法
a)一顺一丁;b)梅花丁;c)三顺一丁

在桥涵工程中,砌体种类的选用应根据结构构件的大小、重要程度、工作环境、施工条件及材料供应等情况综合考虑。考虑到结构耐久性和经济性的要求,根据构造部位的重要性及尺寸大小不同,各种结构物所用的石、混凝土材料及其砂浆的最低强度等级,见表 13-5。

圬工材料的最低强度等级

表 13-5

结构物种类	材料最低强度等级	砌筑砂浆最低强度等级
拱圈	MU50 石材 C25 混凝土(现浇) C30 混凝土(砌块)	M10(大、中桥) M7.5(小桥涵)
大、中桥墩台及基础,梁式轻型桥台	MU40 石材 C25 混凝土(现浇) C30 混凝土(砌块)	M7.5
小桥涵墩台、基础	MU30 石材 C25 混凝土(现浇) C30 混凝土(砌块)	M5

砌体中的砂浆强度应与块材强度相匹配,强度高的块材宜配用强度等级高的砂浆,强度低的块材则使用强度等级低的砂浆。块材使用前必须浇水湿润并清洗干净,以避免砂浆中水分在凝结前被吸收而影响砂浆硬化作用,保证黏结力。

砌体中的砖石及混凝土材料,除应符合规定的强度外,还应具有耐风化的抗侵蚀性。位于侵蚀性水中的结构物,配置砂浆或混凝土的水泥,应采用具有抗侵蚀性的特种水泥,或采取其他防护措施。对于月平均气温低于 $-10℃$ 的地区,所用的石及混凝土材料,除气候干旱地区的不受冰冻外,均应符合规范有关规定。

§13-2 砌体的强度与变形

素养点:

①遵守行业规范、标准,提升分析问题解决问题的能力;

②秉持"科学严谨"的工作态度,弘扬"精益求精"的工匠精神。

知识点:

①影响砌体抗压强度的因素;

②砌体受拉、弯曲受拉和受剪时的破坏特点。

技能点:

能描述影响砌体抗压强度的因素及砌体受拉、弯曲受拉和受剪时的破坏特点。

一、砌体的抗压强度

1. 砌体中实际应力状态

砌体是由单块块材用砂浆黏结而成,因而它的受压工作与匀质的整体结构构件也有很大的差异。通过对中心受压砌体的试验,结果表明:砌体在受压破坏时,一个重要的特征是单块块材先开裂,这是由于砌缝厚度和密实性的不均匀性以及块材与砂浆交互作用等原因,致使块材受力复杂,抗压强度不能充分发挥,导致砌体的抗压强度低于块材的抗压强度。通过试验观测和分析,在砌体的单块块材内产生复杂应力状态的原因如下。

(1)砂浆层的非均匀性。由于砂浆铺砌不均匀,有厚有薄,使块材不能均匀地压在砂浆层上,而且由于砂浆层各部分成分不均匀,砂子多的地方收缩小,从而凝固后砂浆表面出现凹凸不平,再加上块材表面不平整,因而实际上块材和砂浆并非全面接触。所以,块材在砌体受压时实际上处于受弯、受剪与局部受压的复杂应力状态[图 13-2a)]。

(2)块材和砂浆的横向变形差异。如图 13-2b)所示,块材和砂浆砌合后的横向尺寸为 b_0。假使块材和砂浆受压后各自能自行变形,则块材的横向变形小(由 b_0 变至 b_1),砂浆的横向变形大(由 b_0 变至 b_2),而 $b_2 > b_1$。但实际上,块材和砂浆间的黏结力和摩擦力约束了它们彼此的自由横向变形,砌体受压后的横向尺寸只能由 b_0 变至 $b(b_0 > b > b_1)$。这时,块材的尺寸由 b_1 增加至 b,必然会受到一个横向拉力,砂浆的尺寸由 b_2 压缩到 b,必然会受到一个横向压力。

综上所述,在均匀压力作用下,砌体内的砌块并不处于均匀受压状态,而是处于压缩、局部受压、弯曲、剪切和横向拉伸的复杂受力状态。由于块材的抗弯、抗拉强度很低,所以砌体在远小于块材的极限抗压强度时就出现了裂缝,裂缝的扩展损害了砌体的整体工作,以至于在承受作用时发生侧向凸出而破坏。所以,砌体的抗压强度总是低于块材的抗压强度。这是砌体受压性能不同于其他建筑材料受压性能的基本点。

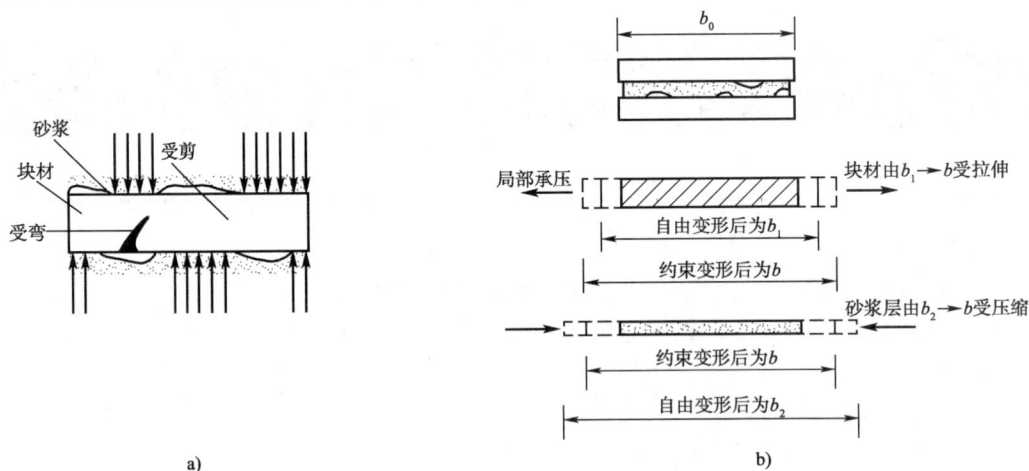

图 13-2 砌体中的应力状态

2. 影响砌体抗压强度的主要因素

(1)块材的强度、尺寸和形状的影响。

块材是砌体的主要组成部分,在砌体中处于复杂的受力状态,因此,块材的强度对砌体强度起主要作用。

增加块材厚度的同时,其截面面积和抵抗矩相应加大,提高了块材的抗弯、抗剪、抗拉的能力,砌体强度也增大。

块材的形状规则与否也直接影响砌体的抗压强度。因为块材表面不平整,也使砌体灰缝厚薄不均,从而降低砌体的抗压强度。

(2)砂浆的物理力学性能。

除砂浆的强度直接影响砌体的抗压强度外,砂浆等级过低将加大块材和砂浆的横向差异,从而降低砌体强度。但应注意,单纯提高砂浆等级并不能使砌体抗压强度有很大提高。

砂浆的和易性和保水性对砌体强度亦有影响。和易性好的砂浆较易铺砌成饱满、均匀、密实的灰缝,可以减小块材内的复杂应力,使砌体强度提高。但砂浆内水分过多,和易性最好,但由于砌缝的密实性降低,砌体强度反而降低。因此,作为砂浆和易性指标的标准圆锥沉入度,对片石、块石砌体,控制在 50 ~ 70mm 之间;对粗料面及砖砌体,控制在 70 ~ 100mm 之间。

(3)砌筑质量的影响。

砌筑质量的标志之一是灰缝的质量,包括灰缝的均匀性和饱满程度。砂浆铺砌得均匀、饱满,可以改善块材在砌体内的受力性能,使之比较均匀地受压,提高砌体抗压强度;反之,则将降低砌体强度。

另外,灰缝厚薄对砌体抗压强度的影响也不能忽视。灰缝过厚或过薄,都难以均匀、密实;灰缝过厚还将增加砌体的横向变形。

3. 砌体抗压极限强度

《工桥规》对砂浆砌体抗压强度设计值规定如下:

(1)混凝土预制块砂浆砌体抗压强度设计值 f_{cd} 应按表 13-6 的规定采用。

混凝土预制块砂浆砌体抗压强度设计值 f_{cd}（MPa）　　　表 13-6

砌块强度等级	砂浆强度等级					砂浆强度
	M20	M15	M10	M7.5	M5	0
C40	8.25	7.04	5.84	5.24	4.64	2.06
C35	7.71	6.59	5.47	4.90	4.34	1.93
C30	7.14	6.10	5.06	4.54	4.02	1.79
C25	6.52	5.57	4.62	4.14	3.67	1.63
C20	5.83	4.98	4.13	3.70	3.28	1.46
C15	5.05	4.31	3.58	3.21	2.84	1.26

(2)块石砂浆砌体抗压强度设计值 f_{cd} 应按表 13-7 的规定采用。

块石砂浆砌体的抗压强度设计值 f_{cd}（MPa）　　　表 13-7

砌块强度等级	砂浆强度等级					砂浆强度
	M20	M15	M10	M7.5	M5	0
MU120	8.42	7.19	5.96	5.35	4.73	2.10
MU100	7.68	6.56	5.44	4.88	4.32	1.92
MU80	6.87	5.87	4.87	4.37	3.86	1.72

砌块强度等级	砂浆强度等级					砂浆强度
	M20	M15	M10	M7.5	M5	0
MU60	5.95	5.08	4.22	3.78	3.35	1.49
MU50	5.43	4.64	3.85	3.45	3.05	1.36
MU40	4.86	4.15	3.44	3.09	2.73	1.21
MU30	4.21	3.59	2.98	2.67	2.37	1.05

注:对各类石砌体,应按表中数值分别乘以下列系数:细料石砌体为1.5;半细料石砌体为1.3;粗料石砌体为1.2;干砌块石砌体可采用砂浆强度为零时的抗压强度设计值。

(3)片石砂浆砌体抗压强度设计值 f_{cd} 应按表13-8的规定采用。

片石砂浆砌体的抗压强度设计值 f_{cd}(MPa)   表13-8

砌块强度等级	砂浆强度等级					砂浆强度
	M20	M15	M10	M7.5	M5	0
MU120	1.97	1.68	1.39	1.25	1.11	0.33
MU100	1.80	1.54	1.27	1.14	1.01	0.30
MU80	1.61	1.37	1.14	1.02	0.90	0.27
MU60	1.39	1.19	0.99	0.88	0.78	0.23
MU50	1.27	1.09	0.90	0.81	0.71	0.21
MU40	1.14	0.97	0.81	0.72	0.64	0.19
MU30	0.98	0.84	0.70	0.63	0.55	0.16

注:干砌片石砌体可采用砂浆强度为零时的抗压强度设计值。

二、砌体的抗拉、抗弯与抗剪强度

圬工砌体多用于承受压力为主的承压结构中。但在实际工程中,砌体也常常处于受拉受弯或受剪状态。图13-3a)所示挡土墙,在墙后土的侧压力作用下,挡土墙砌体发生沿通缝截面1—1的弯曲受拉;图13-3b)所示有扶壁的挡土墙,在垂直截面中将发生沿齿缝截面2—2的弯曲受拉;图13-3c)所示的拱脚附近,由于水平推力的作用,将发生沿通缝截面3—3的受剪。

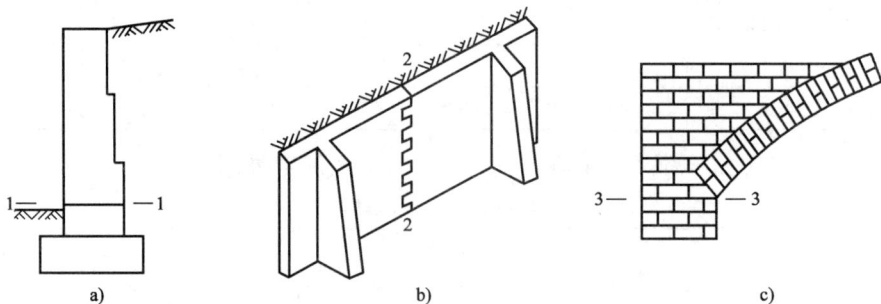

图13-3 砌体中常见的几种受力情况

在大多数情况下,砌体的受拉、受弯及受剪破坏一般均发生在砂浆与块材的黏结面上,此时,砌体的抗拉、抗弯与抗剪强度将取决于砌缝的宽度,亦取决于砌缝中砂浆与块材的黏结强度。根据砌体受力方向的不同,黏结强度分为作用力垂直于砌缝时的法向黏结力和平行于砌缝时的切向黏结力,在正常情况下,黏结强度值与砂浆的强度等级有关。

按照外力作用于砌体的方向,砌体的受拉、弯曲抗拉和受剪破坏情况简述如下。

1. 轴心受拉

在平行于水平灰缝的轴心拉力作用下,砌体可能沿齿缝截面发生破坏,如图 13-4a) 所示,其强度主要取决于灰缝的法向及切向黏结强度。当拉力作用方向与水平灰缝垂直时,砌体可能沿截面发生破坏,如图 13-4b) 所示,其强度主要取决于灰缝的法向黏结强度。由于法向黏结强度不易保证,工程中一般不容许采用利用法向黏结强度的轴心受拉构件。

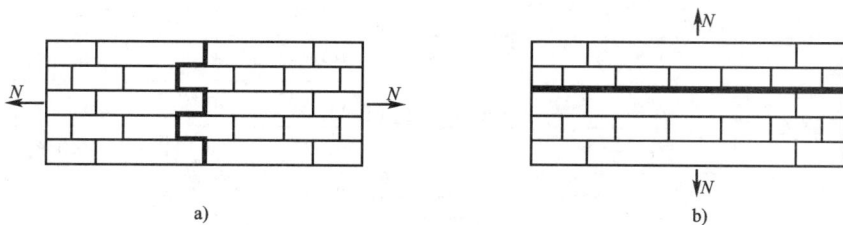

图 13-4　轴心受拉砌体的破坏形式

2. 弯曲受拉

如图 13-3a) 所示,砌体可能沿 1-1 通缝截面发生破坏,其强度主要取决于灰缝的法向黏结强度。

如图 13-3b) 所示,砌体可能沿 2-2 齿缝截面发生破坏,其强度主要取决于灰缝的切向黏结强度。

3. 受剪

砌体可能发生如图 13-5a) 所示的通缝截面受剪破坏,其强度主要取决于灰缝的黏结强度。

砌体在发生如图 13-5b) 所示的齿缝截面破坏时,其抗剪强度与块材的抗剪强度以及砂浆的切向黏结强度有关,随砌体种类的不同而异。片石砌体齿缝抗剪强度采用通缝抗剪强度的两倍(表 13-9)。规则块材砌体的齿缝抗剪强度取决于块材的直接抗剪强度,不计灰缝的抗剪强度(表 13-9)。

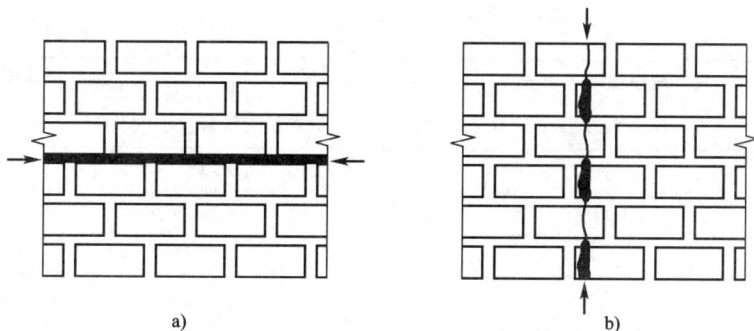

图 13-5　剪切破坏位置

试验资料表明,砌体齿缝破坏情况下的抗剪、抗拉及弯曲抗拉强度比通缝破坏时要高,因此,采用错缝砌筑的措施,其目的就是要尽可能避免砌体受拉、受剪时处于不利的通缝破坏情况,从而提高砌体的抗剪和抗拉能力。

《工桥规》规定的各类砂浆砌体的轴心抗拉强度设计值 f_{td}、弯曲抗拉强度设计值 f_{tmd} 和直接抗剪强度设计值 f_{vd} 应按表 13-9 的规定采用。

表 13-9

砂浆砌体轴心抗拉、弯曲抗拉和直接抗剪强度设计值(MPa)

强度类型	破坏特征	砌体种类	砂浆强度等级				
			M20	M15	M10	M7.5	M5
轴心抗压 f_{cd}	齿缝	规则砌块砌体	0.104	0.090	0.073	0.063	0.052
		片石砌体	0.096	0.083	0.068	0.059	0.048
弯曲抗拉 f_{tmd}	齿缝	规则砌块砌体	0.122	0.105	0.086	0.074	0.061
		片石砌体	0.145	0.125	0.102	0.089	0.072
	通缝	规则砌块砌体	0.084	0.073	0.059	0.051	0.042
直接抗剪 f_{vd}	—	规则砌块砌体	0.104	0.090	0.073	0.063	0.052
		片石砌体	0.241	0.208	0.170	0.147	0.120

注:1. 砌体龄期为28d。

2. 规则砌块砌体包括:块石砌体、粗料石砌体、半细料石砌体、细料石砌体、混凝土预制块砌体。

3. 规则砌块砌体在齿缝方向受剪时,是通过砌块和灰缝剪破。

小石子混凝土砌块石、片石砌体强度设计值,应分别按表 13-10 ~ 表 13-12 的规定采用。

表 13-10

小石子混凝土砌块石砌体轴心抗压强度设计值 f_{cd}(MPa)

石材强度等级	小石子混凝土等级					
	C40	C35	C30	C25	C20	C15
MU120	13.86	12.69	11.49	10.25	8.95	7.59
MU100	12.65	11.59	10.49	9.35	8.17	6.93
MU80	11.32	10.36	9.38	8.37	9.31	6.19
MU60	9.80	9.98	8.12	7.24	6.33	5.36
MU50	8.95	8.19	7.42	6.61	5.78	4.90
MU40	—	—	6.63	5.92	5.17	4.38
MU30	—	—	—	—	4.48	3.79

注:砌块为粗料石时,轴心抗压强度为表值乘以1.2;砌块为细料石时、半细料石时,轴心抗压强度为表值乘以1.4。

表 13-11

小石子混凝土砌片石砌体轴心抗压强度设计值 f_{cd}(MPa)

石材强度等级	小石子混凝土等级			
	C30	C25	C20	C15
MU120	6.94	6.51	5.99	5.36
MU100	5.30	5.00	4.63	4.17
MU80	3.94	3.74	3.49	3.17
MU60	3.23	3.09	2.91	2.67

续上表

石材强度等级	小石子混凝土等级			
	C30	C25	C20	C15
MU50	2.88	2.77	2.62	2.43
MU40	2.50	2.42	2.31	2.16
MU30	—	—	1.95	1.85

小石子混凝土砌块石、片石砌体的轴心抗拉、弯曲抗拉和直接抗剪强度设计值（MPa） 表 13-12

强度类型	破坏特征	砌体种类	砂浆强度等级					
			C40	C35	C30	C25	C20	C15
轴心抗压 f_{cd}	齿缝	块石	0.285	0.267	0.247	0.226	0.202	0.175
		片石	0.425	0.398	0.368	0.336	0.301	0.260
弯曲抗拉 f_{tmd}	齿缝	块石	0.335	0.313	0.290	0.265	0.237	0.205
		片石	0.493	0.461	0.427	0.387	0.349	0.300
	通缝	块石	0.232	0.217	0.201	0.180	0.164	0.142
直接抗剪 f_{vd}	—	块石	0.285	0.267	0.247	0.226	0.202	0.175
		片石	0.425	0.398	0.368	0.336	0.301	0.260

注:对其他规则砌块砌体强度值为表内块石砌体强度值乘以下列系数:粗料石砌体为 0.7;细料石、半细料石砌体为 0.35。

三、圬工砌体的温度变形与弹性模量

1. 圬工砌体的温度变形

圬工砌体的温度变形在计算超静定结构温度变化所引起的附加内力时应予考虑。温度变形的大小是随砌筑块材与砂浆的不同而不同。设计中,把温度每升高 1℃,单位长度砌体的线性伸长称为该砌体的温度膨胀系数,又称线膨胀系数。用水泥砂浆砌筑的圬工砌体的膨胀系数为:

混凝土:$1.0 \times 10^{-5}/℃$;

各种砌体:$0.8 \times 10^{-5}/℃$;

混凝土预制块砌体:$0.9 \times 10^{-5}/℃$。

2. 圬工砌体的弹性模量

试验表明,圬工砌体为弹性塑性体。圬工砌体在受压时,应力与应变之间的关系不符合胡克定律,砌体的变形模量 $E = d\sigma/d\varepsilon$ 是一个变量。《工桥规》规定混凝土及各类砌体的受压弹性模量、线膨胀系数和摩擦系数,应分别按表 13-13、表 13-14 的规定采用。混凝土和砌体的剪变模量 G_c 和 G_m 分别取其受压弹性模量的 0.4 倍。

混凝土的受压弹性模量 E_c（MPa） 表 13-13

混凝土强度等级	C40	C35	C30	C25	C20	C15
弹性模量 E_c	3.25×10^4	3.15×10^4	3.00×10^4	2.80×10^4	2.55×10^4	2.20×10^4

各类砌体受压弹性模量 E_m(MPa)   表 13-14

砌体种类	砂浆强度等级				
	M20	M15	M10	M7.5	M5
混凝土预制块砌体	$1700f_{cd}$	$1700f_{cd}$	$1700f_{cd}$	$1600f_{cd}$	$1500f_{cd}$
粗料石、块石及片石砌体	7300	7300	7300	5650	4000
细料石、半细料石砌体	22000	22000	22000	17000	12000
小石子混凝土砌体	$2100f_{cd}$				

注:f_{cd} 为砌体抗压强度设计值。

3. 圬工砌体间或与其他材料间的摩擦系数

圬工砌体之间或与其他材料间的摩擦系数 μ_f 按表 13-15 取用。

砌体的摩擦系数 μ_f   表 13-15

材料种类	摩擦面情况	
	干燥	潮湿
砌体沿砌体或混凝土滑动	0.70	0.60
木材沿砌体滑动	0.60	0.50
钢沿砌体滑动	0.45	0.35
木材沿砂或卵石滑动	0.60	0.50
木材沿粉土滑动	0.55	0.40
木材沿黏性土滑动	0.50	0.30

§13-3 圬工结构的承载力计算

素养点:
①遵守行业规范、标准,提升分析问题解决问题的能力;
②秉持"科学严谨"的工作态度,弘扬"精益求精"的工匠精神。

知识点:
①设计原则;
②圬工受压构件正截面承载力计算原理。

技能点:
能应用公式进行圬工受压构件正截面承载力计算。

一、设计原则

在《工桥规》中,圬工结构的设计采用以概率理论为基础的极限状态设计方法,以可靠指标度量结构构件的可靠度,采用分项系数的设计表达式进行计算。

圬工桥涵结构应按承载能力极限状态设计,并满足正常使用极限状态的要求。但根据圬工桥涵结构的特点,其正常使用极限状态的要求,一般情况下可由相应的构造措施来保证。

圬工桥涵结构的承载能力极限状态,应按单元二规定的设计安全等级进行设计。圬工结构的设计原则是:作用组合的效应设计值小于或等于结构构件承载力的设计值。其表达式为:

$$\gamma_0 S \leqslant R(f_d, \alpha_d) \tag{13-1}$$

式中:γ_0——结构重要性系数,对应于§2-3规定的一级、二级、三级设计安全等级分别取用1.1、1.0、0.9;

S——作用组合的效应设计值,按单元二的规定计算;

$R(\cdot)$——构件承载力设计值函数;

f_d——材料强度设计值;

α_d——几何参数设计值,可采用几何参数标准值 α_k,即设计文件规定值。

二、圬工受压构件正截面承载力计算

(一)偏心距在限值内的圬工受压构件轴向承载力计算

偏心距的限值按表13-19取用。

1.砌体受压构件

砌体(包括砌体与混凝土组合)受压构件,当轴向力偏心距在限值以内时,承载力按下式计算:

$$\gamma_0 N_d < \varphi A f_{cd} \tag{13-2}$$

式中:N_d——轴向力设计值;

A——构件截面面积,对于组合截面按强度比换算,即 $A = A_0 + \eta_1 A_1 + \eta_2 A_2 + \cdots$,其中 A_0 为标准层截面面积,A_1、A_2……为其他层截面面积,$\eta_1 = f_{c1d}/f_{c0d}$、$\eta_2 = f_{c2d}/f_{c0d}\cdots$,其中 f_{c0d} 为标准层抗压强度设计值,f_{c1d}、f_{c2d}……为其他层的抗压强度设计值;

f_{cd}——砌体或混凝土抗压强度设计值,应按本书中表13-4、表13-6、表13-7、表13-8、表13-10、表13-11 的规定采用;对组合截面,应采用标准层抗压强度设计值;

φ——构件轴向力的偏心距 e 和长细比 β 对受压构件承载力的影响系数,按式(13-3)~式(13-5)计算。

$$\varphi = \cfrac{1}{\cfrac{1}{\varphi_x} + \cfrac{1}{\varphi_y} - 1} \tag{13-3}$$

$$\varphi_x = \frac{1 - \left(\dfrac{e_x}{x}\right)^m}{1 + \left(\dfrac{e_x}{i_y}\right)^2} \cdot \frac{1}{1 + \alpha\beta_x(\beta_x - 3)\left[1 + 1.33\left(\dfrac{e_x}{i_y}\right)^2\right]} \tag{13-4}$$

$$\varphi_y = \frac{1 - \left(\dfrac{e_y}{y}\right)^m}{1 + \left(\dfrac{e_y}{i_x}\right)^2} \cdot \frac{1}{1 + \alpha\beta_y(\beta_y - 3)\left[1 + 1.33\left(\dfrac{e_y}{i_x}\right)^2\right]} \tag{13-5}$$

式中：φ_x、φ_y——分别为 x 方向、y 方向偏心受压构件承载力影响系数；

x、y——分别为 x 方向、y 方向截面重心至偏心方向的截面边缘的距离，如图 13-6 所示；

e_x、e_y——轴向力在 x 方向、y 方向的偏心距，$e_x = M_{yd}/N_d$、$e_y = M_{xd}/N_d$，其值不应超过表 13-19 及图 13-6 所示在 x 方向、y 方向的规定，其中 M_{yd}、M_{xd} 分别为 x 轴、y 轴的弯矩设计值，N_d 为轴向力，如图 13-6 所示；

m——截面形状系数，对于圆形截面，取 2.5；对于 T 形或 U 形截面，取 3.5；对于箱形截面或矩形截面(包括两端设有曲线形或圆弧形的矩形墩身截面)，取 8.0；

i_x、i_y——弯曲平面内的截面回转半径，$i_x = \sqrt{I_x/A}$、$i_y = \sqrt{I_y/A}$，其中 I_x、I_y 分别为截面绕 x 轴和绕 y 轴的惯性矩，A 为截面面积；对于组合截面，A、I_x、I_y 应按弹性模量比换算，即 $A = A_0 + \varphi_1 A_1 + \varphi_2 A_2 + \cdots$，$I_x = I_{0x} + \varphi_1 I_{1x} + \varphi_2 I_{2x} + \cdots$，$I_y = I_{0y} + \varphi_1 I_{1y} + \varphi_2 I_{2y} + \cdots$，其中 A_0 为标准层截面面积，A_1、$A_2 \cdots\cdots$ 为其他层截面面积，I_{0x}、I_{0y} 为绕 x 轴和绕 y 轴的标准层惯性矩，I_{1x}、$I_{2x} \cdots\cdots$ 和 I_{1y}、$I_{2y} \cdots\cdots$ 为绕 x 轴和绕 y 轴的其他层惯性矩，$\varphi_1 = E_1/E_0$、$\varphi_2 = E_2/E_0 \cdots\cdots$ 其中 E_0 为标准层弹性模量，E_1、$E_2 \cdots\cdots$ 为其他层的弹性模量；对于矩形截面，$i_y = b/\sqrt{12}$，$i_x = h/\sqrt{12}$，b、h 如图 13-6 所示；

α——与砂浆强度等级有关的系数，当砂浆强度等级大于或等于 M5 或为组合构件时，α 为 0.002；当砂浆强度为 0 时，α 为 0.013；

β_x、β_y——构件在 x 方向、y 方向的长细比，按式(13-6)计算，当 β_x、β_y 小于 3 时，取 3。

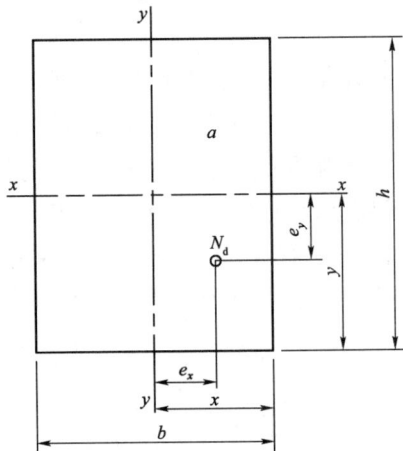

图 13-6　砌体构件偏心受压

计算砌体偏心受压构件承载力的影响系数时,构件长细比按下列公式计算:

$$\begin{cases} \beta_x = \dfrac{\gamma_\beta l_0}{3.5 i_y} \\[3mm] \beta_y = \dfrac{\gamma_\beta l_0}{3.5 i_x} \end{cases} \tag{13-6}$$

式中:γ_β——不同砌体材料构件的长细比修正系数,按表 13-16 的规定采用;

l_0——构件计算长度,按表 13-17 的规定取用,拱圈纵向(弯曲平面内)计算长度 l_0,三铰拱为 $0.58L_a$、双铰拱为 $0.54L_a$、无铰拱为 $0.36L_a$,其中 L_a 为拱轴线长度。无铰板拱拱圈横向(弯曲平面外)稳定计算长度 l_0 见表 13-18。

长细比修正系数 γ_β 表 13-16

砌体材料类别	γ_β
混凝土预制块砌体或组合构件	1.0
细料石、半细料石砌体	1.1
粗料石、块石、片石砌体	1.3

构件计算长度 l_0 表 13-17

构件及其两端约束情况		计算长度 l_0
直杆	两端固结	$0.5l$
	一端固定,一端为不移动的铰	$0.7l$
	两端均为不移动的铰	$1.0l$
	一端固定,一端自由	$2.0l$

无铰板拱横向稳定计算长度 l_0 表 13-18

矢跨比 f/l	1/3	1/4	1/5	1/6	1/7	1/8	1/9	1/10
计算长度 l_0	$1.167r$	$0.962r$	$0.797r$	$0.577r$	$0.495r$	$0.452r$	$0.425r$	$0.406r$

注:1. l 为构件支点间长度。

2. r 为圆曲线半径,当为其他曲线时,可近似地取 $r = \dfrac{l}{2}\left(\dfrac{1}{4\beta} + \beta\right)$,其中 β 为拱圈的矢跨比。

例 13-1 已知一截面为 370mm×490mm 的轴心受压构件,采用 MU30 片石,M5 水泥砂浆砌筑,柱高 5m,两端铰支,该柱承受计算纵向力 $N_d = 50$kN。安全等级为二级。试验算其承载力。

解: 由题意可知 $\gamma_0 = 1.0$,$A = 370 \times 490 = 181300(\text{mm}^2)$,查表 13-8 得 $f_{cd} = 0.55$MPa;因为是轴心受压构件,$e_x = e_y = 0$,

$$I_x = \frac{1}{12}bh^3 = 12 \times 370 \times 490^3 = 3627510833(\text{mm}^4)$$

$$I_y = \frac{1}{12}bh^3 = 12 \times 490 \times 370^3 = 2068330833(\text{mm}^4)$$

$$i_x = \sqrt{I_x/A} = 141.45(\text{mm}), \quad i_y = \sqrt{I_y/A} = 106.81(\text{mm})$$

$$\alpha = 0.002, \quad \gamma_\beta = 1.3, \quad l_0 = 5000(\text{mm})$$

由式(13-6):

$$\beta_x = \frac{\gamma_\beta l_0}{3.5i_y} = \frac{1.3 \times 5000}{3.5 \times 106.81} = 17.39$$

$$\beta_y = \frac{\gamma_\beta l_0}{3.5i_x} = \frac{1.3 \times 5000}{3.5 \times 141.45} = 13.13$$

由式(13-4):

$$\varphi_x = \frac{1 - \left(\dfrac{e_x}{x}\right)^m}{1 + \left(\dfrac{e_x}{i_y}\right)^2} \cdot \frac{1}{1 + \alpha\beta_x(\beta_x - 3)\left[1 + 1.33\left(\dfrac{e_x}{i_y}\right)^2\right]}$$

$$= \frac{1}{1 + 0.002 \times 17.39(17.39 - 3)\left[1 + 1.33\left(\dfrac{0}{106.81}\right)^2\right]} = 0.67$$

由式(13-5):

$$\varphi_y = \frac{1 - \left(\dfrac{e_y}{y}\right)^m}{1 + \left(\dfrac{e_y}{i_x}\right)^2} \cdot \frac{1}{1 + \alpha\beta_y(\beta_y - 3)\left[1 + 1.33\left(\dfrac{e_y}{i_x}\right)^2\right]}$$

$$= \frac{1}{1 + 0.002 \times 13.13(13.13 - 3)\left[1 + 1.33\left(\dfrac{e_y}{141.45}\right)^2\right]} = 0.79$$

由式(13-3):

$$\varphi = \frac{1}{\dfrac{1}{\varphi_x} + \dfrac{1}{\varphi_y} - 1} = \frac{1}{\dfrac{1}{0.67} + \dfrac{1}{0.79}} = 0.57$$

则

$$N_u = \varphi A f_{cd} = 0.57 \times 181300 \times 0.55 = 56837.55(\text{N})$$

$$= 56.84\text{kN} > \gamma_0 N_d = 50(\text{kN})$$

承载力满足要求。

2. 混凝土受压构件

混凝土偏心受压构件,在表 13-19 规定的受压偏心距限值范围内,当按受压承载力计算时,假定受压区的法向应力图形为矩形,其应力取混凝土抗压强度设计值,此时,取轴向力作用与受压区法向应力的合力作用点相重合的原则(图 13-7)确定受压区面积 A_c。受压承载力应按下列公式计算:

$$\gamma_0 N_d \leqslant \varphi f_{cd} A_c \tag{13-7}$$

受压构件偏心距限值　　　　　　　　　　　　　　　　　　表 13-19

作用(荷载)组合	偏心距限值 e
基本组合	≤0.6s
偶然组合	≤0.7s

注:1. 混凝土结构单向偏心的受拉一边或双向偏心的各受拉一边,当设有不小于截面面积0.05%的纵向钢筋时,表内规定值可增加0.1s。
　　2. 表中 s 值为截面或换算截面重心轴至偏心方向截面边缘的距离。

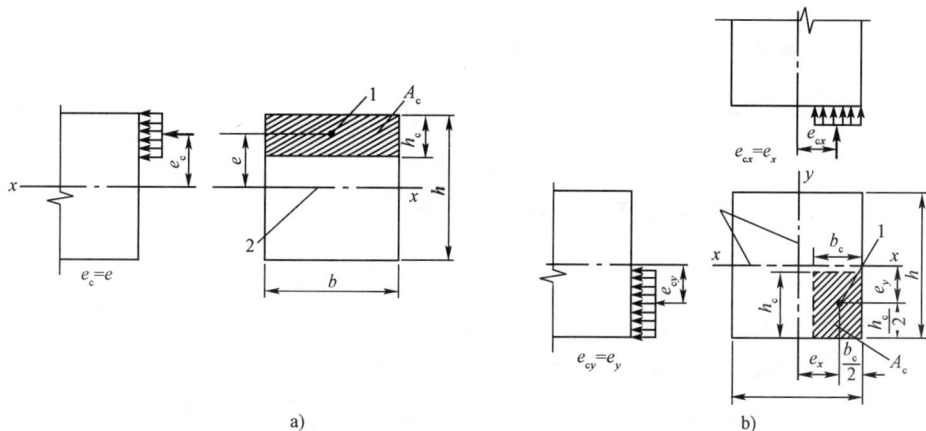

图 13-7　混凝土构件偏心受压
a)单向偏心受压;b)双向偏心受压

1-受压区重心(法向压应力合力作用点);2-截面重心轴;e-单向偏心受压偏心距;e_c-单向偏心受压法向应力合力作用点距重心轴距离;e_x、e_y-双向偏心受压在 x 方向、y 方向的偏心距;e_{cx}、e_{cy}-双向偏心受压法向应力合力作用点,在 x、y 方向的偏心距;A_c-受压区面积;h_c、b_c-矩形截面受压区高度、宽度

(1)单向偏心受压

受压区高度 h_c,应按下列条件确定[图 13-7a)]:

$$e_c = e \tag{13-8}$$

矩形截面的受压承载力可按下列公式计算:

$$\gamma_0 N_d \leqslant \varphi f_{cd} b(h - 2e) \tag{13-9}$$

式中:N_d——轴向力设计值;

　　φ——弯曲平面内受压构件弯曲系数,按表13-20采用;

　　f_{cd}——混凝土轴心抗压强度设计值,按本书表1-1的规定采用;

　　e_c——受压区混凝土法向应力合力作用点至截面重心的距离;

　　e——轴向力的偏心距;

　　b——矩形截面宽度;

　　h——矩形截面高度。

当构件弯曲平面外长细比大于弯曲平面内长细比时,尚应按轴心受压构件验算其承载力。

混凝土受压构件弯曲系数　　　　　　　　　　　　　　　　　　　表 13-20

l_0/b	<4	4	6	8	10	12	14	16	18	20	22	24	26	28	30
l_0/h	<14	14	21	28	35	42	49	56	63	70	76	83	90	97	104
φ	1.00	0.98	0.96	0.91	0.86	0.82	0.77	0.72	0.68	0.63	0.59	0.55	0.51	0.47	0.44

注:1. l_0 为计算长度,按表 13-17 的规定采用。

　　2. 在计算 l_0/b 或 l_0/i 时,b 或 i 的取值:对于单向偏心受压构件,取弯曲平面内截面高度或回转半径;对于轴心受压构件及双向偏心受压构件,取截面短边尺寸或截面最小回转半径。

(2)双向偏心受压

受压区高度和宽度,应按下列条件确定[图 13-7b)]:

$$e_{cy} = e_y \tag{13-10a}$$

$$e_{cx} = e_x \tag{13-10b}$$

矩形截面的偏心受压承载力可按下列公式计算:

$$\gamma_0 N_d \leqslant \varphi f_{cd} \left[(h - 2e_y)(b - 2e_x) \right] \tag{13-11}$$

式中:φ——偏心受压构件弯曲系数,见表 13-19;

　　　e_{cy}——受压区混凝土法向应力合力作用点,在 y 轴方向至截面重心距离;

　　　e_{cx}——受压区混凝土法向应力合力作用点,在 x 轴方向至截面重心距离;

　　　其他符号意义同前。

(二)偏心距超过限值时的圬工受压构件轴向承载力计算

当轴向力的偏心距 e 超过表 13-19 的偏心距限值时,构件承载力应按下列公式计算:
单向偏心

$$\gamma_0 N_d \leqslant \varphi \frac{A f_{tmd}}{\dfrac{Ae}{W} - 1} \tag{13-12}$$

双向偏心

$$\gamma_0 N_d \leqslant \varphi \frac{A f_{tmd}}{\dfrac{Ae_x}{W_y} + \dfrac{Ae_y}{W_x} - 1} \tag{13-13}$$

式中:N_d——轴向力设计值;

　　　A——构件截面面积,对于组合截面,应按弹性模量比换算为换算截面面积;

　　　W——单向偏心时,构件受拉边缘的弹性抵抗矩,对于组合截面,应按弹性模量比换算为换算截面弹性抵抗矩;

　　W_x、W_y——双向偏心时,构件 x 方向受拉边缘绕 y 轴的截面弹性抵抗矩和构件 y 方向受拉边缘绕 x 轴的截面弹性抵抗矩,对于组合截面,应按弹性模量比换算为换算截面弹性抵抗矩;

f_{tmd}——构件受拉边层的弯曲抗拉强度设计值,按表 13-4、表 13-9、表 13-12 取用;

e——单向偏心时,轴向力偏心距;

e_x、e_y——双向偏心时,轴向力在 x 方向和 y 方向的偏心距;

其他符号意义同上。

受压构件偏心距图示如图 13-8 所示。

例 13-2 已知某混凝土构件,其截面尺寸 $b \times h = 370\text{mm} \times 490\text{mm}$,采用 C20 混凝土现浇,构件计算长度 $l_0 = 5000\text{mm}$,承受纵向力 $N_d = 72\text{kN}$,弯矩 $M_d = 10.8\text{kN} \cdot \text{m}$,安全等级为三级。试复核该受压构件的承载力。计算图式如图 13-9 所示。

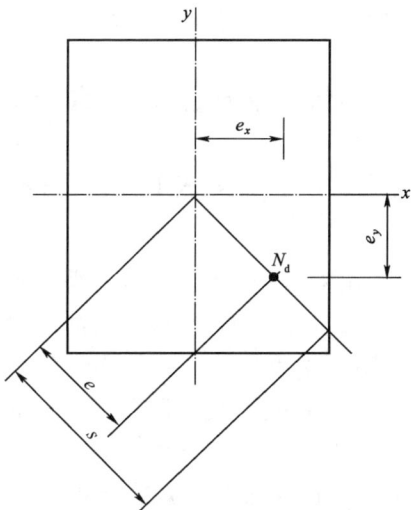

图 13-8 受压构件偏心距

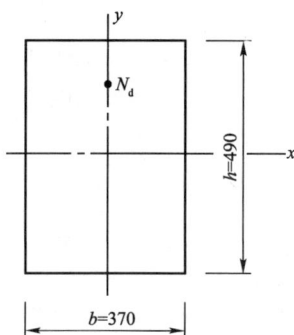

N_d-轴向力;e-偏心距;s-截面重心至偏心方向截面边缘的距离

图 13-9 计算图式(尺寸单位:mm)

解: 根据题意,可知此受压构件为单向受压。查表 13-18 得 $[e] = 0.5s$。

$$e_x = 0, \quad e_y = e = M_d/N_d = 150(\text{mm}) > 0.5s = 0.5 \times 490/2 = 122.5(\text{mm})$$

属于大偏心构件。

查表 13-4 得 $f_{tmd} = 0.8(\text{MPa})$。

由 $l_0/b = 5000/370 = 13.5$,查表 13-19,可得 $\varphi = 0.795$。

$$W = \frac{1}{6}bh^2 = 1/6 \times 370 \times 490^2 = 14806166.67(\text{mm}^3)$$

则由式(13-12)可得轴向承载力 N_u:

$$N_u = \varphi \frac{Af_{tmd}}{\dfrac{Ae}{W} - 1} = \frac{0.795 \times 370 \times 400 \times 0.80}{\dfrac{370 \times 490 \times 150}{14806166.67} - 1}$$

$$= 137.81(\text{kN}) > \gamma_0 N_d = 0.9 \times 72 = 64.8(\text{kN})$$

因是大偏心受压构件,尚需进行抗弯承载力的验算,由式(13-14)可得:

$$M_u = Wf_{tmd} = 14806166.67 \times 0.8$$

$$= 11.8(\text{kN} \cdot \text{m}) > \gamma_0 M_d = 0.9 \times 10.8 = 9.72(\text{kN} \cdot \text{m})$$

经过验算,轴向承载力和抗弯承载力均满足要求。

(三)圬工构件抗弯和抗剪承载力计算

1. 抗弯承载力计算

圬工砌体在弯矩的作用下,可能沿通缝和齿缝截面产生弯曲受拉而破坏。因此,对于大偏心受压构件,以及受弯构件,均应进行抗弯承载力的计算。《工桥规》(JTG D61—2005)规定:结构构件正截面受弯时,按下列公式计算:

$$\gamma_0 M_d \leqslant W f_{tmd} \tag{13-14}$$

式中:M_d——弯矩设计值;

　　W——截面受拉边缘的弹性抵抗矩,对于组合截面应按弹性模量比换算为换算截面受拉边缘弹性抵抗矩;

　　f_{tmd}——构件受拉边缘的弯曲抗拉强度设计值,按本书表13-4、表13-9、表13-12采用。

2. 抗剪承载力计算

如图13-3c)所示的拱脚处,在拱脚的水平推力作用下,桥台截面受剪。当拱脚处采用砖或砌块砌体,可能产生沿水平缝截面的受剪破坏;当拱脚处采用片石砌体,可能产生沿齿缝截面的受剪破坏。在受剪构件中,除水平剪力外,还作用有垂直压力。砌体构件的受剪试验表明,砌体沿水平缝的抗剪承载能力为砌体沿通缝的抗剪承载能力及作用在截面上的垂直压力所产生的摩擦力之和。因为随着剪力的加大,砂浆产生很大的剪切变形,一层砌体对另一层砌体产生移动,当有压力时,内摩擦力将参加抵抗滑移。因此,构件截面直接受剪时,其抗剪承载力按下式计算:

$$\gamma_0 V_d \leqslant A f_{vd} + \frac{1}{1.4} \mu_f N_k \tag{13-15}$$

式中:V_d——剪力设计值;

　　A——受剪截面面积;

　　f_{vd}——砌体或混凝土抗剪强度设计值;

　　μ_f——摩擦系数,按表13-15取用,圬工砌体多采用$\mu_f = 0.7$;

　　N_k——与受剪截面垂直的压力标准值。

(四)局部承压构件承载力计算

《工桥规》规定,混凝土截面局部承压强度提高系数应按下列公式计算:

$$\beta = \sqrt{\frac{A_b}{A_1}} \tag{13-16}$$

式中:β——局部承压强度提高系数;

　　A_1——局部承压面积;

　　A_b——局部承压计算底面积,根据底面积重心与局部受压面积重心相重合的原则,按图13-10确定。

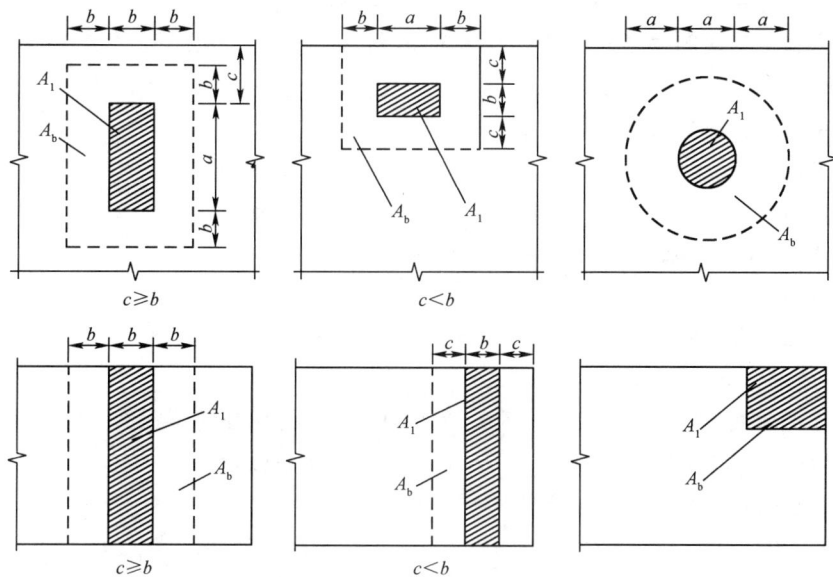

图 13-10 局部承压计算底面积 A_b 示意图

【课后练习】

一、填空题

1. 圬工结构通常指的是_____和_____。

2. 圬工结构常以_____的形式出现。

3. 石材的强度等级,应用含水饱和试件的边长为_____的立方体试块的抗压强度表示。

4. 砂浆的物理力学性能指标是指砂浆的_____、_____和_____。

5. 根据所用块材的不同,常将砌体分为片石砌体、_____、_____、_____和混凝土预制块砌体。

6. 在《桥规》中,圬工结构的设计采用以_____为基础的极限状态设计方法。

7. 砌体的抗拉、抗弯与抗剪强度既取决于砌缝的宽度,也取决于_____。

8. 砌体可能发生通缝截面受剪破坏,其强度主要取决于_____。

9. 圬工桥涵结构应按_____设计,并满足_____的要求。

10. 在砌体的单块块材内产生复杂应力状态的原因是_____和_____。

二、选择题

1. 下列不属于圬工结构的优点的是( )。

    A. 原材料分布广   B. 施工简便

    C. 耐久性较好   D. 抗剪强度高

2. 下列属于圬工结构的是( )。

    A. 钢筋混凝土桥   B. 锚杆式挡土墙

C. 预应力连续梁   D. 重力式墩台

3. 用于浸水或气候潮湿地区的受力结构的石材,软化系数不应低于(　　)。

   A. 0.8   B. 0.75   C. 0.7   D. 0.65

4. 下列不属于规则块石砌体的是(　　)。

   A. 块石砌体   B. 片石砌体

   C. 粗料石砌体   D. 细料石砌体

5. 大、中桥墩台及基础材料最低强度等级为(　　)。

   A. MU40   B. M10

   C. C35 混凝土(砌块)   D. C25 混凝土(现浇)

6. 影响砌体抗压强度的因素不包括(　　)。

   A. 砌体的温度变形   B. 砂浆的物理力学性能

   C. 块材的尺寸和形状   D. 块材的强度

7. 混凝土预制块砌体的膨胀系数为(　　)。

   A. $1.0 \times 10^{-5}/℃$ B. $0.8 \times 10^{-5}/℃$

   C. $0.9 \times 10^{-5}/℃$ D. $0.7 \times 10^{-5}/℃$

8. 砌体采用错缝砌筑的措施,其目的是(　　)。

   A. 提高砌体的抗剪和抗拉能力   B. 提高砌体的抗压能力

   C. 提高砌体的稳定性   D. 提高砌体的抗倾覆能力

9. 混凝土预制块砌体的长细比修正系数取值为(　　)。

   A. 1.3   B. 1.2   C. 1.1   D. 1.0

10. 砌体的剪变模量取其受压弹性模量的(　　)倍。

   A. 0.4   B. 0.3   C. 0.2   D. 0.5

三、判断题

1. 圬工结构在工程中常用作以承拉为主的结构构件。   (　　)

2. 桥涵中所用石材强度等级用 MUxx 表示。   (　　)

3. 砂浆的强度等级用 Cxx 表示。   (　　)

4. 桥涵工程中大多采用水泥砂浆。   (　　)

5. 强度高的块材宜配用强度等级高的砂浆。   (　　)

6. 砌体在受压破坏时,单块块材先开裂。   (　　)

7. 砌体的抗压强度高于块材的抗压强度。   (　　)

8. 在平行于水平灰缝的轴心拉力作用下,砌体可能沿齿缝截面发生破坏,其强度主要取决于灰缝的法向及切向黏结强度。   (　　)

9. 圬工结构的设计原则是作用效应组合的设计值小于或等于结构构件承载力的设计值。   (　　)

10. 当构件弯曲平面外长细比大于弯曲平面内长细比时,应按轴心受压构件验算其承载力。   (　　)

四、简答题

1. 什么是石结构? 什么是圬工结构?

2.为什么圬工结构不能用于所有的构件？

3.工程上将石料分为哪些类型？如何区分它们？

4.砂浆在圬工结构中有什么作用？它有哪些类型？

5.砌体有哪些类型？

6.为什么砌体在受压破坏时，是单块块材先开裂？导致单块块材内产生复杂应力状态的原因是什么？

7.影响砌体抗压强度的主要因素是什么？

8.圬工结构设计计算的原则是什么？

9.圬工结构承载力计算时，如何考虑偏心距和长细比的影响？

10.我们都说"人多力量大"，但为什么由若干石材、砂浆组成的砌体的抗压强度却小于块材的抗压强度？

11.你知道有哪些古诗词中提到了桥梁？

五、计算题

1.已知截面为 $490\text{mm} \times 620\text{mm}$ 的轴心受压构件，采用 MU30 片石，M5 水泥砂浆砌筑，柱高 $l = 7\text{m}$，两端铰支，柱顶承受轴向力 $N_d = 180\text{kN}$。结构重要性系数 $\gamma_0 = 1$。试验算该柱的承载力。

2.已知某柱高 $l = 4\text{m}$，两端铰支；采用 MU30 片石和 M5 水泥砂浆砌筑，结构重要性系数 $\gamma_0 = 1.0$，承受轴向压力 $N = 200\text{kN}$，试设计该柱的截面尺寸。

3.已知等截面圆弧无铰拱桥，计算跨径 $l = 10.4\text{m}$，计算半径 $r = 6.5\text{m}$，半圆心角 $\varphi_0 = 53.13°$；拱圈厚度 $h = 500\text{mm}$，拱圈全宽 $B = 8500\text{mm}$；拱圈采用 M7.5 砂浆、MU40 块石砌筑；拱脚截面每米拱圈宽承受弯矩设计值 $M_d = 13.59\text{kN}\cdot\text{m}$，纵向力设计值 $N_d = 344.42\text{kN}$；结构重要性系数 $\gamma_0 = 1.0$。试验算拱脚截面承载力。

参 考 文 献

［1］交通运输部.公路桥涵设计通用规范：JTG D60—2015.北京：人民交通出版社股份有限公司,2015.

［2］交通运输部.公路圬工桥涵设计规范：JTG D61—2005.北京：人民交通出版社,2005.

［3］交通运输部.公路钢筋混凝土及预应力混凝土桥涵设计规范：JTG 3362—2018.北京：人民交通出版社股份有限公司,2018.

［4］张树仁,黄侨,王宗林.钢筋混凝土及预应力混凝土桥梁结构设计原理.3版.北京：人民交通出版社股份有限公司,2019.

［5］贾艳敏,高力.结构设计原理.3版.北京：机械工业出版社,2020.

［6］贾艳敏,高力.结构设计原理学习指导与习题集.北京：机械工业出版社,2020.

［7］邵容光,刘钊,结构设计原理.3版.北京：人民交通出版社股份有限公司,2019.

［8］叶见曙,结构设计原理.5版,北京：人民交通出版社股份有限公司,2021.

［9］王铁成.混凝土结构设计计算算例.2版.北京：中国建筑工业出版社,2018.

［10］邵旭东.桥梁工程习题与解析.北京：人民交通出版社股份有限公司,2016.

［11］王常才.桥梁构造与施工.北京：机械工业出版社,2022.

［12］住房和城乡建设部.无黏结预应力混凝土结构技术规程：JGJ 92—2016.北京：中国计划出版社,2016.

［13］李国平.预应力混凝土结构设计原理.北京：人民交通出版社股份有限公司,2020.

［14］黄平明,梅葵花,王蒂.结构设计原理.3版.北京：人民交通出版社股份有限公司,2021.

［15］全国钢标准化技术委员会(SAC/TC 183).钢筋混凝土用余热处理钢筋：GB/T 13014—2013.北京.中国标准出版社,2013.

［16］中华人民共和国工业和信息化部.钢筋混凝土用钢 第2部分：热轧带肋钢筋：GB/T 1499.2—2024.北京：中国质量标准出版传媒有限公司,2018.

［17］交通运输部.公路桥涵施工技术规范：JTG/T 3650—2020.北京：人民交通出版社股份有限公司,2020.

［18］孔七一.工程力学学习指导.4版.北京：人民交通出版社股份有限公司,2023.